通用塑料工程化改性及其应用

贾润礼　梁丽华　编著

U0309456

General Plastics Engineering
Modification and Application

 化学工业出版社
·北京·

本书主要对通用塑料的工程化改性技术进行了介绍，具体包括增强改性、共混改性、接枝及交联改性、阻燃改性、抗静电改性、导电和电磁屏蔽改性、功能化改性及其他改性技术等。对每种改性技术，详细论述了改性机理、改性方法、改性配方、应用和具体实例。实用性和参考性较强。

可供从事塑料改性技术研究和开发的各类技术人员参考。

图书在版编目（CIP）数据

通用塑料工程化改性及其应用/贾润礼，梁丽华编著 .—北京：化学工业出版社，2016.5
ISBN 978-7-122-26692-7

Ⅰ.①通…　Ⅱ.①贾…②梁…　Ⅲ.①塑料-改性
Ⅳ.①TQ320.6

中国版本图书馆 CIP 数据核字（2016）第 066092 号

责任编辑：赵卫娟　　　　　　　　装帧设计：张　辉
责任校对：吴　静

出版发行：化学工业出版社（北京市东城区青年湖南街 13 号　邮政编码 100011）
印　　装：北京虎彩文化传播有限公司
787mm×1092mm　1/16　印张 18¼　字数 450 千字　2016 年 7 月北京第 1 版第 1 次印刷

购书咨询：010-64518888　　　　　　售后服务：010-64518899
网　　址：http://www.cip.com.cn
凡购买本书，如有缺损质量问题，本社销售中心负责调换。

定　　价：78.00 元　　　　　　　　　　　　　版权所有　违者必究

前言 FOREWORD

　　塑料工业的快速发展人所共知，通用塑料的普及应用和技术进步支撑起庞大的通用塑料材料和中低端塑料制品市场。在近几年不太景气的大环境下，我们常能看到和听说一些让人振奋的行业内技术进步事例，也曾感叹过创新无处不在。然而，通用塑料行业领域也存在一些问题，如大部分原材料的低端应用很大程度上影响着改性技术进步以及已有技术的推广应用；一些通用树脂新牌号长期推广不开甚至不得不停产退出市场；大众化牌号的树脂产能快速扩张已明显过剩，树脂新的用途开辟不足；PS和PVC树脂新增牌号太少；部分建材产品被钢、铝制品替代；通用塑料制品市场行为仍以价格竞争为主。笔者认为，虽然通用塑料领域面临诸多困难，但在全球经济低迷和石油价格大幅波动的大环境下，通用塑料及其制品仍有价格低和价格相对稳定的优势，仍可支撑巨大市场需求。基于对国内现有通用塑料改性技术的了解，仅现有技术的推广应用就可推动通用塑料向工程化和高性能化发展，展现出巨大的市场潜力，开辟高档通用塑料制品并能替代部分工程塑料（如PVC经简单改性替代阻燃ABS）。因此，编写了这本书，汇集了多年来的行业技术和研究成果以及作者20多年来的相关工作经验。

　　本书围绕PE、PP、PVC、PS树脂的工程化、高性能化及功能化改性内容进行阐述，EVA树脂因属于弹性体不适宜工程化改性，故在书中只作为改性材料。内容覆盖填充、增强（包括长纤维增强）、阻燃抗静电、导电、电磁屏蔽、木塑、化学改性（接枝、交联、共交联）、共混等。本书在简介各种改性机理的基础上介绍了大量配方实例，便于实际应用。

　　考虑到有些技术成果出现虽已经多年，但仍有应用潜力或价值，本书也加以保留引用。如$Al(OH)_3$作为无卤阻燃剂应用在聚烯烃中的技术在十多年前就已成熟，但在2015年才得到爆发性应用。本书引用了大量资料甚至有部分内部资料，谨此向原作者致以诚挚谢意，也希望本书及书中涉及的各项技术能为促进通用塑料行业发展和改性技术进步起到一些作用。

　　本书参编人员有赵鑫磊、贾怡昀、王燕、刘建卫、刘志伟、郝建淦、焦高建、张剑平、陈雪雪、曾尤东。全书由贾润礼、梁丽华统稿。

　　由于水平有限，书中不妥之处，敬请批评指正。

编者

2016 年 3 月 23 日于太原

目录 CONTENTS

第6章　通用塑料在工程化改性时的抗静电技术及应用

第7章　基于导电和电磁屏蔽要求的改性及应用

第8章　基于工程要求的其他改性

第9章　通用塑料的功能化改性

第1章 通用塑料工程化改性及其加工

1.1 通用塑料概况

通用塑料一般是指产量大、用途广、成型性好、价格便宜的塑料,如聚乙烯、聚丙烯、聚氯乙烯、聚苯乙烯、乙烯-乙酸乙烯酯共聚物等。通用塑料技术成熟、价格低廉、成型方便,产量和用量占全部塑料的80%以上,广泛应用于建筑、电器、纺织、化工、汽车、船舶、飞机、农业、国防,以及人们生活的方方面面。我国通用塑料中低档产品多,高技术含量和高附加值产品少。依据不同用途,通过不同途径,有针对性地对通用塑料进行工程化改性,可以提高其强度、韧性,改善制品的耐高低温性,增强耐环境老化性能,从而满足多层次工程化应用要求,进一步扩大应用领域,降低材料成本等。因此,通用塑料工程化改性及应用,是当前材料开发中的一个重要方向。乙烯-乙酸乙烯酯共聚物属于热塑性弹性体,对其进行工程化改性意义不大,因此本书所述通用塑料工程化改性主要针对聚乙烯、聚丙烯、聚苯乙烯和聚氯乙烯。

1.1.1 PE

聚乙烯(polyethylene,PE),最先由英国ICI公司发明,是通用塑料中产量最大的品种。PE原料来源丰富,价格较低,具有优异的电绝缘性和化学稳定性,品种较多,可满足不同的性能要求,自问世以来发展迅速,是应用最广泛的品种之一。PE易于加工,适用于注塑、挤出、吹塑、中空成型、喷涂、旋转成型、涂覆、发泡、热成型、热熔焊接等成型加工。2010年全球PE产能约为8934.7万吨/年,2015年全球PE总产能将达到约10924.9万吨/年,2010~2015年全球PE产能的年均增长率为4.1%。产能增长主要集中在亚太、中东和欧洲地区。近年来,我国PE工业发展较快,自2008年进入产能扩张高峰期,产量从2008年的689.5万吨增长至2012年的1075万吨,年均增长率为11.7%。2012年我国PE表观消费量为1835万吨,同比增长6.2%,主要应用于吹塑制品、薄膜与板材制品、注塑制品、管材制品、纤维、挤出涂覆、电线电缆和其他等领域。PE的加工成型绝大多数都是在熔融状态下进行的,常用挤出、注塑、吹膜、压制等方法进行成型加工。

PE是由乙烯加聚而成的聚合物,分子结构中仅含C、H两种元素,是树脂中分子结构最简单的一种。作为塑料使用的PE,其平均分子量要在1万以上,聚合条件不同,实际平均分子量可从1万至数百万不等。PE聚合可以在高压、中压和低压下进行,按合成工艺可把PE分为高压聚乙烯、中压聚乙烯和低压聚乙烯。高压聚乙烯的分子结构与中压、低压聚乙烯相比,支链数目较多,结晶度和密度都比较低,而中压和低压聚乙烯的分子接近线型结构,结晶度和密度都比较高,又把高压聚乙烯称为低密度聚乙烯(LDPE)、低结晶度聚乙烯和支链聚乙烯。中压和低压聚乙烯则被称为高密度聚乙烯(HDPE)、高结晶度聚乙烯、线型聚乙烯。除了按合成工艺分类外,工业上还常按照 PE 常温下的密度高低(见表 1-1)和 PE 的平均分子量大小(见表 1-2)分类。有时,人们把超高分子量聚乙烯(UHMWPE)也归类为 PE,它因特殊的优越性能在工程上得到广泛应用。

表 1-1   PE 按密度分类

密度/(g/cm³)	分类名称	密度/(g/cm³)	分类名称
<0.900	超低密度聚乙烯	0.925~0.941	中密度聚乙烯
<0.910	极低密度聚乙烯	0.941~0.965	高密度聚乙烯
0.910~0.925	低密度聚乙烯		

表 1-2   PE 按分子量分类

平均分子量	PE 分类	
1000~12000	低分子量聚乙烯	密度为 0.90g/cm³,低分子量 LDPE
		密度为 0.95g/cm³,低分子量 HDPE
<110000	中分子量 PE	
110000~250000	高分子量 PE	
250000~1500000	超高分子量 PE	

1.1.1.1   LDPE

LDPE 又称高压聚乙烯,是在高温和特别高的压力下通过典型的自由基聚合过程得到的乙烯均聚物,其密度通常为 0.910~0.925g/cm³。早在 20 世纪 40 年代初,LDPE 已应用于电线包覆,是 PE 家族中最早出现的产品。工业上采用高压本体聚合法大规模生产 LDPE,即将高纯度乙烯在微量氧或空气、有机或无机过氧化物等引发剂作用下,于 98~343MPa 和 150~330℃条件下进行自由基聚合反应。工业上根据聚合反应容器的类型可分为釜式法和管式法。

由于高压自由基聚合历程易发生链转移,得到的聚合物存在大量支链结构,这种结构特征使其具有透明、柔顺、易于挤出等特定性能。通过控制平均分子量、结晶度和分子量分布,可以获得多种用途的 LDPE 树脂。塑料工业中采用熔体流动速率(MFR)作为平均分子量的量度,熔体流动速率的值与平均分子量的大小成反比,它影响着树脂加工流动性和最终产品的变形难易等性能。不同牌号 LDPE 的 MFR 差异可以很大(MFR=0.2~80g/10min),降低熔体流动速率可使强度提高,但同时降低了流动性。分子量分布(即多分散性)被定义为重均分子量与数均分子量之比值。在塑料工业中,分子量分布在 3~5 称为窄分布,在 6~12 为中等分布,大于 13 即为宽分布。分子量分布主要影响与流动有关的性质,平均分子量相同时,具有较宽分布的树脂表现出更好的加工流动性。分子量分布也影响低 LDPE 的使用性能,但是这种影响通常由于平均分子量的变化而变得不显著。

LDPE 分子结构为主链上带有长、短不同支链的非线型,在主链上每 1000 个碳原子中带有 20~30 个乙基、丁基或更长的支链。LDPE 的结晶度与树脂中支链的含量有关,结晶度通常为 30%~40%,结晶度提高使 LDPE 的刚性、耐化学药品性、阻隔性、拉伸强度和耐热性增加,而冲击强度、撕裂强度和耐应力开裂性能降低。

由于 LDPE 的化学结构与石蜡烃类似,不含极性基团,具有良好的化学稳定性,对酸、碱和盐类水溶液具有耐腐蚀作用。它的电性能极好,具有电导率低、介电常数低、介电损耗角正切值低以及介电强度高等特性,但 LDPE 耐热性能较差,且不耐氧和光老化,为了提高其耐老化性能，通常要在树脂中加入抗氧剂和紫外线吸收剂等。LDPE 具有良好的柔软性、延伸性和透明性，但机械强度低于 HDPE 和 LLDPE。

LDPE 具有许多优良的性能，如透明性、封合性、易于加工，是当今聚合物工业中应用最广泛的材料之一。LDPE 成型加工方便，操作简单，容易大规模生产，一般的成型加工机械均可采用，最常用的方法有挤出、注射、吹塑及真空等，也可通过挤出压延的方法使 LDPE 与牛皮纸、玻璃纸、铝箔、织物、型材等其他材质的基材复合制成复合材料。

1.1.1.2 HDPE

HDPE 是在较低的压力下（0.3～10MPa），将乙烯单体进行聚合。HDPE 的分子结构与 LDPE 相同，只是在分子链上没有长支链，仅有数量不多的短支链，因而其特性与 LDPE 相似。根据分子量的不同，HDPE 可分为：中等分子量高密度聚乙烯，重均分子量（M_w）小于 11 万；高分子量高密度聚乙烯，M_w＝11 万～25 万；特高分子量高密度聚乙烯，M_w＝25 万～150 万；超高分子量高密度聚乙烯，M_w≥150 万。HDPE 牌号及性能见表 1-3。

表 1-3 HDPE 牌号及性能

项目		熔体流动速率/(g/10min)	密度/(g/cm³)	拉伸强度/MPa	屈服强度/MPa	断裂伸长率/%	定伸应力/MPa	脆化温度/℃	分子量分布	共聚单体及聚合物类别
测试方法(ASTM)		D1238	D1505	D638	D638	D638		D746		
牌号	DMD7030	30	0.959	25.48	24.20	10	911.4	−50		均聚
	DMD7008	8	0.957	26.95	25.48	300	930.1	−50	中等	
	DMD7904	4	0.951	32.54	21.36	300	676.2	−70	中等	C3 共聚
	DMD6130	0.15	0.956	24.99	24.20	250	744.8	−60	宽	C4 共聚
	DMD5140	0.7	0.957	25.97	24.50	250	862.4	−50		均聚
	DGD6158	0.9	0.958	27.44	25.97	250	844.8	−50	宽	C4 共聚
	DGD6093	0.16	0.953	24.50	23.03	250	686	−60	窄	
	DGD3190	0.1	0.953	24.01	22.54	300	617.4	−70	窄	
	DGD6084	0.35	0.958	25.67	24.50	250	862.4	−50	宽	
	DGD1155	0.04	0.953	24.50	23.03	250	686	−60		
	DGD3479	0.15	0.949	22.05	22.05	250	586	−50		

① HDPE 是无臭无味白色粉末或白色半透明颗粒状固体。

② HDPE 均聚物密度为 0.941～0.967g/cm³，含少量丙烯、1-己烯、1-丁烯的共聚物，密度为 0.950～0.959g/cm³。

③ HDPE 是结晶型热塑性塑料，结晶度比 LDPE 高，可达 75%～90%。

④ HDPE 的性能同密度、分子量及分子量分布有关。随密度的提高，HDPE 的拉伸强度、韧性、软化温度、耐化学性提高，而低温冲击强度、伸长率、渗透性、耐应力开裂性降低；分子量提高，机械强度提高，熔点提高，而柔软性下降。

⑤ HDPE 刚度、拉伸强度、抗蠕变性等优于 LDPE；伸长率、韧性、冲击强度、电绝缘性能和耐寒性虽然很好，但不如 LDPE。

⑥ HDPE 的透明性、耐环境应力开裂性不如 LDPE。耐化学性能优良，与大部分有机酸和无机酸不反应。在室温下不溶于任何已知的有机溶剂，但在温度高于 80～100℃时，大部分 HDPE 可溶解在一些芳烃、脂肪烃和卤代烃中。

⑦ 具有优良的阻湿性，流动性好，易加工成型。

⑧ 电绝缘性能好，易带静电，表面涂覆和印刷应预先进行表面处理，使表面能由 $31\times10^{-5}N/cm$ 提高到 $40\times10^{-5}N/cm$，才能有较好的黏附力。HDPE 的电阻率为 $10^{17}\Omega\cdot cm$。

⑨ 易燃烧，且有烧滴现象，火焰中有蜡烛味，几乎无烟尘、无色。

⑩ 高密度聚乙烯长期使用温度在 80℃，耐低温性能好，可在 -40℃ 的低温而不脆裂，脆化温度为 -65℃。熔点为 126~136℃。

1.1.1.3 MDPE

中密度聚乙烯（MDPE）是在合成过程中用 α-烯共聚，控制密度而成。1970 年美国用浆液法制出，其合成工艺采用 LLDPE 的方法，α-烯常用丙烯、1-丁烯、1-己烯、1-辛烯等，其用量多少影响密度大小，一般 α-烯烃用量为 5%（质量分数）左右。MDPE 分子主链中平均每 1000 个碳原子中引入 20 个甲基支链，或 13 个乙基支链，其性能变化由支链多少及长短不同而定。共聚可使其晶体中片晶的连接链增多。

MDPE 能长期保持耐环境应力开裂性能及强度，刚性、耐磨性、透气性介于 LDPE 和 HDPE 之间，表面硬度比 LDPE 高，拉伸强度较 HDPE 低。MDPE 的密度为 0.926~0.953g/cm³，结晶度为 70%~80%，平均分子量为 20 万，拉伸强度 8~24MPa，断裂伸长率为 50%~600%，熔融温度为 126~135℃，熔体流动速率为 0.1~35g/10min，热变形温度（0.46MPa）49~74℃。

MDPE 可用挤出、注射、吹塑、滚塑、旋转、粉末成型等加工方法，生产工艺参数与 HDPE 和 LDPE 相似，常用于生产管材、薄膜、中空容器等。

传统的 MDPE 的薄膜成型性较差，纵横向强度不均匀，在薄膜生产中使用量不大。使用双峰技术生产的 MDPE，可大大提高其力学性能和成型加工性能。双峰 MDPE 是乙烯和 α-烯采用双峰技术生产的中密度线型 PE，在分子量分布范围内，会出现两个峰值，可使 PE 的分子量分布范围变宽，使 PE 既具有较高力学性能，又具有较好的成型加工性，可用于生产单层和多层（共挤）薄膜。

双峰 MDPE 具有较好的力学性能和刚性，其落锤冲击强度及拉伸强度都较高，它的柔软性又使其可以在寒冷的条件下使用。它具有良好的挤出特性和拉伸性，在较高的吹胀比（>2）的条件下，也具有良好的膜泡稳定性和纵横向力学性能平衡。具有较高的封口强度和热黏性。不过，双峰 PE（包括低密度及中密度）薄膜的雾度较高，透明性差。

1.1.1.4 LLDPE

线型低密度聚乙烯（LLDPE），是乙烯与 α-烯（如 1-丁烯，1-辛烯、4-甲基-1-戊烯等）共聚合而成的低密度聚乙烯。

LLDPE 的密度为 0.920~0.935g/cm³，与 LDPE 属于同一密度范围，二者区别在于分子结构。LDPE 带有长支链，LLDPE 的主链上带有很短的支链，因此 LLDPE 的分子链堆积较为密集，结晶度较高。在力学性能方面，LLDPE 拉伸强度比普通 LDPE 高 50%~70%，伸长率高 50% 以上，耐冲击强度、穿刺强度及耐低温冲击性能均比 LDPE 好，这些优点在薄膜的应用中尤为突出，用 LLDPE 制造薄膜可在达到同样强度的情况下减少薄膜厚度。在物理性能方面，在相同密度情况下，LLDPE 的熔点比 LDPE 高，使用温度范围宽，允许使用温度比 LDPE 高 10~15℃，抗环境应力开裂性、耐低温性、耐热性和耐穿刺性十分优越，在工农业生产及日常生活中有着广泛的用途。

LLDPE 可采用挤出、注射、吹塑、旋转成型等加工方法制造薄膜、管材、电线电缆包覆材料和中空容器等。注射成型时，可选用熔体流动速率较高的 LLDPE，以缩短加工周期，又不降低制品性能。由于 LLDPE 熔点较高，模塑制品可在较高温度下脱模，既快又洁净，因此，LLDPE 注射速度可比 LDPE 快 10% 左右。旋转成型时，气相法 LLDPE 细颗粒料可直接用于加工而不必磨细。加工温度范围比 LDPE 宽（290～340℃），熔体流动性好，可提高制品合格率。由于 LLDPE 的分子量分布窄，支链很短，其剪切黏度对剪切速率的敏感性小。当熔体被拉伸时，在所有的应变速率下 LLDPE 都具有较低的黏度，不像 LDPE 那样在拉伸时发生应变硬化现象。主要因为当形变速率增加时，LDPE 由于链缠结而使黏度有很大上升，而 LLDPE 由于不存在长支链，链之间将相互滑动，不会产生链缠结，这一特性使 LLDPE 薄膜易于减薄，而同时保持高强度和高韧性。LLDPE 的这一特性又使聚合物分子链在挤出过程中发生较快的应力松弛，因此在吹膜过程中吹胀比的变化对薄膜的物理性能影响较小。

如果用己烯或辛烯代替丁烯与乙烯共聚，LLDPE 的耐冲击和耐撕裂性能将获得更大的改善，但其薄膜的透明度和光泽度都较差，原因在于较高的结晶度使薄膜表面变得较为粗糙。将 LLDPE 与少量 LDPE 共混可改进其透明度。LLDPE 的抗环境应力开裂性能较好，要比 LDPE 高几十倍，比 HDPE 还好，所以 LLDPE 运用于要求耐高抗环境应力开裂的盛洗涤剂或油性食品的容器。

LLDPE 的主要应用是薄膜，如拉伸膜、工业内衬、购物袋、垃圾袋等，它占 LLDPE 用量的 65%～70%。注塑和旋转成型容器类制品也是 LLDPE 的重要应用领域，主要是利用其优异的抗环境应力开裂特性。

1.1.1.5　不同 PE 的性能比较

LDPE、MDPE 和 HDPE 性能对比见表 1-4。

表 1-4　LDPE、MDPE 和 HDPE 性能对比

性能	低密度	中密度	高密度	
			MFR>1g/10min	MFR=0
密度/(g/cm³)	0.910～0.925	0.926～0.940	0.941～0.965	0.945
平均分子量	约 3×10^5	约 2×10^5	约 1.25×10^5	$(1.25～2.5) \times 10^6$
折射率	1.51	1.52	1.54	—
透气速度（相对值）	1	1　1/3	1/3	—
断裂伸长率/%	90～800	50～600	15～100	—
邵尔硬度	41～50	50～60	60～70	55（洛氏）
冲击强度（悬臂梁，缺口）/(J/m)	>853.4	>853.4	80～1067	>1067
拉伸强度/MPa	6.9～15.9	8.3～24.1	21.4～37.9	37.2
拉伸弹性模量/MPa	117.2～241.3	172.3～379.2	413.7～1034	689.5
连续耐热温度/℃	82～100	104～121	121	
热变形温度(0.46MPa)/℃	38～49	49～74	60～82	73
比热容/[J/(kg·K)]	2302.7	—	2302.7	
结晶熔点/℃	108～126	126～135	126～136	135
脆化温度/℃	−80～−55		−140～−100	<−137
溶体流动速率/(g/10min)	0.2～30	0.1～4.0	0.1～4.0	0
线膨胀系数/K⁻¹	$(16～18) \times 10^{-5}$	$(14～16) \times 10^{-5}$	$(11～13) \times 10^{-5}$	7.2×10^{-5}
热导率/[W/(m·K)]	0.35	—	0.46～0.52	

续表

性能	低密度	中密度	高密度	
			MFR>1g/10min	MFR=0
耐电弧性/s	135～160	200～235	—	—
相对介电常数　60～100Hz	2.25～2.35	2.25～2.35	2.30～2.35	2.34
1MHz	2.25～2.35	2.25～2.35	2.30～2.35	2.30
介电损耗角正切　60～100Hz	$<5\times10^{-4}$	$<5\times10^{-4}$	$<5\times10^{-4}$	$<3\times10^{-4}$
1MHz	$<5\times10^{-4}$	$<5\times10^{-4}$	$<5\times10^{-4}$	$<2\times10^{-4}$
体积电阻率(RH50%,23℃)/Ω·cm	$>10^{16}$	$>10^{16}$	$>10^{16}$	$>10^{16}$
介电强度/(kV/mm)短时	18.4～28.0	20～28	18～20	28.4
步级	16.8～28.0	20～28	17.6～24	27.2

1.1.2　PP

聚丙烯（polypropylene，PP），五大通用塑料之一，是一种性能优良的热塑性合成树脂，具有密度小、无毒、易加工、抗冲击、抗弯曲、电绝缘性好等优点，是通用树脂中耐热性最好的产品。可用注塑、挤出、中空吹塑、熔焊、热成型、机加工、电镀、发泡等成型加工方法制得不同制品。在汽车工业、家用电器、电子产品、包装材料、建材及家具等方面具有广泛的用途，发展前景广阔。2013年全球PP产能增加275万吨；产量为5574万吨，同比增加2.9%；截至2013年12月底，我国PP的总生产能力达到1452.7万吨/年，超过美国成为世界上最大的PP生产国家。

1.1.2.1　PP的分类和应用

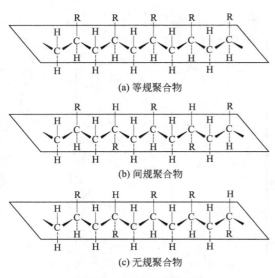

(a) 等规聚合物

(b) 间规聚合物

(c) 无规聚合物

图 1-1　PP 的光学异构体

PP有多种分类方法，通常分为均聚物和共聚物，均聚物又可分为等规PP、无规PP和间规PP三类（见图1-1），通常人们所说的PP树脂是指等规PP，无规PP和间规PP消费量很低。共聚物又可分为无规共聚物和多相共聚物，无规共聚物是指含少量乙烯、丁烯的二元或三元无规共聚物；多相共聚物又称抗冲共聚物，是指在PP均聚或无规共聚物的连续相中存在分散相的聚合物材料。PP具有优异的加工性能，可采用常规热塑性塑料加工方法进行成型加工，如挤出、注塑、热成型、发泡等。

1.1.2.2　PP的结构

由于甲基的位阻效应，PP碳链不是

呈锯齿形结构，而是呈螺旋形结构，三个结构单元为一周期，左旋右旋都有。其至同一分子链上一段为右旋而另一段为左旋，左右的变化对结晶有影响，从而对其性能产生影响。

从 PP 的结构可以看出，每个结构单元有一个叔碳原子，叔碳原子容易受到氧的进攻，发生氧化断链反应，所以 PP 的耐老化性很差。若树脂中不加光、氧稳定剂，则难以作为材料使用。由于分子链甲基的引入，增大了分子链的僵硬性，故 PP 的熔融温度比 PE 高。PP 分子链是三重螺旋结构，链段表现出缩短现象，大分子链的柔顺性比 PE 差，耐寒性不如 PE，一般在 0～10℃即发生脆折现象。

PP 的晶体结构一般认为是球晶，结晶度和球晶大小对其性能影响较大，成型加工时可通过控制冷却速率、加入成核剂等方法进行控制。一般来说，球晶小则透明性、柔性好，但耐热性、刚性则差些。

PP 的分子量增大，熔体黏度、冲击强度增大，但屈服强度、刚度和软化点下降。原因在于高分子量的 PP 不如分子量较低的 PP 易于结晶。PP 分子量大小可用熔体流动速率表示，一般工业上用 PP 的熔体流动速率为 0.1～30g/min。

1.1.2.3 PP 的主要性能

（1）密度

等规 PP 的典型密度为 0.90g/cm^3，是最轻的热塑性塑料之一，仅次于聚 4-甲基-1-戊烯（0.83g/cm^3）而居第二位。随着结晶度的变化 PE 的密度会有较大变化，而 PP 则不同，各种等规 PP 均聚物和共聚物之间的密度变化很小，无规共聚物的密度稍小于均聚物的密度。

（2）力学性能

PP 的拉伸强度比 PE、PS 等塑料大，特别是当温度超过 80℃时，PP 的拉伸强度随温度上升而下降较少，即使在 100℃，仍保留常温下拉伸强度的一半。PP 的刚性与等规度、分子量、结晶度等有关，等规度大则刚性大，在同一等规度时，分子量低而结晶度高时刚性大。PP 的抗冲强度在室温时比较大，但低温抗冲性差，即具有低温脆性。其表面硬度不及 PS 和 ABS，但比 PE 高，且有优良的表面光泽，表面硬度随等规度的提高及分子量的降低而增加。PP 的独特性能之一是具有很好的耐弯曲疲劳性。由 PP 制成的活络铰链，能经受几十万次的折叠弯曲而不破坏。

（3）化学性能

PP 能耐 80℃以下的酸、碱、盐溶液及很多有机溶剂（发烟硫酸、硝酸除外），加热可溶于甲苯。在加工和使用过程中易受光、热、氧的作用，不加稳定剂的 PP 耐老化性很差。PP 产生热氧老化时会导致分子链发生降解，材料溶解度上升，力学性能下降，其至发生粉化。此过程中首先生成氢过氧化物，然后分解成羰基，导致主链断裂，见式（1-1）：

$$
\text{（1-1）}
$$

·OH 自由基继续与叔氢原子反应，引起连锁反应。

二价或二价以上的金属离子能与大分子过氧化物反应生成自由基，从而引发或加速 PP 的氧化，不同金属离子对 PP 氧化的催化作用不同，$Cu^{2+} > Mn^{2+} > Mn^{3+} > Fe^{2+} > Ni^{2+} > Co^{2+}$，铜会成倍地加快氧化降解，工厂称为"铜害"。

（4）热性能

PP 耐热性较好，是通用塑料中耐热性最好的一种，最高连续使用温度为 100℃，而 HDPE 和 LDPE 的最高连续使用温度分别为 55℃和 50℃；其玻璃化温度为 −10℃左右（预测值），晶体熔点为 160～170℃（纯等规 PP 为 176℃）；热变形温度（0.45MPa）为 88～95℃，而 HDPE 和 LDPE 的热变形温度分别为 75℃和 50℃；加工温度一般为 220～240℃。

（5）电性能

PP 由非极性的碳氢元素组成，具有很好的电绝缘性能，作耐热高频电绝缘材料。PP 的电学性能与 PE 相似，具有高绝缘性和低介电常数，在一般使用条件下，这些参数受温度、频率和湿度的影响都不大。PP 长时间浸没在水中不会对其电学性能有显著的影响。

（6）结晶性

作为塑料用的 PP 一般是等规 PP，等规度为 90%～95%，分子排列规整，具有高度的结晶性，属结晶型塑料。目前已发现的 PP 晶型有 α 晶型、β 晶型、γ 晶型和结晶相。由于 PP 的多晶型特点，等规 PP 的球晶种类也比较多。球晶种类取决于结晶时的热环境、熔体热历史、正在结晶的熔体受到的机械作用（压力、剪切、拉伸等），以及成核剂、添加剂等的影响。晶体类型和结晶度不同，会导致等规 PP 性能的差异。

（7）成型加工性能

PP 吸水性小，成型前一般无需干燥处理。熔体黏度低于 HDPE，具有较好的流动性，成型加工性能良好，成型加工中提高剪切速率和温度均能提高熔体流动性，尤其提高剪切速率最为显著。PP 熔点高于 PE，成型加工温度一般在 180～280℃。PP 高温下对氧的作用十分敏感，其高温氧化速率是 PE 的 30 倍。因此，应尽量减少或避免 PP 熔体与空气接触。同时应避免 PP 熔体与铜接触，加工或使用中需要与铜接触可加入铜抑制剂，如芳香胺、草酰胺等。

成型加工条件对 PP 的结晶度和结晶形态有较大影响，而结晶可影响制品的最终性能。通常 PP 在 120～142℃结晶速率最大。对 PP 熔体进行急冷可降低结晶度，制品透明度高，工业上常用此法制备较高透明度的 PP 薄膜。另外，急冷导致分子链段来不及运动即被冻结，从而使制品产生内应力。缓慢冷却制品结晶度高，内应力小，但成型收缩率较大，透明性和韧性较低。

（8）其他性能

PP 易燃，离火后继续燃烧，火焰上端呈黄色，下端呈蓝色且有少量黑烟。燃烧后熔融滴落并发出石油气味。PP 熔体强度低，吹膜时宜用下吹法。PP 为非极性材料，对其进行粘接困难，染色性也较差。

1.1.2.4 各类 PP 的性能

（1）各类 PP 性能

各类 PP 的性能见表 1-5。

（2）PP 同 HDPE 的性能比较

PP 同 HDPE 的性能比较见表 1-6。

表1-5 各类PP的性能

项目		PPH-E-003（挤出类）优等	一等	合格	PPH-E-006 优等	一等	合格	PPB-Q-006 优等	一等	合格	PPH-YL-045（纺丝类）优等	一等	合格	PPH-YL-105 优等	一等	合格
熔体流动速率/(g/10min)		0.25~0.35	0.22~0.38	0.18~0.42	0.6~0.8	0.6~0.8	0.5~0.9	0.6~1.0	0.6~1.0	0.5~1.15	4.0~7.0	4.0~7.0	3.5~7.5	10~14	10~18	8.5~19.5
拉伸屈服强度/MPa ≥		30.9	28.4	27.5	32.3	29.4	28.4	24.5	24.5	23.5	33.8	30.9	28.9	34.3	31.4	29.4
弯曲模量/MPa ≥		1372			1372			1127			1470			1470		
悬臂梁冲击强度（V型缺口）/(J/m²) ≥	23℃	117.6			68.6			68.6			29.4			24.5		
	-20℃															
灰分总量/×10⁻⁶ ≤		150	300	400	150	300	400	200	300	500	100	200	300	130	200	300
含氯量/×10⁻⁶ ≤		50			50			55								
等规指数/% ≥			94.5			94.5						94.5			94.5	
黄色指数 ≤			4			4			4			4			4	
脆化温度/℃ ≤									-15							
聚合物类别		均聚物						抗冲型多相共聚物			共聚物					

项目		PPH-YL-225（纺丝类）优等	一等	合格	PPH-LY-425 优等	一等	合格	PPH-F-022（薄膜类）优等	一等	合格	PPH-T-022 优等	一等	合格	PPH-IS-075 优等	一等	合格
熔体流动速率/(g/10min)		22~27	20~27	16~34	30~40	27~43	22~48	1.5~2.0	1.4~2.2	2.2~2.4	2.5~3.5	2.3~3.7	2.0~4.0	8.5~10.0	7.5~11.5	6.0~13.0
拉伸屈服强度/MPa ≥		34.3	29.4	28.4	34.3	29.4	28.4	32.8	29.4	28.5	33.8	29.4	28.5	32.3	30.4	29.4
弯曲模量/MPa ≥		1470			1470			1372			1421			1323		
悬臂梁冲击强度（V型缺口）/(J/m²) ≥	23℃	19.6			19.6			44.1			34.3			28.4		
	-20℃															

续表

纺丝类 / 薄膜类（续表 PPH-IS-075）

项目		PPH-YL-225（纺丝类）			PPH-LY-425（纺丝类）			PPH-F-022（薄膜类）			PPH-T-022（薄膜类）			PPH-IS-075		
		优等	一等	合格	优等	一等	合格	优等	一等	合格	优等	一等	合格	优等	一等	合格
灰分总量/×10^{-6}	≤	100	200	300	100	200	300	130	300	400	130	300	400	130	300	400
含氯量/×10^{-6}	≤	40			40			50			45					
等规指数/%	≥		94.5			94.5			94.5			94.5			94.5	
黄色指数	≤		4			4			4			4			4	
聚合物类别		共聚物			均聚物			均聚物			均聚物			抗冲型多相共聚物		

薄膜类 / 注塑类

项目		PPH-L-075（薄膜类）			PPR-I-022（薄膜类）			PPR-F-075（薄膜类）			PPH-M-140（注塑类）			PPH-M-012（注塑类）		
		优等	一等	合格	优等	一等	合格	优等	一等	合格	优等	一等	合格	优等	一等	合格
熔体流动速率/(g/10min)		7.0~10.0	6.0~10.0	5.0~11.0	1.5~2.0	1.4~2.2	1.2~2.4		6.5~11.5	5.5~12.5	14.0~19.0	12.0~20.0	10.0~22.0	1.0~3.0	1.0~3.0	0.9~3.1
拉伸屈服强度/MPa	≥	34.3	30.4	29.4	23.5	23.5	22.5	26.5	27	25.5	34.3	31.4	29.4	23.5	21.6	21
弯曲模量/MPa	≥	1470			686			980			1417			980		
悬臂梁冲击强度/(J/m²) 23℃	≥	29.4			58.5	19.6	15.7	29.4	7.6	15.7	19.6	19.6	15.7	255	19.6	16
－20℃	≥															
灰分总量/×10^{-6}	≤	130	300	400	200	300	400	200	300	400	130	300	500	200	300	500
含氯量/×10^{-6}	≤	45			55			55			40			55		
等规指数/%	≥		94.5			94.5		94								
黄色指数	≤	4			4			4			4			4		
雾度/%	≤							2	2	5						
光泽度/%	≥							86	88	80						
摩擦因数	≤							0.4	0.4							
脆化温度/℃	≤															－32
聚合物类别		均聚物			无规共聚物			无规共聚物			均聚物			均聚物		

注塑类

项目	PPB-M-045			PPB-M-075			PPB-M-140			PPB-MP-012			PPB-MP-105		
	优等	一等	合格	优等	一等	合格	优等	一等	合格	优等	一等	合格	优等	一等	合格
熔体流动速率/(g/10min)	2.5~4.5	2.5~5.0	2.0~5.0	6.0~8.0	5.2~8.0	4.2~9.8	11.0~15.0	9.8~16.2	8.1~17.9	1.3~1.8	0.9~2.0	0.82~2.2	7.0~9.0	5.3~10.7	4.8~11.2
拉伸屈服强度/MPa ≥	24.5	24.5	23.5	24.5	24.5	24	25.5	25.5	24.5	22.5	21.6	20.6	18.6	18.6	17.6
弯曲模量/MPa ≥	1078			1127			1225			882			833		
悬臂梁冲击强度(V型缺口)/(J/m²) ≥ 23℃	98	19.6	15.7	78.4	19.6	16	58.8	19.6	15.7	490	25.5	23.5	490	25.5	23.5
－20℃										68.6			68.6		
灰分总量/×10⁻⁶ ≤	200	300	500	200	300	500	200	300	500	200	300	500	200	300	500
含氯量/% ≤	55			55			55			55			55		
等规指数/% ≥															
黄色指数 ≤	4			4			4			8			4		
脆化温度/℃ ≤	－32			－32			－25			－32			－45		
聚合物类别	抗冲型多相共聚物									聚烯烃合金型多相共聚物					

注塑类

项目	PPB-MP-225			PPB-MP-225M		
	优等	一等	合格	优等	一等	合格
熔体流动速率/(g/10min)	18~24	16~24	15~25	18~24	16~26	13~29
拉伸屈服强度/MPa ≥	19.6	19.6	19.6	19.6	19.6	19.6
弯曲模量/MPa ≥	1372	1274	1176	1372	1372	686
悬臂梁冲击强度(V型缺口)/(J/m²) ≥ 23℃	637	39.2	29.4	686	68.6	39.2
－20℃	294	19.6	9.8	294	19.6	9.8
灰分总量/×10⁻⁶ ≤	200	300	500	200	300	500
含氯量/% ≤	55			55		
等规指数/% ≥						
黄色指数 ≤						
脆化温度/℃ ≤						
聚合物类别	嵌段多相共聚物					

表 1-6　PP 同 HDPE 性能比较

性能	PP	HDPE	性能	PP	HDPE
密度/(g/cm³)	0.89～0.91	0.941～0.970	缺口冲击强度(相对值)	0.5	1.3
吸水率/%	0.01～0.04	<0.01	邵尔硬度(D)	95	60～70
拉伸屈服强度/MPa	30～39	21～28	刚性(相对值)	7～11	3～5
伸长率/%	>200	20～1000	维卡软化点/℃	150	125
拉伸弹性模量/MPa	1100～1600	400～1100	脆化温度/℃	−30～−10	−78
压缩强度/MPa	39～56	22.5	线膨胀系数/(10^{-5}/K)	6～10	11～13
弯曲强度/MPa	42～56	7	成型收缩率/%	1.5～2.5	2.0～5.0

1.1.3　PVC

聚氯乙烯（polyvinyl chloride，PVC）是五大通用塑料之一，由氯乙烯单体经自由基聚合而成，从 1835 年发现至今已 181 年，是最早实现工业化的树脂品种之一。由于其特有的难燃性、耐磨性和耐候性，被广泛应用于建筑、电器、包装等领域。PVC 可采用压延、层压、挤出、注塑、吹塑、发泡、限制发泡等方法加工成型。管材占硬 PVC 制品的 50% 以上，还有硬质板材、棒材、储槽、门窗等；软质 PVC 以薄膜、人造革、电线电缆包覆等为主，还有片材、软管、鞋料以及各种软质管材、板材等型材和注塑、挤出吹塑制品。从 2005 年开始我国成为了世界最大的 PVC 消费国，约占全球总消费量的 28%，2008 年受国际金融危机影响表观消费量出现负增长，近年来消费量和产能逐渐增长，2012 年中国 PVC 产量和消费量分别为 1317.8 万吨和 1395.7 万吨，分别增长 1.7% 和 0.7%。据美国市场研究机构 Freedonia 集团发布的最新报告，2013～2017 年，全球塑料管材需求将以 8.5% 的年均增长率稳步上升。

1.1.3.1　PVC 分类

按分子量的大小分，可将 PVC 分成通用型和高聚合度型两类。通用型 PVC 的平均聚合度为 500～1500，高聚合度型的平均聚合度大于 1700，常用的 PVC 树脂大都为通用型。PVC 树脂的合成以悬浮法为主，其次为乳液法。树脂形态为粉状，按结构不同可分为紧密型与疏松型两种，其中疏松型呈棉花团状，可大量吸收增塑剂，常用于软制品的生产；紧密型呈乒乓球状，吸收增塑剂能力低，主要用于硬制品的生产。

1.1.3.2　PVC 分子结构

（1）主链结构

PVC 是含有一个取代基的乙烯基单体聚合物，取代基在 PVC 的链结构上可能有几种不同的结合方式，即头-头键接和头-尾键接，如图 1-2 所示。实验证明 PVC 主要是头-尾键接，科学家曾使用锌使 PVC 脱出 84%～87% 的氯，发现脱氯后 PVC 含有 86% 的环丙烷结构且双键很少，说明 PVC 是以头-尾键接为主的长链结构。

由于氯原子相互位置不同，进而要考虑由此产生的全同立构、间同立构和无规立构。商品 PVC 中

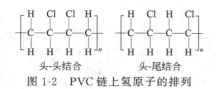

头-头结合　　头-尾结合
图 1-2　PVC 链上氢原子的排列

以无规立构为主，但间规立构仍存在。红外光谱和核磁共振分析发现随聚合温度降低，PVC的间规立构比例提高，同时较长间规立构链段的质量比率也提高。

PVC主链上除支链外，还可能有其他异常结构存在，如无规则的不饱和结构和各种类型的氧化结构，这些异常结构会对成型加工时的稳定性造成不利影响。

（2）端基结构

引发剂的残基应是聚合物链起始点的端基。此外，各种可能的终止反应能够导致形成其他端基。除引发剂以外的其他可能端基有：$—CH_2—CH_2Cl—$、$—CH=CHCl—$、$—CCl=CH_2$、$—CH=CH_2$、$—CHCl—CH_3$、$—CH_2—CHCl_2$。

（3）支链结构

大分子自由基向PVC大分子发生链转移时，可以在大分子链上形成一个支化点，分支的数量随转化率的提高而增多，因为大分子自由基向大分子链转移的概率增大。研究表明，在50～75℃的聚合温度范围内支链数与聚合温度关系不大，但在50℃以下，支链数目随温度降低而减少，在−50℃聚合的PVC基本可以看做线型分子。

（4）不稳定单元

PVC大分子上存在诸多不稳定单元，如分支结构单元上的叔氯、富氯基团、不饱和端基、烯丙基氯基团。其中最不稳定的是大分子内的烯丙基氯，其次是分支结构单元上的叔氯、端基烯丙基氯和仲氯。这些不稳定氯原子在热或紫外线作用下容易脱掉氯原子，紧接着脱去一个邻位上的氢原子（而不是脱氯化氢），生成氯化氢放出，在大分子上形成双键，见式（1-2）。

$$\sim CH_2—\underset{\overset{|}{Cl}}{CH}—CH_2—CH_2—\underset{\overset{|}{Cl}}{CH}—CH=\underset{\overset{|}{Cl}}{CH} \xrightarrow{-HCl}$$

（1-2）

这种脱氢过程是连锁进行的，发生迅速，很快就形成一个多烯共轭体系。共轭体系越长，颜色越深，所以在PVC加热降解时会显示出一系列特征颜色：透明→淡黄色→黄色→黄色-橙色→红色-橙色→红色→棕褐色。

1.1.3.3 物理化学性能

PVC是一种白色或略带黄色的粉状物料。粉状树脂在20℃时折射率为1.544，密度为1.35～1.46g/cm³，无毒、难燃、离火即灭，火焰呈黄色，近塑料端呈绿色，燃烧时变软，冒黑烟，发出刺激性酸味，形成的胶质可以拉丝。

（1）力学性能

PVC是极性聚合物，分子间作用力较大，力学性能良好。力学性能的数值不仅取决于分子量的大小，更与所添加塑料助剂的种类、数量有关。增塑剂的加入，能提高PVC树脂的流动性，降低塑化温度，而且可以使其成为软质材料。根据在PVC树脂中加入增塑剂量的多少，把PVC塑料分为硬质PVC和软质PVC。通常，在100份PVC树脂中增塑剂用量在5份以下或不添加为硬质PVC，增塑剂量大于25份为软质PVC，介于两者之间为半硬质PVC。硬PVC的拉伸强度、刚度、硬度等力学性能较高；软PVC具有较高的断裂伸长率，柔韧好。PVC力学性能见表1-7。

表 1-7　PVC 制品的力学性能

性能项目	未增强硬制品	增强的软制品	
		不加填料	加填料
拉伸强度/MPa	40～60	11～25	11～25
断裂伸长率/%	40～80	200～450	200～400
拉伸模量/MPa	2500～4200	—	—
压缩强度/MPa	5000～9000	130～1200	200～1270
弯曲强度/MPa	80～110	—	—
硬度	65～85(邵尔 D)	50～1009(邵尔 A)	50～100(邵尔 A)
弯曲模量	2100～3500		

（2）热性能

PVC 主要是无定形态，无明显熔点，其热性能随型号不同而有所变化，玻璃化温度一般在 80～85℃，实际应用中，PVC 的长期使用温度不宜超过 55℃。黏流温度为 136℃，分解温度为 140℃。加热到 85℃开始软化，120～125℃具有可塑性并开始分解，180℃开始大量分解并放出氯化氢气体，而且随之有聚合物颜色的变化。PVC 的耐寒性较差，尽管其脆化温度低于−50℃，但低温下，即使软 PVC 制品也会变硬、变脆，加工温度在 160～190℃。

（3）化学性能

PVC 的化学稳定性很好，可耐一般酸、碱、盐的溶液，但不耐发烟硝酸和浓硫酸，对乙醇及矿物油等亦有很好的稳定性。可溶于或溶胀于酮、酯、芳烃及大多数卤烃中。软制品的耐溶剂性比硬制品要差。乳液法树脂的杂质多一些，化学稳定性比悬浮树脂的要差。随着温度的升高，PVC 耐溶剂性下降。

（4）耐候性

PVC 受日光暴晒会发生光降解，光降解是自由基机理的光氧化过程，降解速度与适当紫外光区的辐射强度成正比。PVC 的光降解会形成过氧化物、酮和醛等基团，这些基团进一步进行光诱导反应而使 PVC 分解。在光作用的早期也同样有脱氯化氢反应并导致共轭双键的产生，但其反应较典型的热降解脱氯化氢反应缓慢，且立刻会与氧反应形成羰基，终止反应，抑制制品因脱氯化氢导致的变色。但羰基的光敏性加速了光解反应，并导致断链和交联结构的产生，最终使制品表面产生龟裂、变脆等现象。

除光降解之外，光能侵入产生的热量也会引起热降解和增塑剂的挥发，进而引起 PVC 制品的老化。另外，雨雪及其他水分的反复吸附和散失，也会使吸湿组分流失而导致 PVC 制品表面产生机械性碎裂，大气中污染粒尘的侵蚀也会加速制品的老化程度。PVC 制品的耐老化性能（含耐光）主要取决于配料的组成，尤其与使用的稳定剂体系关系密切。

PVC 塑料中除了加入光、氧、热稳定剂以外，还可以用共聚、共混等办法进行改性。热而潮湿的环境下，PVC 容易受到细菌的侵蚀，需要加入防霉剂。

（5）电性能

PVC 电性能良好，是体积电阻率和介电强度较高、介电损耗较小的电绝缘材料之一，其电绝缘性可与硬橡胶媲美（见表 1-8）。但热稳定性差，分子链具有极性，随环境温度升高电绝缘性降低，随频率的升高体积电阻率下降，介电损耗增大，一般只能作为低频绝缘材料使用。

表 1-8 PVC 制品的电性能

项目		未增塑硬制品	增塑的软制品	
			不加填料	加填料
体积电阻率(20℃)/Ω·cm		$10^{12} \sim 12^{16}$	$10^{11} \sim 10^{13}$	—
介电常数(20℃)	60Hz	3.2～4.0	5.0～9.0	5.0～6.0
	10^3 Hz	3.0～3.8	4.0～8.0	4.0～5.0
	10^6 Hz	2.8～3.1	3.3～4.5	3.5～4.5
介电损耗角正切	60Hz	0.02～0.07	0.08～0.15	0.10～0.15
	10^3 Hz	0.009～0.017	0.07～0.16	0.09～0.16
	10^6 Hz	0.006～0.019	0.04～0.14	0.09～0.10
耐电弧/s		60～80	—	—
击穿强度(短时,20℃)/(kV/mm)		9～12	8～10	—
介电强度(60Hz)/(kV/mm)		14.7～29.5	26.5	9.85～35.0

PVC 塑料的电性能还取决于配方设计，不同配方制得的 PVC 绝缘材料适用于不同的场合。通常 PVC 受热时分解产生的氯离子会导致电绝缘性能明显下降，因而 PVC 作为绝缘材料使用时配方中常选用呈碱性的铅盐类热稳定剂，以中和所产生的 HCl，而选用不同的增塑体系对所制得绝缘材料的耐寒性和耐热性有较大影响。此外，PVC 树脂的电性能与聚合方法有关，乳液法树脂中因残留有乳化剂等杂质，电性能较悬浮法树脂差。

(6) 阻燃性

PVC 分子链组成中，约含 57%（质量分数）的氯元素，从而赋予材料良好的阻燃性，氧指数约为 47%，即使在强火源下着火也可以自熄。但实际的加工应用中塑化剂等助剂的使用会导致 PVC 氧指数明显降低。

(7) 卫生性

PVC 问世早期，普遍认为 PVC 树脂的卫生性差，很少用于食品工业。但慢性毒性试验表明，工业生产的 PVC 树脂本身是无毒的，它的卫生性问题主要在两个方面：一是树脂中残留的氯乙烯单体被证明对人体有害；二是所使用的许多塑料助剂，尤其是热稳定剂有些具有不同程度的毒性。近年来，随着 PVC 合成技术水平的提高，PVC 树脂中氯乙烯单体的含量成功地降低到 5×10^{-6} 以下，基本上解决了树脂中氯乙烯单体含量过高的问题，可生产出食品级 PVC 树脂。同时，通过无毒助剂的选用，合理的配方，可以制得满足卫生要求的 PVC 制品，如无毒 PVC 透明片材、热收缩薄膜等，已广泛应用于食品包装行业。

除毒性外，PVC 的卫生性还应考虑助剂的析出和在溶剂中的溶解度问题。因而在满足制品性能和成型加工要求的条件下应尽量减少塑料中助剂的用量，选择耐析出、耐溶剂抽出的助剂品种。比如使用聚酯类增塑剂以及其他分子量高的聚合物，既能降低成型加工温度，增加柔韧性，又能大大降低溶剂抽出量。

(8) 结晶性

在 50～60℃ 聚合的 PVC 树脂主要是无定形聚合物。然而，射线衍射图像确实显示出少量的结晶性，一般估计为 5%～10%，也有一些资料和研究认为 PVC 的结晶度在 3.5%，且比较稳定。Natta 在研究 PVC 定向纤维时得出结论，这些晶体是正交晶系。在聚合初期，PVC 大分子浓度较低时，这种片晶也许是可能发生的，只是到较高的转化率时，PVC 大分子浓度高，相互缠绕，再加上分支增多，此种片晶就难以生成。

PVC 片晶密度为 1.53g/cm³（普通 PVC 密度为 1.50g/cm³），熔点为 175℃，十分稳定，在高浓度增塑剂存在的塑化 PVC 中还能发现片晶。蠕变实验和松弛研究表明，结晶度是造成塑化 PVC 存在内应力的原因。在硬质 PVC 加工过程中这些晶体也是很难融化塑炼的，顽固地保持原有状态。PVC 的结晶度随聚合温度的降低而提高，原因是间规立构型链段增多和支链数目的减少。据报道 50℃、60℃、75℃ 制备的 PVC 树脂结晶度分别为 20%、25% 和 27%。

（9）加工性

PVC 是热敏性树脂，成型加工中极易受热分解。黏流温度为 136℃，分解温度为 140℃，通过加入增塑剂降低黏流温度，加入稳定剂提高分解温度，从而拓宽 PVC 的加工温度区间。PVC 熔体为假塑性流体，熔体黏度大小主要受剪切速率的影响，剪切速率增大，黏度下降较多。温度升高也会使其黏度下降，但容易导致分解，宜采用增大剪切速率来改善熔体流动性。PVC 熔融速率慢，熔体强度低，易引起熔体流动缺陷，需加入助剂加快树脂的熔融，以改善流动性。PVC 中的少量晶态不易塑化，对加工及制品性能不利，也需要加入增塑剂等助剂。聚丙烯酸酯类共聚物（ACR）是 PVC 最常用的加工改性剂。

中北大学塑料研究所在国内最早开展了亚乙基双硬脂酰胺（EBS）合成及应用研究并公开了有关技术，EBS 是 PVC 非常有效的加工改性剂，可有效改善 PVC 的流动性、树脂与助剂间的相容性、制品表面的光亮性、部分抑制 PVC 制品的泛黄。EBS 还是 ABS 改性中迄今为止无可替代的添加改性剂，有效地解决了 ABS 中添加各种助剂时的性能突变问题。

此外，成型加工应避免物料长时间受热。挤出成型时，用深螺槽螺杆以防止强烈的剪切导致物料分解；螺杆长径比不宜过大，防止树脂在挤出机内停留时间过长引起物料分解。注射成型时一般使用螺杆注塑机，尽量采用快速塑化和高速注射工艺，以减少物料在料筒中的停滞时间；模具上应设置排气孔以便及时排出可能产生的 HCl 气体。设备、模具与 PVC 熔体接触的部分应注意防腐处理。

1.1.3.4 各类 PVC 的性能

悬浮法 PVC 牌号及性能见表 1-9。

表 1-9 悬浮法 PVC 牌号及性能

指标	测试方法	国际牌号					
		SG-7	SG-6	SG-5	SG-4	SG-3	SG-2
比黏度	JIS K6721	0.262~0.293	0.291~0.319	0.318~0.345	0.355~0.380	0.389~0.412	0.411~0.433
平均聚合度	JIS K6721	655~750	750~850	850~950	1000~1100	1150~1250	1250~1350
表观密度/(g/cm³)	JIS K6721	0.52~0.62	0.51~0.61	0.50~0.60	0.47~0.57	0.44~0.54	0.42~0.52
粒度(>350μm)/%		0.1	0.1	0.1	0.1	0.1	0.1
粒度(<149μm)/%		25~93	25~95	25~95	30~70	30~70	30~70
挥发物/%	JIS K6721	0.4	0.4	0.3	0.3	0.3	0.3
增塑剂吸收/%	SEP 51009	14	14	10	22	25	27
残留 VCM/(mg/kg)	SEP 51009	10	10	10	7	5	5
鱼眼/(粒/100cm²)		约 50	约 50	约 100	约 50	约 50	约 50
体积电阻率/Ω·cm					$1×10^{14}$	$1×10^{14}$	$1×10^{14}$
杂粒(粒/100g)		约 50	约 50	约 50	约 50	约 50	约 50

1.1.4 PS

聚苯乙烯（polystyrene，PS）为五大通用塑料之一，是最早实现工业化的热塑性塑料之一。是由苯乙烯单体经自由基加聚反应合成的聚合物。不同聚合条件可得到分子链构型不同的无规、等规和间规聚合物，用作塑料的主要是无规 PS 和间规 PS。PS 原料来源丰富，聚合工艺简单，价格低廉，且轻质、吸水低、尺寸稳定、易加工、易着色、电性能好、透明性好。PS 可用注塑、挤出、吹塑、热成型、发泡、模压等方法加工成各种产品，广泛用于仪器、仪表、电器元件、电视、玩具、日用品、家电、文具、包装和建筑保温等领域。2013年，我国 PS 产能增加 18 万吨/年，达到 813 万吨/年。德国 Ceresana 研究公司在有关 PS 市场的报告中称，预计到 2020 年全球 PS 销售额将增至大约 260 亿美元，尤其在发泡 PS 方面，亚洲市场将是 EPS 的最大消费者，占全球需求的 54%。

1.1.4.1 PS 结构

PS 为纯烃类化合物，分子主链为饱和的 C—C 链。PS 具有较好的化学惰性和优良的电绝缘性。PS 分子呈弱极性，吸湿性小，即使在潮湿环境中仍能保持良好的电绝缘性。自由基聚合的本体法和悬浮法 PS，大分子链立构规整性差，基本呈无规构型，这使得 PS 结晶度很低，为典型的无定形热塑性聚合物，具有良好的透明性。聚苯乙烯大分子链上存在体积较大的苯环，空间位阻效应较大，阻碍 C—C 内旋，链段运动受阻，使得 PS 大分子链较为僵硬。宏观上表现出刚而脆的性质，其产品在成型工艺条件不当的情况下易产生内应力。由于体积效应削弱了聚苯乙烯的分子间作用力，分子热运动相对容易，大分子间容易产生滑移，熔体具有很好的流动性，易于模塑成型。

因为 PS 具有良好的透光性，加之苯环共轭体系能将辐射能在苯环上均匀分配，减少了局部激发，从而减弱了光辐射对聚合物的破坏作用，所以 PS 具有较好的耐辐射性，但在大剂量辐射能作用下，性能会发生明显变化。PS 大分子每个链节上都有一个叔碳原子，另外，自由基聚合反应的链转移和链终止反应，会产生少量的支链和不饱和结构，这些都会构成氧化敏感点。但 PS 的耐氧化性并不很差，它比 PP 等聚烯烃要稳定得多，这主要是苯环的体积效应及共轭效应削弱了叔氢原子的反应活性所致。

工业生产的 PS 分子量为 4 万～20 万，分子量的大小及分布与聚合方法和聚合条件有关，分子量对 PS 的力学性能有较大影响。

1.1.4.2 PS 的性能

市售 PS 原料为无色透明粒料，密度为 $1.05g/cm^3$，无臭、无味、无毒。PS 易着色，可制成各种色泽鲜艳的制品，制品外观给人质硬、刚脆似玻璃的感觉，易折不易弯，轻掷或敲击时发出金属般的清脆声响。PS 易燃，离火仍可继续燃烧，燃烧时软化、起泡，火焰为橙黄色，产生大量黑烟并伴有苯乙烯单体的甜香味。

（1）力学性能

PS 分子及其聚集态结构决定其为刚硬的脆性材料，在应力作用下表现为脆性断裂，PS 的力学性能如表 1-10 所示。

表 1-10　PS 的力学性能

性能	本体法 PS	悬浮法 PS	性能	本体法 PS	悬浮法 PS
拉伸强度/MPa	45	50	拉伸弹性模量/MPa	3300	
弯曲强度/MPa	100	105	冲击强度（无缺口）/(kJ/m²)	12	16

PS 拉伸弹性模量和弯曲强度较高，但冲击强度很低，是刚脆的塑料。并且在成型加工中容易产生内应力，在较低的外力作用下即产生应力开裂，所以 PS 制品在使用中常表现出较低的机械强度。分子量对 PS 的力学性能有较大影响，分子量增大，其力学性能提高，但并非呈线性关系。分子量在 5 万以下，PS 的拉伸强度较低，随着分子量增加，拉伸强度增大，超过 10 万时，拉伸强度增加不明显。

除结构因素外，PS 的力学性能与载荷的大小、承载时间、环境温度有密切关系。在载荷的长期作用下，拉伸强度会下降到原来的 $1/4\sim1/3$。温度上升，拉伸强度、弯曲强度、压缩强度均会显著下降，冲击强度也会下降，但降幅很小。

（2）热性能

PS 维卡软化点 $75\sim92℃$，热变形温度（18.2MPa 下）$87\sim92℃$，因而连续使用温度为 $60\sim70℃$，最高不宜超过 $80℃$；无明显熔点，$120\sim180℃$ 成为黏稠液体，脆化温度 $-30℃$ 左右，分解温度 $300℃$ 以上。

PS 的热性能受分子量影响较小，受单体及其他杂质含量影响较大。

PS 的热导率较低，为 $0.04\sim0.15W/(kg\cdot K)$，几乎不随温度变化，因而具有良好的隔热性，其泡沫制品常被用于保温场合。它的比热容较低，约为 $1.33kJ/(kg\cdot K)$，但随温度升高会有所增大。聚苯乙烯的线膨胀系数较大，变化范围为 $(6\sim8)\times10^{-5}/℃$，增塑会使此值增大，填充则使此值降低。

（3）化学性能

PS 耐蚀性较好，耐溶剂性、耐氧化性较差，耐各种碱、盐及其水溶液，对低级醇类和某些酸（如硫酸、磷酸、硼酸、质量分数为 $10\%\sim30\%$ 的盐酸、质量分数为 $1\%\sim25\%$ 的乙酸、质量分数为 $1\%\sim90\%$ 的甲酸）也是稳定的，但是浓硝酸和其他氧化剂能使之破坏。PS 能溶于许多与其溶解度参数相近的有机溶剂中，如四氯乙烷、苯乙烯、异丙苯、苯、氯仿、二甲苯、甲苯、四氯化碳、甲乙酮、酯类等，不溶于矿物油、脂肪烃类（如己烷、庚烷等）、乙醚、丙酮、苯酚等，但能被它们溶胀。许多非溶剂物质，如高级醇类和油类，可使聚苯乙烯产生应力开裂或溶胀。

PS 在热、氧及大气条件下易发生老化现象，造成大分子链的断裂和显色，当体系中含有微量的单体、硫化物等杂质时更易老化，因此，PS 制品在长期使用中会变黄发脆。

（4）电性能

PS 具有优良的电性能，体积电阻率和表面电阻率分别高达 $10^{16}\sim10^{18}\Omega\cdot cm$ 和 $10^{15}\sim10^{18}\Omega$。介电损耗角正切值极低，在 60Hz 时约为 $(1\sim6)\times10^{-4}$，并且不受频率和环境温度、湿度变化的影响，是优异的电绝缘材料。由于在 $300℃$ 以上开始解聚，挥发出的单体能防止其表面碳化，因而还具有良好的耐电弧性。PS 的电性能主要受材料纯度的影响，不同聚合方法制得的 PS 中，本体聚合的 PS 杂质含量最少，因而电性能较好。

（5）光学性能

PS 具有优良的光学性能，透光率达 $88\%\sim92\%$，折射率为 $1.59\sim1.60$，可透过所有波长的可见光，透明性在塑料中仅次于有机玻璃等丙烯酸类聚合物。但因 PS 耐候性较差，长期使用或存放时受阳光、灰尘作用，会出现混浊、发黄等现象，因而用 PS 制作光学部件等高透明制品时需考虑加入适当品种和用量的防老剂。

（6）燃烧性能

PS 的热解过程非常复杂，涉及主链断链、碳氢键断链、脱氢、自由基复合、歧化等诸多反应。在 PS 中，取代基苯环使碳碳主链较 PE、PP 更为伸展，从而具有更高的玻璃化温度。在热降解过程中，它能帮助 PS 生成较为稳定的自由基，因此热分解生成大量单体和二聚体等，为 PS 阻燃性能带来较大困难。魏颜渊等研究发现纯的 EPS 泡沫是非常容易燃烧的聚合物，氧指数仅为 17%，一点就着，垂直燃烧无等级，PHRR 高达 354kW/m²，总热释放也高达 24.9MJ/m²，且燃烧时产生大量烟雾，燃烧速度非常快。

（7）加工性能

PS 是比较易成型加工的塑料品种之一，成型温度范围宽、熔体强度低、成型收缩率低，适用于各种加工方法。PS 吸水率低，约为 0.05%，用于一般制品的原料加工前不必干燥；PS 熔体分子间作用力小，熔体黏度低，属于假塑性非牛顿流体，提高温度和剪切速率均能降低 PS 熔体黏度，但增大剪切速率黏度降低更明显；PS 为无定形态，无明显熔点，熔融温度范围宽且稳定性好，95℃左右开始软化，120~180℃成为流体，300℃以上开始分解，成型加工温度区间宽；比热容低，塑化速率和固化速率较快，成型周期短，能耗低；成型收缩率低于 0.45%，制品尺寸稳定；分子链刚性大，玻璃化温度高，成型过程中的剪切取向和分子形变不易松弛，容易使制品产生内应力，必要时需进行热处理消除内应力。

1.1.4.3 通用 PS 的牌号及性能

通用 PS 的牌号及性能见表 1-11。

表 1-11 通用 PS 的牌号及性能

项目	拉伸强度/MPa	伸长率/%	弯曲模量/MPa	弯曲强度/MPa	洛氏硬度	悬臂梁冲击强度/(kJ/m²)		软化点/℃	热变形温度/℃	密度/(g/cm³)	熔体流动速率/(g/10min)	燃烧性
ASTM 试验法	D638	D638	D790	D790	D785	D256 3.18mm	6.35mm	D1525	D648	D792	D1238	UL94
PG-22	42	1.7	3	65	M75	1.5	1.4	94	76	1.05	10.0/28.0	1.59HB
PG-33	44	2	3.1	71	M76	1.6	1.5	96	78	1.05	7.5/18.0	1.59HB
PG-79	46	2	3.1	75	M77	1.7	1.6	96	79	1.05	6.0/17.0	1.59HB
PG-80	48	2	3.2	85	M80	1.7	1.6	101	83	1.05	4.0/12.0	1.59HB
PG-383	54	2	3.3	87	M82	1.8	1.7	104	86	1.05	2.2/8.5	1.59HB
PH-55Y	25	30	2.6	45	L85	6.5	5.5	95	80	1.05	8.0/22.0	1.59HB
PH-60	30	30	2.6	55	L87	6.5	5.5	101	82	1.05	4.0/11.0	1.59HB
PH-88	25	40	2	38	L75	11	9	99	82	1.05	4.5/14.5	1.59HB
PH-88H	30	40	2	40	L77	10	8.5	102	85	1.05	1.5/11.0	1.59HB
PH-88S	24	45	2.6	36	L67	12	10.5	100	83	1.05	3.0/8.5	1.59HB
PH-99	25	35	2.1	43	L77	7	6	90	74	1.05	6.0/13.0	1.59HB
PH-882	24	30	1.9	40	L70	8	7.2	96	79	1.05	6.5/19.5	1.59V-2
PH-88E	24	30	1.8	40	L70	8.5	7	96	79	1.05	6.5/19.5	1.59V-0
PH-88U	24	40	1.9	40	L70	9	7.5	96	78	1.05	7.0/20.0	1.59V-0

1.2 通用塑料工程化改性概况

经过多年发展，我国塑料工业取得巨大进步，我国不仅是世界第一大塑料生产国，而且已成为世界第一大塑料消费国。以塑代钢，有利于降低制品的密度，提高材料的比强度和比模量，充分发挥塑料材料易成型、耐生物侵蚀、耐化学腐蚀的优点，如塑料制品的耐酸、碱、盐的化学腐蚀性普遍优于金属制品，交通运输上的以塑代钢有利于节能减排。以塑代木，尤其在建材上的应用，有利于环保和节省自然资源。

1.2.1 工程化改性目的

工程塑料是通用工程塑料和特种工程塑料（又称高性能工程塑料或耐热工程塑料）的总称，通常指在机械、汽车、电子、电气和航空、航天等工业上可以代替某些金属作为结构材料，且某些性能和用途又非一般金属所能比拟和代替的塑料。工程塑料的拉伸强度一般在50MPa以上，弯曲模量在2GPa以上，冲击强度高于60J/m。长期使用温度在100℃以上的塑料称为通用工程塑料，特种工程塑料力学性能与通用工程塑料相近，但长期使用温度在150℃以上，甚至有些高于300℃。

工程塑料以其强度高、耐环境性能好、耐热性优异等优点，受到工业界的青睐。但因其价格较高，部分种类工程塑料成型加工性不好，如聚苯硫醚、聚醚酮、聚四氟乙烯、聚醚醚酮等，在很大程度上限制了其推广应用，往往只能用于某些特殊场合及特殊零部件。

通用塑料技术成熟、价格低廉、成型方便，应用非常广泛。但其在结构强度、冲击韧性、耐高低温性、耐老化等性能上难以满足工程化应用的要求。依据不同用途，通过不同途径，有针对性地对通用塑料进行工程化改性，可以提高其性能，进一步扩大应用领域，降低材料成本等。

在我国，由于中低档塑料产品的重复交叉，盲目过度发展，而高新技术产品研发迟缓，致使我国塑料工业在产品结构方面存在诸多问题，通用塑料产品多、中低档产品多、高技术含量高附加值产品少，高技术性能产品仍需进口等。

因此，通用塑料工程化改性及应用，是当前材料开发中一个重要方向。

1.2.2 改性加工常用设备

1.2.2.1 初混设备

物料在非熔融状态下进行混合所用的设备，常见的有转鼓式混合机、双锥混合机、螺带混合机、Z形捏合机、高速混合机等。

（1）转鼓式混合机

如图1-3所示，转鼓式混合机混合室两端与驱动轴相连接，当驱动轴转动时，混合室内的物料即在垂直平面内回转，初始位于混合室底部的物料由于黏结作用以及物料与侧壁间的摩擦力随鼓升起。又由于离心力作用物料趋于靠近壁面，使物料间以及物料与混合室内壁的作用力增大。当物料升至一定高度时，在重力作用下落到底部，接着又升起，如此循环往复，使物料在垂直方向反复重叠、换位，从而达到分布混合的目的。

（2）双锥混合机

如图1-4所示，双锥混合机是使用最广

图1-3 转鼓式混合机

泛的滚筒类混合设备，它的混合室是由一段圆柱形筒与两个截圆锥（或一段棱柱与两个棱锥）连接而成，混合室与驱动轴相连接，当传动装置带动驱动轴转动时，混合室随之旋转，室内的物料形成了如同转鼓式混合机内的上、下翻转运动，同时由于混合室的锥形结构，迫使物料在上下运动过程中产生轴向移动，于是产生了纵横两向的分布混合。应当注意，对于结构对称式的双锥混合机，当对顶的两锥位于垂直平面内时，在重力作用下，物料将从锥顶落向回转中心平面，而旋转运动产生的离心力又使物

图 1-4 双锥混合机

料趋向于向锥顶运动，如两者的作用相平衡时，物料将处于实际上的停滞状态。为避免上述情况发生，一方面可采用调整锥筒旋转速度的方法，另一方面可在锥筒内设置折流板，还可将两个对顶锥设计成不对称的。双锥混合机主要用于固态物料的分布混合，也可用于固态物料与少量液态物料的混合。如果在锥筒内装有折流板，可使物料团块破碎，因而具有一定的分散能力。

（3）螺带混合机

螺带混合机即转子呈螺带状的混合机。根据螺带的个数或旋向将螺带混合机分为单螺带混合机和多螺带混合机；根据螺带的安装位置可分为卧式螺带混合机、立式螺带混合机和斜式螺带混合机。如图 1-5 所示，卧式单螺带混合机是最简单的螺带混合机，当螺带旋转时，螺带推力棱面带动与其接触的物料沿螺旋方向移动。由于物料之间的相互摩擦作用，使得物料上下翻滚，同时部分物料也沿着螺旋方向滑移，这样就形成了螺带推力棱面一侧部分物料发生螺旋状的轴向移动，而螺带上部与四周的物料又补充到螺带推力面的背侧（拖曳侧），于是发生了螺带中心处物料与四周物料的位置更换。随着螺带的旋转，推力棱面一侧的物料渐渐堆积，物料的轴向移动现象减弱，仅发生上下翻转运动，所以卧式单螺带混合机主要是靠物料的上下运动达到径向分布混合的。在轴线方向，物料的分布作用很弱，因而混合效果

图 1-5 卧式单螺带混合机

图1-6　螺带

并不理想。

双螺带混合机的两根螺带的螺旋方向是相反的，如图1-6所示，当螺带转轴旋转时，两根螺带同时搅动物料上下翻转，由于两根螺带外缘回转半径不同，对物料的搅动速度便不相同，显然有利于径向分布混合。与此同时，外螺带将物料从右端推向左端，而内螺带（外缘回转半径小的螺带）又将物料从左端推向右端，使物料形成了在混合室轴向的往复运动，产生了轴向的分布混合。双螺带混合机对物料的搅动作用较为强烈，因而除了具有分布作用外，尚有部分分散作用，例如可使部分物料结块破碎。

螺带混合机的混合作用较为柔和，产生的摩擦热很少，一般不需冷却，除了作为一般混合设备外，还可作为冷却混合设备，即将经热混合器混合后的热料排入螺带混合机内，一边经螺带再混合，一边冷却，使排出的物料温度较低，便于存储，用于冷却混合。

（4）Z形捏合机

Z形捏合机又称双臂捏合机或Sigma桨叶捏合机，如图1-7所示，是广泛用于塑料和橡胶等高分子材料的混合设备。Z形捏合机主要由转子、混合室及驱动装置组成。转子装在混合室内，转子类型很多。混合室是一个W形或鞍形底部的钢槽，上部有盖和加料口，下部一般设有排料口。钢槽呈夹套式，可通入加热冷却介质。有的高精度混合室还设有真空装置，可在混合过程中排出水分与挥发物。

转子在混合室内的安装形式有两种，一种为相切式安装，另一种为相交式安装。相切式安装时，两转子外缘运动迹线是相切的，相交式安装时，两转子外缘运动迹线是相交的。相切式安装时，转子可以同向旋转，也可异向旋转，转子间速比为1.5∶1、2∶1或3∶1。相交式安装的转子因外缘运动迹线相交，只能同速旋转。相交式安装的转子其外缘与混合室壁间隙很小，一般在1mm左右。在这样小的间隙中，物料将受到强烈剪切、挤压。这一作用一方面可以增

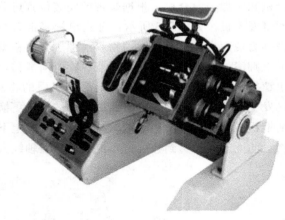

图1-7　Z形捏合机

加混合（或捏合）效果，另一方面可以有效地除掉混合室壁上的滞料，有自洁作用。

一般认为，转子相切式安装由于有两个剪切分散区域，更适用于以分散混合为主的混合过程。转子相交式安装有一个剪切区域，但分布作用强烈，更适用于以分布混合为主的混合过程。

（5）高速混合机

高速混合机是使用极为广泛的塑料混合设备，可用于混色、制取母料、配料及共混材料的预混。普通高速混合机由混合室（又称混合锅）、叶轮、折流板、回转盖、排料装置及传动装置等组成，如图1-8所示。混合室呈圆筒形，是由内层、加热冷却夹套、绝热层和外套

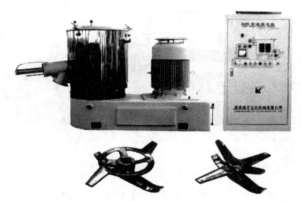

图 1-8 高速混合机和叶轮

组成。内层具有很高的耐磨性和光洁度。上部与回转盖连接，下部有排料口，为了排除混合室内的水分与挥发物，有的还装有抽真空装置。叶轮是高速混合机的主要部件，与驱动轴相连，可在混合室内高速旋转。高速混合机的叶轮形式很多。折流板断面呈流线型，悬挂在回转盖上，可根据混合室内物料的多少调节其悬挂高度。折流板内部为空腔，装有热电偶，测试物料温度。混合室下部有排料口，位于物料旋转并被抛起时经过的地方。排料口接有气动排料阀门，可以迅速开启阀门排料。

当高速混合机工作时，高速旋转的叶轮借助表面与物料的摩擦力和侧面对物料的推力使物料沿叶轮切向运动。同时，由于离心力的作用，物料被抛向混合室内壁，并且沿壁面上升，当升到一定高度后，由于重力作用，又落回到叶轮中心，接着又被抛起。这种上升运动与切向运动的结合，使物料实际上处于连续的螺旋状上下运动状态。由于叶轮转速很高，物料运动速度也很快，快速运动着的粒子间相互碰撞、摩擦，使得团块破碎，物料温度相应升高，同时迅速地进行着交叉混合，这些作用促进了组分的均匀分布和对液态添加剂的吸收。混合室内的折流板进一步搅乱了物料流态，使物料形成无规运动，并在折流板附近形成很强的涡旋。对于高位安装的叶轮，物料在叶轮上下都形成了连续交叉流动，因而混合更快。混合结束后，夹套内通冷却介质，冷却后的物料在叶轮作用下由排料口排出。高速混合机混合速度非常之快，这对于那些热敏性的或不宜经受过长"热历程"的物料是十分有利的。就一般配料而言，使用高速混合机是有效的和经济的。物料填充率也是影响混合质量的一个因素，填充率小时，物料流动空间大，有利于混合，但由于填充量小而影响产量；填充率大时，又影响混合效果，所以选择适当的填充率是必要的，一般填充率在 0.5～0.7 较为适宜。对于高位式叶轮，填充率可达 0.9。高速混合机是一种高强度、高效率的混合设备，混合时间短，一般是几分钟，很适合中、小批量的混合。

1.2.2.2 间歇式熔融混合设备

（1）开炼机

开炼机又称两辊开炼机，历史悠久，价格低廉，现在仍在大量应用。开炼机是通过两根转动的辊筒将物料混合或使物料达到规定状态的一种间歇混合设备，如图 1-9 所示。经过配料、捏合的物料，再经过开炼机的混合与塑化，可以制成半成品。开炼机是一种最早出现的混炼设备。

开炼机工作时，经取样可以直接观察到物料在混合过程中的变化，从而能及时调整操作工艺及配方，达到预定的混合目的，特别是对那些其物性尚不完全清楚的物料，用开炼机比

图 1-9　双辊开炼机

用其他混炼方法更有利于探索最适宜的工艺操作条件；在开炼机上可随时观察到热固性材料的固化程度；开炼机结构简单、混炼强度高、价格低廉。同时，开炼机也存在一些不足，工人的劳动强度大，劳动条件差；能量利用不够合理，物料易发生氧化；间歇操作容易导致不同批次的物料质量有差别。

开炼机工作时，两个辊筒相向回转，且速度不等。堆放在辊筒上的物料由于与辊筒表面的摩擦和黏附作用以及物料之间的黏结力而被拉入辊隙之内，在辊隙内物料受到强烈的挤压与剪切，这种剪切使物料产生大的形变，从而增加了各组分之间的界面，产生了分布混合。该剪切也使物料受到大的应力，当应力大于（固相）物料的结合应力时，物料就会分散开。通过辊隙时，料层变薄且包在温度较高的辊筒上，加上承受剪切时产生的热量，物料即渐趋熔融或软化。此过程反复进行，直至达到预期的熔融塑化和混合状态，塑炼即告完成，随即可出片造粒或为其他设备供料。影响开炼机熔融塑化和混合质量的因素有辊筒温度、辊距大小、辊筒速度、物料在辊隙上方的堆放量以及使物料沿辊筒轴线方向的分布和换位等。

（2）密炼机

密炼机是在开炼机基础上发展起来的一种高强度间隙混合设备。由于密炼机的混炼室是密闭的，在混合过程中物料不会外泄，因此，避免了物料中的添加剂在混合过程中的氧化与挥发，并且可以加入液态添加剂。密炼机的密闭混合有效地改善了工作环境，降低了工人的劳动强度，缩短了生产周期，为自动控制技术的应用提供了条件。最早的密炼机是 1916 年 Banbury（本伯里）发明的，又称为 Banbury 密炼机或椭圆形转子密炼机。1934 年，英国的 Franis　Shaw 公司研制出 Shaw 密炼机，也称圆筒形转子密炼机。密炼机最早用于橡胶的混炼和塑炼，继而又在塑料混合中得到了广泛的应用。

密炼机的混炼室是一个断面为∞形的封闭空腔，内装一对转子，转子两端有密封装置，用来防止物料从转子转轴处漏出，如图 1-10 所示。混炼室上部有加料及压料装置。加料装置由一个斗形加料口和翻板门组成。压料装置由上顶栓和气缸组成，上顶栓与活塞杆及活塞相连接。卸料装置设在混炼室下部，由下顶栓、下顶栓开闭装置及锁紧装置组成。翻板门的开闭、上顶栓的提起与压下均由气动系统操作装置组成。翻板门的开闭、上顶栓的提起与压下均由气动系统操纵，下顶栓的开启与闭合以及锁紧装置的动作由液压系统操纵。密炼机在工作时，混炼室壁、转子、上顶栓及下顶栓均须加热或冷却，因而配置有加热冷却系统。加热介质一般是蒸汽，冷却介质是水。为了防止在混炼过程中转子发生轴向移动或重新调整转子轴向位置，当转子轴承采用滑动轴承时，一般设有轴向调整装置。当采用滚动轴承时，转子轴向力由轴承承受，转子与混炼室壁间的间隙一经调定，不必再设定轴向调整装置。密炼机工作时，翻板门开启，物料由加料口加入，翻板门关闭，上顶栓在气压驱动下将物料压入混炼室，在工作过程中，上顶栓始终压住物料。混合完毕后，下顶栓开启，物料由排料口排出。排出的物料一般加入排料挤出机，可进行造粒或直接挤成片材。转子是密炼机的核心部件，转子结构是决定混炼性能的关键因素之一。传统的 Banbury 转子是两棱椭圆形转子，它的工作部分在任一断面均呈椭圆形，转子表面有两条螺旋凸棱，凸棱由转子工作部分两端向中心延伸，一条左旋，一条右旋。两条凸棱一长一短，螺旋角也不相同。转子中心有空腔，可通入加热或冷却介质。

图 1-10 密炼机

为了增大混合能力和生产效率，发展了多棱转子，如三棱及四棱转子。目前，在上述转子的基础上，又研究出了许多新型转子，如在凸棱上开有周向沟槽的转子，在转子工作表面装有销钉的转子。这些新型转子在减少能耗、提高混炼质量、降低混合温度等方面均有突出优点。

1.2.2.3 连续型熔融混炼设备

连续混炼机有单螺杆挤出机，双螺杆挤出机，FCM（LCM），往复式单螺杆混炼挤出机（Buss Kneader），行星螺杆挤出机等。

（1）单螺杆挤出机

单螺杆挤出机如图 1-11 所示。常规单螺杆挤出机螺杆一般分为三段，即具有较深螺槽且槽深不变的加料段，螺槽深度沿着出料方向由深变浅的压缩段（熔融段），以及具有较浅

图 1-11 单螺杆挤出机

螺槽且槽深不变的计量段（均化段），挤出过程相对应的功能即固体输送、熔化、熔体输送。螺杆的尾部为一圆柱体，大小应该按照国家标准选定，尾部用一个或几个键槽或花键与传动装置相连。螺杆直径的单位为 mm，直径标准系列为 30mm、45mm、65mm、90mm、120mm、150mm、200mm。挤出机在工作状态时，螺杆可能承受很高的扭矩负载，尤其在加料段，螺杆的槽深较深，螺杆的截面积较小，有时螺杆内部还需通冷却水冷却，进一步减小了加料段的截面积。因此螺杆为了要承受很高的负载，必须采用高强度的材料。国内常采用 38CrMoAl 制造螺杆，表面氮化处理增强其耐磨和耐腐蚀。

螺杆直径大小以及结构形式的确定，主要根据生产产品的产量、规格、被加工料的种类和各种结构螺杆的特性来决定。普通单螺杆挤出机的螺杆是属于从加料段至均化段为全螺纹的螺杆。其螺纹升程和螺槽深度的变化可分为三种形式，即等距变深螺杆、等深变距螺杆和变距变深螺杆。对常规单螺杆挤出机，一方面，由于螺杆槽深较深，难以提供很高的剪切速率，因而也难以提供大的剪切应变；另一方面，熔体在螺槽中向前输送时，很难不断地调整界面取向使之与剪切方向处于最佳角度（45°或 135°），因而也难以获得大的界面增长，对混合不利。此外，为了获得混合均匀的混合物，希望挤出机不但能提供良好的横向混合（即垂直于料流方向截面上的混合，是由横流引起的混合），而且能提供良好的纵向混合（料流方向的混合）。常规单螺杆挤出机的径向混合效果差，物料在挤出机中的停留时间分布函数分布窄，也不能实现良好的纵向混合。分散混合的混合效果主要取决于剪切应力的大小。而要提高剪切应力，必须提高剪切速率。对于常规单螺杆挤出机提高剪切速率的方法有两个：一是减小熔体输送区的螺槽深度；二是提高螺杆转速。但实际上单螺杆挤出机熔体输送段的槽深不可能很小，所以难以提供高剪切；螺杆的转速也不能太高，特别是对于那些对剪切敏感的物料，过高的螺杆转速易引起物料的降解。因此普通的单螺杆挤出机很难获得满意的混合分散效果，为了提高单螺杆挤出机的混炼效果，通常可适当增大螺杆的长径比，但过大的长径比会给制造带来困难。所以一般通过采用新型螺杆来提高剪切速率、延长混炼作用时间和加强对混合物的分割和扰动，从而提高混合分散效果。

新型螺杆的种类很多，有些结构的新型螺杆是为了提高塑化能力和塑化质量，有的则是为了提高均化质量和混合质量。常见的几种新型螺杆（元件）按其结构和工作原理可分为：分离型螺杆、分流型螺杆、屏障型螺杆、静态混合器、组合螺杆等。

① 分离型螺杆的结构与混合特点　分离型螺杆的加料段和均化段与普通螺杆结构相似，不同之处是在加料段的末端设置一条起屏障作用的附加螺纹（简称副螺纹，也称屏障螺纹），其外径小于主螺纹，副螺纹始端与主螺纹相交。由于副螺纹的升程与主螺纹不同，在固体物料熔融结束之处或者是相当于普通螺杆熔融段末端与主螺纹相交。副螺纹后缘与主螺纹推进面所构成的液相槽宽度从窄变宽，直通至螺杆头部。副螺纹推进面与主螺纹后缘构成的固相槽宽度从宽变窄，固相槽与加料段螺槽相通，在分离段（熔融段）末端结束。固相槽与液相槽的螺槽深度都从加料段末端的螺槽深度 H_1 逐渐变化到均化段螺槽深度 H_3。副螺纹与料筒内壁形成的径向间隙 δ_1 大于主螺纹与料筒内壁的间隙 δ，但只能让熔料通过，而一般未熔固体颗粒不能通过。这种螺杆被称为 BM 型螺杆。Barr 分离型螺杆与 BM 型螺杆的原理类似，只是其附加螺纹所形成的固相和液相螺槽宽度不变，而固相槽深度逐渐变浅，液相槽深度则逐渐变深至均段段起始处再突变至均化段槽深。Barr 螺杆的优点是能保持固体床与料筒的接触面积不变，有利于热传导。它的机械加工也要比 BM 型螺杆容易。BM 螺杆和Barr 螺杆的附加螺纹一般由螺杆全长的 1/3 处开始，在螺杆全长的 2/3 处结束。BM 螺杆、

Barr 螺杆比常规螺杆有更高的减压能力，这对混合有利，如图 1-12 所示。

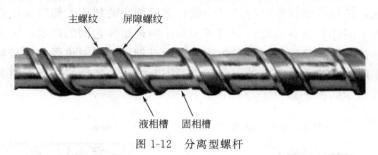

图 1-12 分离型螺杆

分离型螺杆与普通螺杆相比，可提高转速，从而提高生产能力，同时也可获得较大的剪切速率，有利于混合。设备单位产量的能耗也有所下降，螺杆对机头压力变化的适应性较强。

② 屏障型螺杆的结构与特点 屏障型螺杆是由分离型螺杆变化而来的，它在普通螺杆的某一位置设置屏障段（也称 Maddock 元件，图 1-13），以使残余固相彻底熔融和均化。由于在多数情况下，屏障段都设置在靠近螺杆的头部，因此常称为屏障头。将屏障段设置在计量段某一位置，它的混合效果一定比将屏障段设置在螺杆末端好，因为在前者情况下，仍有一定计量段长度用于继续混合。

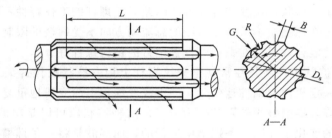

图 1-13 Maddock 元件

当物料从熔融段进入均化段，含有未熔融固体颗粒的熔融料流到达屏障型混炼段后，被分成若干股料流进入混炼段的进料槽，熔融料和粒径小于屏障段的固态小颗粒料越过屏障棱进入出料槽。塑化不良的小颗粒在屏障间隙处受到剪切作用，大量的机械能转变为热能，使小颗粒熔融。此外，由于物料在进、出料槽中一方面作轴向运动，又由于螺杆的旋转作用作圆周运动，两种运动使物料在进、出料槽中作涡状环流运动。这种涡状环流运动促进了在进料槽中的熔料与塑化不良的固体料的热交换，有利于固体的熔融，也有利于熔料进一步的混合均化。料流进入屏障段后，被许多条进料槽分成若干股小料流越过屏障间隙进入出料槽之后又汇合在一起，加上在进、出料槽中的环流运动，物料在屏障段得到了进一步的混合作用。

对于长径比 $L/D=20\sim25$ 的螺杆，Maddock 元件可以放在由螺杆末端算起大约（2～7）D 或 1/3 螺杆全长处。如果为了促进熔融塑化和均化，放在螺杆末端或 $X/W=0.3$ 处即可得到良好效果。Maddock 可以是直槽的，也可以是斜槽的，后者有一定的拖曳流动能力，阻力较小。

③ 销钉型螺杆 销钉型螺杆是在普通螺杆的熔融段或均化段一定位置上设置一些销钉（按一定方式排列），如图 1-14（a）所示。当熔融的物料流经销钉时，销钉将含有固体料或

未彻底熔融的料流分成许多股细小的料流。这些细小的料流在两排销钉之间比较宽阔的位置上又汇合在一起，经过第二排销钉时又被分成许多股细小的料流，然后又汇合。经过这样的过程越多，料流中固体料就有可能被分成更多细小的被熔体包围的碎块，大大增加了与熔体的接触面积，加快了熔融速度。同时，小股料流通过销钉之间时也受到螺杆旋转作用，因此被熔料包围的小碎块在流动过程中的方向和位置不断变化，使物料中不同组分能够很好地被分散和混合，其原理如图1-14（b）所示。

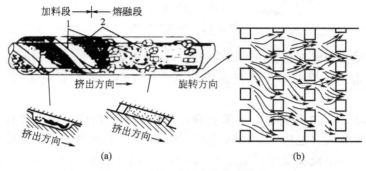

图1-14 销钉对料流的分流情况

1—熔料；2—固体床

按照销钉的数量、形状、尺寸和排列方式的差异，螺杆的工作特性不同。由于这种销钉螺杆的销钉没有设置在螺槽中，熔料在该段的总流动方向不受螺棱的限制，而且销钉的数量比较多，因此熔料的混合效果比在螺槽中设置销钉的销钉螺杆好。

④ 波状螺杆 波状螺杆就是在常规全螺纹螺杆上用一波状段代替某一全螺纹段。波状段的螺槽深度是按一定规律周期性地变化，即由浅变深再由深变浅地重复几个循环。一般把螺槽最浅处称为波峰，螺槽最深处则被称为波谷。这种波状段可以是单波，也可以是双波。单波是指螺槽深度的变化是在同一条螺槽中进行的，而双波是将一条螺槽分为两部分，这两部分的深度按各自的规律周期地变化，但两者之间也有一定的相位关系。双波又分为带附加螺纹（它与料筒的间隙要比主螺纹与料筒的间隙大）和没有附加螺纹两种情况，如图1-15所示，这三种形式的波状螺杆在生产实践中均有应用。

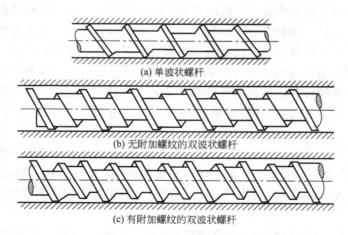

(a) 单波状螺杆

(b) 无附加螺纹的双波状螺杆

(c) 有附加螺纹的双波状螺杆

图1-15 几种典型的波状螺杆

一般波状段设置在计量段。对于普通螺杆，由于其计量段螺槽较浅，已熔融的物料还要在较长时间内承受较高的剪切作用，因此料温不断上升，甚至有可能导致分解，所以螺杆的转速和产量都无法提高。对于波状螺杆，当熔融料在波形螺杆上流动时，每当料流流到波峰处，由于螺槽较浅，剪切作用加剧，内部发热增多，促进了塑料的熔融塑化。但在这一段承受剪切的时间并不长，熔料由波峰迅速流向波谷，由于波谷处螺槽较深，截面积增大，剪切作用减弱，熔料在此阶段停留时间较长，主要完成机械混合和热量扩散的作用，料温不会上升。如此经过几个循环，加速了固体床的破碎，促进了物料的熔融和均化，达到了在高速下实现高挤出量的目的，并能使熔料不致过热分解，混合效果也得到提高。

由于物料在螺槽较深处停留时间较长，受到剪切作用较小，而在螺槽较浅处受到剪切作用虽强烈，但停留时间短，因此物料的温升不大，可以实现低温挤出。波状螺杆与屏障型螺杆、分离型螺杆比较，最大的特点是在整个螺杆上没有死角，不易造成塑料的分解。所以波状螺杆可以实现高速生产，而不会导致过热分解，混合性能较好。如果加工物料中混入了金属杂质或其他硬质颗粒（这在回收料中极易出现），它们无法通过屏障或分离型螺杆的间隙，从而易造成螺杆或料筒的磨损。而波状螺杆不存在这一问题。波状螺杆的产量高，塑化质量好，混炼性能好，适应性强，它不但可用于挤出机也可用于注射机作注射螺杆，可加工大多数热塑性塑料。与常规螺杆相比，双波螺杆的产量明显高于常规螺杆。由于单、双波螺杆都能获得比常规螺杆温度均匀的熔体，可减少热敏性物料的降解。波状螺杆具有综合的混合能力（能进行非分散混合及分散混合），故可用于混合工艺。

⑤ 组合螺杆 组合螺杆不是一个整体，它是由各种不同职能的螺杆元件（如输送元件、混炼元件、压缩元件、剪切元件等）组成的。改变这些元件的种类、数目和组合顺序，可以得到各种特性的螺杆，以适应不同物料和不同制品的加工要求。它可以用于特定物料和特定产品的加工，通过理论分析和实验，就可以找出最佳工作条件，在一定程度上解决了"通用"和"专用"之间的矛盾。

中北大学在单螺杆挤出过程中已经运用到超声在线监测技术来检测观察聚合物的混合状态。

（2）双螺杆挤出机

双螺杆挤出机是应用最广泛的另一种挤出机，可分为：啮合同向双螺杆挤出机，啮合异向双螺杆挤出机（又分平行的，锥形的），非啮合双螺杆挤出机。塑料改性中绝大部分使用的是啮合型同向平行双螺杆挤出机。与欧美等国相比，双螺杆挤出机在我国开始应用的时间较晚，只是到了 20 世纪 80 年代初才开始较多地由国外引进。随着对双螺杆挤出机认识的加深，到 20 世纪 80 年代中期，双螺杆挤出机在我国的应用范围和使用量逐渐扩大，到 20 世纪 90 年代初，我国双螺杆挤出的设计制造发展很快，形成双螺杆挤出机制造热，国产双螺杆挤出机已基本能满足国内一般生产的需求。

双螺杆挤出机组和单螺杆挤出机组均由主机和辅机两大部分组成。主机的作用主要是将聚合物（及各种添加剂）熔融、混合、塑化、定量、定压、定温地由口模挤出进而通过辅机得到半成品（如颗粒）或制品。由传动部分（包括驱动电机、减速箱、扭矩分配器和轴承包等）、挤压部分（主要由螺杆、机筒和排气装置组成）、加热冷却系统、定量加料系统和控制系统组成。辅机包括机头及各种辅机的组成部分，如挤管辅机的冷却定型装置、牵引装置和切割装置、造粒辅机的切粒装置、冷却装置、颗粒的输送、干燥和包装装置等。

双螺杆挤出机的种类很多，可以从不同角度进行分类，如啮合与否，两根螺杆在啮合区螺槽是开放还是封闭，两根螺杆的旋转方向是同向还是异向，螺杆是圆柱形的还是锥形的，或两螺杆轴线是平行还是相交等。

① 啮合与非啮合型双螺杆挤出机　非啮合型双螺杆挤出机也叫外径接触式或相切式双螺杆挤出机，两根螺杆轴线分开的距离至少等于两根螺杆外半径之和；啮合型双螺杆挤出机的两根螺杆轴线间的距离小于两根螺杆外半径之和，即一根螺杆的螺棱插到另一根螺杆的螺槽中。根据啮合程度的不同，又分全啮合型和部分啮合型。全啮合即一根螺杆的螺棱顶部与另一根螺杆的螺槽根部之间不留任何间隙（指几何设计上，非制造装配上）；部分啮合型即一根螺杆的螺棱顶部与另一根螺杆的螺槽根部之间在几何上留有间隙（或通道）。

② 开放与封闭型双螺杆挤出机　开放和封闭是指啮合区螺槽的情况，即指在两根螺杆啮合区的螺槽中，物料是否有沿着螺槽或横过螺槽的可能通道（该通道不包括螺棱顶部和机筒壁之间的间隙或在两螺杆螺棱之间由于加工误差所带来的间隙）。据此可以分为纵向开放或封闭、横向开放或封闭等几种情况。如果一物料从加料口到螺杆末端有通道，物料可由一根螺杆流到另一根螺杆（即沿着螺槽有流动），则叫纵向开放；反之，则叫纵向封闭。纵向封闭意味着两根螺杆上各自形成若干个相互不通的腔室，一根螺杆的螺槽完全被另一根螺杆的螺棱所堵死。在两根螺杆的啮合区，若横过螺棱物料有通道，即物料可以从同一根螺杆的一个螺槽流向相邻的另一个螺槽，或一根螺杆的一个螺槽中的物料可流到另一根螺杆的相邻两个螺槽中，叫横向开放，否则叫横向封闭。横向开放与纵向开放并不是孤立的，如果横向开放，那么必然纵向也开放。

③ 同向和异向旋转双螺杆挤出机　同向旋转双螺杆挤出机的两根螺杆的旋转方向相同，从螺杆外形看，同向旋转的两根螺杆完全相同，螺纹方向一致。异向旋转双螺杆挤出机两根螺杆旋转方向相反，有向内旋转和向外旋转两种情况。目前向内旋转的情况较少，因物料自加料口加入后，在两根螺杆的推动下，物料会首先进入啮合区的两根螺杆的径向间隙之间，并在上方形成料堆从而减少了可以利用的螺槽自由空间，影响接受来自加料器物料的能力，不利于将螺槽尽快充满和使物料向前输送，加料性能不好，还易形成架桥。同时，进入两螺杆径向间隙的物料有一种将两根螺杆分开的力，把螺杆压向机筒壁，从而加快了螺杆和机筒的磨损。向外旋转物料在两根螺杆的带动下，很快向两边分开，充满螺槽，且很快与热机筒接触，吸收热量有助于将物料加热、熔融。异向旋转的两根螺杆螺纹方向相反且对称。

④ 平行和锥形双螺杆挤出机　按两螺杆轴线的平行与否，可将双螺杆分为平行双螺杆和锥形双螺杆。锥形双螺杆螺纹分布在锥面上，两螺杆轴线成一交角，一般作异向旋转。

（3）往复式单螺杆混炼挤出机

往复式单螺杆混炼挤出机具有剪切均匀、高分散、高填充、拉伸熔体等特点，综合了单、双螺杆挤出机的优点，加上一整套的螺纹组合元件及配套设备，使其应用更广泛，在一部机器上可以做到混料、混炼、塑化、分散、剪切、拉伸、脱气、造粒，使得熔体在机器中流动的界面面积远远大于一般的剪切流动，同时熔体温度控制精确。可用于生产一些高技术含量、高附加值的产品。

与普通单螺杆挤出机的不同之处在于，往复式单螺杆混炼挤出机机筒是剖分的，如图1-16所示，机筒上设有多排功能不同的销钉，螺杆作旋转和轴向往复复合运动，螺杆每旋转一周，同时完成一次轴向往复位移。为了使销钉和螺棱不产生干涉，螺棱必须是中断的，而且为了保证物料受到充分的剪切，螺棱与销钉之间的间隙必须适中，该结构使中断螺棱中的物料在销钉的剪切、分散作用下，塑化和混合更充分。往复式单螺杆挤出机可用于生产环氧模塑料、粉末涂料、工程塑料、电线电缆料、软硬 PVC、热固性塑料、色母料，还适合于反应型混炼和特殊混炼，尤其在加工混炼质量要求高、对剪切和热敏性的物料时，更能显示出压力低、剪切低、温升低和混炼质量高的优势。

（4）行星式挤出机

行星螺杆挤出机（planetary screw extruder）由传动系统、挤压系统、加料系统和温控系统组成。其下游可接机头和辅机或单螺杆挤出机。

图 1-16 往复式单螺杆混炼挤出机机筒

行星螺杆挤出机因其挤压系统的特点而得名：它把行星齿轮传动的概念移植到螺杆挤出机的挤压系统的设计中，使挤压系统某一区段的若干螺杆之间的相对运动如同行星轮系，如图 1-17 所示。行星螺杆挤出机的挤压系统分两段，第一段为常规单螺杆（螺杆直径等于机筒内径），第二段为行星螺杆段，它由类似于行星轮系的多根螺杆组成。中心一根直径大的螺杆为主螺杆，在其周围安置着与之啮合的若干根（7～18 根不等，由第一段螺杆直径大小决定，也取决于使用目的）小直径的螺杆。小螺杆除与主螺杆啮合外，同时与机筒内壁上加工出的内螺旋齿相啮合（机筒犹如内齿轮，但不转动），主螺杆与第一段单螺杆连成一体。当主螺杆转动时，带动小螺杆转动。小螺杆除绕自己的几何中心自转外，还绕着主螺杆作公转。因主螺杆、小螺杆和机筒之间的运动关系类似齿轮传动中的行星轮系，故叫行星螺杆挤出机。

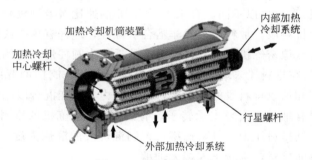

图 1-17 行星螺杆示意

行星式挤出机结合了滚转及挤出的动作，经由齿状行星式挤出系统的啮合动作，主轴一个滚转即足以挤出熔融的塑料原料，并且能达到最理想的塑化，均质化以及分散性的效果。与其他挤出机比较，在熔融原料方面增加了 5 倍的接触面。行星式主轴有如"漂浮"在熔融原料中一般，在挤出机的出口处被一止动环所挡住。改变推入环的内部直径，可改变熔融料滞留的时间，从而提高分散及塑化效果。由于行星式挤出机内部具有更大的接触面，因此有最佳的热交换效果，减少熔融后原料的滞留时间，因而可以大量地减少添加剂的成本，使稳定剂及润滑剂的用量降到最低的程度。由于所有齿状零件持续地啮合，使换料时不至于产生积料的情况，具有自清洁功能。

与常规单螺杆挤出机相比，行星螺杆挤出机具有以下特点。

① 流道呈流线型，无死角。由于行星螺杆和主螺杆、机筒间的自扫作用（啮合齿相互

把齿间物料挤压出去），不存在因物料停滞而分解，易于更换物料。

② 塑化效率高、能耗低。在行星段，中心螺杆和机筒一般都用循环油加热、控制温度，由于螺杆有多条螺纹，导致相对于相同机筒长度，比相同直径的单螺杆挤出机中物料与螺杆和机筒的热交换面积几乎大了 5 倍，且传热面积随主螺杆直径增大而增大，再加上各齿的总啮合次数非常高，物料多次通过啮合间隙被辊压成薄层，有利于吸收热量，也有利于产生剪切热，故行星螺杆挤出机的塑化效率非常高，同时能耗更低。

③ 物料停留时间短，可防止物料分解，从而减少稳定剂及润滑剂的用量，降低成本。

④有良好的排气功能。由于行星段一般是在物料未充满状态下工作，有大的自由表面积和频繁的表面更新，故非常有利于气体排出；如果采用双阶式，可在两阶相接处排气，效果更好，且通过调节两阶挤出机的螺杆转数对两阶挤出机的挤出量进行调配，很容易实现稳定挤出。

（5）FCM 连续混炼机

FCM（farrel continuous mixer），LCM（long continuous mixer）是一种异向旋转、非啮合的双转子连续混炼机。FCM 于 20 世纪 60 年代问世，它是在 Banbury 高强度密炼机工作原理的基础上发展起来的，而 LCM 是对 FCM 进行改进后发展起来的。它们具有间歇工作的高强度密炼机的优异混炼性能，同时连续工作、混合效率高，能量利用合理，易于操作控制，操作人员的工作条件好。它们被广泛用于橡胶和塑料加工业，进行橡胶的塑炼和塑料的共混，填充改性，制作母料，橡胶与塑料的混合。

① FCM 连续混炼机的结构组成　FCM 连续混炼机由传动系统、混炼系统、加热冷却系统和下游设备组成。

a. 转子　通常 FCM 有两根异向旋转、非啮合转子，并排平行放置在机筒内。两转子的转速可相同（新型机），也可以不同，有 1.10～1.15 的速比（老型机）。转子在轴向分三段，即加料段、混炼段和排料段。加料段很像非啮合双螺杆，螺杆有单头或双头螺纹；混炼段有特殊的几何形状，有点像密炼机转子。排料段有的近似为圆柱形，有的还有一段浅螺旋。

FCM 混炼机有的在排料段末端侧面设有专门排料阀门，阀门的开度在一定范围内可调节，以控制排料速率和形成排料段的充满度，建立压力，改变混合段的混合强度。这样的设计可在转子排料端设有轴承，用来支承转子。有的 FCM 混炼机的排料段后接熔体齿轮泵，由齿轮泵来建立和控制排料压力、排料速率，控制混炼段的混炼强度。有的 FCM 的排料端像双螺杆，不是由侧面排料，则转子末端无轴承。

转子加料端用迷宫式密封（粉料密封）将轴承与外部隔绝，在排料端则黏性（熔体）密封，将轴承隔离。

b. 机筒　机筒体为剖分式，由两半组成，机筒体上开有两个平行的、分开一定距离的（不相切）的圆柱体孔。两孔之间开有高度近似为 $0.5D$ 的通道，以利于两转子间的物料交换。机筒壁内靠近两圆柱孔开有一组与两圆柱孔轴线平行的深孔，以便通入介质对机筒加热、冷却、温控。每半机筒也是组合式，由外壳和内衬组成，如图 1-18（a）所示。设置内衬一是为了耐磨，二是为了使转子顶部与机筒内壁的间隙可调，获得不同的剪切速率，而在加料区，内衬可增加排气能力。

在机筒壁上还留有专门位置，用来嵌入筒体嵌入件。图 1-18（b）表示出可装入嵌件的机筒段，而图 1-18（c）表示出两种不同形式的筒体嵌入件，其中Ⅰ上面有孔，可安装压力传感器和温度传感器，亦可作加料口用，其下端轮廓线与机筒内孔一致；而图Ⅱ所示的筒体

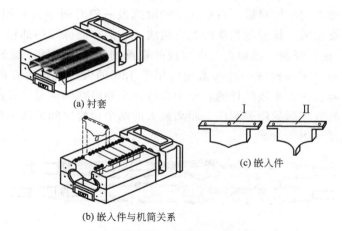

(a) 衬套

(c) 嵌入件

(b) 嵌入件与机筒关系

图 1-18　机筒上的衬套和嵌入件

嵌入件的下端可沿着图示虚线深入机筒对应位置，把机筒两孔之间的相互通道堵死，对前进的物料提供一种附加阻力，改变物料在混合室内沿转子的流动方向，使物料流到两边的腔室内，增加腔室的局部充满度，增强转子上游物料的交换。筒体嵌入件沿转子轴线方向可在不同位置嵌入，也可在不同位置同时嵌入多个筒体嵌入件。安装位置越接近顶峰区，对混合的影响越强烈。但通常只有在用其他方法调节加工参数不能获得所希望的混合性能时才用。而如图 1-19（c）中Ⅰ机筒体嵌入件，可以安装在转子的下游，通过其上的孔可以把固体添加剂或油加到混合腔室内，若安放在更下游，则可加入对剪切或对温度敏感的添加剂。

机筒体嵌入件一般都用高耐磨材料制成，如工具钢、镀铬钢、陶瓷材料。它们都有互换性。

c. 加热冷却系统　混合机加料口处要冷却，以利于物料加入，防止物料在转子的双螺杆段过早软化。排料口通常要加热，其温度接近排料温度。机筒和转子内都开有加热和冷却介质的通孔，用来控制机筒和转子的温度，以实现最佳的混合过程。

d. 传动系统　传动系统一般由电机和齿轮传动箱组成，为 FCM 混炼机提供动力和一定范围的转子转速。

e. 下游装置　由于 FCM 末端不能产生高的排料压力，故总与下游装置联合使用，如下游可接单螺杆挤出机，形成双阶混炼机组，亦可在 FCM 转子物料出口端接熔体齿轮泵，再接造粒机。

② 混炼机转子构型　FCM 混炼机转子是混炼机的核心部分，其设计沿用了 Banbury 高强度间歇式密炼机的原理。它设计、制造的好坏直接影响混炼过程的好坏、混炼物是否满足要求，也影响能耗的大小。FCM 混炼机转子有多种类型，简单地可分为单阶转子（有一个混炼段）和双阶转子（有两个混炼段）。

a. 单阶转子　单阶转子有三种类型：7 型，15 型，7/15 型，如图 1-19 所示。单阶转子一般由三段组成：加料段，混炼段，排料段。

加料段的作用是接收来自加料器的物料，并将其输送到混炼段，每根转子的加料段长度约为 1.5D（D 为转子直径），其上螺纹一般为单头，双头很少见，螺纹为常规螺纹，深槽，矩形，槽宽大于棱宽。两转子的加料段的螺杆构型犹如非啮合双螺杆，呈错列型，见图 1-19。

混炼段形状非常不同于加料段。每根转子的混炼段一般有两条大导程的异型（非矩形）螺旋，每条异型螺旋由两段螺旋角相反的螺旋组成，它们在混炼段中部相交。相交之处形成所谓顶峰（apex）。在顶峰前，由加料段末生成的螺旋的螺旋角与转子旋转方向相反，故会将物料推向加料方向。因每根转子有两条相位相差180°的大螺旋，故有两个顶峰。那么两根转子共有四个顶峰。在大多数设计的转子中，这四个顶峰在轴向是错开的，即它们位于不同的轴向位置，而且有不同的错列顺序。距离最大的两个顶峰之间的区域叫顶峰区，它构成了混合段的主要区域（图1-19）。

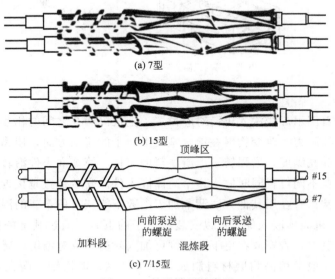

(a) 7型

(b) 15型

(c) 7/15型

图 1-19　单阶转子的类型

一般情况下，在加料口与顶峰区之前，两转子之间取向为"顶"对"顶"，而在顶峰区两转子顶峰的错列会导致在顶峰区和排料段之间两转子间取向的变化，变成"顶"对"底"，如图1-20所示。其中图1-20（a）为在顶峰之前做的垂直于两转子轴线的截面，图1-20（b）为在顶峰区之后所做的垂直于两转子轴线的截面。"顶"对"顶"即一转子的最高点对着另一转子的最高点，最低点（底）对着最低点（底）。而"顶"对"底"即一转子的最高点对着另一转子的最低点。转子取向的变化对混炼过程起重要作用。但7型转子和15型转子的混合段是有区别的。虽然在这两种形式的转子中，顶峰区都覆盖了转子整个混合段轴向长度的15%，但在15型转子中，顶峰区位于混合区的前半段。而7型转子的顶峰区位于混合区的后半段。

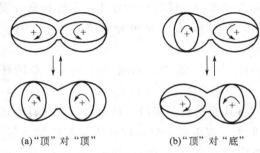

(a)"顶"对"顶"　　(b)"顶"对"底"

图 1-20　转子取向

在7/15联合型转子中，顶峰区覆盖了转子混合段中心部位的25%，并由三个不同区组成：15型转子由加料口至顶峰有向前泵送的螺旋，而7型转子由其顶峰至排料段则有向相反方向泵送的螺旋，在两转子的顶峰之间的区域为过渡区。

15型转子的排料段有一定的轴向长度，它由混合段的反向大螺旋结束处到排料口像是一段圆柱体，而7型转子的排料段是不明显的，混炼段的反向大螺旋一直接到排料口。7/15 型联合转子的排料段是 7 型转子和 15 型转子的联合。

　　b. 两阶转子　两阶转子由三段组成，其加料段和单阶转子的加料段相似，每一根转子的加料段由 1~2 头矩形螺纹生成，螺槽较深、较宽，而螺棱较窄。两根转子加料段的螺纹并列，即螺棱对螺棱，螺槽对螺槽。

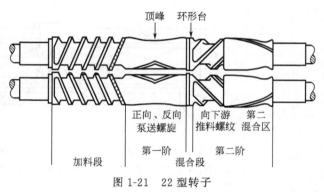

图 1-21　22 型转子

　　两阶转子有两个混炼段，不同类型转子的混炼段有所不同。图 1-21 表示出常用的两阶转子 22 型的两个混炼段的情况。由图 1-21 可见，第一阶混炼段的几何造型和前面介绍的单阶转子的混炼段相似，一对转子的四个顶峰处于轴向同一位置，即各顶峰相对而不错列，这样顶峰区就缩小为一个点。22 型转子混炼段第一阶的轴向长度约为 1.5D。而其混炼段的第二阶由两段组成，即螺纹段和第二混炼段。螺纹段是 2 头或 3 头矩形螺纹，螺槽深而宽（比加料段的螺槽宽），螺棱窄。两转子的螺纹对置而不错列，轴向长度约 1D。螺纹段后接第二混炼段。第二混炼段有两条相互垂直的螺纹，其螺旋角与转子旋转方向相反，螺槽由浅到深，其轴向长度大约为一个转子直径。两阶转子的第一混炼段和转子第二阶之间由一短圆柱体隔开，该圆柱体如同一回转坝，其与机筒内壁的间隙比转子棱与机筒内壁的间隙大。22 型转子尽管有两阶，有两个混炼段，但其总长和单阶转子一样，故可安装到单阶混炼机上。

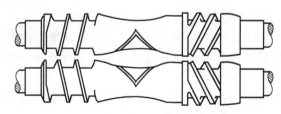

图 1-22　24X 型两阶混炼转子

　　图 1-22 表示 24X 型两阶混炼转子的情况。第一阶包括加料区和混炼区，其混炼区的长度约为直径的 3 倍。加料区由矩形、双头螺纹构成，螺槽深而宽，螺棱较窄，两转子的螺纹对置，是异向非啮合型。在混炼区，每个转子有两条由螺旋角相反的两段大螺旋组成的螺旋，每个转子的两个顶峰是相对的，但两个转子的顶峰是错列的，故存在顶峰区。该顶峰区比单阶转子的顶峰区小，但位于混炼区的中部。转子第二阶由螺纹段和短的近似光滑圆柱体区段组成。在螺纹段可由第二加料口加入物料，但其混炼作用差，只起均化、输送和排出物料的作用。

　　不管何种形式的转子，在混炼区，在垂直于转子轴线的截面内，具有相似的几何形状。

　　（6）LCM 连续混炼机

　　FCM 在工艺上有一定缺点，即当转子转速很高时，物料的停留时间会很短，物料得不到充分混炼，同时引起物料的加工热应力，对物料不利。为改进 FCM 的这一缺点，意大利的 Pomini Farrel 在 FCM 的基础上，研制出 LCM（long continuous mixer）连续混炼机。

　　LCM 两阶混炼机转子约比 FCM 转子长两倍，故叫 LCM。整个转子轴向分两阶，五个区，如图 1-23 所示。第一阶包括加料区和第一混炼区；第二阶包括一段螺纹区和第二混炼区以及紧接其后的排料区。

　　第一区为非啮合双螺杆区，每根转子在该区由矩形深螺槽的螺纹组成，用来向第一混炼区输送物料。第二区为混炼区，其形状类似于 FCM 混炼机的 7 型转子。其两条大螺旋的顶

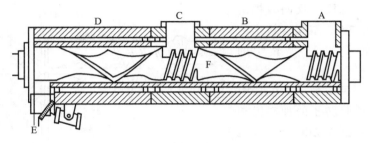

图 1-23　LCM 混炼机混炼转子及其混炼室
A—主加料口；B—第一混炼区；C—第二加料口；D—第二混炼区；E—卸料门；F—转子

峰有一定错列，用于物料的预热和组分的分散。第三区为两螺杆区，该区转子的螺纹形状和排列类似于加料区的双螺杆，它对应着第二加料口，可以在此段加入添加剂（因为有的添加剂不能在第一加料口加入），也可以在此排气。第四区为第二混炼区，其转子形状类似于第一混炼区，物料在此熔融、混合。其后接排料区，排料区的螺杆形状接近于圆柱体，用于排出物料。

从整机组成上，LCM 和 FCM 基本相同。LCM 两转子的两端有支撑，故亦可将其看作两端有支撑的非啮合双螺杆挤出机。

物料在 LCM 中的混炼过程类似于在 FCM 中的混炼过程。不同的是在第二混炼区物料已基本熔融，在第三区为熔体输送区，在该区可以加入添加剂，实现排气，经过排气后物料进入第四段，进一步得到混炼。

与 FCM 相比，LCM 连续混炼机有以下特点。

① 物料有较长的停留时间，有利于混炼和完成其他功能。

② 转子可以以较低的转速工作，因为其 L/D 长，物料经受剪切变形和拉伸变形的时间长，转速低，可以减少物料承受的剪应力和拉伸应力，使物料避免过热而造成分子量或结构的变化，确保混合物的内在质量。

③ 具有更大的分散和掺混能力，因为它有两个混炼区，且可在第三区的螺纹段加入各种添加剂和排除气体，更有利于混合。

④ 总的热交换系数比较高；这是因为它比 FCM 有较大的空间体积和转子与物料的热交换面积，L/D 长也利于沿机筒长度方向进行合理的温控。

⑤ 较大的排气脱挥能力（FCM 则无排气区）。

⑥ 低能耗，由于混炼过程可以在较低的转速下进行，没有过度剪切造成的不必要的能耗，因而能耗比 FCM 要低近 20%。

⑦ 可以减少精密零件的磨损。这是由于 LCM 转子两端都有支撑，刚度好，可以减少转子的弯曲变形，因而转子的运动精度易保证，转子不会因受物料的作用力变形而被压向机筒内表面，产生与机筒之间的磨损，也减少两转子之间的磨损。

1.2.3　改性加工工艺流程

1.2.3.1　常用工艺流程
塑料改性常用工艺流程如图 1-24 所示。

1.2.3.2　常用切粒方法
塑料改性料常用切粒方法及应用范围见表 1-12。

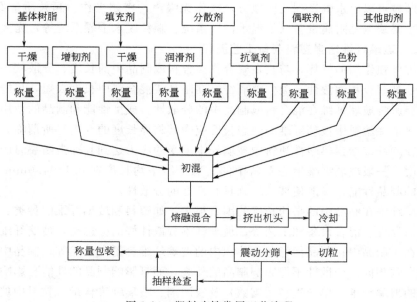

图 1-24 塑料改性常用工艺流程

表 1-12 塑料改性料常用切粒方法

切粒方法		粒子状态	应用范围
模面热切粒	水下热切粒	腰鼓形或球形	聚烯烃、PS、填充母料
	水雾热切粒		聚烯烃、热塑性工程塑料
	水环热切粒		热塑性塑料(PA 除外)
	风冷热切粒		热塑性塑料
冷切粒	平板冷切粒	方形	PVC
	牵条水冷切粒	圆柱形	热塑性塑料
	牵条风冷切粒	细长条	填充母料

　　水冷拉条切粒由造粒机头、冷却水槽、冷切粒机等部分组成,与挤出机配合使用,适用于 PA、PE、ABS、PVC、PP、PS 造粒,以及塑料共混、填充、增强混合后的造粒和非吸水性色母料的造粒。

　　牵条冷切粒具有设备结构简单、操作维护方便、颗粒形状整齐、美观、适应范围广等优点,其主要缺点是功率消耗较大、刀具磨损较严重、不适用于对物料的绝缘性要求较高的场合、不适用于对含水性要求较低以及吸湿性高的物料、产量低。

　　水下切粒设备由水下切粒机头、温水循环系统、分离系统、筛分系统等部分组成,与挤出机配合使用,适用于 PE、PP、PS、PVC 造粒。水下切粒颗粒外形美观、均匀,不易黏结;产量高;切下的颗粒可以由水输送到任何地方,操作无噪声;密闭操作,颗粒质量好,无灰尘、杂物混入。但是附属设备(如温水循环系统、颗粒脱水干燥系统等)庞大、复杂;由于机头与温水接触,运行过程中,为了保持机头的温度,需要消耗大量的热量;旋转切刀与多孔模板表面的间隙较小,对操作条件要求高,操作不当会引起模的堵塞。

　　水环切粒适用于 EVA 热熔胶、TPU 弹性体、电缆料等物料的造粒,由水环切粒机头、温水循环系统、分离系统、筛分系统等部分组成。颗粒外形美观、均匀,不易黏结;产量高；切下的颗粒可以由水输送到任何地方，操作无噪声；密闭操作，颗粒质量好，无灰尘、杂物混入。主要缺点是附属设备（如温水循环系统、颗粒脱水干燥系统等）庞大、复杂。

1.2.3.3 玻璃纤维增强塑料制备工艺流程

玻璃纤维增强作用的好坏，与它在聚合物混合料或制品中的长度、分散状态或分布均匀性、取向以及被聚合物润湿性有关。玻璃纤维在制品或混合料中长度太短，只能起到填料作用；太长，会影响玻璃纤维在混合料或制品中的分散性、成型性能和制品的使用性能。一般认为，增强热塑性塑料中玻璃纤维的理想长度应为其临界长度的 5 倍。所谓临界长度，是指对于给定直径的纤维增强热塑性塑料中玻璃纤维承受的应力达到其冲击断裂时的应力值所必需的最低长度。一般玻璃纤维增强塑料中的玻璃纤维平均长度在 0.1～1.0mm 为好，这既能保证良好的制品性能，又能使玻璃纤维具有良好的分散性。

影响玻璃纤维在制品中的平均长度的因素很多，如塑料和玻璃纤维的种类、玻璃纤维加入量及其表面处理、混合设备和工艺等。玻璃纤维分散性好的标志是：玻璃纤维以单丝而不是以原纱存在于制品中；制品任意单位体积内的玻璃纤维含量大致相等；制品中玻璃纤维长度分布范围大致相同。分散性不但影响制品的外观，而且影响制品的性能。影响分散性的因素有：合适的玻璃纤维（单丝直径及支数）及浸润剂、玻璃纤维含量（粒料中玻璃纤维含量越大，制品中玻璃纤维分散性越差）、合理的造粒工艺和合理的注射工艺。

啮合同向双螺杆挤出机以其优异的混合性能、方便灵活的积木式结构、高生产能力、自动化操作而在玻璃纤维增强粒料的生产中得到广泛应用。其中以下几个问题特别重要：玻璃纤维的加入、螺杆构型的设计、混合工艺（操作条件）的选择。

（1）玻璃纤维的加入

玻璃纤维有长纤维和短切纤维之分，将它们加入到双螺杆挤出机时，可采用不同的方法。短切纤维一般用计量加料装置加入，但并不是所有计量加料装置都能用来加入玻璃纤维，特别是当短切玻璃纤维长度大于 6mm 时可以采用振动计量加料装置，将聚合物和短切纤维的预混物由加料口一起加入，否则会造成纤维和树脂的分离。通过调节振动速度来控制加入量，但难以精确。为提高加入量，可采用侧加料装置由侧加料口加入。在双螺杆挤出机上多采用长纤维，它比较容易加入，不需要特别的加料装置，只要把架挂起来的粗纱卷的纱条引入双螺杆的加料口，将粗纱绕到螺杆上，纱条会自动由粗纱卷上放开，被旋转的螺杆自动地拉到机筒中（如图 1-25 所示），加入量可以控制，知道粗纱单位长度的重量、股数和螺杆转数后，就可知道玻璃纤维的加入量，因为玻璃纤维加入量和螺杆转数成正比。

（2）玻璃纤维加入的部位

一般情况下，聚合物是在第一（主）加料口加入，待其熔融塑化后，再将玻璃纤维在下游加料口加入，即采用后续加料。这是因为，如果把玻璃纤维和固态聚合物都由第一加料口加入，会造成在固体输送过程中玻璃纤维过度折断，螺杆和机筒内表面也因与玻璃纤维直接接触而造成严重磨损。采用后续加料，因玻璃纤维是加到已熔融的聚合物中，熔体与纤维混合后，把纤维包起来，起到润滑保护作用，减少了纤维的过度折断和螺杆、机筒的磨损，而且有利于玻璃纤维在熔体中的分散和分布。加入玻璃纤维时，要控制聚合物和玻璃纤维的温度，确保聚合物黏度变化最小，为的是避免聚合物在玻璃纤维上冷硬，引起额外的玻璃纤维折断。方法是将聚合物加热到正常水平以上，或将玻璃纤维加热后再加入。

（3）制备玻璃纤维增强塑料的螺杆构型和机筒配置的原则

防止基体树脂降解，螺杆构型应能将每根纤维均匀分布于基体树脂中，把纤维束分散

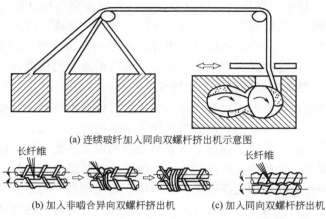

(a) 连续玻纤加入同向双螺杆挤出机示意图

长纤维　　　　　　　　　　　　　　　　　　　　长纤维

(b) 加入非啮合异向双螺杆挤出机　　　　(c) 加入同向双螺杆挤出机

图 1-25　长纤维加入双螺杆挤出机中的工艺过程

开；在确保黏结性良好的条件下，使每根纤维都被聚合物熔体所润湿，将纤维切短到合适的长度，使混合物达到最高的增强效果；把挤出过程中产生的挥发物排除干净；尽力减少对螺杆、机筒的磨损。最佳螺杆构型和机筒配置取决于所用聚合物的性质、纤维类型、相容剂和纤维添加量。螺杆构型和机筒配置应考虑以下几点。

① 玻璃纤维加入处的螺杆构型　纤维加入处的螺槽应采用大导程，使聚合物在此处为半充满状态，以留出空间容纳加入的玻璃纤维。为避免玻璃纤维加入口被聚合物熔体堵死，短切玻璃纤维用反螺纹元件导入，长玻璃纤维可用至少一对捏合盘元件导入。

② 玻璃纤维的切断和分散　玻璃纤维加入口下游的螺杆构型设计应主要着眼于有利于玻璃纤维长度的变化和均化。长纤维是无头的，加入螺杆后必须切成一定长度并与熔体很好混合，混合段应当由分布混合元件组成，或是薄捏合盘，或是齿形混合元件。长纤维加入后，被位于加料口下游的捏合盘元件切成一定长度。其平均长度取决于聚合物和玻璃纤维的比例，也取决于剪切、混合元件的选择。至少应安装一组捏合盘元件。黏度高的聚合物或加有高玻璃纤维含量（＞40％）的螺杆构型比低黏度聚合物或玻璃纤维含量低的螺杆构型提供的剪切要柔和一些。对于短切纤维，不需要像长纤维那样强的剪切，而主要是靠熔体将纤维润湿和分散开来，故混合段可由薄的捏合盘组成的捏合块或在螺棱上开槽的螺纹元件或齿形盘元件组成。适于玻璃纤维增强的螺杆元件一般是二头的，因为它们的剪切比较柔和，对玻璃纤维不会造成过度的折断。

③ 排气段的设置　因为有的玻璃纤维是经过预处理的，如长纤维中的加捻纤维是经石蜡乳化型浸渍剂处理的，而无捻纤维是经强化剂处理的。在一定温度下，在玻璃纤维与熔体混合后，玻璃纤维上的浸渍剂和强化剂在挤出过程中受高温后会变成挥发组分，需设排气段予以排出。排气段应位于纤维加入口的下游。为使排气有效，在排气段上游接近排气口处，应设置密封性螺杆元件，以防止真空泵作用下粒子被抽出，如反向螺纹元件或反向捏合块。反向螺纹元件或反向捏合块上游应采用小导程的建压螺纹元件。排气口对着的排气段的螺杆区应采用大导程的螺纹元件，使含有玻璃纤维的熔体半充满螺槽，有较大的自由空间，使物料有表面更新的机会，以利排气。

④ 螺杆的最后区段（均化和建压段）　为使混合物挤出口模造粒，应采用小导程正向输送螺纹元件，以建立挤出压力。在排气口和螺杆最后区段之间，有时要设置齿形盘元件，对纤维进行均化，保证玻璃纤维均匀分布。

⑤ 聚合物的熔融塑化　聚合物的熔融塑化以及与聚合物一起自第一加料口加入的其他助剂（如阻燃剂、颜料、稳定剂等）的混合，是第一加料口和排气区之间的螺杆区段的主要任务。为促进熔融和混合，这一段的螺杆构型除应有下向螺纹元件（减导程）进行输送外，还应当采用捏合块、反向螺纹元件等熔融塑化元件和齿形盘等均化混合元件。

1.2.3.4　填充改性的双螺杆挤出工艺流程

填充改性就是在塑料成型加工过程中加入无机填料或有机填料，使塑料制品的原料成本降低，达到增量的目的；同时使塑料制品的性能有明显的改变，改善加工性能。

填充塑料主要由树脂、填料、偶联剂等表面处理剂以及其他助剂构成，如：增塑剂、增韧剂、稳定剂、润滑剂、分散剂、改性剂、着色剂等。填料是填充塑料中的主要成分，填料比例取决于其本身的形态和物理化学性质，更取决于填充塑料材料或制品的使用要求。通常填料在填充塑料中的质量分数由百分之几到百分之十几，有时甚至达百分之几十。

通常聚合物和填料由一个加料口加入，可充分利用有利于分散混合的最大螺杆长度，聚合物和填料可承受高剪切。该方法也存在以下一些不足：①填料直接与螺杆、机筒接触，导致磨损；②细粉状填料会将聚合物颗粒与热的机筒表面隔离开，妨碍热的导入，它们在聚合物颗粒间如同润滑剂，会降低物料间的摩擦，减少摩擦热的产生，从而使物料的熔融速率降低；③如果填料加入量很大，它可能与聚合物分离而形成纯填料包（以炭黑最为典型），例如将粉状填料和颗粒状聚合物一起加入，填料可能在正向捏合块处在很大的压力下被压缩，形成所谓二次结块，稍后又必须将它们破碎成所希望的小粒径结块；④细粉状填料由第一加料口加入时，很容易把空气夹带进去，对挤出过程非常不利。机筒除一个主加料口外，其下游有两个排气口，一个是对空排气口，另一个是真空排气口。

填充改性的螺杆构型可以分为加料段、熔融段、对空排气段、混合段、真空排气段、均化和建压排料段。加料段、对空排气段、真空排气段均由正向大导程螺纹元件构成；熔融段由捏合块组成，在其结束处，靠近对空排气口前方采用一段反向螺纹元件；混合段由捏合块和螺纹元件组成，它可分为三部分，两端由捏合块组成，中间由螺纹元件组成；在其靠近真空排气口前，采用一反向螺纹元件；均化、建压排料段由螺纹元件和齿形盘组成。

若采用分开加料，即由第一加料口加入聚合物，待聚合物熔融，在下游的侧加料口用侧加料器将粉状填料加入机筒，可将空气与粉状填料分开，并将空气排出，聚合物熔体与填料混合，填料被润湿，在下游真空排气口处将湿气、挥发组分排出，在出料段，物料建立起压力，进入造粒机头。采用这种二次（或分开）加料方法，会大大改善混合质量，提高挤出效率，减小物料对机筒、螺杆的磨损，降低比能输入，实现挤出过程的优化。填料的加入位置，最好是在聚合物刚刚熔融，具有较高黏度处，若在聚合物黏度已变低的地方加入，则经物料传递的应力太低，不能有效地将结块破碎；在下游加料口将填料加入，可以采用强制加料，在垂直方向由上方加料口或在水平方向由侧加料口加入，如图 1-26 所示。

分开加料与一次加料不同，分开加料的机筒配置了侧加料口，其对空排气口位于侧加料口上游。螺杆构型与一次加料也有不同，侧加料口对着的螺杆段亦采用大导程正向螺纹元件，以容纳加入的填料；混合段的前半段则引入了齿形元件，且齿形元件与螺纹元件相间安装，其作用是进行分布混合。混合段的后半段与一次加料的螺杆构型类似，其后的真空排气段及均化、建压排料段与一次加料的螺杆构型一样。

在用双螺杆挤出机进行填充改性中，填料中夹带的空气是影响填料加入和混合质量的关键问题之一。因此，必须排除低密度粉状填料中夹带的空气，否则当将填料加到熔体中时，

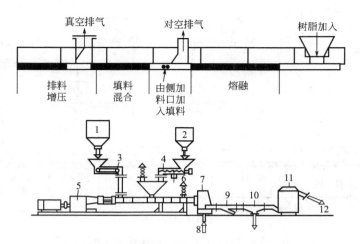

图 1-26 填料分开加入工艺流程

1—聚合物料仓；2—填料仓；3—称重皮带加料器；4—失重加料器；
5—ZSK 双螺杆挤出机；6—脱挥发分；7—偏置切粒机；8—水入口；
9—残留水分流器；10—水预分离器；11—粒子干燥机；12—去袋装机

夹带的气体以及某些释放出的挥发物，有沿螺杆向加料口回流的可能，从而引起填料在加料口流态化，这会限制物料向加料口的加入量，影响生产能力，也限制了中性或反向螺杆元件的应用，因为这些元件会将夹带的空气推回填料的加入口。解决这个问题有以下六种方法：①对于简单的已预混过的物料，在它们加入双螺杆之前，使用填塞式加料器将物料压密实以排出夹带的气体；②在加料口上方尽可能低的位置设置加料装置可能缓解这个问题，因为这样可以限制填料中夹带的气体量；③在填料加入口的上游或下游设置一排气口，为夹带的气体提供排出的通道；④加入的物料应垂直地在尽可能短的距离内加到螺杆向下旋转的一侧，而避免直接加到上啮合区；⑤在螺杆构型设计上应使空气沿螺槽向下游走，到达排气段时排出，而不让它们向加料口回流；⑥采用侧加料装置，侧加料装置的螺杆直径越大，填料流态化的趋势越小。在侧加料口的上游可设置一辅助排气口，将气体对空排出，避免带入熔体内，这是一种非常有效的方法。

图 1-27 是典型的 PP 填充改性的螺杆组合和工艺流程，图 1-28 是填充和增强同时进行的螺杆组合和工艺流程。

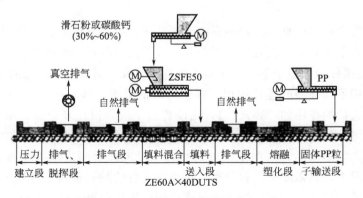

图 1-27 PP 填充改性螺杆组合和工艺

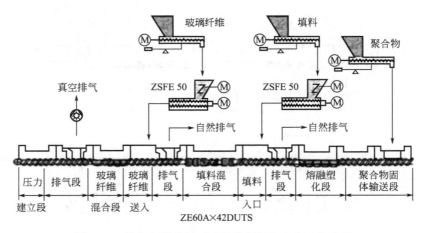

图 1-28 填充和增强同时进行的螺杆组合和工艺流程

1.2.3.5 共混改性工艺流程

塑料共混过程中，熔融和混合是同时发生的。在熔融区，产生了施加到聚合物上最强的剪应力，而使聚合物得以分散。所以双螺杆的熔融区在决定聚合物合金的微观结构中起了非常重要的作用，因而在进行用于聚合物共混物和聚合物合金制备的双螺杆构型设计时，熔融和混合区段的构型设计最为重要。另外，物料如何加入（是一次加入，还是两次加入）也是很重要的。因而螺杆构型设计应把这两个问题联合考虑。

对于物料皆由一个加料口加入的工艺，螺杆的熔融/混合段可以采用一个或两个由中等厚度的捏合盘组成的正向捏合块，其后跟着由厚捏合盘组成的中性捏合块，在整个熔融/混合区末再加上一个或两个反向捏合块，其作用是产生阻力，用来保持该段的高充满度，以使物料的停留时间最长，使上游中性和正向捏合块元件中的分散混合更有效。其轴向长度取决于所需流动阻力的大小。如果在下游没有流动阻力元件，正向和中性捏合块中大多数物料很容易在厚捏合盘高剪切速率部分的通道中流出，因而粒子破裂的可能性很小，因为中性捏合块没有输送作用，且没有反向捏合块或其他阻力装置来阻滞物料向下游流动，物料必然不会100％地被充满。但设置适当的流动阻力（如由反向捏合块提供）后，中性捏合块中会100％充满物料。中性捏合块本身没有输送作用，物料是靠中性捏合块上游元件建立的压力来克服中性捏合块中的压力降和反向捏合块引起的反向拖曳流的联合作用才通过中性捏合块的。

为了使两种聚合物间的黏度差别的影响减至最小，可将基体聚合物分别由两个加料口加入，则螺杆需要在上游和下游设置两个混合区。如果需要附加的分散混合，可将类似于上游的熔融/混合段的螺杆构型用于下游。而当下游的混合段只需要在熔融之后提供分布混合时，则可采用混合作用不太强烈的螺杆构型。在第一种情况下，假定60％～70％的树脂是在下游加料口加入（它们的作用如"热穴"），则设置两个混合段比较合适。第一混合段提供分散混合，用于将加入的基体树脂熔融，并对第二相提供进一步的分散；第二混合段提供分布混合，确保得到均匀的制品。这两个区段的相对长度或混合强度取决于被加工的聚合物体系。在第二种情况下，只需要熔融和分布，捏合块元件的最短轴向长度是用来对已开始的熔融过程产生足够的分散混合。只要熔体还是连续相，采用齿形元件来提供强力分布混合可实现熔融的平衡。分布混合使物料再取向，产生新的界面而又不使能量过度输入。因为分布混合元件产生界面比捏合块更有效。应当注意的是，为增加物料经历高剪切区的概率，必须增加混合段捏合块的数目，但这有可能使能量输入增加，而使聚合物过热，结果会使挤出物中既有过热的聚合物，又有未熔融的聚合物。

1.2.3.6 反应挤出工艺

反应挤出（REX）是利用挤出机这一连续化共混设备，直接在挤出机中加入共混聚合物、引发剂和其他助剂，而制备聚合物共混物的一种新方法。若在机头处安装成型口模和定型装置，则可实现共混改性与制品成型一体化操作。这一技术原料选择余地大，脱挥、造粒工艺简单，又无三废污染，因此特别适用于工业化生产。

（1）应用反应挤出进行化学改性的特点

反应挤出可连续大规模进行生产，生产效率高，反应原料形态可以多样化，对原料有较大的选择余地；产品转型快，一条生产线就可以进行小批量、多品种产品的生产；易于实现自动化，可方便准确地进行物料温度控制，物料停留反应时间控制和剪切强度控制；未反应单体和副产物在机器内熔化状态下可以很容易地除去；节省能源和物耗；不使用溶剂，没有三废污染问题；要求的生产厂房面积小，工业生产投资少，操作人数少，劳动条件和生产环境好，产品的成本低，且技术含量操作人数少，劳动条件和生产环境好，产品的成本低，且技术含量高，利润高；在控制产品化学结构的同时还可以控制材料的微观形态结构；反应物料除了直混外，还有一定的背混能力，物料始终处于传质传热的动态过程，螺杆使熔融物形成薄层，并且不断更新表面，这样有利于热交换、物质传递，从而能迅速精确地完成预定的变化，或很方便地除去熔体中的杂质；螺杆具有自清洁能力，使物料停留时间短，产品质量好。

（2）反应挤出设备

反应挤出设备主要是双螺杆挤出机和单螺杆挤出机，其中以同相啮合型双螺杆挤出机为主，用于反应挤出的挤出机要求机筒的不同区段能添加不同反应物并配备排气系统。

双螺杆挤出机具有混炼效果好、物料在料筒内停留时间分布窄及挤出量大、能量消耗少等优点，因而成为反应挤出的主要设备。其脱挥发分段位置和长度是双螺杆挤出机的关键所在。一般可将机筒分为5~6个区段。典型双螺杆挤出机工艺参数为转速≤400r/min，螺杆直径20~30mm，$L/D=30$，物料平均停留时间1~12min，其中挤出温度和螺杆转速是反应挤出的重要工艺条件。

单螺杆挤出机混炼效果及容量虽不及双螺杆挤出机，但其设备价格低，投资小，适于小型工厂生产，在我国应用广泛。尤其以改良的新型螺杆效果最好，如屏障型螺杆、销钉型螺杆、分布螺杆及配置静态混合器的单螺杆挤出机。普通单螺杆挤出机的混合是拖曳流和压力流作用的结果。在简单剪切混炼机中，界面面积的增长与所施加的应变成比例，随着剪切的进行，界面越来越朝着剪切应变方向分布，其伸长与应变大小呈线性关系。如果能够使界面相对于已有的剪切方向重新取向，就可使得混合相对于应变成倍提高。例如挤出机螺槽中的混炼销钉所引起的紊流虽不理想，但产生了明显的再取向，从而使得界面面积成倍地增加，混合效果明显提高。

双螺杆挤出机的混合性能优于单螺杆挤出机。对于非啮合的（一般为异向旋转）双螺杆挤出机，由于机筒上的两个孔是相通的，因而两个机筒孔里的物料相互串流而具有非常优异的分布混合特性。当物料随着螺杆的旋转通过两螺杆相切处时，发生重新取向，而且物料由剪切取向区向其他区的流动也会发生重新取向。这种靠界面（或剪切）的不断重新取向而实现的混合，其效率是指数函数关系，且与应变速率无关，因而即使在低的螺杆转数下也可获得良好的分散混合。为了提高混合性能，双螺杆挤出机一般都设置了混合元件。

螺杆挤出机作为反应器具有如下优势：①加料（固体、熔体、液体）容易；②良好的分散和分布混合性；③温度和压力范围广；④可控制整个停留时间分布；⑤可分级反应挤出；⑥未反应的单体和副产品可排除；⑦可实现连续加工，可小容积连续加工；⑧不用溶剂或稀释液，节能和低公害；⑨黏性熔体容易排出；⑩对原料、制品等有较大的选择余地，在控制化学结构的同时，还可以控制微观组织结构，使聚合物具有新的性能。

（3）反应挤出配料

① 共混聚合物组分　一般共混物中一相本身必须带反应性官能团，如 PA、PBT、PET，另一相是化学惰性的不与带反应性官能团聚合物反应，如 PP、PE、PS 等，但该相聚合物必须经增容剂官能化，这些高聚物在混炼过程中必须稳定、不降解、不变色。官能化高聚物同带反应性官能团高聚物间反应必须迅速（约几秒至十几分钟）且不可逆，反应放热少。

② 反应性增容剂　反应挤出用增容剂不同于非反应性增容剂，它能与共混组分形成新的化学键，属于一种强迫性增容，含有与共混组分反应的官能团；如 PP-*g*-MAH、EVA-*co*-GMA、SAN-*co*-MA、PCL-*co*-S-*co*-GMA、PS-*co*-MA-*co*-GMA、EPDM-*co*-MAH 等。

③ 引发剂及交联剂　因反应挤出物在机筒内停留时间短，需要使用高效引发剂。引发剂必须满足以下条件：a. 分解过程中不产生小分子气体；b. 加工温度范围内半衰期为 0.2～2min；c. 熔点低，易与反应单体混合。通常采用的引发剂类型有过氧化二异丙苯（DCP）、过氧化二叔丁烷（DTBP）、1，3-二叔丁基过氧化异丙苯、叔丁基过氧化氢、异丙苯过氧化氢。交联剂一般带有多官能团，与共混物中一相反应，在相界面就地生成接枝或交联产物，在共混物相间起"桥联"作用，从而提高相间黏结力，改善共混物性能，如 TAIC（三烯丙基异氰尿酸酯）等。

（4）反应挤出在塑料改性中完成的反应类型

① 接枝反应　在挤出机反应器中发生的接枝包括熔融聚合物或多种能够在聚合物主链上生成接枝链的单体的反应，只有自由基引发的接枝反应才适合于反应挤出，有时也会使用空气或电离辐射来引发接枝反应。接枝单体为硅烷（SI）、丙烯酸（酯）及类似物、苯乙烯（St）及类似物、苯乙烯-丙烯腈、马来酸酐（MAH）、富马酸（FA）和类似的化合物；聚合物基体可以是聚烯烃（PO）类、PVC、PS、ABS 及其他树脂；引发剂用过氧化物，如过氧化二异丙苯（DCP）等。利用反应挤出制备接枝聚合物已非常普遍，产生了较大的经济效益，同时为不相容聚合物之间的共混提供了制备高效增容剂的简便方法。

② 链间共聚物的形成　可以定义为两种或两种以上的聚合物形成共聚物的反应。在反应挤出反应器中，可通过链断裂—再结合的反应过程形成无规或嵌段共聚物，或者一种聚合物的反应性基团与另一种聚合物的反应性基团结合，生成嵌段或接枝共聚物，或者通过共价交联或离子交联的方式形成链间共聚物。聚酯、聚酰胺、聚亚苯基醚（PPE）、PO 在反应挤出中，一般参与反应的两种聚合物，其中一种聚合物带有亲核的末端基，如羧基、氨基和羟基，而另一种聚合物带有亲电官能团，如环酐、环氧化物、噁唑啉及异氰酸酯和碳化二亚胺。

③ 偶联/交联反应　包括单个的聚合物大分子与缩合剂、多官能团偶联剂或交联剂的反应，通过链的增长或支化来提高分子量或者通过交联增加熔体黏度等。具有能与缩合剂、偶

联剂或交联剂发生反应的端基或侧链的聚合物适于进行这样的反应，如尼龙或 PET 等，亚磷酸酯等可以作为缩合剂，而含有环酐、环氧化合物、噁唑啉、碳化二亚胺和异氰酸酯等的多官能团化合物可作为偶联剂。

④ 可控降解　在反应挤出反应器中，聚合物的可控降解通常涉及分子量的降低，以满足某些特殊的产品性能。PP 和其他的 PO 类聚合物均可以实现可控降解，如用反应挤出方法在过氧化物存在下使 PP 在双螺杆挤出机中在 230℃、转速 10r/min、物料停留时间约为 1min 的操作条件下发生降解，最终产物的分子量大大下降。将 PP 在空气存在下进行挤出得到了流变性可控的 PP 产物，并用特制的单螺杆挤出机，升高或降低挤出机温度，分别制得黏度较低或较高的材料。熔体黏度较低、分子量分布窄、分子量小的 PP 可用于满足高速纺丝、薄膜挤出、薄壁注射制品的要求。反应挤出技术可用于降低纤维生产中使用的 PET 的特性黏度。除聚酯外，聚酰胺也可以进行可控降解。

⑤ 聚合物的官能化和官能团改性　反应挤出可用于将各种各样的官能团引入聚合物大分子或使已存在于聚合物大分子上的官能团发生改性，如 PO 类的卤化、引入氢过氧化物基团、在聚酯上进行羧酸端基封闭以改善聚酯的热稳定性、侧链上的羧基或酯基热脱水环化、羧酸的中和、不稳定末端基的破坏、稳定剂在聚合物大分子上的结合、在 PVC 大分子上的置换反应等。利用反应性挤出可以将含有官能团的单体，如马来酸（MA）、MAH、丙烯酸（AA）等接枝到聚合物分子链上，从而达到聚合物改性之目的。用于反应挤出接枝的聚合物应具有较高的稳定性，以免受热时分解。

⑥ 反应挤出就地增容　反应挤出用于聚合物共混就地增容，可使聚合物在反应挤出过程中部分大分子链打断重组，形成少量的嵌段或接枝共聚物，促进了组分间的相容性，达到提高材料性能的目的。

参考文献

[1] 张师军，乔金樑．聚乙烯树脂及其应用 [M]．北京：化学工业出版社，2011：1-2.

[2] 王红秋．世界聚乙烯技术的最新进展 [J]．中外能源，2008，(5)：83-86.

[3] SRI Consulting. World Petrochemicals Report [R]．2011：9-10.

[4] 中国石化咨询公司．2012 石化市场年度分析报告 [R]．2013：425-427.

[5] 冯孝中，李亚东．高分子材料 [M]．哈尔滨：哈尔滨工业大学出版社，2010，04：7-11，52，64-67.

[6] 罗河胜．塑料改性与实用工艺 [M]．广州：广东科技出版社，2007：158-160.

[7] 葛涛，张明连，杨金平．功能性塑料母料生产技术 [M]．北京：中国轻工业出版社，2006：29

[8] 温耀贤．功能性塑料薄膜 [M]．北京：机械工业出版社，2005：31.

[9] 张玉龙，孙敏．塑料品种与性能手册 [M]．北京：化学工业出版社，2012：54-55，121-125，159，179-181.

[10] 乔金樑，张师军．聚丙烯和聚丁烯树脂及其应用 [M]．北京：化学工业出版社，2011：4-5，111，111-113，120-130.

[11] 杨中文．塑料用树脂与助剂 [M]．北京：印刷工业出版社，2009：7，16，18-22，41-44.

[12] 桑永．塑料材料与配方 [M]．第二版北京：化学工业出版社，2013，01：40-42.

[13] 邴涓林，赵劲松．包永忠聚氯乙烯树脂及其应用 [M]．北京：化学工业出版社，2012：138-142.

[14] 翟朝甲，贾润礼．聚氯乙烯热稳定剂的研究进展 [J]．绝缘材料，2007，(2)：41-43.

[15] 严家发，贾润礼．无毒增塑剂在 PVC 改性中的应用 [J]．塑料制造，2008，(9)：100-103.

[16] 马青赛，贾润礼．聚氯乙烯无毒热稳定剂的研究进展 [J]．塑料制造，2007，(8)：62-66.

[17] 王琦，贾润礼．聚氯乙烯增塑剂的研究 [J]．绝缘材料，2007，(5)：38-41.

[18] Kruse T. M. , Woo O. S. , Broadbelt L. J. Detailed mechanistic modelling of polymer degradation：application to poly-styrene [J]．Chem. Eng. Sci，2001，56：971-979.

［19］巍颜渊，黄鉴前，陈力等．可发性聚苯乙烯泡沫无卤阻燃研究［C］．2013年全国阻燃学术年会会议论文集，2013.

［20］刘正英，杨明波．工程塑料改性技术［M］．北京：化学工业出版社，2008；3.

［21］吴春芝．塑料工程化研究进展［J］．工程塑料应用，2004，32（1）．

［22］廖正品．我国塑料工业现状及近远期发展目标［J］．工程塑料应用，2001，（1）．

［23］杨明山．李林楷．塑料改性工艺、配方与应用［M］．第二版．北京：化学工业出版社，2013；130-150，160-167，170-195.

［24］耿孝正．塑料混合及连续混合设备［M］．北京：中国轻工业出版社，2008，1；292-300，312-329，331-337.

［25］Dietmer Anders．"Planetary Gear Extruder for Processing Rigid PVC"．Society of Plastics Engineers 36th Annual Technical Conference，1978.

［26］陈友兴，贾润礼等．单螺杆挤出过程中聚合物混合状态的超声在线监测技术［J］．高分子科学与工程，2013，（10）：94-97.

［27］明艳．贾润礼．超高分子量聚乙烯成型加工及改性［J］．合成树脂及改性，2002，19（4）；68-71.

［28］梁淑君，贾润礼．超高分子量聚乙烯的研究现状［J］．山西化工，2002，（2）；20-22.

［29］明艳．贾润礼．超高分子量聚乙烯的改性［J］．塑料科技，2002，（2）；31-33.

［30］赵鑫磊．贾润礼等．PVC增韧改性技术研究近况［J］．塑料科技，2015，（10）；122-126.

［31］王琦．贾润礼．聚氯乙烯增塑剂的研究［J］．绝缘材料，2007，40，（5）；38-41.

［32］贾润礼．李宁等．塑料成型加工新技术［M］．北京：国防工业出版社，2006.

［33］贾润礼．超高分子量聚乙烯加工技术进展［C］．全国改性塑料技术、装备、产品展示交流大会论文集．2008，06；148-152.

［34］曾尤东．填充改性聚烯烃的研究［D］．太原：中北大学，2013.

［35］贾润礼．亚乙基双硬脂酰胺的制备及其应用［J］．化工商品科技情报，1996（1）；43-45.

第2章 通用塑料的增强改性及应用

热塑性树脂基复合材料因为具有诸多优点而受到航空航天工业，尤其是工业界汽车制造业的高度重视。与热固性基体复合材料相比，热塑性复合材料具有以下特点。

① 密度小，比刚度和比强度大 热塑性塑料的密度通常小于热固性树脂，热塑性复合材料的密度一般为 1.20～1.69cm³，密度小于热固性复合材料，比强度较高，力学性能较好。

② 韧性优于热固性树脂，复合材料具有良好的抗冲击性能 三维网络结构的热固性树脂复合材料刚度较高、脆性较大、抗冲击和抗损伤的能力较差。线型结构的热塑性复合材料抗冲击性能和抗损伤能力优异，是汽车减重的理想材料。

③ 物理性能良好，适合于复合材料的多种应用 一般热塑性塑料的长期使用温度为 50～100℃，经纤维增强后复合材料的使用温度可提高至 100℃，甚至更高。耐水性一般优于热固性复合材料，玻璃纤维增强聚丙烯的吸水率为 0.01%～0.05%，而玻璃纤维增强不饱和聚酯复合材料的吸水率为 0.05%～0.5%，玻璃纤维增强环氧复合材料的吸水率为0.04%～0.2%。

④ 加工过程中不发生化学反应，成型周期短 热固性树脂基复合材料固化需要一定的反应时间。热塑性树脂基复合材料的加工过程仅仅是一个加热熔融变形，冷却固结定型的一个物理变化过程，成型速度快，成型周期短（20～60s），生产效率高，制造成本较低。

⑤ 简化部件的成型工艺环节，制造成本低 复杂的部件可以一次成型，简化加工工艺，制造成本降低。还可以通过特殊的成型技术，将装饰材料与结构材料一次成型，从而减少表面装饰材料装配的工艺。

⑥ 成型压力较低，成型模具费用低 长纤维增强热塑性复合材料模压可在较低的温度下热成型，且成型压力较低，一般为 0.05～1.0MPa，对模具的承压能力要求也较低，模具制造费用低。

⑦ 热塑性增强塑料原材料无存放条件限制，使用方便。

⑧ 废料便于回收利用。

增强材料就像树木中的纤维，混凝土中的钢筋一样。纤维的力学性能决定了塑料的性能。增强材料就其形态而言，主要有纤维及其织物、晶须和微颗粒。常见的增强材料一般有玻璃纤维、碳纤维、芳纶纤维、硅灰石纤维等。

2.1 玻璃纤维增强改性

玻璃纤维是用熔融玻璃制成的细纤维，是现代非金属材料家族中具有独特功能的材料和新型结构材料。由于它的主要原料是叶蜡石、石灰石、硼钙石、萤石及硅砂等天然矿石，所以它与金属纤维、棉纤维及其他人造有机纤维相比，具有耐高温、耐腐蚀、强度高、密度小、吸湿低、延伸小及电绝缘性好等一系列优异特性，使其在机械、电气、光学及耐腐蚀、绝热、吸声等方面发挥出无可比拟的作用。随着科学技术水平的不断提高与发展，它在国民经济各工业部门中的应用已遍及电子、电气、通信、机械、冶金、化工、建筑、车船、航空、航天、信息、环保、能源及遗传工程、微电子技术等高新技术领域。一般增强用的玻纤制品包括开刀丝、无捻粗纱、短切纤维、玻璃纤维毡、加捻纱等。

2.1.1 技术概况

2.1.1.1 增强机理

增强纤维与树脂基体之间的界面性能对复合材料的物理机械性能起着重要的作用，它提供了树脂基体向增强纤维传递应力的物质条件。复合材料的界面强度直接影响着树脂与纤维之间的应力传递，从而影响着复合材料宏观的物理机械性能，这一点对于热塑性复合材料尤为重要。

对于脆性复合材料而言，若树脂与纤维之间的界面强度较弱，在外力作用下产生的裂纹非常容易沿着纤维的表面扩展，大幅度地影响复合材料力学性能。为此，复合材料研究人员正在不断地研究复合材料增韧的方法，研究开发热塑性复合材料就是复合材料改善韧性的重要途径之一。由于热塑性塑料分子结构的特点，聚合物熔体的熔融黏度非常大，很难润湿增强纤维的表面，而复合材料的最佳性能则很大程度上依赖于基体/纤维的界面。聚合物基体如何很好地润湿增强纤维，纤维和树脂之间如何形成较强的界面强度、更好地抵御裂纹的扩展，以及提高复合材料的物理机械性能是研究人员最为关注的技术问题。

复合材料的界面是指基体与增强物之间化学成分有显著变化的、构成彼此结合、能起载荷传递作用的微小区域。界面尺寸约几个纳米到几个微米，是一个区域或一个带或一个层，厚度不均匀，它包含了基体和增强物的原始接触面、基体与增强物相互作用生成的反应产物、此产物与基体及增强物的接触面、基体和增强物的互扩散层、增强物上的表面涂层、基体和增强物上的氧化物及它们的反应产物等。在化学成分上，除了基体、增强物及涂层中的元素外，还有基体中的合金元素和杂质、由环境带来的杂质。这些成分或以原始状态存在，或重新组合成新的化合物。因此，界面上的化学成分和相结构是很复杂的。

复合材料中的界面并不是一个单纯的几何面，而是一个多层结构的过渡区域，界面区是从与增强剂内部性质不同的某一点开始，直到与树脂基体内整体性质一致的点间的区域。此区域的结构与性质都不同于两相中的任一相，从结构来分，这一界面区由五个亚层组成，包括树脂基体、基体表面区、相互渗透区、增强材料表面区、增强材料，见图2-1。每一亚层的性能均与树脂基体和增强材料的性质、偶联剂的品种和性质、复合材料的成型方法等密切相关。

基体和增强物通过界面结合在一起，构成复合材料整体，界面结合的状态和强度无疑对复合材料的性能有重要影响．因此对于各种复合材料都要求有合适的界面结合强度。

界面的结合强度一般以分子间力、溶解度参数、表面张力（表面自由能）等表示，而实际上有许多因素影响着界面结合强度。例如，表面的几何形状、分布状况、纹理结构、表面吸水情况、杂质存在、表面形态（形成与块状物不同的表面层）、在界面的溶解、浸透、扩散和化学反应、表面层的力学特性、润湿速度等。

由于界面区相对于整体材料所占比重甚微，欲单独对某一性能进行度量有很大困难，因此常借用整体材料的力学性能来表征界面性能，例如，层间剪切强度就是研究界面黏结的良好办法，如再能配合断裂形貌分析等即可对界面的其他性能作较深入的研究。由于复合材料的破坏形式随作用力的类型、原材料结构组成不同而异，故破坏可开始在树脂基体或增强材料，也可开始在界面。有人通过力学分析指出，界面性能较差的材料大多呈剪切破坏，且在材料的断面可观察到脱黏、纤维拔出、纤维应力松弛等现象。但界面间黏结过强的材料呈脆性也降低了材料的复合性能。界面最佳状态的衡量是当受力发生开裂时，这一裂纹能转为区域化而不产生进一步界面脱黏，即这时的复合材料具有最大断裂能和一定的韧性。在研究和设计界面时，不应只追求界面黏结而应考虑到最优化和最佳综合性能。例如，在某些应用中，如

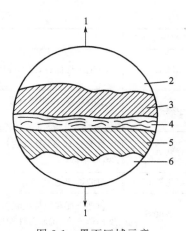

图 2-1　界面区域示意
1—外力场；2—树脂基体；
3—基体表面区；4—相互渗透区；
5—增强剂表面区；6—增强材料

果要求能量吸收或纤维应力很大时，控制界面的部分脱黏也许是所期望的。

由于界面尺寸很小且不均匀，化学成分及结构复杂，力学环境复杂，对于界面的结合强度、界面的厚度、界面的应力状态尚无直接的、准确的定量分析方法，对于界面结合状态、形态、结构以及它对复合材料性能的影响尚没有适当的试验方法，需要借助拉曼光谱、电子质谱、红外扫描、X 衍射等试验逐步摸索和统一认识，对于成分和相结构也很难作出全面的分析。因此，迄今为止，对复合材料界面的认识还是很不充分的，更谈不上以一个通用的模型来建立完整的理论。尽管存在很大的困难，但由于界面的重要性，所以吸引着大量研究者致力于认识界面的工作，以便掌握其规律。

2.1.1.2　玻璃纤维技术要求

(1) 玻璃纤维的种类

玻璃纤维是一大类系列产品的通称，它有各种不同化学成分的商品。一般以氧化硅为主体（含 50%～60% SiO_2），同时含有许多其他的氧化物（例如钙、硼、钠、铝和铁的氧化物）。根据玻璃纤维碱含量可分为 E-玻璃纤维（即无碱玻纤，R_2O 含量低于 0.5%）、C-玻璃纤维（即中碱玻纤，R_2O 含量 2%～6%）和 A-玻璃纤维（即有碱玻纤，R_2O 含量在 10% 以上），用于做塑料增强材料的是 E-玻璃纤维。E-玻璃纤维具有良好的电绝缘性能，以及较高的强度和较好的耐环境老化性能，但易被无机酸侵蚀。

S-玻璃纤维又称高强玻璃纤维，系美国 OCF 公司的注册名称，属镁铝硅酸盐玻璃纤维系。S-玻璃纤维的拉伸强度比无碱 E-玻璃纤维约高 35%，弹性模量高 10%～20%，高温下仍能保持良好的强度和疲劳性能。M-玻璃纤维是一种氧化铍含量高的高弹性模量玻璃纤维，相对密度较大，比强度并不高，由它制成的玻璃钢制品有较高的强度和较高的模量，适用于航空、宇航等领域。高硅氧玻璃纤维（SiO_2 含量大于 96%），它是将高钙硼硅酸盐玻璃纤维在酸（如盐酸）中溶去金属氧化物（如 CaO、Al_2O_3、MgO、Na_2O 和 B_2O_3 等），得到 SiO_2 骨架，再经清洗和热处理制成，纤维耐热性好（约 1100℃），但强度较低（250～300MPa），热膨胀系数低，化学稳定性好。各种玻璃纤维的特性和用途见表 2-1。

表 2-1　各种玻璃纤维的特性和用途

玻璃纤维种类	特性	用途
无碱 E	电绝缘性优良,拉伸强度较高,耐大气腐蚀,耐酸性较差	电绝缘件和机械零部件,玻璃钢增强体
中碱	耐酸性好,电绝缘性差,强度和模量低,成本低	对耐酸及电性能无特殊要求、耐腐蚀领域用复合材料
有碱 A	耐酸性优良,耐水性和电性能差,易吸潮,强度比 E-玻纤低,成本低	用作隔热保温件、毡和耐酸玻璃钢的增强体
耐化学 C	耐酸性比 E-玻纤好	蓄电池套管和耐腐蚀件
高强度 S	拉伸强度和弹性模量分别比 E-玻纤高 33%、20%,高温强度保留率高,抗疲劳性能好	高强度件,火箭发动机壳体,飞机壁板和直升机部件
低介电	介电常数低,透波性好,低密度,力学性能也低	电绝缘件、雷达天线罩和透波幕墙
高模量 M	高密度($2.89g/cm^3$),模量比一般玻纤高 1/3 以上	航空和宇航领域的玻璃钢制品
高硅氧	耐热性好,伸长率小(1%)	高温防热设备、耐烧蚀制品
空心	质轻、刚性好、介电常数低	航空及海底设备

　　按照玻璃纤维的直径,可将其分为超细玻璃纤维、中粗纤维和粗纤维。直径为 $3.8\sim4.6\mu m$ 的超细玻璃纤维（代号 B、C）的柔曲性、耐折性和耐磨性好,用于制作防火衣、宇宙服、帐篷、地毯和飞船内的纺织用品；直径为 $5.3\sim7.4\mu m$ 的中粗纤维（代号 D、DE、E）主要用作绝缘材料、过滤布、层压复合材料用布；直径为 $9.2\sim21.6\mu m$ 的粗纤维（代号 G、H、K、M、P、R）与树脂的浸透性好、成本低、产量高（因减少了合股工序）,经济性和工艺性好,用于制作无捻粗纱、短切薄毡及片状模压料（SMC）等预成型料,并用作塑料、橡胶和水泥的增强材料,其中 R-玻璃纤维适用于缠绕法制造各种管道和容器。

　　（2）玻璃纤维的性能

　　玻璃纤维耐高温,不燃,耐腐蚀,隔热、隔声性好（特别是玻璃棉）,拉伸强度高,电绝缘性好（如无碱玻璃纤维）；但性脆,耐磨性较差。

　　① 外观和相对密度　玻璃纤维表面比内部结构的活性大得多,因此其表面上就容易吸附各种气体、水蒸气、尘埃等,容易发生表面化学反应。一般玻璃纤维表面上往往有弱酸性的基团存在,这就会影响其表面张力,引起与黏结剂基体间的黏结力的改变。以高倍的电子显微镜观察,就会发现其表面具有很多的凹穴和微裂纹,这会使其复合材料性能下降。因此,应该防止玻璃纤维表面的水分及羟基离子浓度的增加,以避免该复合材料受水侵蚀后强度的下降,所以一般玻璃纤维增强塑料的耐酸性好而耐碱性差。玻璃纤维比玻璃的强度高是因为玻璃纤维经高温拉丝成型时减少了玻璃熔液的不均一性,使其具有危害性的微裂纹大大少于玻璃。从而减少了应力集中,使纤维具有较高的强度。玻璃纤维的横断面几乎是完整的圆形,由于其表面光滑,故纤维间的抱合力小,不利于与树脂的黏合。

　　玻璃纤维的单丝直径一般为 $1.5\sim25\mu m$,大多数为 $4\sim14\mu m$。玻璃纤维的密度为 $2.16\sim4.30g/cm^3$,较有机纤维大很多,但比一般的金属密度低,与铝相比几乎一样,所以在航空工业上用复合材料代替铝钛合金就成为可能。此外,一般无碱玻璃纤维比有碱玻璃纤维的相对密度大。

　　② 力学性能　虽然玻璃的强度较小,约为 $40\sim120MPa$,但是玻璃纤维却有很高的拉伸

强度，超过大部分已知材料的强度，拉伸强度大小与纤维直径、纤维长度、化学成分、存放时间、负荷时间有关。玻璃纤维受力时，应力-应变曲线基本上是一条直线，没有塑性变形，呈现脆性特征。玻璃纤维的弹性模量不高，是其主要的缺点。

玻璃纤维的实际强度和理论强度有一定差距，不过和块状玻璃相比又高出很多倍。出现这种现象的原因没有一个统一的理论，目前倾向于采用微裂纹理论。该理论认为玻璃纤维比块状玻璃的横截面面积小得多，因此微裂纹存在的概率也就小很多。纤维的实际强度低于理论强度是由于微裂纹位于纤维的内部和表面，造成应力集中的结果。

③ 耐磨性和耐折性　玻璃纤维的耐磨性和耐折性都很差，经揉搓摩擦容易损伤或断裂，这是玻璃纤维的严重弱点。当纤维表面吸附水分后能加速裂纹扩展，使耐磨性和耐折性降低。为了提高玻璃纤维的柔性以满足纺织工艺的要求，可以采用适当的表面处理，如经过 0.2% 阳离子活性水溶液处理后，玻璃纤维的耐磨性比未处理的高 200 倍。

④ 热性能　玻璃纤维是无定形无机高聚物，其力学性能与温度的关系类似无定形有机高聚物，存在 T_g、T_f 两个转变。由于 T_g 较高，约为 600℃，且不燃烧，所以相对于聚合物基体来讲，耐热性好。玻璃纤维的导热性非常低，室温下热导率为 0.027W/（m·K），使用温度的变化对玻璃纤维的导热性影响不大，如当玻璃纤维的使用温度升高到 200～300℃，其热导率只升高 10%。玻璃纤维的耐热性较高，软化点为 550～580℃，其热膨胀系数为 $4.8 \times 10^{-6}℃^{-1}$。玻璃纤维在较低温度下受热其性能变化不大，但却会产生收缩现象。因此，在制造玻璃纤维增强材料时，如果纤维与树脂黏结不良，就会由于加热和冷却的反复作用而产生剥离现象，导致制品强度下降。强度降低还与热作用时间有关，时间越短，下降就越少。

⑤ 电性能　玻璃纤维的导电性主要取决于化学组成、温度和湿度。无碱玻璃纤维的电绝缘性比有碱玻璃纤维优越得多，这主要是因为无碱玻璃纤维中碱金属离子少的缘故。碱金属离子越多，电绝缘性越差；玻璃纤维的电阻率随温度的升高而下降。在玻璃纤维的化学组成中，加入大量的氧化铁、氧化铅、氧化铜、氧化铋和氧化钒，会使纤维具有半导体性能。在玻璃纤维上涂覆金属或石墨，能获得导电纤维。

⑥ 化学性能　玻璃纤维的化学稳定性较好，其主要取决于化学组成、介质性质以及温度和压力等条件。一般来说，在玻璃纤维中二氧化硅含量多则化学稳定性高，而碱金属氧化物多则化学稳定性低。有碱玻璃纤维的耐水性很差，这是由于其成分中含碱硅酸盐容易发生水解之故。玻璃纤维中碱金属氧化物含量越多，对水、水蒸气及碱溶液作用的化学稳定性也越低，一般成分中控制 Na_2O 质量分数不超过 12%～13%。温度对玻璃纤维化学稳定性有明显的影响，100℃ 以下时，温度每升高 10℃，玻璃纤维在水介质侵蚀下的破坏速度将增加 50%～150%，温度在 100℃ 以上时，破坏作用将更剧烈。

2.1.1.3　玻璃纤维的使用要点

玻璃纤维和基体之间的黏结性能取决于增强材料的表面组成、结构与性质，黏结对复合材料的性质有重要影响。为了提高基体与玻璃纤维之间的黏结性能，需对玻璃纤维进行表面处理。

（1）偶联剂处理

偶联剂是具有两种以上性质不同的官能团的化合物，一端亲玻璃纤维表面，另一端亲树脂，从而起到玻璃纤维与树脂间的桥梁作用，将两者黏结在一起。偶联剂的种类很多，如硅烷偶联剂、铬络合物偶联剂、钛酸酯偶联剂等，最常用及种类最多的是硅烷偶联剂。硅烷偶

联剂通式为 $RSiX_3$。其中与聚合物分子有亲和力的 R 为基团，如乙烯基、氯丙基、环氧基、甲基丙烯酸酯基、氨基等。X 为能够水解的烷氧基，如甲氧基、乙氧基等，水解产物通过氢键与玻纤表面作用，在玻纤表面形成具有一定结构的膜。偶联剂膜含有物理吸附、化学吸附和化学键作用的 3 个级分，部分偶联剂会形成硅烷聚合物。在加热的情况下，吸附于玻纤表面的偶联剂将与玻纤表面的羟基发生缩合，在两者之间形成牢固的化学键结合。界面上极少量的偶联剂就会对复合材料的性能产生显著的影响，运用偶联剂混合其他助剂处理玻璃纤维的表面，效果更佳。表 2-2 为最常见的几种硅烷偶联剂和适应的树脂。

表 2-2　常见的几种玻璃纤维用硅烷偶联剂和适应的树脂

材料	硅烷偶联剂
PE	氯烃基、链烃基、氨烃基、阳离子烃基、过氧化烃基
PP	丙烯酰氧烃基、链烃基、阳离子烃基、过氧化烃基
PS	氯烃基、环氧烃基、丙烯酰氧烃基
PVC	氨烃基、环氧烃基、多硫烃基

偶联剂处理可保护纤维不受磨损，改善纤维与树脂之间的润湿性，还可提高界面的黏结强度，从而提高复合材料性能。而且还可提高干态强度、改善湿态强度和增加韧性、耐热性、阻燃性、耐气候性、耐摩擦性、电气性能等。

（2）浸润剂处理

玻璃纤维与分子链缺乏活性基团的聚烯烃（如 PP、PE 等）亲和性较差，对玻璃纤维进行浸渍处理可以提高其加工性能。商业上出售的玻纤，都经过浸渍处理，对直径 $10\sim14\mu m$ 之间的玻纤浸渍剂的厚度一般在 $0.5\sim1.0\mu m$ 范围内，浸渍剂主要成分为聚合物成膜剂 [80%～90%（质量分数）]、硅烷偶联剂 [5%～10%（质量分数）]、其他助剂 [5%～10%（质量分数）]，其中聚合物成膜剂对界面黏结强度起着重要作用。周晓东等对改性聚烯烃在玻璃纤维浸润剂配方中的应用作了介绍，认为在玻璃纤维拉丝过程中，采用接枝极性基团的改性聚烯烃作为纤维浸润剂的一个组分，在玻璃纤维表面涂覆改性聚烯烃，不但改性聚烯烃的利用率高，而且可以明显改善复合材料的界面结合。用于改善玻璃纤维增强聚烯烃复合体系界面结合的改性聚烯烃在浸润剂配方中主要是作为成膜剂。

（3）等离子体处理

等离子体处理是利用等离子体中的能量粒子和活性离子与固体表面发生作用，达到改变表面成分的目的。改性的目的包括亲水性、黏合性、黏附性、疏水性、防静电性、表面固化等。等离子体应用于材料处理时，一方面活性离子直接参与反应或转移能量，另一方面通过等离子体辐射释放的能量有效地激活反应体系。李志军研究了等离子体对玻璃纤维处理的机理：使玻璃纤维表面的官能团发生变化，产生轻微刻蚀，扩大玻璃纤维的有效接触面积，改善基体对玻璃纤维的浸润状况，使界面黏合增强。结果表明：等离子体处理的玻璃纤维作为增强体的复合材料力学性能提高了 2～3 倍，还明显降低复合材料的吸湿率，改善复合材料的耐湿热稳定性。

（4）玻纤的表面接枝

聚烯烃类基体缺乏活性反应官能团，难以与偶联剂形成化学键，用偶联剂不会起到应有的作用。为了使玻璃纤维在聚烯烃类基体中有很好的应用，需要寻找一种方法使聚烯烃类基体和玻璃纤维有良好的界面黏合。国内外的学者用不同的方法使高分子链接枝到玻璃纤维的表面上，接枝了高分子链的玻璃纤维在界面处产生一个柔性界面层。柔性界面层的引入使复合材料在成型以及受到外力作用时所产生的界面应力得到松弛，使复合材料具有较高的耐冲击性能。经接枝处理的玻璃纤维作为复合材料的增强体，得到黏合较好的复合材料界面，减少了界面的应力，达到了界面优化的目的。

表面接枝聚合物或小分子是一种较好的玻璃纤维处理方法。选择与基体相容性好的接枝物包覆在玻璃纤维的表面，使经接枝处理的玻璃纤维与基体具有很好界面黏结，提高复合材料的综合力学性能。

2.1.1.4 短纤维母料及专用料制备工艺流程

短玻璃纤维增强塑料的造粒工艺方法，是用硅烷偶联剂表面处理好短玻璃纤维，与树脂直接充分熔融混合、混炼、挤出造粒。虽然采用单螺杆挤出机可以造粒，但采用同向旋转双螺杆挤出机更好，尤其是对熔融黏度较高的基体树脂，如聚烯烃、PP 等，采用双螺杆挤出机效果更好。玻璃纤维增强塑料在相同的工艺条件下，短玻璃纤维比长玻璃纤维分散均匀，成型加工性及制品表面平滑性好，但力学性能不如长玻璃纤维好。

双螺杆挤出机加工过程中，一般树脂从第一加料口加入，受热后熔融。而玻璃纤维从第二个加料口加入，此时树脂已经充分塑化，这样不仅有利于二者的混合，也大大减轻玻璃纤维对设备的磨损。玻璃纤维依靠螺杆旋转产生的剪切力被连续不断地拉入机内。玻璃纤维的加入量可由玻璃纤维的输入根数和螺杆的旋转速度进行控制。玻璃纤维进入螺筒后，立即被螺杆和捏合装置折断，折断的玻璃纤维平均长度可依靠改变螺纹块组合方式和混合段螺杆的长度来调节。

短纤维料是最早工业化生产的 GFRTP 粒料，也是目前最主要的 GFRTP 粒料，其生产方法主要有以下两种。

（1）双螺杆法

双螺杆法工艺流程如图 2-2 所示，其生产工艺特点：以双螺杆挤出机为生产主设备，使用玻璃纤维无捻粗纱，工序简单、工艺成熟、产量高，为目前短纤维粒料主要的生产方法。

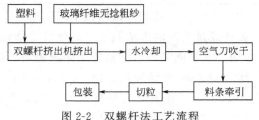

图 2-2　双螺杆法工艺流程

（2）单螺杆法

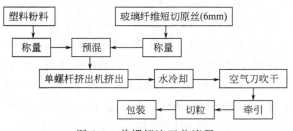

图 2-3　单螺杆法工艺流程

单螺杆法工艺流程如图 2-3 所示，其生产工艺特点：可使用塑料粉料，GF 含量较容易控制，但必须使用玻纤短切原丝（一般长度 6mm），工序较多，采用具有排气功能的单螺杆挤出机为主生产设备。

2.1.2　玻璃纤维增强通用塑料实例

2.1.2.1　实例

（1）实例一：几种通用塑料增强前后性能比较

几种通用塑料增强前后性能比较见表 2-3。

表 2-3 几种通用塑料增强前后性能比较

项目	PS		PP		PE	
	未增强	增强	未增强	增强	未增强	增强
拉伸强度/MPa	59.0	98.0	35.0~40.0	60.0~71.0	23.0	77.0
伸长率/%	2.0	1.1	>200	3.6	600.0	3.5
缺口冲击强度/(kJ/m²)						
23℃	1.6	13.4	4.0~5.0	12.0	8.0	24.1
40℃	1.1	17.1	—	11.8	—	26.8
拉伸弹性模量/GPa	2.8	8.5	1.4	6.2	0.8	6.3
剪切强度/MPa	—	63.0	32.2	33.0	—	38.5
弯曲强度/MPa	77.0	140.0	42.0~56.0	77.0	25.0~29.0	34.0
压缩强度/MPa	98.0	119.0	56.0		19.0~25.0	42.0
负载变形(28MPa)/%	0.6	0.3			—	0.41
吸水率(24hT)/%	0.1	0.3	0.03	0.05	0.01	0.04
热变形温度(18.6MPa)/℃	104.0	121.0	63.0	127.0	48.0	126.0
线膨胀系数/(10⁻⁵/℃)	7.2	4.0	8.5	4.9	16.2	3.4

（2）实例二：玻璃纤维增强 LDPE

张杨通过共混的方法制备了玻璃纤维增强 LDPE，研究发现，未处理的玻纤未起到增强 PE 作用，其表面处理后增强作用明显提高。玻璃纤维的增强效果好于晶须。当加入玻璃纤维，增容剂乙烯-丙烯酸共聚物［EAA 占 LDPE 的 8%（质量分数）］，复合材料的拉伸强度达到 19.6MPa，比 LDPE 提高了约 50%，但断裂伸长率降至 10%。

（3）实例三：玻璃纤维增强 PP

王俊杰采用铝酸酯偶联剂（DL411）、硅烷偶联剂（KH-570）和引发剂 DCP 经熔融接枝反应制备铝酸酯接枝聚丙烯（DL411-g-PP）和硅烷接枝聚丙烯（KH570-g-PP），以 DL411-g-PP 和 KH570-g-PP 作为增容剂分别制备了玻璃纤维增强 PP 复合材料 DL411-g-PP/GF/PP 和 KH570-g-PP/GF/PP。研究发现：DL411-g-PP、KH570-g-PP 增容剂的加入提高了 GF/PP 复合材料的耐热性和力学性能，当 DL411-g-PP 增容剂用量为 8 份，GF 含量为 40% 时复合材料综合性能最佳。与 GF/PP 复合材料相比，热变形温度提高 14.2%，冲击性能提高 262.8%，拉伸强度提高 30.5%。当 KH570-g-PP 用量为 10 份，GF 含量为 40% 时复合材料综合性能最佳。与 GF/PP 复合材料相比，热变形温度提高 10.3%，冲击性能提高 252.6%，拉伸强度提高 20.3%。DL411-g-PP/GF/PP 的性能优于 KH570-g-PP/GF/PP 复合材料。经 NaOH 处理后的增容剂 DL411-g-PP 和 KH570-g-PP 含有亲无机基团与 GF 中的硅羟基反应形成化学键。增容剂 DL411-g-PP、KH570-g-PP 的加入明显改善了 GF/PP 复合材料断面的相分离现象，提高了 GF 与 PP 界面相容性，对 GF/PP 复合材料起到良好的增容改性作用；相比较 DL411-g-PP 增容后复合材料性能更好。

（4）实例四：玻璃纤维增强 PS

申涛等采用原子转移自由基聚合（ATRP）法合成了一系列羟基封端的两嵌段共聚物聚

苯乙烯-*b*-聚丙烯酸丁酯（PS-*b*-Pn-BA-OH），并研究了其对 GF/PS 复合材料界面剪切强度的影响。结果表明，羟基封端的嵌段聚合物对玻璃基底材料进行表面处理，可显著降低玻璃基底材料表面的亲水性；经过 PS-*b*-Pn-BA-OH 处理后，玻璃纤维/聚苯乙烯复合材料的界面剪切强度可以达到 14.61MPa，是未处理的复合材料界面剪切强度的 1.7 倍左右。

（5）实例五：玻璃纤维增强 PVC

谢红波等分别对纳米 $CaCO_3$、玻璃纤维、纳米 $CaCO_3$ 与玻璃纤维共填充增强的 PVC 复合材料的拉伸强度、弯曲强度、冲击强度进行了研究。研究结果表明，随着 PVC 中玻璃纤维加入量的增加，强度随之提高，当玻璃纤维的加入量到达 28% 时，其拉伸强度和弯曲强度分别提高了 50.34% 和 66.67%；同时加入纳米 $CaCO_3$ 和玻璃纤维时，复合材料的拉伸强度和弯曲强度提高效果都比添加单一物质时好，但其冲击强度比只添加纳米 $CaCO_3$ 时差，可能是由于玻璃纤维的脆性造成的。

2.1.2.2 配方

（1）配方一：汽车冷却风扇用玻璃纤维增强 PP 粒料配方

汽车冷却风扇用玻璃纤维增强 PP 粒料配方见表 2-4。

表 2-4 汽车冷却风扇用玻璃纤维增强 PP 粒料配方

成分	配方 1	配方 2	配方 3	成分	配方 1	配方 2	配方 3
均聚 PP	25	60	55	偶联剂	1.0	0.5	0.5
共聚 PP	40	—	—	助抗氧剂	0.7	1.0	0.8
SBS	5	—	—	辅助抗氧剂	—	—	0.4
EPDM	10	10	10	热稳定剂	0.3	—	—
无碱无捻 GF	20	20	30	颜料	适量	—	—
增容剂	—	10	15				

（2）配方二：玻璃纤维增强 PVC 配方

玻璃纤维增强 PVC 配方如表 2-5 所示。

表 2-5 玻璃纤维增强 PVC 配方

成分	质量/份	成分	质量/份
均聚 PVC	100	GF（表面涂以含丙烯腈-苯乙烯共聚物）	30
硫醇基二丁锡	3		
硬脂酸	0.5		

性能：将配方中材料熔融捏合、挤出，弯曲强度 113.7MPa，悬臂梁冲击强度 $19.1kJ/m^2$，热变形温度 80.5℃，并且具有良好的耐水性。

2.1.3 长玻璃纤维增强通用塑料

长纤维增强热塑性复合材料粒料（LFT-G）纤维与粒料等长，虽然在注塑机中经螺杆预塑及注射过程纤维长度会大大下降，但在制品中纤维长度较短纤维增强热塑性复合材料粒料（SFT-G）制品要长很多，大多为 1~3mm，甚至更长。所以同样 GF 含量，同种塑料基材 LFT-G 注塑制品较 SFT-G 注塑制品有较高力学性能，如较高刚性、较高的压缩强度、拉伸强度、弯曲强度，较高耐蠕变性能。由于纤维长度较长，在制品中纤维拔出消耗的功更多，因而其冲击强度更高。其次纤维端部应力集中，是裂纹引发点，由于纤维长度长，端部数量少，这也是其高冲击强度的原因，亦即 LFT-G 制品抗冲击强度远高于 SFT-G 制品。由于纤维长度较大，在注塑制品中，纤维可呈弯曲、缠结等三维网络结构状态，取向程度相对较低，因而制品性能各向异性较小，制品平直度较好，翘曲度较小，尺寸稳定性较好，抗蠕变和耐疲劳性也较好。尤其是在高温下长期耐蠕变性能 LFT-G 远高于 SFT-G 制品。当然这种粒料，由于纤维长度较长、流动性较差，注塑成型工艺性能不如 SFT-G，且不能用柱塞式注塑机生产制品。而且由于纤维长度较长，充模时长纤维造成的取向，对制品熔接部位的强度影响较大。当粒料中纤维未被完全浸润，其注塑制品中可能存在成束 GF，影响制品外观质量。总之，LFT-G 比 SFT-G 具有更好的力学性能，更能发挥纤维增强效果，具有更好的耐温性能和尺寸稳定性等。

2.1.3.1 长玻纤增强通用塑料专用母料和专用料制备方法

长纤维料是 20 世纪后期才工业化生产的新型 GFRTP 粒料，主要生产方法有如下几种。

（1）熔融拉挤包覆法

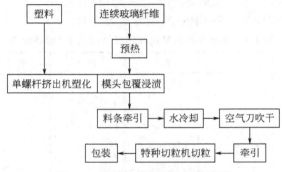

图 2-4　熔融拉挤包覆法工艺流程

最早商品化的长纤维增强热塑性复合材料粒料是采用熔融挤出包覆工艺生产的，其工艺过程为：挤出机将聚合物基体加热至熔融，挤出机的螺杆将聚合物熔体送入具有一定形状的挤出模具；将连续纤维通过挤出模具时，聚合物熔体将与纤维束相复合，并包覆在纤维束的表面，冷却后再切割成 12.5～25mm 的增强粒料，如图 2-4、图 2-5 所示。对比溶液浸渍技术，熔融浸渍法技术不需要使用溶剂，减少了溶剂去除过程中的环境污染，节省了原料成本。采用这种浸渍技术生产预浸料效率高，产品质量得以保证，并且可以精确控制复合材料中的纤维含量。长纤维增强粒料多用于采用注射成型或模压成型制备的热塑性复合材料部件。

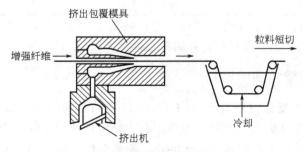

图 2-5　长纤维增强粒料挤出包覆工艺

熔融包覆工艺技术适用于多种聚合物基体，增强材料多为连续的玻璃纤维、碳纤维和聚芳酰胺纤维，适用性较广。该工艺技术的缺点是聚合物熔体浸渍纤维很困难，当纤维在模具内与聚合物基体复合时，由于聚合物熔体黏度大，多数情况下聚合物熔体仅仅包覆在纤维束的表面，很难渗透进入纤维束的内部，需要在注射或者模压等后成型工艺中进一步将纤维束分散和完全浸渍。在二次加工过程中，如果未分散的长纤维束聚集在复合材料制品的表面，将影响制品的外观和性能。

由于挤出包覆法生产长纤维增强粒料时增强纤维没有被分散，聚合物熔体很难穿透纤维束完全浸渍纤维，增强粒料中的空隙含量较高，导致力学性能降低。为了完善熔融包覆工艺技术，一些材料研究人员将连续纤维增强热塑性复合材料的拉挤成型工艺与包覆工艺相结合，将纤维束分散后，再进入聚合物熔体；在压力的作用下，聚合物熔体较容易穿透分散后的纤维束，可以很好地浸渍纤维；然后冷却、切割为长纤维增强粒料。

（2）混纱熔融法

早在20世纪80年代，法国圣戈班集团下属的Vetrotex公司采用热塑性树脂纤维与长GF混纱熔融法制备LFT，由此形成了Twintex系列产品。Twintex材料中长纤维分布均匀，树脂对长纤维的浸渍效果达到了单丝浸渍的水平，材料质地均匀，具有卓越的力学性能和尺寸稳定性。混纱熔融法工艺流程如图2-6所示。方鲲等采用经过特殊改性的PP树脂纤维与长GF复

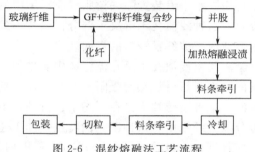

图2-6 混纱熔融法工艺流程

合混纱，然后与PP树脂基体相互熔融混合而制得LFT。在与PP树脂熔融混合过程中，表面或界面充分浸有改性PP树脂的GF单丝能够很好地均匀分散在PP树脂基体中。混纱熔融法生产工艺特点：GF充分被塑料浸润，粒料中GF含量可高达75%，制品性能好，工艺技术要求较高，设备投资较大。

（3）溶液浸渍法

图2-7 溶液浸渍法工艺流程

溶液浸渍法是用合适的溶剂溶解树脂，以降低树脂基体的黏度，然后将玻璃纤维通过特制的浸润装置使树脂溶液浸润纤维，最后加热除去溶剂，如图2-7所示。这种技术工艺简便、使用的设备也比较简单，但存在如下问题：生产过程中的溶剂必须完全除去，否则制品耐溶剂性差；去除溶剂过程中由于溶剂的挥发会造成物理分层；残留在玻璃纤维表面小孔和空隙内的溶剂会降低树脂和纤维的界面黏结性；溶剂的蒸发和回收会造成环境污染，并增加成本支出；另外，并不是所有的热塑性树脂都能找到合适的溶剂。尽管如此，采用其他制备技术不易浸渍的高性能树脂基复合材料的制备大多仍采用溶液浸渍法浸渍。利用树脂的水分散体（悬浮液或乳液）浸渍长纤维，无需回收溶剂且对环境不会造成较大的污染。R.T.福克斯等利用通过熔体捏合得到热塑性树脂的水分散体来浸渍长纤维，经加热干燥除去水分后而定型、切粒，最终得到LFT母料。该方法所制母料中纤维的质量分数可以达到90%以上，并且相对于以往的粉末悬浮液浸渍法，本法所制母料中纤维的含量较为均匀一致。

（4）粉末浸渍法

粉末浸渍法是以各种不同的方式将粉状树脂黏附到玻璃纤维上，然后加热熔融树脂，在

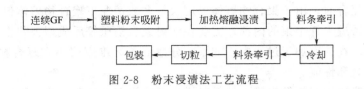

图 2-8　粉末浸渍法工艺流程

成型过程中使纤维和树脂得以浸润，如图 2-8 所示。这种工艺生产效率高、速度快、方便控制工艺，不同的树脂可以在同一条生产线上浸渍。按照工艺过程中树脂黏附纤维方式的差异，将粉末浸渍技术分为湿法粉末浸渍技术和干法粉末浸渍技术。

湿法粉末浸渍技术是先在浸渍室中将热塑性树脂粉体和一些表面活性剂形成以水为介质的悬浮液，然后使连续玻纤通过浸渍室，在浸渍室中树脂的悬浮液均匀地渗入玻璃纤维之间，再用除水干燥装置除去树脂浸渍纤维中的水分，后加热使树脂熔融、冷却后切成长玻纤预浸料。这种浸渍技术解决了部分树脂找不到合适溶剂的问题，但是浸渍过程中的除水程序仍然会造成长玻纤预浸料的界面缺陷。

干法粉末浸渍技术是在流化床中实现的，在流化床中树脂细粉通过静电作用吸附在纤维单丝的表面，然后加热使吸附在纤维表面的树脂熔结，最后在成型过程完成树脂对玻璃纤维的浸润。这种浸渍技术是在干态下进行的，不受基体黏性的限制，即使是聚合物的分子量高也可分散到纤维中。这种工艺的特点是加工速度快、成本低、聚合物几乎不降解、玻璃纤维的损伤程度小。虽然直径在 $5 \sim 25 \mu m$ 范围内的聚合物颗粒都能够吸附在纤维上，但是以直径为 $5 \sim 10 \mu m$ 的树脂粉末制得的预浸料浸渍效果较好。

同时粉末浸渍技术也存在不足之处，由于树脂对玻璃纤维的浸润仅在成型加工过程中才能实现，导致树脂粉末容易散失，预浸料中的树脂含量不易精确控制。而且粉末粒径的大小及其分布直接影响浸润所需的时间、温度和压力。

（5）原位聚合浸渍法

采用低黏度的单体或预聚体来浸渍长纤维及其织品，然后将单体聚合为热塑性树脂的方法可解决热塑性树脂浸渍长纤维难度大的问题。也可以通过原位聚合拉挤工艺来制备 LFT，长纤维在浸渍装置内受到低黏度单体溶液的浸渍，而后在加热模具内使单体进一步聚合而制得 LFT。但这种工艺要求单体反应速率快、反应易于控制。目前只是对一些可以进行阴离子聚合的体系如聚氨酯、尼龙 6 等进行了研究，还处于实验室研究阶段，没有用于实际生产过程中。

2.1.3.2　长玻纤增强通用塑料专用母料和专用料实例

（1）实例

① 实例一：长玻璃纤维增强 PP

明星星等采用熔体浸渍工艺制备了 30%（质量分数）LGF 增强 PP，研究了 MA、DCP 含量对一步法挤出 LGF 增强 PP 复合材料力学性能和界面的影响。

工艺：将干燥后的 PP、MA、DCP 按一定质量配比在高速混合机中混合均匀，然后在同向双螺杆挤出机上挤出造粒。主机螺杆转速为 300r/min，长径比 46，七段温度分别为 185℃、190℃、195℃、200℃、205℃、210℃、215℃，LGF 进入特殊的浸渍口模，在口模内完成树脂对玻纤束的浸渍（温度为 300℃），料条经冷却、切粒制得 LGF 增强 PP 复合材料。

结果表明：固定 MA 用量为 1 份，DCP 含量从 0.1 份增加到 0.5 份，导致了一步法反应挤出 LGF 增强 PP 复合材料的力学性能恶化；固定 MA 和 DCP 质量比为 10∶1，随着 MA 质量分数的增加，PP/LGF 复合材料的力学性能呈上升趋势。当 MA 添加量为 0.8%，DCP 添加量为 0.08% 时，一步法挤出 LGF 增强 PP 复合材料的力学性能最优。

② 实例二：长玻璃纤维增强 PE

张宁等采用经 KH-550 偶联剂处理的 LGF 与 PE 复合制备了 PE/LGF 复合材料。研究了该种复合材料的力学性能和 LGF 在 PE 基体中的分布状况。PE/LGF 复合材料的拉伸强度和冲击强度随 LGF 长度的增加而呈先升后降趋势，当 LGF 的长度约为 35mm 时复合材料的拉伸强度达最大值（52.5MPa），为纯 PE（24MPa）的 2.19 倍，冲击强度 25kJ/m²；拉伸强度和冲击强度随着 LGF 含量的增加也先升后降，当 LGF 含量约为 30% 时，复合材料的拉伸强度和冲击强度达到最大值；硬度和维卡软化点随着 LGF 的长度和含量的增加先升后降，当 LGF 的长度约为 35mm、含量约为 30% 时，材料的硬度达到最大值（90 左右），为纯 PE（60）的 1.5 倍，纯 PE 的维卡软化点温度为 80℃，加入 LGF 后其维卡软化点温度可达 106℃，增加了 33%；LGF 在 PE 集体中呈现三维交叉结构；GF 表面经 KH-550 处理后，复合材料的力学性能有所提高。

③ 实例三：PP-g-MAH 制备 PP/LGF 复合材料

汪建军采用自行研制的熔体浸渍包覆长玻璃纤维装置，制备了 PP/LGF 复合材料。研究了玻纤含量、预浸料粒料长度及相容剂聚丙烯接枝马来酸酐（PP-g-MAH）含量对 PP/LGF 复合材料力学性能的影响。结果表明，PP/LGF 的力学性能明显优于短玻璃纤维增强 PP，当玻纤含量在 30% 时，拉伸强度达到 50MPa 左右，冲击强度达到 6kJ/m² 左右，相容剂 PP-g-MAH 的加入增了界面黏结强度，大幅度地提高了 PP/LGF 复合材料的力学性能，当相容剂 PP-g-MAH 含量达到 3% 左右，其综合力学性能达到最佳值，拉伸强度达到 100MPa 左右，冲击强度达到 10kJ/m² 左右。

④ 实例四：长玻璃纤维增强 PP

张道海等采用熔体浸渍工艺，将干燥后的 PP、相容剂、抗氧剂按一定配比在高速混合机中混合均匀，然后在同向双螺杆挤出机上挤出造粒。主机螺杆转速为 300r/min，温度分别为 185℃、190℃、195℃、200℃、205℃、210℃、215℃，连续玻璃纤维进入特殊的浸渍口模，在口模内完成树脂对玻纤束的浸渍，料条经冷却、切粒制得长玻纤增强 PP 复合材料。结果表明：浸渍时间影响长玻璃纤维增强 PP 复合材料的力学性能和动态力学性能；当浸渍时间为 7.03s 时，PP/LGF 复合材料的力学性能最好。

⑤ 实例五：长玻璃纤维增强 PP

张道海等采用熔体浸渍工艺制备了长玻纤（LGF）增强 PP。研究了甲基丙烯酸缩水甘油酯接枝聚丙烯（PP-g-GMA）对长玻璃纤维增强 PP 复合材料力学性能的影响。结果表明：PP-g-GMA 影响长玻璃纤维增强 PP 复合材料的力学性能；当 PP-g-GMA 质量分数为 1% 时，PP/LGF 复合材料的力学性能最好，拉伸强度、弯曲强度和悬臂梁缺口冲击强度分别提高 32.34%、27.38% 和 74.51%。

⑥ 实例六：长玻璃纤维增强 PS

张道海等采用熔体浸渍工艺，乙烯接枝马来酸酐作为相容剂，热塑性弹性体聚氨酯作为增韧剂，制备一系列不同含量的长玻纤增强 PS 复合材料。结果表明，随着相容剂含量的增加，复合材料的储能模量呈现先增大后减小的趋势，并在相容剂用量为 6% 时达到最大，这可预测复合材料的力学性能变化趋势将为先增加后减小，相容剂用量为 6% 时力学性能最优。随着相容剂含量的增加，长玻璃纤维增强 PS 复合材料的损耗因子呈先减小后增加，这表明复合材料的相容性是先增加后减小。随着相容剂用量的增加，复合材料的拉伸强度、缺口冲击强度呈现先增加后减小；复合材料在加入 2% 的相容剂后，其对应的弯曲强度和弯曲模量迅速增大，继续增加相容剂量，弯曲强度和弯曲模量增加缓慢，相容剂量为 6% 时，复合材料的拉伸强度、缺口冲击强度、弯曲强度和弯曲模量出现最大值。

（2）配方

① 配方一：长玻璃纤维增强 PP

第一步：将 4kg PP（MFR＝50g/10min）、1kg 相容剂（CA-100）通过单螺杆挤出机塑化后，通过口模输送到高温熔体槽，槽内温度 320℃；

第二步：将 84.8kg PP（MFR＝50g/10min）、0.1kg 热稳定剂（Irganox1010）、0.1kg 加工助剂（EB-FF）、5kg 无卤阻燃剂（FP-2200）通过单螺杆挤出机塑化后通过口模输送到低温熔体槽，槽内温度 185℃；

第三步：将 5kg 无碱连续玻璃纤维以 25mm/min 的速度一次经过高温熔体槽和低温熔体槽，长玻璃纤维从熔体槽中牵引浸润后，用切粒机切成 12mm 长均一粒子。高温熔体槽长度为 2m，低温熔体槽长度为 1m。

长玻璃纤维增强 PP 性能如表 2-6 所示。

表 2-6 长玻璃纤维增强 PP 性能

性能	测试标准	数值
阻燃性能	D45 1333	C4（自动熄灭）
螺旋线流长/mm		1100
热变形温度（1.80MPa）/℃	ISO 75/1—93	155
拉伸强度/MPa	ISO 527/2—93	102
弯曲模量/MPa	ISO 527/2—93	6800
缺口冲击强度/(kJ/m²)	ISO 527/2—93	38
拉伸强度保持率（150℃，1000h）/%	ISO 527/2—93	92

② 配方二：长玻纤增强 PP 粒料性能见表 2-7。

表 2-7 长玻纤增强 PP 粒料性能

牌号	测试标准		PP-GF 20-02	PP-GF 25-0403 P10-10	PP-GF 30-0453 P10-10	PP-GF 40-04C N03	PP-GF 45-04CN 11-10	PP-GF 50-0403 P10	PP-GF 60-04C N15-10
玻纤含量/%			20	25	30	40	45	50	60
密度 /(g/cm³)		ISO 1183	1.01	1.09	1.12	1.22	1.28	1.34	
拉伸模量 /MPa	室温	ISO 527-2/1A/1	5390	6000	6600	9000	10000	12000	14300
	80℃	ISO 527-2/1A			4400	6000	4500		
拉伸应力 /MPa	屈服（80℃）	ISO527-2/1A			52	78	60		
	断裂	ISO 527-2/1A/5	105	95	95	110	115	130	130

牌号		测试标准	PP-GF 20-02	PP-GF 25-0403 P10-10	PP-GF 30-0453 P10-10	PP-GF 40-04C N03	PP-GF 45-04CN 11-10	PP-GF 50-0403 P10	PP-GF 60-04C N15-10
拉伸应变 /%	断裂	ISO 527-2/1A/5	2.8	2.3	2.3	1.6	1.8	1.9	1.8
	断裂(80℃)	ISO 527-2/1A			2.9	1.8	2.6		
弯曲模量 /MPa	23℃	ISO 178	5150		7000	8900	9500		16000
	80℃	ISO 178			4800	6000	6500		
弯曲强度 /MPa	23℃	ISO 178	160		160	200	180		185
	80℃	ISO 178			95	135	105		
简支梁缺口冲击强度 /(kJ/m²)	23℃	ISO 179/1eA	23		14	30	15		
	−30℃	ISO 179/1eA			16	35	18		
简支梁缺口冲击强度 /(kJ/m²)	23℃	ISO 179/1eU			48	60	48		
	−30℃	ISO 179/1eU			44	55	40		
热变形温度/℃	1.8MPa,未退火	ISO 75-2/A	157		148	160	157		154
	8.0MPa,未退火	ISO 75-2/C			122	150	135		130
熔融温度 /℃				166	166	165	165	166	165

2.2 碳纤维增强改性

2.2.1 技术概况

2.2.1.1 碳纤维增强机理

碳纤维增强通用塑料，是把碳纤维和通用塑料在一定的成型工艺下复合而成的，成型过程中碳纤维与通用塑料相互之间通过物理、化学作用黏结在一起。碳纤维与塑料基体之间的界面，是从两相的表面层和两相间互相作用而深入至两相内部某一厚度的区域，结构和性能与组分中任何一个都不同，厚度在几埃到几百埃（$1\text{Å}=10^{-10}$ m）之间。两相的接触将会引起多种界面效应，包括物理效应、化学效应和力学效应。物理效应对各组分之间相互浸润、相容性、扩散、界面自由能结构网络互穿影响较大，化学效应引起界面上发生化学反应而产生新的界面层结构，力学效应导致界面上有应力分布。界面对复合材料的断裂韧性、适应潮湿和腐蚀环境的能力起着非常关键的作用。弱界面复合材料强度、刚度较低，断裂抗力高；强界面复合材料强度和刚度高，但性脆；裂纹扩展过程中脱黏的发生和从基体中拔出纤维的难易与复合材料的界面效应之一——力学效应有关。界面具备传递、阻断、不连续、散射和吸收、诱导等效应。复合材料界面在碳纤维与塑料基体之间起应力传递纽带作用，对复合材料性能影响较大，良好的界面黏结性能够有效地分散复合材料承受的载荷，充分发挥碳纤维的性能，提高复合材料的力学性能。界面的结构、性能、黏合强度等直接影响复合材料的综合性能。

复合材料的界面黏结强度与界面的黏结作用力关系密切，碳纤维与塑料基体之间相互作用力主要分为静力、界面分子间作用力、化学键力三大类。一个黏结体系可能同时存在这三类力的作用，但每种作用力对界面黏结性能的影响不同，目前解析复合材料界面黏结作用机理的具有代表性的界面理论有化学键理论、机械黏结理论、浸润-吸附理论、过渡层理论、扩散理论、可逆水解理论、弱界面理论、摩擦理论、电子（静电）理论变性层理论、优先吸附理论、酸碱作用理论等。

2.2.1.2 碳纤维技术要求

（1）碳纤维的分类

当前国内外生产碳纤维的种类很多，一般可以根据原丝的类型、碳纤维的性能和用途等进行分类。

① 根据碳纤维的力学性能可以分为高性能碳纤维和通用型碳纤维。高性能碳纤维包括中强型、高强型、超高强型、中模型、高模型和超高模型。高性能碳纤维拉伸强度高于2500MPa，拉伸模量大于 220GPa；通用型碳纤维拉伸强度小于 1000MPa，拉伸模量小于 100GPa。

② 根据先驱体纤维原丝类型可分为聚丙烯腈基碳纤维、沥青基碳纤维、黏胶基碳纤维、气相生长纤维。

③ 根据碳纤维功能可分为受力结构用碳纤维、耐焰碳纤维、活性碳纤维、导电用碳纤维、润滑用碳纤维、耐磨用碳纤维。

④ 从单丝丝束角度，碳纤维可以分为小丝束和大丝束两种情况，前者单丝丝束为 1000（1K）～24000（24K），后者单丝丝束为 48000（48K）～480000（480K），目前大丝束碳纤维均由聚丙烯腈基碳纤维制备。

（2）碳纤维的性能

碳纤维是由如黏胶、沥青或 PAN 等有机纤维在 N_2、Ar 等惰性气氛中经 1500℃高温碳化所形成的纤维状聚合物碳，其含碳量 90%～99%（质量分数）。纤维结构为顺着纤维轴向排列成不完全石墨结晶，原子堆积成不规则的平行层，呈乱层结构，缺乏三维有序。碳纤维层面主要是由碳原子与碳原子之间的共价键相结合的，层与层之间主要由范德华力相互连接的，是各向异性材料。碳纤维是一种非金属材料，不属于有机纤维，制造方法也不同于普通有机纤维。具有优良的物理、化学和力学性能。

① 力学性能　碳纤维的结构与石墨晶体类似，通过 C—C 键能和密度的计算得到的单晶体石墨强度和模量分别为 180GPa 和 1000GPa，而碳纤维的实际强度和模量远远低于此理论值。这是由于纤维内部的缺陷所引起的，如结构不均匀、直径变异、微孔、裂缝、气孔、杂质等。

碳纤维的强度随处理温度升高，在 1300～1700℃ 范围内，强度出现最大值，超过1700℃后处理，纤维内部的缺陷增多、增大，强度降低。在 1300～17000℃范围内处理的碳纤维称高强度碳纤维，或称Ⅱ型碳纤维。随碳化过程处理温度的提高，结晶区长大，结晶取向度提高，碳纤维的模量也提高。经 2500℃高温处理后，称高模量碳纤维（或石墨纤维）——Ⅰ型碳纤维，其弹性模量可达 400～600GPa，其断裂伸长率最低约 0.5%。

碳纤维脆性很大，冲击性能差，拉伸破坏方式属于脆性破坏，与玻璃纤维相似，只是弹性模量比玻璃纤维高，断裂伸长率低于玻璃纤维。

② 物理性能　碳纤维密度 1.59～2.09g/cm^3，取决于原料的性质及热处理温度；耐高、

低温性能好，在隔绝空气下 2000℃仍可保持一定强度，液氮下也不脆断；热导率高，但随温度的升高有减小趋势，沿纤维轴向和垂直纤维轴向的热导率分别为 0.168J/（S·cm·℃）和 0.0168 J/（S·cm·℃）；线膨胀系数沿纤维轴向具有负温度效应（$-0.9\times10^{-6}\sim-0.72\times10^{-6}℃^{-1}$），垂直纤维纵向为 $22\times10^{-6}\sim32\times10^{-6}℃^{-1}$；碳纤维的表面活性低，与基体材料的黏结力比玻璃纤维差，石墨化程度越高，碳纤维表面惰性越大，作为复合材料的增强材料，须进行表面处理提高其表面活性；沿纤维方向的导电性好，电阻率与纤维类型有关，在 25℃时，高模量纤维为 $755\mu\Omega\cdot cm$，高强度纤维为 $1500\mu\Omega\cdot cm$，碳纤维的电动势为正值，当碳纤维复合材料与铝合金组合应用时会发生电化学腐蚀。

③ 化学性能　碳纤维在空气中，于 $200\sim290℃$ 就开始发生氧化反应，当温度高于 400℃，出现明显的氧化，生成 CO 和 CO_2。高模量碳纤维的抗氧化性显著优于高强度型的。用 30%的 H_3PO_4 处理可提高它的抗氧化性。强氧化剂（如浓硫酸、浓硝酸、次氯酸、重铬酸）可将表面碳氧化成含氧基团，从而提高碳纤维的表面黏结性能。

碳纤维除能被强氧化剂氧化外，一般的酸对它作用很小，比玻璃纤维具有更好的耐腐蚀性，耐水性比玻璃纤维好。碳纤维还具有耐油、抗辐射以及减速中子运动等特性。

2.2.1.3　碳纤维使用要点

CFRP 的两相结合质量对材料的综合性能至关重要，结合良好的界面能有效地传递载荷，充分发挥碳纤维高强度、高模量的特性，提高 CFRP 制品的力学性能。

纤维的表面活性在很大程度上取决于其表面的表面能，活性官能团的种类和数量，酸碱交互作用和表面微晶结构等因素。碳纤维的表面有很多孔隙、凹槽、杂质及结晶，对复合材料的黏结性能有很大影响；碳纤维整体主要是碳、氧、氮、氢等元素，未经表面处理的碳纤维表面羟基、羰基等极性基团的含量较少，不利于其与基体树脂的黏结。

未经氧化处理的碳纤维表面的石墨化结构使得其呈现惰性，浸润性能差且不易发生化学结合，难以形成强的界面。通过表面处理使其表面发生一系列的物理化学反应，以改变纤维表面的形貌和极性官能团的含量，而改善其表面能的方式，从而使其界面黏结有效提高。常用的表面处理方法如表 2-8 所示。

表 2-8　碳纤维表面处理方法和基本原理

处理方法	具体分类	基本原理
氧化处理	液相氧化	氧化剂:高锰酸钾、过硫酸铵、$NaClO_3$、H_2SO_4 混合溶液、硝酸等
	气相氧化	氧化剂:空气、氧气、臭氧等含氧气体
	电化学氧化	碳纤维作为阳极置于电解质溶液中，通过反应温度、电解质浓度、处理时间和电流密度进行控制
	气液双效氧化	先用液相氧化物对纤维涂覆，再用气相氧化
涂覆处理	电化学沉积	碳纤维表面沉积一层所需厚度的金属
	气相沉积	碳纤维表面沉积 TiN、C/Si 合金、C、Al_2O_3、CrC 等物质
	表面电聚合	单体物质在电场激发情况下，在碳纤维表面生成聚合物涂层
	溶胶-凝胶法	在惰性气体下对涂有溶胶液的碳纤维进行高温焙烧得到涂层
	偶联剂处理	在碳纤维表面涂覆偶联剂
其他方法	射线、激光、等离子体处理	采用 γ 射线辐射、激光照射、紫外辐射、等离子体处理等方法

（1）氧化处理

根据所采用处理介质不同分为气相氧化、液相氧化、气液双效法以及电化学氧化等。

① 气相氧化　气相氧化法是将纤维暴露于气相氧化剂（如空气、臭氧等）中，在加温、加催化剂等特殊条件下使其表面氧化生成一定活性基团（如羟基和羧基等）。此方法对材料的界面黏结性能有显著提高，易于实现工艺化，经处理后的碳纤维可以直接上浆。但该方法的操作可重复性低，纤维在350℃的空气中就开始缓慢氧化，400℃左右时反应比较剧烈，此时纤维表面的氧化程度对风温、风速的变化十分敏感，易导致纤维强度的损失。

② 液相氧化　液相氧化将纤维置于液态的氧化处理剂中进行。常用的溶剂有高锰酸钾、过硫酸铵、浓硝酸、$NaClO_3$ 和 H_2SO_4 混合酸等，其中最常用的是浓度在 $60\%\sim70\%$ 浓硝酸溶液。氧化剂浓度、氧化时间及氧化前纤维的预处理等对氧化效果十分关键。液相氧化法不易使纤维过度刻蚀和裂解，且对于适合的氧化剂与氧化工艺，其含氧官能团数量较多。使用硝酸作为氧化剂，不仅可使碳纤维表面产生沟槽而且能增加其表面的羟基、羧基和酸性基团，这些基团随氧化的时间和温度的增加而增加，但当温度超过100℃和时间超过2h时，会使纤维强度下降反而降低界面性能。

③ 气液双效　气液双效法先用液相氧化物对纤维涂覆，然后再用气相氧化，以实现补强和氧化的双重效果，从而使纤维的拉伸强度和界面性能均得到提高。贺福等对此方法做了开创性研究，使材料的界面强度从70MPa增加到100MPa。

④ 电化学氧化　电化学氧化又称阳极电解氧化，以碳纤维作为阳极，以石墨作为阴极，在电解质中使含氧离子向阳极移动，并在其表面释放电子与碳纤维表面反应形成羟基，然后逐步氧化成酮基、羧基。电化学氧化能将纤维表面存有的杂质等薄弱外层去除，降低表层杂质等对界面的影响，并且在碳纤维表面能生成一定量的活性官能团，促进了纤维-树脂的化学黏结，同时能在碳纤维表面形成更多的沟壑，加强了与树脂的机械结合。电解质种类、电流密度、氧化时间对处理效果非常关键。

（2）表面涂覆处理

表面涂层改性法的原理是将某种聚合物涂覆在碳纤维表面，改变复合材料界面层的结构与性能，使界面极性等相适应以提高界面黏结强度，同时提供一个可消除界面内应力的可塑界面层。

① 气相沉积法　气相沉积技术对碳纤维进行涂覆处理是碳纤维改性的一个重要方面，在高模量结晶型碳纤维表面沉积一层无定形碳的塑性界面区，从而松弛应力提高其界面黏结性能，增加复合材料的层间剪切强度。气相沉积处理法中采用的涂层技术主要有两种：一种把碳纤维加热到1200℃，用甲烷（乙炔、乙烷）-氮混合气体处理，甲烷在碳纤维表面分解，形成无定形碳的涂层，处理后所得到的复合材料层间剪切强度可提高两倍；另一种方法是先用喹啉溶液处理碳纤维，经干燥后在1600℃下裂解，所得到的复合材料层间剪切强度可提高2.7倍。此外，还可以用羰基铁和酚醛等的热解后的沉积物来提高界面性能。

② 电聚合法　电聚合法是在电场力的作用下使含有活性基团的单体在碳纤维的表面聚合成膜，以改善其表面形态和组成。用碳纤维作阳极，不锈钢板作阴极，电聚合液可用含羧基共聚物的铵盐水溶液。电聚合的基本历程为：带有羧基的高聚物的阴离子在电场力的作用下向阳极的表面移动，发生质子化作用而沉积在其表面形成聚合膜。电聚合法采用苯乙烯马来酸酐、甲基乙烯醚马来酸酐、乙烯丙烯酸共聚物和烯烃马来酸酐等，它们属于热塑性聚合物，耐高温性能差，因而所制复合材料的高温层间剪切强度和湿态层间剪切强度有不同程度

下降。电聚合的电压比较低，时间短，可与碳纤维生产线相匹配，只是工序较繁杂，有的电聚合液不太稳定，不便连续操作。

③偶联剂涂层法　偶联剂一部分官能团与碳纤维表面反应形成化学键，另一部分官能团与树脂反应形成化学键，在树脂与碳纤维表面起媒介作用，从而达到提高界面强度的目的。在对碳纤维进行偶联剂涂层处理之前，可采用空气氧化处理。另外，在对碳纤维进行偶联剂涂层处理的同时，对树脂进行一定的处理也能进一步改善界面性能，从而提高复合材料的综合性能。偶联剂涂层法提高复合材料中界面黏结性能的应用非常广泛，用硅烷偶联剂处理玻璃纤维的技术已有较成熟的经验。但由于碳纤维表面的官能团数量及种类较少，只用偶联剂处理的效果往往不太理想。用偶联剂处理碳纤维（低模量）可以提高碳纤维增强树脂基复合材料的界面强度，但对高模量碳纤维效果不明显。

（3）等离子体处理

等离子体处理是以带有充足且电荷总量近似相等的非聚合性气体将纤维进行物理洗涤和化学氧化，分高温和低温两种，而气体分惰性（如 He、Ar 等）和活性（如 O_2、SO_2 等）两种，常用的低温活性氧气处理方法对纤维强度损伤较小，能对纤维表面进行洗涤，对界面的提高效果显著，但设备要求较高，且连续、稳定和长时间处理都具有一定困难。

综合国内外的研究报道发现，通常的单一处理方法由于优缺点共存，常常是在提高某方面性能的同时，牺牲材料另一方面性能，对复合材料的综合力学性能改善并不理想。复合表面处理法则可适当调和所采用的几种表面处理方法的优缺点，必将成为今后碳纤维表面处理的主要研究方向。

2.2.1.4　增强母料及专用料制备工艺流程

碳纤维增强热塑性复合材料的制备工艺一般都需要经过两个过程：造粒和成型。纤维增强粒料分为短纤维粒料和长纤维粒料两种。短纤维粒料中纤维长度为 0.2～0.7mm，纤维在树脂基体中呈现均匀无规状分布。长纤维粒料中纤维长度为 3～13mm，纤维平行于粒料长度方向排列。

（1）短碳纤维增强粒料

短纤维粒料常采用双螺杆挤出造粒。双螺杆排气式挤出机造粒工艺如图 2-9 所示。

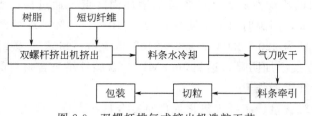

图 2-9　双螺杆排气式挤出机造粒工艺

双螺杆挤出机造粒，粒料的质量均匀，外观好；可让纤维无捻粗纱和粉状树脂直接生产粒料，工艺简单；混合物料在挤出机筒内停留时间短，不易产生热降解；用此法生产的热塑性复合材料，拉伸强度大，热变形温度高；双螺杆挤出造粒的生产效率高，相对成本低，是增强造粒的主要发展方向。

（2）长碳纤维增强粒料

长碳纤维增强粒料生产工艺方法与长玻璃纤维增强粒料制备方法相同，有如下 4 种。

① 熔融拉挤包覆法　可采用价格较低的普通单螺杆挤出机为主生产设备，设备投资小。

该工艺技术适用于多种聚合物基体，增强材料可以是连续的玻璃纤维、碳纤维等。其缺点是聚合物熔体浸渍纤维很困难。

② 溶液浸渍法　使用塑料溶液对纤维浸润，但由于使用溶剂，一方面成本高，另外有可能污染环境，因而应用受限。

③ 粉末浸渍法　采用树脂粉末均匀喷洒于纤维表面，生产的粒料中纤维被浸润的情况较好，但粒料中纤维含量控制困难。

④ 混纱熔融法　可将纤维充分被树脂浸润，粒料中纤维含量可高达75％，制品性能好，模量高，但工艺技术要求较高，设备投资较大。

2.2.2　碳纤维增强通用塑料配方实例

2.2.2.1　实例

（1）实例一：碳纤维增强PVC

褚衡等研究了碳纤维增强改性PVC的拉伸强度，实验配方如表2-9所示，结果表明，PVC的拉伸强度随偶联剂用量和碳纤维含量的增加均呈先增加后减小的趋势。当偶联剂的用量为0.083份左右，碳纤维用量为11.7份时，PVC的拉伸强度达到最大，为90MPa左右，此时材料的密度约为$1.38g/cm^3$。

表2-9　碳纤维增强PVC配方

成分	质量/份	成分	质量/份
PVC（K值为62～65）	100	硬脂酸	0.6
硬脂酸铅	0.5	碳纤维	0～15
三碱式硫酸铅稳定剂	2.0	硅烷偶联剂	碳纤维用量的
硬脂酸钙	0.3		0.1％～1.0％
碳酸钙	5		

（2）实例二：碳纤维增强PP

倪朝晖等通过注塑成型制备了不同碳纤维质量分数的碳纤维/聚丙烯复合材料，结果表明，CF/PP复合材料的流动性随碳纤维含量的增加而降低，通过提高温度增加流动性，在相对低温时有一定效果，高温时效果不明显；5％、10％、15％碳纤维含量的CF/PP复合材料的最佳注射温度分别为220～230℃、220～240℃和230～260℃；碳纤维含量15％的CF/PP复合材料的拉伸强度增加明显，达到36.8MPa；含碳纤维复合材料的电阻率明显降低。

（3）实例三：碳纤维增强PE

李力研究了碳纤维含量、碳纤维氧化处理对复合材料密度、硬度、拉伸、疲劳等性能的影响。

① 随着碳纤维含量的增加，碳纤维增强PE复合材料的密度和维氏硬度随着碳纤维含量的增加而逐渐增加，维氏硬度在碳纤维含量小于3.365％时接近线性增加，在碳纤维含量大于3.365％时迅速增加；当碳纤维含量为4.021％时，复合材料的维氏硬度比纯聚乙烯增加了35.489％。

② 短碳纤维增强PE复合材料的拉伸强度、弹性模量随着碳纤维质量分数的增加逐渐提高，碳纤维质量分数达到4.021％时，拉伸强度、弹性模量分别比纯PE增加了18.421％、208.024％。

③ 在碳纤维含量相同的情况下，空气氧化法处理过的碳纤维增强 PE 复合材料的拉伸强度和弹性模量比未处理的有提高。当碳纤维含量为 0.411% 时，氧化处理过的复合材料弹性模量比未处理的大 36.192%；当碳纤维含量为 3.986% 时，氧化处理过的复合材料拉伸强度比未处理的大 4.719%。

④ 随着碳纤维含量的增加，碳纤维增强 PE 复合材料的条件疲劳极限值（循环数 $N = 10^3$，即循环次数对数值 $\lg N = 3$ 所对应的最大应力 S_{max}）由纯 PE 的 2.379MPa，逐渐增大到 9.096MPa（碳纤维含量 4.021%），增加的速度是逐步减小的。碳纤维增强聚乙烯复合材料的疲劳寿命也增加。

⑤ 未处理的碳纤维增强 PE 复合材料，拉伸断口可看到聚乙烯树脂基体受力拉丝现象。处理过的拉伸断口只有少量碳纤维拔出，并且有大量 PE 树脂黏附在碳纤维表面，碳纤维与 PE 基体牢牢黏附而没有分离，基本没有碳纤维被拔出后形成的孔洞。氧化处理的碳纤维增强 PE 复合材料的疲劳断口上碳纤维露出头的长度比未处理的要长很多；随着碳纤维含量的增加，复合材料的疲劳断口上银纹越来越少，韧窝形貌越来越粗大。

(4) 实例四：碳纤维增强 PP

张笑晴等为改善 CF/PP 复合材料的界面性能，提出一种化学接枝聚合的方法，即碳纤维表面原位接枝树状结构且富含氨基的聚膦腈，增加纤维表面高活性反应基团的数量和密度，并采用含 5% 的马来酸酐接枝 PP 的改性 PP 树脂作为基体，增强碳纤维与基体树脂之间的浸润性和界面作用，提高 CF/PP 复合材料的界面黏结强度。FTIR 和 XPS 结果表明碳纤维表面接枝了富含氨基的聚膦腈，而 SEM 和 AFM 结果证实接枝的聚膦腈层均匀地分布于纤维表面，厚度约为 60nm。单纤维（微滴法）拔出实验结果表明聚膦腈改性碳纤维复合材料的界面剪切强度（IFSS）与未改性碳纤维复合材料的 IFSS 相比提高了 50.2%，有效地改善了 CF/PP 复合材料的界面黏结强度。

(5) 实例五：碳纤维增强 PS

于月民等为了提高 PS 形状记忆聚合物的弯曲性能，制备了碳纤维增强 PS 形状记忆复合材料，并对其弯曲回复性能和弯曲性能进行了测试分析。结果表明：碳纤维增强 PS 形状记忆复合材料具有很好的形状回复性能，当回复时间在 6min 以前其弯曲回复率高于 PS 的，最大回复率达 98%；25℃ 时该复合材料承受的最大弯曲载荷约为 PS 的 145%（113N），45℃ 时约为 PS 的 108%（39N）；塑性失效后复合材料的承载能力优于 PS。

2.2.2.2 配方

(1) 配方一：碳纤维增强 PP

配方：短切碳纤维（SCF，2～4mm），15～25 份；PP，65～75 份；滑石粉，1～3 份；PP-g-MAH，5～10 份；色母粒，1～2 份。

工艺：SCF→SCF 表面处理→SCF 分散→增强材料混配→短切冷造粒→辅助材料混合→真空吸附上料→熔融挤出→真空定型→水浸冷却→牵引喷码→切割下线→产品检验→包装入库。短切冷造粒和管材的挤出温度控制在 175～215℃，冷却水温不超过 50℃，造粒直径 2.0～2.2mm；管件注塑熔融温度控制在 185～210℃，压力 75MPa，注塑成型周期不低于 60s。

性能：线膨胀系数比单一 PP 管道降低 50% 以上，拉伸强度约为单一聚丙烯树脂材料管道的 1.5～2 倍，管道正常工作时的使用温度为 100～150℃，如表 2-10 所示。在同等级别的压力条件下，增加管材内径提高了水流量约 15%。

表 2-10　不同配方的碳纤维增强 PP 料的性能

配方	碳纤维/kg	PP/kg	滑石粉/kg	PP-g-MAH/kg	色母粒/kg	拉伸强度/MPa	热变形温度/℃	成型收缩率/%
配方 1	15	65	1	5	1	28.3	102	0.028
配方 2	20	70	2	7	1.5	39.2	124	0.02
配方 3	23	73	2	9	2	51.6	153	0.013
配方 4	25	75	2	10	2	68.4	168	0.006

（2）配方二：碳纤维增强 PP

配方：碳纤维，20%；PP，73%；相容剂（接枝 PP），6%；抗氧剂 1010，0.3%；润滑剂 EBS，0.4%；硅烷偶联剂，0.3%。

工艺：

① 碳纤维束在室温下以 2m/s 的速度通过低温等离子处理箱，并装箱备用；

② 按比例将 PP、接枝 PP 相容剂和加工助剂搅拌混合均匀，得到混合基料；

③ 将处理后的碳纤维和混合基料经双螺杆挤出机在 255～280℃下熔融剪切、混炼、挤出造粒得到增强粒料。挤出机螺杆转速 320r/min，喂料转速 450r/min，碳纤维喂料转速为 55r/min，切料转速 450r/min。

性能：拉伸强度 76.2MPa、弯曲强度 95.0MPa、弯曲模量 1170MPa、悬臂梁缺口冲击强度 10kJ/m²、收缩率 0.2%～0.4%、密度 1.02g/cm³、表面电阻＜106Ω。

2.2.3　长碳纤维增强通用塑料

与短碳纤维粒料相比，长碳纤维增强通用塑料粒料中，纤维在树脂基体中沿轴向平行排列和分散，纤维长度等于粒料长度，而短纤维粒料纤维无序地分散于基体当中，长度远小于粒料的长度且不均匀。与短碳纤维增强通用塑料相比，长碳纤维增强通用塑料制品有较高的力学性能，如较高的刚性，较高的压缩强度、拉伸强度、弯曲强度，较高的耐蠕变性能。纤维长度大，在制品中纤维拔出消耗的功更多；纤维端部应力集中，是裂纹引发点，在同样的碳纤维含量下，长纤维端部数量少，因而其冲击强度更高。长碳纤维在注塑制品中，纤维可呈弯曲、缠结等三维网络结构状态，取向程度相对较低，制品性能各向异性较小，平直度好，翘曲度小，尺寸稳定性好，抗蠕变和耐疲劳性也较好。

2.2.4　长碳纤维增强通用塑料专用母料和专用料实例

（1）实例一：长碳纤维增强 PP

专利 CN103443193A 报道了一种长碳纤维增强 PP 的熔融包覆制备方法。

工艺：按配方将 PP、PP-g-MAH、阻燃剂、氧化锑化合物、光稳定剂混合，经双螺杆挤出机挤出（螺杆直径 30mm、模直径 5mm、机筒温度 220℃、螺杆转速 150r/min），一边利用下游的真空通气口进行脱气，一边自模口将熔融树脂喷出，丝束冷却切粒得熔融混炼颗粒。

另外，使用在单螺杆挤出机的喷出前端部设有熔融树脂被覆模口的长纤维增强树脂颗粒制造装置，将挤出机气缸温度设定为 220℃，将熔融混炼颗粒加入主给料斗，螺杆转速 200r/min，将连续碳纤维供给至喷出熔融树脂的模口（直径 3mm），将被覆有 PP 树脂的丝束冷却，利用造粒机切断成 10mm 长纤维增强 PP 粒料。

不同配方长碳纤维增强 PP 粒料性能如表 2-11 所示。

表 2-11 不同配方长碳纤维增强 PP 粒料性能

名称	单位	配方											
		1	2	3	4	5	6	7	8	9	10	11	12
PP	质量份	85	85	85	85	85	85	85	95	75	85	85	85
改性 PP	质量份	15	15	15	15	15	15	15		25	15	15	15
CF	质量份	30	30	60	30	30	30	30	30	30	30	30	30
溴类阻燃剂	质量份	5	5	5	2	20	5		5	5	5	0.5	5
氨基醚型受阻胺光稳定剂	质量份	0.3	0.3	0.3	0.3	0.3	0.05	1.5	0.3	0.3	0.3	0.3	0.3
三氧化锑	质量份	2.5	2.5	2.5	1	10	2.5	2.5	2.5	2.5	2.5	0.25	2.5
紫外线吸收剂	质量份										0.3		2.0
弯曲强度	MPa	226	225	273	213	196	210	192	202	229	225	230	223
冲击强度	kJ/m²	11.1	12.0	17.8	12.1	9.7	11.6	8.9	12.5	10.5	11.8	12.9	11.7
阻燃性[①]		b	b	b	c	a	b	a	b	b	a	c	a
耐候性[②]		a	a	a	a	a	b	b	a	a	a	a	a

[①] a. 接焰着火后，在 30s 自熄灭。

b：接焰着火后，在 30s～3min 以内自熄灭。

c：接焰着火后，在 3～7min 以内自熄灭。

[②] a：没有裂缝，表面粗糙。

b：虽然产生了可计数的裂缝，但表面的触感保持平滑性。

c：在试验片整个面上产生微小的裂缝、表面触感粗糙，纤维未露出。

（2）实例二：小型风能发电机叶片用的长碳纤维增强 PP 专用料

专利 CN102675740A 报道了一种小型风能发电机叶片用的长碳纤维增强 PP 专用料制备方法。

配方如表 2-12 所示。

表 2-12 长碳纤维增强 PP 配方

成分	质量分数/%	成分	质量分数/%
碳纤维	22.5	耐磨润滑剂	0.5
PP	69.5	紫外吸收剂	0.5
MAH-*g*-PP	3.0	色粉或色母料	1.0
POE	2.0		

性能：注塑成型纤维保留长度 2.8～25mm，密度 1.042g/cm³，拉伸强度 122MPa，拉伸模量 13900MPa，断裂伸长率 1.10%，弯曲强度 181MPa，弯曲模量 14800MPa，悬臂梁缺口冲击强度 12kJ/m²（23℃）、10kJ/m²（60℃），热变形温度 160℃。

2.3 无机短纤维增强通用塑料

2.3.1 无机短纤维简介

2.3.1.1 陶瓷纤维

陶瓷纤维是一种纤维状轻质耐火材料，具有重量轻、耐高温、热稳定性好、热导率低、比热容小及耐机械振动等优点。陶瓷纤维可分为非氧化物陶瓷纤维和氧化物陶瓷纤维。非氧化物陶瓷纤维具有较高的热导率、低热膨胀系数及较高的强度和抗蠕变性能，但高温抗氧化性能低，因而不适宜用于高温氧化环境。氧化物陶瓷纤维是氧化铝基纤维，包括硅酸铝、莫来石和纯氧化铝纤维等，它们具有较高的强度、低热导率和抗腐蚀、高温抗氧化性能。

① 结构 陶瓷纤维的直径一般为 $2\sim5\mu m$，长度多为 $30\sim250mm$，纤维表面呈光滑的圆柱形，横截面通常是圆形。陶瓷纤维气孔率高（一般大于 90%），而且气孔孔径和比表面积大，气孔中的空气具有良好的隔热作用。实际上陶瓷纤维的内部组织结构是一种由固态纤维与空气组成的混合结构，固态物质以纤维状形式存在，并构成连续相骨架，而气相则连续存在于纤维材料的骨架间隙之中。陶瓷纤维的特殊结构使其具有优良的隔热性能和较小的体积密度。

② 性能 陶瓷纤维为极细的连续长丝或长短纤维互相交缠的散棉，而且即使温度急剧变化，也不会产生结构应力，在骤冷、骤热的环境中，纤维不会发生剥落，还能抵御弯折、扭曲和机械震动；陶瓷纤维中碱类含量极少，吸湿小，绝缘性能优良，但绝缘电阻随温度升高而降低，高温介电常数高，介电损失小；耐酸性也比较好，但易受氢氟酸、磷酸和强碱的侵蚀；热导率低，500℃时硅酸铝纤维的热导率为 $0.07\sim0.12W/(m\cdot K)$，1000℃时氧化铝纤维的热导率为 $0.23W/(m\cdot K)$；陶瓷纤维耐高温，低温、标准和高温型硅酸铝纤维使用温度分别在 1000℃、1260℃和 1400℃左右，氧化铝纤维使用温度高达 1600℃。

2.3.1.2 玄武岩纤维

玄武岩连续纤维以纯天然玄武岩矿石为原料，破碎后在池窑中经 1450~1500℃的高温熔融后，通过喷丝板拉伸成连续纤维。类似于玻璃纤维，其性能介于高强度 S 玻璃纤维和无碱 E 玻璃纤维之间，纯天然玄武岩纤维的颜色一般为褐色，有些似金色。制备过程中无工业垃圾和污染气体排出，是一种新型的环保型纤维。以单丝直径可分为：超细纤维（1~3μm）、细纤维（5~9μm）、连续纤维（10~19μm）。玄武岩连续纤维一般做无捻粗纱、无纺布和短切纤维毡等。

（1）玄武岩纤维的结构及化学组成

目前，普遍认为：内部玄武岩纤维为非晶态物质，具有近程有序、远程无序的结构特征，主要由 SiO_4 四面体形成骨架结构，四面体的两个顶点互相连接成 $[SiO_3]_n$ 链，铝原子可以取代硅氧四面体中的硅。链的侧方由钙、镁、铁、钾、钠、钛等金属阳离子进行连接，纤维表面的金属离子因配位数未能满足而从空气和水中缔合质子或羟基，导致表面的羟基化。

玄武岩中含有的不同组分会赋予纤维特定的性能：SiO_2 含量增加有利于提高纤维的弹性；K_2O、MgO 和 TiO_2 等成分对提高纤维防水、耐腐蚀性能起了重要的作用；SiO_2、Al_2O_3、TiO_2、MnO 和 Cr_2O_3 含量增加可提高纤维的化学稳定性；SiO_2、Al_2O_3、TiO_2 含量增加时，可提高熔体的黏度，有利于制取长纤维；CaO、MgO 含量增加有利于原料的熔化和制取细纤维；在原料配方中大量引入 Fe_2O_3（矿石）后可提高纤维的使用温度。

（2）玄武岩纤维的性能

① 连续玄武岩纤维外表呈光滑的圆柱状，作为增强体制备复合材料时，不利于与基体树脂黏结，需要对其表面进行必要的修饰。通过机械处理、等离子体法、化学处理等方法，增加纤维表面粗糙度，提高与树脂之间的力学结合力，增强复合材料的力学性能。

② 连续玄武岩纤维的密度为 $2.65\sim3.00g/cm^3$，略高于 E 玻璃纤维和 S 玻璃纤维。

③ 与玻璃纤维和碳纤维相比，连续玄武岩纤维具有较高的表面能，而且表面极性大，使纤维与树脂体系能够更好地黏结，达到理想的复合效果。

④ 玄武岩连续纤维具有优良的物理机械性能，拉伸强度、弹性模量及断裂伸长率都较大，且性价比较优越。

⑤ 热稳定性高且热导率低，玄武岩纤维具有卓越的耐高温性，最高可达到700℃，玻璃纤维最高使用温度不超过400℃；耐超低温，最低可达到−270℃；在200℃以上仍能保持90％以上的强度。

⑥ 隔音性能优良，可用于制造兼备声热隔绝性能的复合结构材料，且不燃烧，加热无有害气体放出。

⑦ 比玻璃纤维的电绝缘性高，对电磁波的透过性极好。

⑧ 吸湿率低，是玻璃纤维的12％～15％。

⑨ 与各类树脂复合时，比玻璃纤维、碳纤维有着更强的黏合强度，复合材料在强度方面与E玻璃纤维相当，但弹性模量在各种纤维中具有明显优势。

2.3.1.3 高炉渣纤维

高炉渣纤维是以工业高炉废渣为主要原料，加入一定量的石灰石、白云石、花岗岩等，采用离心或喷吹的方法制成的棉丝状无机纤维。高炉渣纤维的主要成分是 CaO、SiO_2、Al_2O_3 和 MgO，还包括 Fe_2O_3、MnO、Na_2O、K_2O 等。高炉渣主要来自以下几个方面：矿石中的脉石、焦炭中的灰分、熔剂中的氧化物、侵蚀的炉衬、初渣矿石中的氧化物等。不同条件下氧化物组成不同的矿物，从而影响高炉炉渣的性质。

高炉渣纤维是一种新型的隔热保温材料。它的优点是热导率小，防蛀、化学稳定性好，具有优良的保温、隔热和吸音性能，不燃烧、不易震坏、不受大气和霉菌的侵蚀、无毒、制备过程不会对环境造成污染，而且原料来源广，每年有85％以上的高炉渣被废弃，因此，生产高炉渣纤维有着大量的原料可以应用。

（1）高炉渣纤维的性能

高炉渣纤维的表面结构与有机纤维不同，它的表面结构是光滑的圆柱体状，断面也会是圆形；而有机纤维的表面基本上会出现无规律的皱纹，断面是呈片状或管状等外形。单一纤维的直径越小，其拉伸强度越大；拉伸强度会因纤维中碱量的增加而降低，空气中的水分会被高炉渣纤维表面的碱金属离子吸收，会加大微裂纹的变大，从而降低拉伸强度；纤维的熔体质量越好则拉伸强度越大，当熔体中含有气泡和其他杂质时，成型纤维的拉伸强度会变小。纤维越细，脆性越大，矿渣棉性脆，在受到外界的小的力作用时，纤维易折断变成混在纤维团中的纤维粉。纤维直径越细，化学稳定性能越差。而对矿渣棉来说，影响化学稳定性的参数，由酸度系数来确定。矿物纤维与有机纤维相比，前者的吸水性要小于后者，但是矿物纤维中的碱金属含量高，而酸度系数低时，矿物纤维的吸水率越大。

（2）高炉渣纤维增强PP的性能

高炉渣纤维填充PP的性能见表2-13。

表 2-13　高炉渣纤维填充 PP 的性能

性能	高炉渣纤维用量(长径比58)/%		
	0	33	50
拉伸强度/MPa	33.8	31.8	28.6
1%剪切模量/MPa	1349.8	1898.2	2073.9

续表

性能	高炉渣纤维用量(长径比58)/%		
	0	33	50
Izod 缺口冲击强度/(J/m)	24.0	33.6	36.8
弯曲模量/MPa	1124.8	3866.6	5701.5
热变形温度(0.46MPa)/℃	113	130	131

2.3.1.4 硼纤维

（1）硼纤维的结构与性能

硼是以共价键结合，其硬度仅次于金刚石，把硼直接做成纤维非常困难，通常是钨丝和石英为芯材，采用化学气相沉积法在上面包覆硼而得到的复合纤维，因此直径较粗（$100\mu m$左右）；密度 $2.62g/cm^3$，是钢的 1/4；压缩强度是拉伸强度的两倍，拉伸强度由化学气相沉积过程中产生的缺陷决定；弹性模量高（392000～411600MPa），比玻璃钢高 5 倍；断裂强度可达 $280～350kgf/mm^2$（$1kgf/mm^2=9.8Pa$）；熔点 2050℃，耐热性能优良；几乎不受酸、碱和大多数有机溶剂的侵蚀，电绝缘性良好，有吸收中子的能力。硼纤维质地柔软，属于耐高温的无机纤维。

硼是活性的半金属元素，在常温下为惰性物，除了与铝、镁很难发生反应以外，与其他金属很容易起化学反应，为了稳定其性能，纤维表面需预先涂覆 BaC、SiC 涂层，以提高惰性。如与铝复合时，为了避免高温时硼和熔融状态下的铝起反应，硼纤维表面预先涂覆一层碳化硅。此法也适用于钛基体。

（2）硼纤维的制备技术

制造硼纤维使用化学气相沉积法连续生产，在连续移动的钨丝基体上用氢气还原三氯化硼制备硼纤维。20 世纪 70 年代以后，开始采用涂钨（或碳）的石英玻璃纤维芯材代替昂贵的钨丝；改进化学气相沉积法及相关设备，采取了辅助外部加热装置和射频加热装置，实现反应温度的均匀分布；化学试剂对纤维进行浸湿或抛光，把影响纤维性能的表面缺陷处理掉，或者在硼纤维表面涂辅助保护层，使其在高温下不与其他金属反应。

2.3.1.5 石棉

石棉是一种能劈分、有弹性、强度很高的耐热和耐化学侵蚀的纤维状天然硅酸盐矿物纤维，化学组成可归结为氧化硅、金属氧化物（氧化铁、氧化亚铁、氧化铝、氧化钙、氧化钾、氧化钠）和水三种物质的体系，另外石棉中还混杂着对人体极为有害的多环烃和一些稀有金属（锑、镍、锶、钴等）。石棉按其矿物成分可分为温石棉、蓝石棉、铁石棉、角闪石石棉、透闪石石棉和阳起石石棉。其中温石棉是高度水合化的硅酸镁，占世界石棉用量的95％以上，化学式为 $Mg_6[(OH)_4Si_2O_5]_2$。

石棉为无机矿物质，对气候以及除酸和强碱之外的大部分化学药品都稳定。温石棉用作塑料的增强填料，可提高塑料的挠曲强度和模量、改进抗蠕变性能、提高热畸变温度、降低热膨胀系数、调整树脂的流动性能，并且石棉的价格也低，角闪石石棉曾是填充 PP 的主要成分，但现在用量很小。石棉与树脂粉干混而得到的混合物流动性差、松密度低，难于向挤出机、注射机等成型设备中加料而制得性能良好的制品。所以需将石棉与热塑性树脂混合、挤出造粒。其缺点有：使抗冲击强度下降（这一缺点常常是可以克服的）；某些加工工艺上的困难；色调深以及对某些聚合物需要更大的稳定作用。操作石棉时需要特殊的防护设备，因为石棉会引起硅肺、支气管癌和间皮瘤。现行规定的石棉粉尘的最大允许量按 8h 加权平均值为每毫升 2 根石棉纤维，纤维长度大于 $5\mu m$。

2.3.2 无机短纤维增强技术要点及应用实例

2.3.2.1 技术要点

无机纤维与塑料基体形成的界面对复合材料力学性能至关重要，纤维的表面处理以及偶联剂等助剂的加入可以改善复合材料的界面特性，有利于力学性能的提高。

复合工艺对无机纤维增强热塑性塑料有重要影响，应使纤维完全润湿和均匀分散，并尽可能降低纤维在混合中的折断，保持较大长径比。密炼机或双辊开炼机加工时，应先将聚合物预熔化再加入无机短纤维。使用挤出机加工时，应采用较长的进料段，以在施加高剪切应力之前将树脂熔融，或者在塑化段或熔化段的第二加料口加入无机短纤维，减小对纤维的损伤以及对料筒和螺杆的磨损。无机短纤维的加入会导致体系黏度的上升，加工温度应高于纯塑料加工温度。

2.3.2.2 增强配方实例

（1）实例

① 实例一：氧化铝纤维增强 HDPE

王海桥等以 HDPE 为基体、Al_2O_3 纤维为填料，使用双辊开炼机制备复合材料，用 PE 接枝丙烯酸（PE-AA）或聚乙烯接枝马来酸酐（PE-MA）作为增容剂来改善两者的界面。对复合材料的力学性能测试结果表明：增容剂可以使 Al_2O_3 纤维/HDPE 复合材料的强度得到提高。当氧化铝纤维用量为 50% 时，使用 PE-AA 的复合材料拉伸强度和弯曲强度提高了 88% 和 83%。通过 SEM 观察复合材料冲击断面发现，PE-AA 的使用明显改善了纤维与基体的界面相互作用，从而使复合材料的强度得到提高。

② 实例二：玄武岩纤维增强 PP

吴超通过融熔共混的方法分别制备了不同玄武岩含量[0、5%、10%、20%（质量分数）]的 PP/BF 复合体系、PP/PP-*g*-MAH/BF 复合体系以及 PP/PP-*g*-MAH/弹性体/BF 复合体系。PP、相容剂 PP-*g*-MAH、弹性体（SEBS、EPDM、POE、EVA）干燥后按比例进行融熔共混挤出，双螺杆挤出机五区温度分别为 195℃、200℃、200℃、200℃、200℃，机头温度为 195℃，条料经过水冷、吹干、切粒制成粒料。通过力学性能研究表明：PP/BF 复合材料随着 BF 含量的递增拉伸性能提升显著，经对比 10% BF 含量的不同组分复合材料力学性能可知，弹性体与相容剂的加入提高了复合材料的拉伸与冲击等的力学性能。其中，加入弹性体 EPDM 的复合材料的拉伸强度显著提高，且 BF 含量为 20% 时最大（62.13MPa）；加入弹性体 POE 的复合材料冲击韧性显著改善，BF 含量为 15% 时冲击强度最大（5.60kJ/m^2）。

③ 实例三：玄武岩纤维增强 PP

应淑妮采用原子转移自由基聚合方法（ATRP）合成了嵌段共聚物偶联剂聚苯乙烯-*b*-聚丙烯酸羟乙酯（PS-*b*-PHEA）。该嵌段共聚物中的嵌段 PS 与基体相容性较好，可与基体分子链形成程度较高的相互扩散及缠结，与基体间形成牢固的界面结合。嵌段 PHEA 作为柔性链段，在界面形成柔性层，可以松弛界面热应力，迅速分散外加载荷，吸收外界力的能量；而其链段上的多个羟基，可以与玄武岩纤维表面 Si—OH 反应形成稳定的化学键。引入光敏链段，通过酰氯化及光交联程度控制界面层玻璃化温度，有效控制界面层的柔韧性及柔性层的强度。最终提高界面层的模量和强度，实现界面层的调控。嵌段共聚物处理纤维后，可以在纤维表面组装形成聚合物层，使纤维的表面能和亲水性降低，从而改善纤维与树脂基体的相互作用。采用湿法浸渍和在线混炼两种工艺制备了长玄武岩纤维增强 PP 复合材料，嵌段共聚物的引入，一定程度上提高了复合材料的力学性能。纤维含量 40% 时，拉伸强度和弯曲强度分别提升为 178% 和 310%。纤维含量超过 40% 时，力学性能趋于平衡甚至下降。复合材料的力学性能随相容链段 PS 链段的增加而增大并最终趋于缓和，随柔性链段 PHEA 的增加呈现先增大后减小的趋势，出现一个最优值。

④ 实例四：玄武岩纤维增强 PE

宋建斌等通过熔融共混方法制备 HDPE/竹粉/玄武岩纤维共混物，研究发现，玄武岩纤维用量为 21% 时，材料拉伸强度和弯曲强度分别由纯 HDPE 的 24.2MPa 和 25.7MPa 增大到最大值 33.4MPa 和 47MPa，玄武岩纤维还在一定程度上改善材料的韧性，是一种优良的增强增韧材料。

⑤ 实例五：温石棉纤维/PP/木塑复合材料

罗健林等结合表面修饰及振动磨处理工艺分散温石棉纤维，采用混炼方法将温石棉纤维与木粉复合到 PP 基体中，热压成型温石棉纤维/木塑复合材料。结果表明：相比于空白木塑复合材料试样，掺有 10% 温石棉纤维的温石棉纤维/木塑复合材料弯曲与冲击强度、阻燃时间和表面耐磨损量分别提高了 38.95%、33.7%、20.17%、53.8%。质优价廉的温石棉纤维经预分散处理后能良好分散于木塑复合材料基体中，充当桥联增韧、延迟表面点燃时间及降低表面磨损量的增强相，满足建筑模板面层的综合应用性能。

（2）配方

①配方一：玄武岩纤维增强 PP

专利 CN103450562A 报道了一种汽车内饰件用玄武岩纤维增强 PP 复合塑料，其配方见表 2-14。

表 2-14　玄武岩纤维增强 PP 粒料配方

组分	配方 1	配方 2	配方 3	配方 4
均聚 PP	100	100	100	100
玄武岩纤维	15	15	15	15
相容剂：PP-g-MAH	6	6	6	6
偶联剂：二(亚磷酸二二辛酯基)钛酸四异丙酯	0.5	1	1	1
偶联剂：三甲氧基[2-(7-氧杂二环[4,1,0]庚-3-基)乙基]硅烷	0.5	—	1	—
偶联剂：KH-550	—	—	—	1
稀释剂：异丙醇	4	4	4	4

工艺流程：按配方称取均聚 PP、玄武岩纤维、相容剂、偶联剂和稀释剂，用稀释剂将偶联剂稀释，然后均匀分散到玄武岩纤维中，通过烘箱使溶剂完全挥发，再将烘干后的玄武岩纤维用粉碎机粉碎成细粉，得到改性玄武岩纤维；将改性玄武岩纤维与均聚 PP、相容剂混合均匀，挤出造粒。挤出温度 200℃，螺杆转速 320r/min，注射成型温度 200℃。

玄武岩纤维增强 PP 性能见表 2-15。

表 2-15　玄武岩纤维增强 PP 性能

性能	配方 1	配方 2	配方 3	配方 4
拉伸强度/MPa	85.1	81.8	83.2	82.6
弯曲模量/MPa	4835	4675	4590	4720
缺口冲击强度/(kJ/m²)	21.3	19.4	18.2	18.6

②配方二：陶瓷纤维增强 PP

专利 CN102108153A 报道了一种含有陶瓷纤维的阻燃耐热 PP 复合物及制法，其配方和性能见表 2-16 和表 2-17。

表 2-16　陶瓷纤维增强 PP 阻燃、耐热粒料的配方

成分	方案 1	方案 2	方案 3
普通均聚 PP	75%	60%	—
高结晶 PP	—	—	75%
四溴双酚 S 双(2,3-二溴丙基)醚	3%	5%	7%
三氧化二锑	1%	1%	2%
陶瓷纤维（直径 2～4μm）	18%	30%	18%
加工助剂：N,N-亚乙基双硬脂酸酰胺	3%	4%	5%

陶瓷纤维预处理方法：先将磷酸酯偶联剂 20～40 份，硅烷偶联剂 35～55 份，环氧树脂 5～15 份，缩水甘油酯 15～35 份混合均匀并放置于处理槽中，经拉丝处理后的陶瓷纤维通过处理槽内的复合处理剂处理后（浸渍 5～10s）得到改性处理的陶瓷纤维。

造粒工艺：将 PP 树脂、阻燃剂、加工助剂 EBS 等在高混机中混合均匀，再喂入长径比为 36:1、挤出温度为 220℃、转速为 400r/min 的强剪切螺杆元件分布组合的双螺杆挤出机中，侧向喂料口均匀加入陶瓷纤维，熔融挤出造粒。

表 2-17　陶瓷纤维增强 PP 阻燃热粒料的性能

物理性能	方案 1	方案 2	方案 3
密度/(g/cm³)	1.01	1.04	1.01
溶体流动速率/(g/10min)	13	10	15
拉伸强度/MPa	35	44	38
弯曲强度/MPa	41	45	44
缺口冲击强度/(kJ/m²)	5.0	5.8	4.5
热变形温度/℃	118	120	120
阻燃性	3.2V-0	1.6V-0	1.6V-0

2.4　用晶须改性

2.4.1　晶须概况

晶须主要分为有机晶须和无机晶须两大类。有机晶须主要有纤维素晶须、聚丙烯酸丁酯-苯乙烯晶须、聚 4-羟基苯甲酸酯（PHB）晶须等几种类型，在聚合物中应用较多。无机晶须主要有非金属晶须和金属晶须两类，聚合物材料中应用较多的是非金属晶须，金属晶须主要用于金属基复合材料中。非金属晶须中的陶瓷质晶须的强度和耐热性优于金属晶须，是无机晶须中较为重要的一类，主要包括碳化硅晶须、氮化硅晶须、莫来石晶须、钛酸钾晶须、硼酸铝晶须、氧化锌晶须、氧化镁晶须、硫酸钙晶须、碳酸钙晶须以及镁盐晶须等。

① 硫酸钙（$CaSO_4$）晶须　又称石膏晶须，是无水的纤维状单晶体。以二水硫酸钙（$CaSO_4 \cdot 2H_2O$）为主要原料制得的白色疏松针状物，晶体结构完整，其尺寸稳定，平均长径比为 80，横截面恒定，强度和模量接近晶体材料的理论值。硫酸钙晶须具有耐高温、抗化学腐蚀、韧性好、强度高、耐腐蚀、耐磨耗、电绝缘性好、易进行表面处理，与树脂、塑料、橡胶相容性好，能够均匀分散，pH 值接近中性，性价比较高。与其他无机晶须相比，硫酸钙晶须是毒性最低的绿色环保材料。

② 碳酸钙晶须　也称针状碳酸钙，文石型结构，作为一种新型的晶须材料，具有高强度、高模量和优良的热稳定性，其特性见表 2-18。碳酸钙晶须兼有轻质碳酸钙与晶须材料的双重优点，用于塑料中不仅可以增容，而且可以改进塑料的力学性能与热学性能，使塑料增韧，原料丰富、成本低廉。

表 2-18　碳酸钙晶须特性

性能	数值	性能	数值
成分	文石型碳酸钙(纯度 98%)	水分	0.3%
形状	白色针状晶体	pH 值	8.3~10.3
白度	98%	平均长度	20~30μm
相对密度	2.8	平均直径	0.5~1.0μm
表观密度	0.1	热稳定温度	640℃

③ 碳化硅晶须　碳化硅（SiC）晶须有"晶须之王"之称，直径纳米级至微米级，针状单一取向。碳化硅晶须以有机硅化合物为原料，经纺丝、碳化或气相沉积而制得具有 β-SiC 结构的无机晶须。碳化硅可作为金属基、陶瓷基和高聚物基等复合材料的优良增强增韧剂。

SiC 晶须结构与性质：SiC 晶须的密度为 $3.21g/cm^3$，晶体内杂质少，无晶粒边界，晶体结构缺陷少，结晶相成分均一，长径比大，强度接近原子间的结合力，是最接近于晶体理论强度的材料，具有很好的比强度和比弹性模量。其熔点高于 2700℃，拉伸强度为 210MPa，弹性模量为 490GPa，具有良好的力学性能和化学稳定性。SiC 晶须类似金刚石的晶体结构，有 α 型和 β 型两种晶型，β 型各方面性能优于 α 型。SiC 晶须存在少量 Al 元素，在 SiC 晶须的形成过程中起催化剂的作用。

2.4.2　晶须改性通用塑料实例

2.4.2.1　实例

（1）实例一：SMC 晶须增强 HDPE

潘宝风等采用 SMC 晶须增强 HDPE 制备复合材料，结果表明：与纯 HDPE 相比，随着晶须含量的增加，复合材料的拉伸强度、模量有大幅的提高，断裂伸长率随晶须用量增加而下降；SMC 用量从 0% 增加到 50%，复合材料的拉伸强度、模量分别从纯 HDPE 的 24.26MPa 和 322MPa 增加到 41.82MPa 和 1983MPa，而断裂伸长率从 604% 下降到 26%；晶须对 HDPE 增强的同时还提高了复合材料的长期耐蠕变性能，随着晶须含量的增加，复合材料表现出更多的线性力学性能。

（2）实例二：碳酸钙晶须增强 PE

余卫平采用水热法制备碳酸钙晶须，并将其应用在 PE 塑料中，研究发现：处理过的碳酸钙晶须添加到 PE 中可以使其 MFR 值由 4.90g/10min 提高到 8.35g/10min，加工流动性能明显提高；DMTA 试验表明：碳酸钙晶须/PE 复合材料的力学性能得到增强，碳酸钙晶须用量为 20% 时，复合材料的储能模量及损耗模量则比纯 PE 明显上升，碳酸钙晶须经表面经处理后复合材料储能模量和损耗模量提高更为明显。碳酸钙晶须/PE 复合材料的热分解温度由纯 PE 的 370℃ 下降到 262℃，热稳定性明显下降，可焚烧性能提高；复合材料热解过程中产生的烷基碎片的最大吸光度由纯 PE 的 0.016 下降到 0.0079，可以减少焚烧过程中有害气体的产生量。

（3）实例三：碱式硫酸镁晶须增强 PE

鲁红典等利用开炼机混炼制备碱式硫酸镁晶须（MHSH）增强 LDPE 复合材料。热重分析发现，MHSH 的热解范围正对应于大部分塑料燃烧分解温度区域，能很好地提高材料的热氧稳定性和阻燃性能。当 MHSH 用量从 0 份（PE100 份）增加到 60 份时，复合材料的氧指数从纯 LDPE 的 17.5％增加到 33.5％，并达到 UL-94V-0 级；MHSH 用量为 10 份时，其拉伸强度由 LDPE 的 11.5MPa 增加到 12.2MPa，随着 MHSH 量的进一步增加，拉伸强度迅速提高。

（4）实例四：四针状氧化锌晶须改性 PP

李永佳等采用偶联剂 KH-570 对四针状氧化锌晶须（T-ZnOw）进行表面改性，制备了 PP/改性 T-ZnOw 复合材料。研究发现：适量添加经过表面改性的 T-ZnOw 能提高复合材料的拉伸强度、断裂伸长率和弯曲强度，随改性 T-ZnOw 添加量的增大，复合材料的拉伸强度、弯曲强度、断裂伸长率均先增大后减小，改性 T-ZnOw 用量为 12％时，断裂伸长率和弯曲强度达到最大。复合材料 T-ZnOw 含量为 4％时即可满足国家规定的抗菌要求（抗菌率达到 50％），T-ZnOw 含量为 16％时，复合材料对大肠杆菌和金黄色葡萄球菌的抗菌率都能达到 80％以上。

（5）实例五：钛酸钾晶须（PTWs）改性 PP

金亚旭等采用热压成型工艺制备了导电 PTWs/PP 复合材料。研究发现：随着 PTWs 用量的增加，PTWs/PP 复合材料的拉伸强度、弯曲强度先增大后减小，热导率提高，体积电阻率和摩擦静电荷下降，而熔体流动速率则呈增大趋势。PTWs/PP 复合材料的拉伸强度和弯曲强度在 PTWs 体积分数为 0.38％时达到最大值，分别为 33.06MPa 和 43.05MPa，比纯 PP 分别提高了 13.8％和 10.3％。当 PTWs 的体积分数由 0 增加到 0.38％时，热导率的增幅相对较大，之后增幅不大，当 PTWs 的体积分数为 4％时，复合材料的热导率达到最大值 0.5105W/（m·K），比纯 PP 提高了 53.6％。复合材料的电阻率在填充量较低时变化较慢，当填充量达 0.38％后，电阻率急剧下降，从 $10^{17}\Omega\cdot cm$ 变为 $10^{11}\Omega\cdot cm$，继续添加电阻率区域平缓，可以满足抗静电材料的一般要求。随着钛酸钾晶须含量增加，复合材料摩擦静电荷逐渐降低，当 PTWs 体积分数为 3.0％时，复合材料的摩擦静电荷仅为 41nC，抗静电的效果十分明显，且不受环境湿度的影响，具有耐久抗静电性。PTWs 体积分数达 3.0％时，MFR 达到最大值 13.4g/10min，比纯 PP 提高了 54.2％。

（6）实例六：碳化硅晶须改性 PS

周一帆等采用钛酸酯偶联剂（NDZ-105）对纳米 β-碳化硅晶须（β-SiCw）进行表面改性处理，通过粉末共混-模压成型制备 PS/SiCw 纳米复合材料。结果表明，复合材料的力学性能随 SiCw 用量的增加而提高，当 SiCw 的质量分数为 3％时，综合力学性能最佳，拉伸强度和弯曲强度均超过 44MPa，冲击强度高于 5kJ/m²；表面改性有助于进一步提高材料的力学性能；热失重分析表明 SiCw 的加入使 PS 的耐热性提高；介电性能分析表明复合材料的介电常数随 SiCw 用量的增加而增加。

（7）实例七：哑铃形碳化硅晶须改性 PVC

白朔等研究了平直晶须和哑铃形仿生 SiC 晶须增强 PVC 复合材料的微观结构和力学性能。结果表明，与平直 SiC 晶须相比，哑铃形仿生 SiC 晶须在提高复合材料强度的同时还成倍地提高其延伸率。由于仿生晶须上小球的存在使复合材料中各部位处于均匀受力状态，裂纹不易在局部过早形成，同时，由于仿生晶须在拔出过程中起桥连的作用，所以复合材料的强度降低很小而延伸率得以增加。在加载过程中仿生晶须逐渐从 PVC 基体中拔出，在达到晶须断裂强度时在球颈处发生断裂。由于仿生晶须的增强和增韧机理是通过晶须上的小球在基体和晶须之间传递应力，因此其增强、增韧效果对于复合材料中的界面结合情况是不敏感的。晶须用量为5%（质量分数）时，性能对比如表2-19所示。

表 2-19　5%（质量分数）SiC 晶须增强 PVC 性能对比

试样	拉伸强度/MPa	断裂伸长率/%
PVC	25.9	6
PVC/针状 SiC	50.3	8
PVC/仿生 SiC	31.5	35.7

2.4.2.2　配方

（1）配方一：硅灰石晶须增强 PP 洗衣机滚筒专用粒料配方、工艺和性能见表2-20。

表 2-20　硅灰石晶须增强 PP 洗衣机滚筒专用粒料配方、工艺和性能

	原料	规格型号	用量/g
配方	PP	K7726	54.4×10^3
	PP	K8303	6.8×10^3
	硅灰石晶须	1250 目	6.8×10^3
	稀土铝酸酯	—	60
	PP-g-MAH	海尔科化	2
	抗氧剂	1010	60
	抗氧剂	DLTP	120
	钛白粉	R-550	2.4×10^3
	酞菁蓝	A3R	0.9
	酞菁紫	GT	0.95
工艺条件	原料干燥:无 混合工艺:加入硅灰石晶须、铝酸酯高混 5～8min,加入其他所有原料及助剂低混 3min。 挤出温度 200℃、210℃、215℃、220℃、210℃;主机转速:340～350r/min;喂料电流:12Hz		

	性能			
性能	拉伸强度/MPa	24.0	悬臂梁缺口冲击强度/(J/m)	78.0
	断裂伸长率/%	180.0	简支梁缺口冲击强度/(J/m)	10.5
	弯曲强度/MPa	35.5	维卡软化点/℃	145
	弯曲模量/MPa	1100	热变形温度/℃	—
	MFR/(g/10min)	18.0	成型收缩率/%	0.75

（2）配方二：镁盐晶须改性 HDPE

选材：HDPE（5070）、滑石粉（45μm 和 10μm）、钛酸钾偶联剂、镁盐晶须 M-HOS。

制备方法：晶须表面处理采用干法与湿法两种。干法是将晶须与偶联剂在高速搅拌机中高速混合 3～4min，然后出料；湿法是将偶联剂与晶须在甲苯中搅拌 3h，然后过滤、烘干，即得到表面处理的晶须。工艺流程见图 2-10。

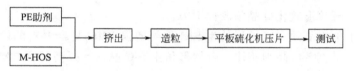

图 2-10　镁盐晶须改性 HDPE 工艺流程

晶须含量对增强 HDPE 性能的影响见表2-21。

表 2-21 晶须含量对 HDPE 性能的影响

性能	晶须含量/%									
	0	10	20	30	10	20	30	10	20	30
	硬脂酸处理				偶联剂干法处理			偶联剂湿法处理		
拉伸强度/MPa	22.8	18.9	21.8	20.3	25.3	23.3	20.9	24.6	27.0	21.5
断裂伸长率/%	28.5	17.3	22.0	15.3	24.0	22.0	21.2	25.0	22.4	25.7

(3) 配方三：镁盐晶须改性 HDPE/PP

配方：HDPE，50 质量份；增强剂镁盐晶须 M-HOS，15～30 质量份；PP 粉料，100 质量份；偶联剂钛酸酯 ZT-201，1.0 质量份；增韧兼相容剂 SBS，15 质量份；助剂（抗氧剂、分散剂、润滑剂），1.5 质量份。

工艺：镁盐晶须干燥及偶联剂表面处理→与树脂及助剂混合→挤出机挤出→切粒→干燥→试样。

镁盐晶须干燥温度 105℃，干燥时间 6h；然后用偶联剂进行表面处理。根据配方设计与 HDPE、PP、分散剂、抗氧剂、润滑剂在高速混合机中充分搅拌，经双螺杆挤出机挤出、冷却、切粒、干燥、试样。双螺杆挤出机 L/D 为 28：1；料筒温度在 180～200℃；螺杆转速为 120～160r/min。

镁盐晶须含量在 15%～25% 时，增强改性的 HDPE/PP 材料的力学性能较好，并大大地提高了增强材料的热变形温度。

2.5 用化纤自增强改性

2.5.1 化纤自增强机理

聚合物材料内部大分子链的无规排列，使分子链本身的高强度并没有转化为制品的高强度。在强度试验中材料表现出的强度绝大部分是由相对要弱得多的分子间力（范德华力，氢键）提供的。同时由于聚合物是一种黏弹性材料，其模量和强度随时间、温度而变化，且聚合物中都有一定量的自由体积，这些都造成聚合物理论强度和实际强度有较大的差异。高聚物纤维在成型过程中分子链高度取向，沿纤维轴向强度和模量相比塑料基体有大幅提高，同时结晶度也有一定提高。

化纤自增强改性是将高聚物纤维与同材质塑料基体熔融共混挤出造粒，由于纤维与基体材质相容性良好，无需对纤维进行表面改性或额外添加相容剂。纤维与基体化学性质相似，而物理状态不同，熔点有一定差异，给材料的加工成型提供了一定的温度范围；纤维具有皮芯结构，加工时纤维可以表面熔融而不影响内部的高度有序，复合材料有序度比塑料基体有所提高，破坏材料需要破坏更多的化学键，并且纤维本身具有更高的力学性能，因此提高了复合材料的力学性能；分子链的有序排列使结晶度提高，从而使材料的强度进一步提高。

2.5.2 化纤自增强实例

(1) 实例一：丙纶纤维增强 PP

孙阳阳选取纤度 900D 和 240D 的丙纶纤维为增强体，PP 树脂为基体，以热压法制备了丙纶纤维增强 PP 复合材料。研究表明：温度对改善丙纶纤维/PP 复合材料的界面结合有显著的影响，选择适当的热压温度有利于界面结合，良好的界面结合会提高材料的力学性能，本实验最佳热压温度为195℃；随着纤维用量的增加，复合材料的拉伸强度呈先升后降的趋势，在用量为15％时达到最高点，900D和240D的丙纶纤维/PP复合材料拉伸强度分别为26.88MPa和25.76MPa；冲击强度随纤维用量增加有小幅度降低，但强度保持在400J/m以上，呈现韧性断裂；DCP的加入，使聚丙烯的熔体流动速率（MFR）增大，在此条件下加入用量为15％的纤维，复合材料拉伸强度呈增强趋势，冲击强度小幅度降低。

（2）实例二：UHMWPE纤维增强HDPE

Teishev A等人在对UHMPE/HDPE复合材料的研究中发现，纤维与基体化学性质相似，而物理状态不同，熔点有很大差异，这给材料的加工成型提供了足够宽的温度范围。同时由于纤维具有皮芯结构，在加工时纤维可以表面熔融而不影响内部的高度有序，从而保持良好的力学性能。在这种情况下，纤维表层与基体有生成共晶的潜在可能性。实验数据表明，HDPE和UHMPE可以共同结晶出现单一的结晶放热峰，反之，介于两种组分熔点之间，也可出现单一的熔融吸热峰。当熔融和共晶仅限于界面时，可以改善黏结性能，而不影响纤维的力学性能。他们在实验中发现，用HDPE作基体，界面没有跨晶生成；而用LLDPE作基体，界面很容易生成跨晶。

参考文献

[1] 张晓明，刘雄亚. 纤维增强热塑性复合材料及其应用［M］. 北京：化学工业出版社，2007：4-5，10，115，168-169.

[2] 闻荻江等. 复合材料原理［M］. 武汉：武汉理工大学出版社，1998：20.

[3] 顾书英，任杰. 聚合物基复合材料（第2版）［M］. 北京：化学工业出版社，2013：216-223.

[4] 代少俊. 高性能纤维复合材料［M］. 上海：华东理工大学出版社，2013：114-115.

[5] 张以河. 复合材料学［M］. 北京：化学工业出版社，2011：54-28，66-68.

[6] 李新中. 玻璃纤维增强HDPE及其硅烷交联改性研究［D］. 北京：北京化工大学，2006.

[7] 易长海，周奇龙，许家瑞等. 硅烷偶联剂处理玻璃纤维表面的形态及活化机理［J］. 荆州师范学院学报，2001，（2）.

[8] 杨俊，蔡力锋，林志勇. 增强树脂用玻璃纤维的表面处理方法及其对界面的影响［J］. 塑料，2004，（1）：5-8.

[9] 郭云亮，张涑戎，李立平. 偶联剂的种类和特点及应用［J］. 橡胶工业，2003，（11）：692-696.

[10] Kazuya N, Michihirot T. Atsushi T Aggregation structure and molecular motion of interface in short glass-fiber reinforced nylon66 composites［J］. 2002（14）.

[11] 周晓东，孙斌，郭文军等. 接枝改性聚烯烃在玻璃纤维浸润剂中的应用［J］. 玻璃钢/复合材料，2000，（1）.

[12] 毛志勇. 纺织品低温等离子体表面处理技术介绍［J］. 非织造布，2003，（4）：20-22.

[13] 李志军，程光旭. 等离子体处理在玻璃纤维增强聚丙烯复合材料中的应用［J］. 中国塑料，2000，（6）：45-49.

[14] 曾天卷. 玻璃纤维增强热塑性塑料、短纤维粒料和长纤维粒料［J］. 玻璃纤维，2008，（4）：33-39.

[15] 罗河胜. 塑料改性与实用工艺［M］. 广州：广东科技出版社，2007：105，176.

[16] 张杨. 增强硅烷交联聚乙烯的制备及性能研究［D］. 广州：华南理工大学，2012.

[17] 王俊杰. 偶联剂接枝PP增容玻璃纤维增强聚丙烯复合材料的研究［D］. 南昌：南昌大学，2013.

[18] 申涛，林群芳，周晓东. PS-b-PnBA-OH的合成及对玻纤增强PS界面性能的影响［J］. 高分子材料科学与工程，2012，（6）：8-11.

[19] 谢红波，陈丽莎，罗冬梅. 玻璃纤维增强纳米$CaCO_3$改性聚氯乙烯基复合材料力学性能研究［J］. 广东建材，2008，（11）：20-22.

[20] 赵敏，高俊刚等. 改性聚丙烯新材料［M］. 北京：化学工业出版社，2002：417.

[21] 邓舜扬. 新型塑料材料工艺配方［M］. 北京：中国轻工业出版社，2000：428-429.

[22] 方鲲等. 连续长玻璃纤维增强聚丙烯树脂粒料的制备方法：中国，1962732A［P］. 2007205216.

[23] 吕召胜，章玉斋．长纤维增强热塑性塑料的制备方法与成型工艺研究［J］．工程塑料应用，2008（36）．

[24] 福克斯RT等．长纤维增强热塑性浓缩物及其制备方法：中国，101068667A［P］．2007-11-07.

[25] 李凌，唐龙贵，益小苏等．连续纤维增强热塑性树脂基复合材料［J］．纤维复合材料，1994，11（4）：10-17.

[26] 周效谅，钱春香，王继刚．连续纤维增强热塑性树脂基复合材料拉挤工艺研究与应用现状［J］．高科技纤维与应用，2004，（1）：41-45.

[27] 明星星等．长玻纤增强聚丙烯复合材料［J］．塑料，2012（5）．

[28] 张宁等．长纤维增强聚乙烯复合材料的研究［J］．工程塑料应用，2007，35（1）．

[29] 汪建军．长玻纤增强聚丙烯复合材料的力学性能研究［J］．中国化工贸易，2011（5）．

[30] 张道海，郭建兵，张凯舟．浸渍时间对PP/LGF复合材料力学、动态力学性能和形态的影响［C］．第十五届中国科协年会第17分会场：复合材料与节能减排研讨会论文集，2013.

[31] 张道海，郭建兵，张凯舟．PP-g-GMA对长玻纤增强聚丙烯复合材料性能的影响［J］．塑料工业，2013，（2）．

[32] 张道海，何敏，郭建兵等．相容剂对长玻纤增强聚苯乙烯复合材料性能的影响［J］．高分子学报，2014，（3）．

[33] 李志平等．一种无卤阻燃长玻璃纤维增强聚丙烯材料及其制备方法：中国，102643478A［P］．2012-08-22.

[34] 张学忠，黄玉东，王天玉．纤维表面处理对CF/PAA复合材料界面性能的影响［J］．材料研究学报，2006，20（5）：485-491.

[35] 陈平，陆春，于祺，李俊燕．纤维增强热塑性树脂基复合材料界面研究进展［J］．材料科学与工艺，2007，15（5）：665-670.

[36] 曹莹，吴林志，张博明．碳纤维复合材料界面性能研究［J］．复合材料学报，2000，17（2）：89-93.

[37] 邱求元，邢素丽，肖加余，曾竟成，王遵．碳纤维增强树脂基复合材料界面优化研究进展［J］．材料导报，2006，2：436-439.

[38] 刘文博，王荣国，矫维成，江龙．CF/PPEK复合材料界面结构与性能［J］．复合材料学报，2008，25（4）：45-50.

[39] 石峰晖，代志双，张宝艳．碳纤维表面性质分析及其对复合材料界面性能的影响［J］．航空材料学报，2010，30（3）：43-47.

[40] 胡保全，牛晋川．先进复合材料（第2版）［M］．北京：国防工业出版社，2013：25，31-32.

[41] 苏峰．碳纤维-环氧树脂界面性能研究［D］．哈尔滨：哈尔滨工业大学，2013.

[42] 乌云其其格．碳纤维表面处理［J］．高科技纤维与应用，2001，26（5）：24-28.

[43] 李东东．超临界流体对碳纤维表面处理的研究［D］．哈尔滨：哈尔滨工业大学，2011.

[44] 贺福．碳纤维及石墨纤维［M］．北京：化学工业出版社，2010：295.

[45] 陈广立，耿浩然，陈俊华等．不同处理方法对碳纤维表面形态及Ci/C复合材料强度的影响［J］．材料工程，2006，1：160-164.

[46] 杜慷慨，林志勇．碳纤维表面氧化的研究［J］．华侨大学学报：自然科学版，1999，20（2）．

[47] 贺福，杨永岗．碳纤维表面处理的新方法［J］．高科技纤维与应用，2000，25（5）：30-33.

[48] 王成忠，杨小平，于运花等．XPS，AFM研究沥青基碳纤维电化学表面处理过程的机制［J］．ACTAMATERIAE COMPOSITAE SINICA，2002，19（5）．

[49] 夏丽刚，李爱菊，阴强等．碳纤维表面处理及其对碳纤维/树脂界面影响的研究［J］．材料导报，2006，20（5）：254-257.

[50] 季春晓，刘礼华，曹文娟．碳纤维表面处理方法的研究进展［J］．石油化工技术与经济，2011，（2）：57-61.

[51] 彭佳．电化学氧化改性对碳纤维功能材料性能的影响［D］．重庆：重庆大学，2006.

[52] 王云英，孟江燕，陈学斌等．复合材料用碳纤维的表面处理［J］．表面技术，2007，（3）：53-57.

[53] 王赫，刘亚青，张斌．碳纤维表面处理技术的研究进展［J］．合成纤维，2007，36（1）：29-31.

[54] 黄玉东，冯志海，刘立洵．碳纤维预成型立体织物纤维表面处理及效果评价［J］．材料工程，1999，8：15-17.

[55] 潘任行．碳纤维表面修饰及增强尼龙66复合材料的研究［D］．上海：东华大学，2014.

[56] 褚衡等．碳纤维增强改性PVC拉伸强度的研究［J］．塑料工业，2008，06，36.

[57] 倪朝晖，张军，苏广均．碳纤维/聚丙烯复合材料的注射成型及性能研究［J］．广东化工，2012，39（17）．

[58] 李力．短碳纤维增强聚乙烯树脂复合材料制备与性能研究［D］．南昌：华东交通大学，2012.

[59] 张笑晴，徐海兵，于丽萍等．树状聚合物修饰碳纤维增强聚丙烯复合材料界面性能研究［C］．2013年全国高分子学术论文报告会．

[60] 于月民，于丽艳．碳纤维增强聚苯乙烯形状记忆复合材料的弯曲性能［J］．机械工程材料，2009，（2）．

[61] 刘兴有．碳纤维增强聚丙烯材料及其管道的应用：中国，103694566A［P］．2013-11-30．

[62] 李志刚．碳纤维增强聚丙烯复合材料及其制备方法：中国，103709510A［P］．2013-12-16．

[63] 本桥哲也等．碳纤维增强聚丙烯树脂组合物、成型材料及成型品：中国，103443193A［P］．2013-12-11．

[64] 方鲲，李玫．用于风能发电机的长纤维增强热塑性复合材料叶片：中国，102675740A［P］．2012-09-19．

[65] 周曦亚．复合材料［M］．北京：化学工业出版社，2005：24-25．

[66] 楚增勇，王军，宋永才等．连续陶瓷纤维制备技术的研究进展［J］．高科技纤维与应用，2004，（2）．

[67] 王广健，尚德库，胡琳娜等．玄武岩纤维的表面修饰及生态环境复合过滤材料的制备与性能研究［J］．复合材料学报，2004，（1）．

[68] 杨合，赵苏．高炉渣在建材领域的应用［J］．矿产保护与利用，2004，（1）：47-51．

[69] 郭强，袁守谦，刘军等．高炉渣改性作为矿渣棉原料的试验［J］．中国冶金，2011，（8）：46-49．

[70] 孙诗兵，陈超，田英良等．矿岩棉生产及其在建筑保温中的应用［J］．墙材革新与建筑节能，2011，（8）．

[71] 刘扬．石棉增强复合材料［J］．纤维复合材料，1999，（2）：47-50．

[72] 王经武．塑料改性技术［M］．北京：化学工业出版社，2004：259．

[73] KatzH. S.，MilewskiJ. V. 著，李佐邦等译．塑料用填料及增强剂手册［M］．北京：化学工业出版社，1982：373-381，398-399．

[74] 王海侨等．氧化铝纤维增强HDPE复合材料的制备与［J］．塑料，2011，40（1）．

[75] 吴超．玄武岩纤维增强聚丙烯复合材料的制备及性能研究［D］．大连：大连理工大学，2013．

[76] 应淑妮．玄武岩纤维的性能及其增强热塑性复合材料的界面改性［D］．上海：华东理工大学，2011．

[77] 宋建斌，杨文斌，马长城等．竹粉和玄武岩纤维对高密度聚乙烯力学性能的影响［J］．第五届全国生物质材料科学与技术学术研讨会，2013．

[78] 罗健林，孙胜伟，刘文清等．温石棉纤维增强木塑材料在模板中的应用性能［J］．青岛理工大学学报，2013，（3）：1-5．

[79] 赵海应，张荣福，印玲．汽车内饰件用玄武岩纤维增强聚丙烯复合材料：中国，103450562 A［P］．2013-08-14．

[80] 崔贵府．一种含陶瓷纤维的阻燃耐热聚丙烯复合物及制法：中国，102108153 A［P］．2011-06-29．

[81] 龚国辉．硼酸镁晶须制备新工艺及机理研究［D］．成都：成都理工大学，2012．

[82] 杨斌．碳化硅纤维介绍［J］．有机硅氟资讯，2009，（8）：49-49．

[83] 戴长虹，孟永强．碳化硅纳米晶须的研究进展［J］．中国陶瓷，2003，（1）：29-31．

[84] 潘宝风，刘军，宋斌等．SMC晶须增强高密度聚乙烯复合材料的拉伸性能［J］．高分子材料科学与工程，2008，（4）．

[85] 余卫平．晶须碳酸钙在聚乙烯中的应用研究［J］．塑料，2009，（3）．

[86] 鲁红典，于晓灵，邵建果等．聚乙烯/碱式硫酸镁晶须复合材料的研究［J］．化工新型材料，2007，（10）．

[87] 李永佳，杨大锦，曾桂生等．四针状氧化锌晶须对聚丙烯力学性能及抗菌性能的影响［J］．塑料科技，2010，（1）．

[88] 金亚旭，于晓璞，田玉明等．钛酸钾晶须/聚丙烯导热抗静电复合材料的制备与性能［J］．材料热处理学报，2012，（2）．

[89] 周一帆，王明明．聚苯乙烯/纳米碳化硅晶须复合材料的制备［J］．绝缘材料，2010，（1）：28-30．

[90] 白朔，成会明，苏革等．哑铃形碳化硅晶须增强聚氯乙烯（PVC）复合材料的制备和性能［J］．材料研究学报，2002，16（2）．

[91] 杨明山，李林楷等．塑料改性工艺、配方与应用［M］．北京：化学工业出版社，2010：401-402．

[92] 张玉龙，王喜梅．通用塑料改性技术［M］．北京：机械工业出版社，2007：69-71．

[93] 孙阳阳．丙纶纤维自增强聚丙烯树脂的研究［D］．长春：长春工业大学，2011．

[94] Teishev A，Incardona S，Migliaresi C，et al. Polyethylene fibers - polyethylene matrix composites：Preparation and

physical properties [J]. Journal of applied polymer science，1993，50（3）：503-512.

［95］郝建淦，贾润礼等. PET/硅灰石纤维复合材料的结晶动力学研究［J］. 塑料助剂，2014（5）：42-45.

［96］刘志伟，贾润礼等. PA6/硅灰石纤维复合材料的非等温结晶动力学研究［J］. 塑料科技，2013（9）：31-36.

［97］刘志伟，贾润礼等. PA6/硫酸钙晶须复合材料的非等温结晶动力学研究［J］. 工程塑料应用，2014（3）：77-81.

［98］郝建淦，贾润礼等. PET/石膏晶须复合材料的非等温结晶动力学研究［J］. 塑料科技，2014，（3）：54-57.

第3章 通用塑料与工程塑料的共混改性及应用

3.1 技术概况

综观各种通用塑料改性方法，共混改性投资小、见效快、生产周期短，已成为最常见的改性手段。20世纪以来，通用塑料与通用工程塑料共混改性技术迅速发展起来，它通过将两类塑料共混，使不同塑料的特性优化组合于一体，使通用塑料性能获得明显改进，或赋予原通用塑料所不具有的崭新性能，为通用塑料的开发和利用开辟了一条广阔的途径。

3.1.1 共混改性的目的

通用塑料共混改性的主要目的是改善通用塑料的综合性能和加工性能，以获得性能优异、功能齐全的新型高分子材料，主要体现在以下几方面。

① 综合均衡各聚合物性能以改善材料的综合性能：在单一聚合物组分中加入其他聚合物改性组分，可取长补短，消除各单一聚合物组分性能上的弱点，获得综合性能优异的塑料。例如将 PP 与 PE 共混可克服 PP 冲击强度低、耐应力开裂性差的缺点。PS、PVC 等硬脆性塑料加入 10%～20% 的橡胶类聚合物可使其抗冲击强度提高 2～10 倍，同时又不像加入增塑剂那样明显降低热变形温度，从而可以获得优异性能。

② 改善通用塑料的加工性能：对于性能优异但较难加工的聚合物，与流动性好的熔融聚合物共混改性可以方便地成型。现代科技领域，尤其是宇航科学领域常要求提供耐高温的高分子材料。然而许多耐高温聚合物因熔点高、熔体流动性低、缺乏适宜的溶剂而难以加工成型。聚合物共混技术在这方面显示出重要的作用。例如：难熔融、难溶解的聚酰亚胺与少量的、熔融流动性良好的聚苯硫醚共混后即可很容易地实现注射成型，并且不影响聚酰亚胺的耐高温和高强度的特性。

③ 提高性价比：通过聚合物共混，在性能不变的情况下，降低材料的成本。这相当于提高了材料的性价比。

④ 赋予特殊功能：加入部分聚合物或助剂共混，赋予其部分或全新的特殊功能，形成新型的共混材料。其功能因聚合物分子结构中所含的功能基因不同而产生的功能也不同，光学、导电、抗静电、防辐射、感光性、吸水性、吸油性、电磁屏蔽等，都可以通过添加助剂或功能性材料实现共混。例如，用溴代聚醚作为通用塑料的阻燃剂，二者共混后可得到阻燃塑料；在一般阻燃树脂中混入高阻燃树脂如 PPO、PPS、PVC、CPE 等，可提高阻燃性；

在一般阻隔树脂中混入高阻隔树脂如 PAN、PA、PET、EVOH、PDVC 等，可提高材料的阻隔性能；PA/PP 共混物具有吸水性低、稳定性好、抗冲击性能较高等特点，可以改善 PA 的特性和降低 PA 产品的成本；以 PMMA 与 PE 两种折射率相差较悬殊树脂共混，可获得彩虹效果，市场上供应的彩虹膜就是根据这一原理制成的；采用硅树脂的润滑性可以使共混物具有良好的外润滑性能；采用拉伸强度相差悬殊，互容性又差的两种树脂共混后发泡，可制成多孔、多层材料，其纹路酷似木纹。

综上所述，共混的主要优势在于简便易行，可适应小的生产规模，也可形成大规模生产。

3.1.2　共混改性的主要方法

按照宽泛的聚合物共混概念，应用于通用塑料的共混改性的基本类型可分为物理共混、化学共混和物理/化学共混三大类。共混改性的方法又可按共混时物料的状态划分，分为熔融共混、溶液共混、乳液共混等。此外，近年来还有新的共混方法问世，如釜内共混等。

（1）熔融共混

熔融共混是将聚合物组分加热到熔融状态后进行共混，是应用极为广泛的一种共混方法。在工业上，熔融共混是采用密炼机、开炼机、挤出机等加工机械进行的，是一种机械共混的方法。熔融共混是最具工业应用价值的共混方法，工业应用的绝大多数聚合物共混物都是用熔融共混的方法制备的。

（2）溶液共混

与熔融共混不同，溶液共混主要应用于基础研究领域。溶液共混是将聚合物组分溶于溶剂后，进行共混。该方法具有简便易行、用料量少等特点，特别适合于在实验室中进行的某些基础研究工作。在实验室研究中，可将经溶液共混的物料浇铸成薄膜，测定其形态和性能。需要指出的是，经溶液共混制备的样品，其形态和性能与熔融共混的样品是有较大差异的。另外，溶液共混法也可以用于工业上一些溶液型涂料或黏合剂的制备。

（3）乳液共混

乳液共混是将两种或两种以上的聚合物乳液进行共混的方法。在橡胶的共混改性中，可以采用两种胶乳进行共混。如果共混产品以乳液的形式应用（如用作乳液型涂料或黏合剂），亦可考虑采用乳液共混的方法。

（4）釜内共混

釜内共混（又称为"釜内合金化"）为近年来新问世的共混方法，是两种（或两种以上）聚合物单体同在一个聚合釜中完成其聚合过程，在聚合的同时也完成了共混。这种方法，得到的聚合产物也是共混产物，可以省去独立的共混工艺，有其优越性。但是，釜内共混对于聚合反应体系有特殊要求，只适用于某些体系，因而不可能取代熔融共混等方法。

3.2　通用塑料与通用工程塑料的共混改性

3.2.1　PE 与通用工程塑料共混改性

PE 具有价格低廉、原料来源丰富、综合性能较好等优点。但也有一些缺点，如软化点低（HDPE 熔点约 130℃，LDPE 熔点稍高于 100℃）、拉伸强度不高（一般小于 30MPa）、耐大气老化性能差、易被紫外线破坏、对烃类溶剂和燃油类阻隔性不足等。对 PE 进行共混改性，可以改善 PE 的一些性能，使之获得更为广泛的用途。

3.2.1.1　PE/PC 共混体系

PC 主要有高强度及弹性系数、高冲击强度、使用温度范围广；高度透明性及自由染色性；成型收缩率低、尺寸稳定性良好；耐疲劳性佳，耐候性佳；电气特性优；无味无臭，对人体无害，符合卫生安全等优点。将 PC 与 PE 共混可以得到综合性能良好的共混材料。

在 PE/PC 共混体系中，随 PC 含量增加，共混物的拉伸强度增加，断裂伸长率降低，而加入 10PHR 的增容剂烯基双酚 A 醚接枝 LDPE 的体系，在相同 PC 含量时，其拉伸强度和断裂伸长率均高于未加增容剂的体系；PC 含量低时，体系中 PC 基本上呈圆球状，PC 含量较高时，部分 PC 粒子变形成椭球状、长条状甚至纤维状；共混物受拉后，较多 PC 粒子向纤维状转变，就是因为这一形态的变化，承受了拉应力，对拉伸强度产生了贡献，由此给PC 对体系拉伸性能影响进行了理论解释。

将 HDPE 和 PC 在双螺杆挤出机中熔融共混挤出，改变对挤出物施加的牵引速度，随着牵引速度的提高，纤维状分散相所占比例增加，但纤维直径无明显变化；HDPE/PC 复合材料与其普通共混材料相比，拉伸强度基本无变化，但冲击强度提高较大。

根据 K. B. Broberg 提出的基本断裂功（EWF）法研究表面，在 HDPE/PC/POE-*g*-MAH 复合材料中，随 PC 含量的增加，复合材料的比基本断裂功增加，比塑性功降低；复合材料的断裂韧性主要取决于屈服后材料抵抗裂纹扩展的能力，复合材料的塑性变形能力也更依赖于屈服后的行为；复合材料的缺口冲击强度随 PC 含量的增加而降低，缺口冲击强度高的材料比基本断裂功较小。

3.2.1.2　PE/PA 共混体系

PE 对烃类溶剂的阻隔性较差。为提高 PE 的阻隔性，可采用 PE/PA 共混的方法。PA 本身具有良好的阻隔性，为使 PE/PA 共混体系也具有理想的阻隔性，PA 应以层片状结构分布于 PE 基体之中。PE/PA 共混体系的阻隔效应示意如图 3-1 所示。当溶剂分子透过层片状结构的共混物时，透过的路径发生曲折，路径变长。将此具有层片状 PA 分散相的 PE/PA 共混物应用于制造容器，相当于增大了容器壁的厚度，阻隔性能可显著提高。

在 PE/PA 共混体系的共混过程中，为使 PA 呈层片状结构，应使 PA 的熔体黏度高于PE 的熔体黏度。适当调节共混温度，可以使 PA 的黏度与 PE 的黏度达到所需的比例。此外，PA 的层片状结构是在外界剪切力的作用下形成的。因而，适当的剪切速率也是形成层片结构的必要条件。

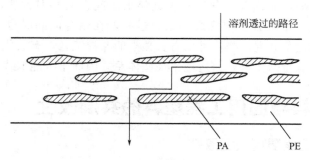

图 3-1　PE/PA 共混物阻隔效应示意

由于 HDPE、PA6 在分子链结构、极性等方面相差很大，两者共混属于不相容体系。采用 PE-*g*-MAH 作为相容剂，能有效地改善 HDPE 和 PA6 的相容性；也可以用苯乙烯-乙烯、丁烯-马来酸酐接枝共聚物。

还有一类羧酸类相容剂，其中的典型代表是丙烯酸型相容剂，它一般是由丙烯酸或者甲基丙烯酸与其他单体共聚或者与聚合物接枝得到带羧基的接枝聚合物，用途基本与马来酸酐型相容剂相同，如聚乙烯-甲基丙烯酸缩水甘油酯（EGMA）。它们能够与含氨基、羟基、异氰酸酯等官能团的聚合物反应，原位生成接枝或者嵌段共聚物，从而降低聚合物之间的界面张力，增强两相界面黏结强度，提高材料性能。目前市场上主要有酰亚胺改性丙烯酸和丙烯酸改性聚烯烃两类，如英国石油公司（BP）的 Polybond EXL1009 是丙烯酸改性 HDPE，通常作为玻璃纤维等填料填充 PE 的化学偶联剂。

在 HDPE/PA6 共混体系中，PA6 含量增加，共混物的拉伸强度提高，而冲击强度下降，伸长率的变化则随着 PA6 含量的增加，先升高后降低。断裂伸长率是对界面最为敏感的力学性能，在相容剂用量不变情况下，PA6 含量较少时，可与相容剂充分反应；相界面作用力强，断裂伸长率高，当 PA6 用量继续增加时，两相间没有足够的相容剂作用，相界面结合力变差，导致断裂伸长率降低。

共混工艺 HDPE/PA6 共混体系挤出条件：PA 树脂吸湿性大，易受潮，要先烘干，再与 HDPE、相容剂及助剂混合，充分搅拌均匀；挤出、冷却、切粒、干燥、试样；双螺杆挤出机长径比≥1∶28；料筒温度为 180℃、210℃、230℃和 230℃；挤出机螺杆转速在 3～60r/min，能获得良好的层状结构；相容剂的用量宜在 5%～10%。

3.2.1.3 PE/UHMWPE 共混体系

超高分子量聚乙烯（UHMWPE）的分子结构与普通的 HDPE 完全相同，不过分子量却高达 10^6，约比 HDPE 分子量高 2 个数量级，因此性能上呈现诸多特点。

①优异的抗冲减震性能；

②摩擦性能卓越，具有较低的摩擦系数和高的耐磨耗性。自润滑性能虽然不如 PTFE、PA、POM，然而在水润滑和油润滑下，摩擦系数低于 PA66 和 POM 而与 PTFE 相当；

③有极其优越的低温性能（-190℃仍有延展性）；

④纤维具有极高的强度和无与伦比的抗切割性能，其纤维织物用于防弹衣；

④熔体黏度极高，熔流指数为零，加热时实际处于一种凝胶状态.并对剪切不敏感。

但由于其分子量极大，且分子链之间存在着许多无规的缠绕，加工极其困难，极大地限制了 UHMWPE 在生产中的应用。UHMWPE 加入到聚烯烃、聚碳酸酯中，可提高材料的韧性和抗裂纹增长的能力。将 UHMWPE 加入到普通的 PE 中，一方面有效地回避了纯 UHMWPE 加工难的问题，拓宽了 UHMWPE 的应用领域；另一方面由于 UHMWPE 与普通 PE 良好的相容性，UHMWPE 加入到 HDPE 薄膜中，可以解决 HDPE 薄膜存在的纵横方向强度不一致，易纵向破坏的问题，从而可能制得高性能薄膜。UHMWPE 可以改善 HDPE 的强度，特别是冲击强度。用双螺杆来共混挤出 HDPE/UHMWPE 共混物，可以有效增加 UHMWPE 在 HDPE 中的分散性。

中北大学塑料研究所多年来的研究发现，第一，UHMWPE 与高黏度的 PE 容易实现共混；第二，UHMWPE 有熔融时解缠和固化时回复缠结的现象；第三，在正常加工温度下 UHMWPE 有氧化现象，在 260℃以上时会发生显著降解；第四，在 80～175℃ UHMWPE 固体颗粒有明显的膨胀行为（类似于溶胀），此时颗粒料呈现出显著弹性，据此现象提出了"胶塞输送机理"，胶塞具有高弹性且与机筒内表面有较大的摩擦力，依据胶塞输送机理实现了用普通单螺杆挤出机和普通注射机成型加工 UHMWPE；第五，UHMWPE 具有比 PE 更大的收缩率变化范围；第六，UHMWPE 也可以进行接枝和交联改性；第七，UHMWPE 粉料具有极好的流散性，因而适合压制成型复杂制品和平板类制品；第八，UHMWPE 仍具有结晶性，但其制品的后结晶过程极其缓慢，有时可长达一年；第九，无论用哪种方法成型 UHMWPE 制品都有不同程度的内应力。

3.2.1.4 PE（或 PP）/ABS 共混体系

PE（或 PP）/ABS 共混物，属多相不相容体系，所以必须加入相容剂。首先，将 PP 与 ABS 在相容剂 SBS 的协同下共混，或用 PP-g-MAH 为相容剂，制成 PP/ABS 共混物。共混物的挤出温度为 205℃，210℃，215℃；挤出机螺杆转速 60～100r/min。然后，再按比例将 PP/ABS 共混物与 LDPE 共混，制得 LDPE/PP/ABS 三元共混物。不同共混比时的拉伸性能，随共混物中的 LDPE 及 ABS 的增加，共混物的屈服应力逐渐减小，屈服应变有所增加（见表 3-1）。当 LDPE/PP/ABS（10/80/10）时，共混物的屈服应力为 29MPa，屈服应变为 8.8%。

表 3-1　共混物物理性能变化

共混体系	ABS/%	LDPE/%	弹性模量/MPa	断裂伸长率/%	屈服应力/MPa	屈服应变/%
PP/ABS	5		5.17	49.6	31.5	10.6
	10		7.50	44.0	30.7	10.0
	20		4.69	17.6	29.8	9.8
	30		8.87	12.0	29.8	8.0
	40		8.75	7.6		
	50		9.31	6.9		
LDPE/PP/ABS	2.5	2.5	4.85	16.1	32.0	9.6
	5	5	5.73	17.1	30.0	9.6
	10	10	5.40	20.0	29.0	8.8
	15	15	4.44	22.4	26.5	10.8
	20	20	4.81	20.8	24.5	10.4

3.2.2　PP 与通用工程塑料共混改性

PP 需要克服的缺点为：成型收缩率大、低温易脆裂、耐磨性不足，热变形温度低，耐光性差，不易染色等。通过共混对 PP 改性可使 PP 改善这些缺点，例如 PP 与乙丙共聚物、聚异丁烯、聚丁二烯等共混均可改善其低温脆裂性，提高冲击强度；与 PA 共混可增加韧性而使耐磨性、耐热性、染色性获得改善；与 EVA 共混提高冲击强度的同时，还可改进加工性、印刷性、耐应力开裂性。PP 的共混改性普遍采用机械共混法，具有操作简单、投资低、生产效率高、可连续生产等优点。

3.2.2.1 PP/UHMWPE 共混体系

UHMWPE 对共聚 PP 的改性效果要远好于均聚 PP，其中对嵌段共聚 PP 的增韧增强效果尤为突出。UHMWPE 对均聚 PP 却起到"负增韧""负增强"作用。在 PP/UHMWPE 热力学不相容共混物中，其相容性的好坏体现在界面区域内聚合物之间的相互作用及行为，且 UHMWPE 和 PP 共混改性的核心所在是 UHMWPE 的解缠。嵌段共聚 PP 中 PE 嵌段的存在，大大增加了 PP 和 UHMWPE 两相间的相容性，降低了两者间的界面张力，增进了相区间的相互作用和相互渗透，改善了界面状况和两相结构形态，反映在宏观上是共混物各项力学性能的提高。

研究发现 PP/UHMWPE 共混合金与纯 PP 的常温冲击断面形貌存在明显差异。纯 PP 为较典型的脆性断裂行为,断口光滑,存在宽大的裂纹。PP/UHMWPE 合金呈韧性断裂行为,其低倍下的断面形貌呈褶皱条纹状,条纹方向与断口前沿平行。高倍观察发现这些褶皱为一种多层复合结构,是由大量的剪切屈服变形带交织而成的一种网络结构,且条带沿冲击方向表现为剪切拉伸取向行为。显然,这种复合褶皱网络结构是合金在冲击作用下发生剪切屈服形成的。剪切屈服现象的发生表明材料本身的韧性特征,而共混合金断口处大量剪切屈服变形带的存在说明了这种材料所具有的高韧性。可见,当材料在受到冲击作用时,由 UHMWPE 和 PP 构成的共晶交联网络结构使材料在应力作用下迅速发生剪切屈服并在材料内部沿 UHMWPE 构成的骨架结构快速而广泛地传递,诱使产生更多的屈服,从而吸收大量冲击能量,合金材料的冲击韧性大大提高。综合以上分析可以认为,在 PP/UHMWPE 合金的加工过程中,若采取适当的工艺条件以提供充分的剪切拉伸作用,UHMWPE 能以其较高的熔体黏度和强度在 PP 基体中以微纤状均匀分散,并与 PP 形成双连续相结构。在熔体冷却过程中 UHMWPE 的分子链与 PP 中的乙烯嵌段形成复合共晶,即两相以共晶为结合点实现牢固结合。复合材料形成一种以 PP/UHMWPE 复合共晶为交联点,UHMWPE 链束为交联键的"共晶物理交联网络",从而使得 PP 的刚性和 UHMWPE 的韧性通过有效的合金化同时得以显著提高。上述过程如图 3-2 所示。

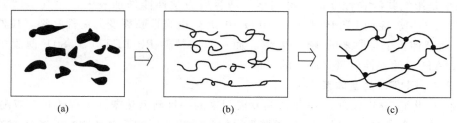

| (a) | (b) | (c) |

图 3-2　PP/UHMWPE 合金的增韧增强机理示意

（a）UHMWPE 在 PP/UHMWPE 共混熔体中的初始形态；（b）UHMWPE 分散相在流场中形变为微纤；
（c）在共混熔体冷却过程中形成的共晶使形成的 UHMWPE 微纤固定在 PP 基体中,并形成共晶交联网络

中北大学塑料研究所发现 PP 与 UHMWPE 共混时,当给体系足够充分的剪切和混合,共混物呈现出 PA6 相当的强度。

3.2.2.2　PP/PA 共混体系

PA 大分子结构中含有大量酰氨基,大分子末端为氨基或羧基,所以是一种强极性聚合物。PA 是分子间能形成氢键且具有一定反应活性的结晶型聚合物,其性能特点为:优良的力学性能、耐磨性、自润滑性、耐腐蚀性和较好的成型加工性。然而正是因为其强极性特点使得它吸水率大,影响尺寸稳定性和电性能,此外它的耐热性和低温韧性也有待改善。利用 PA 对 PP 进行共混改性,克服了二者固有的缺点,所得材料具有优良的综合性能,已成为新的开发热点。目前有关 PP/PA 共混的研究,包括 PP/PA6、PP/PA66、PP/PA11、PP/PA12、PP/PA1010、PP/PA6/EPDM、PP/PA66/EPDM、PP/PA6/SEBS(苯乙烯-乙烯丁烯-苯乙烯嵌段共聚物)等诸多共混体系,研究最多的是 PP/PA6 体系。

PP 为非极性聚合物,与强极性的 PA 不具有热力学相容性,为获得满意的共混效果,必须改性或采用增容剂改善两种组分的相容性。PP/PA 体系所用的增容剂有:PP-*g*-MAH、EPR-*g*-MAH、SEBS-*g*-MAH、离子交联聚合物。有学者研究了增强 PA6/PP-*g*-

MAH 和 PA6/PP/PP-g-MAH，指出 PP-g-MAH 可以明显改善合金的相容性，得到性能优良的产品。在 PP/PA6/SEBS 共混体系，少量的 SEBS 可使共混物的冲击韧性得到显著的改善，制得超韧共混物。

3.2.2.3　PP/PET 共混体系

聚对苯二甲酸乙二酯（PET）是一种重要的工程塑料，具有耐磨、耐热、电绝缘性好及耐化学药品等优良性能，主要用于合成纤维、双向拉伸薄膜、中空容器等。但由于 PET 的玻璃化温度和熔点比较高，在通常加工温度下，结晶速度较慢，冲击韧性差，阻碍了 PET 在某些方面的应用。针对 PET 和 PP 的特点，人们将之共混，能进一步优化其性能，PET 能提高 PP 的强度、模量、耐热性及表面硬度。由于 PP/PET 共混体系微观不相容导致其力学性能较差，一般没有多大的利用价值，必须通过增容方法来提高两者的相容性，达到改善其性能的目的。

PP 接枝后的二元共混是在 PP 分子链中引入极性基团或反应性官能团，用接枝的 PP 和 PET 共混提高其相容性。用于接枝的主要化合物有 MAH、马来酰亚胺（MI）、丙烯酸（AA）、甲基丙烯酸缩水甘油酯（GMA）、含氰酸酯的化合物（HI）等。应用时主要控制接枝率、接枝 PP 和 PET 的共混比例。

增容剂加入后由于相容性的增加，各项性能均得到一定程度的改善。增容剂的种类、数量和接枝率是影响共混物性能的关键因素。增容后力学性能增加较大，尤其是增韧效果明显。如 PP-g-GMA 能使 PP/PET（30/70 或 10/90）由脆性断裂变为韧性断裂，拉伸强度增加 10%，断裂伸长率是原来的 10～20 倍。而在双向拉伸 PP/PET（20/80）薄膜中，加入 SEBS-g-MAH 后的弹性模量是原来的 3 倍。

3.2.2.4　PP/PC 共混体系

PC 是 20 世纪 50 年代末，60 年代初发展起来的一种新型热塑性工程塑料，双酚 A 型芳香族聚碳酸酯聚合度在 100 以上，分子链是由较为柔软的碳酸酯链和刚性的苯环相连接的一种结构，是无定形、透明的热塑性聚合物，具有韧而刚的机械特性、良好的力学性能、优秀的无缺口冲击强度及优良的热稳定性、耐候性、尺寸稳定性和耐蠕变性。不足之处是其熔体黏度很高、成型加工性差、制品易于应力开裂、缺口敏感性差、价格昂贵。

PP 与 PC 进行共混，一方面可以使得到的改性材料在性能上较 PP 有很大提高，甚至于接近于 PC 的性能；另一方面该材料的成本因 PP 的大量存在而与 PC 材料相比大为降低，既可以得到性能优良的材料，又节约成本。

简单 PP/PC 共混体系若组分间结合得好，共混体系会呈现出新颖且优良的性能，但是性能差别较大的组分间相容性差，形成的多相体系相界面张力大，通过简单共混无法形成组分间必要的黏结力，分散均匀性不好，相结构不稳定，易产生宏观相分离导致材料分层。为了解决这个问题，最好的办法是采取增容措施。增容剂可分为高分子增容剂和低分子增容剂。高分子增容剂又可分为非反应型和反应型两种，而低分子增容剂全部都是反应型的。

非反应型增容剂是指那些本身没有反应基团，在聚合物共混过程中不发生化学反应的增容剂，依靠自身对两种共混聚合物的亲和力、黏结力使原来相容性差的聚合物形成具有良好界面作用的共混物，是具有适当化学结构的接枝或嵌段共聚物。非反应型增容剂有 A-B 型，A-C（A-B-C）型和 C-D 型。A-B 型增容剂主要是由 A、B 两种聚合物经嵌段或接枝共聚制成。用邻羟基苯甲酸对 PC 进行封端可在 PC 末端引入羧基。当末端具有羧基的 PC 与 PP-g-

GMA 进行反应生成 A-B 接枝共聚物，作为增容剂可制得性能良好的 PP/PC 共混物合金。A-C（A-B-C）型增容剂是由 A、C 或 A、B、C 聚合物单体经接枝或嵌段共聚而成。C-D 型增容剂的组成与共混物是不同的，SEBS 是 PP/PC 共混体系良好的 C-D 型增容剂。

反应型增容剂是指本身含有可反应官能团的增容剂，它在聚合物共混时能与被增容体系中的某一聚合物高分子链上带的官能团发生化学反应，生成化学键从而降低共混体系的界面张力，提高两相的黏着力达到增容的效果。在 PP 链上接枝极性官能团，如马来酸酐、甲基丙烯酸缩水甘油酯等，可起到 PP/PC 共混体系的反应增容剂作用。

3.2.2.5　PP/POM 共混体系

聚甲醛（POM）也是一种性能优良的热塑性工程材料，具有比 PP 更高的热变形温度、强度、模量、硬度以及良好的自润滑作用，并且其熔点、加工温度都与 PP 相近，因此可以考虑用 POM 与 PP 共混，来改善 PP 的强度、模量和热变形温度等性能。Soundararajan 和 Shit 报道称 PP/POM 共混物的冲击强度（5%POM）和弯曲模量（20%POM）均比纯 PP 高，因此认为，PP 与 POM 的混合物至少是部分相容的。

有报道过对 PP/POM 共混物的热学性能、力学性能、熔融指数的表征和分析，研究了 PP/POM 共混体系的相容性和 POM 对 PP 的改性作用。结果表明在相分离之外存在 PP 与 POM 分子之间的相互作用，使得两相间的联系更为紧密，PP 与 POM 至少是部分相容，POM 含量不大于 10% 时，共混物的拉伸性能、冲击性能、弯曲性能比 PP 有明显提高。

在 PP/POM 合金中，随着 POM 的比例逐渐增大，其熔体流动速率（MFR）逐渐升高。POM 的加入量在 5% 以内未对 PP/POM 合金的 MFR 产生明显影响。当 POM 的加入量大于 5% 时，虽然提高了 PP/POM 合金的弯曲模量，但严重影响了其冲击性能；POM 的加入量在 5% 以内时，既增强了 PP/POM 合金的冲击强度，又提高了其弯曲模量。并且以粉料形式混合更有利于 POM 在 PP 中的分散，从而提高 PP/POM 合金的力学性能。

3.2.2.6　PP 共混改性配方

（1）配方一：PP/PA 共混

配方比例为：PP，100 质量份；PA66，20 质量份；PP-*g*-MAH，10 质量份。

工艺：按配方设计比例配料→混合搅拌→挤出→冷却→切粒→干燥→试样。

把 PP 与 PA 及助剂混合搅拌，在高速混合机温度为 80~100℃时搅拌 10min；挤出温度为 200~245℃，螺杆转速 60~120r/min。

PP 为非极性聚合物，与强极性 PA66 之间是不相容体系，相容剂可以是 PP-*g*-MAH，也可以是 EPR-*g*-MAH、SEBS-*g*-MAH、离子交联聚合物等。

相关性能：PA66 与 PP 共混，使共混材料的常温及低温缺口冲击强度有较大提高，在掺入 10% PP-*g*-MAH 后，共混物的缺口冲击强度达 108.9J/m²；拉伸强度 38.8MPa；弹性模量 1710MPa；最高延伸率 37%。

（2）配方二：PP/PET 共混

配方比例为：PP，100 质量份；PET，15 质量份；PP-*g*-AA，5 质量份；成核剂，0.1 质量份。

工艺：按配方设计比例配料→混合搅拌→挤出→冷却→切粒→干燥→试样。

挤出机 *L*/*D* 为 25:1；料筒温度在 200~230℃，螺杆转速 60~100r/min。

相关性能：拉伸强度 34.2MPa；弯曲强度 63.1MPa。

（3）配方三：PP/PBT 共混

配方比例为：PP，100 质量份；PBT，20 质量份；E/EA/GMA，5 质量份；润滑剂（EBS），0.5 质量份。

工艺：按配方设计比例配料→混合搅拌→挤出→冷却→切粒→干燥→试样。

挤出机 $L/D \geqslant 20:1$；料筒温度在 $190 \sim 230$℃，螺杆转速 $100 \sim 160$r/min。

相关性能：拉伸强度 37.2MPa；弯曲强度 76.5MPa；冲击强度 10kJ/m^2。

3.2.3 PVC 与通用工程塑料共混改性

PVC 树脂及其制品具有许多优良的性能和广泛的用途，但对于制品而言，由于其加工流动性和耐冲击性仍然较差，以致要加工断面复杂的异型材门窗、装饰嵌条等制品时，成型条件较为苛刻，制品的耐冲击性也不符合实际使用要求。为了克服这些缺点，多年来技术团队除了致力于化学共聚、开发新的共聚改性树脂之外，还开发了一系列能够与 PVC 树脂物理共混改性的聚合物，如 ABS、CPE、EVA、ACR、NBR 等，为 PVC 树脂向功能化和专业化的加工和应用方向发展创造了极为有利的条件。

经共混改性的 PVC 硬制品可广泛应用于门窗异型材、管材、片材等。添加高分子弹性体的 PVC 软制品可适于户外用途及耐热、耐油等用途。

3.2.3.1 PVC/ABS 共混体系

PVC 与 ABS 共混是在 PVC 直接与橡胶共混难以兼顾相容性和力学性能的基础上发展起来的。以 ABS 作为 PVC 冲击改性剂，不仅可以大幅度地提高 PVC 的冲击韧性，而且还可以较好地改善 PVC 的加工流动性等。我国在 PVC/ABS 合金研制方面起步较晚，国内对 PVC/ABS 合金的阻燃性、热稳定性、提高物理机械性能进行过一系列的研究开发，但形成工业化生产的品种不多，即使实现了产业化也是规模小、品种单一、未能形成系列产品，无论是质量还是产量方面与国外相比还存在很大的差距，应用开发更是处于起步阶段。随着我国汽车工业、电子电气、家用电器等行业的不断发展，对 PVC/ABS 合金的需求量将越来越大，性能要求也越来越高，因此我国必须加快 PVC/ABS 合金的自行开发步伐，同时大力开展 PVC/ABS 合金的应用研究开发，使 PVC/ABS 合金产品系列化、高性能化，以满足我国各行业部门的需求。

ABS 是丙烯腈、丁二烯与苯乙烯的共聚物，其结构与 MBS 一样存在着刚性链段和柔性橡胶链段。从分子结构上分析，ABS 分子链中含有大量的丙烯腈链段，与 PVC 分子间具有较强的作用力，二者溶解度参数相近，能形成良好的相容性体系。PVC/ABS 体系中随着 PVC 含量的增大，PVC 分子向 ABS 分子的 SAN 链段逐渐渗透而形成连续相，丁二烯链段则分散成微观意义上的橡胶粒子，形成明显的"海岛"两相结构。利用 SEM 分析观察发现，两相间界面模糊，存在着厚的界面层。这说明两相间有良好的相容性。

PVC 中的氯原子和 ABS 中的氰基是较强的极性基团，故 ABS 中树脂相的 AS 和 PVC 相容，提高了界面的黏结力；同时促使 ABS 中橡胶相颗粒分散在连续相 PVC 中作为分散相，形成"海岛"结构。当材料受到外力冲击时，由于 PVC 为脆性材料且在共混物中为分散相，会在两相界面诱发银纹，吸收冲击能。银纹间的相互干扰，又导致银纹的终止。随着共混物中 ABS 比例的增加，即橡胶相的增多有利于银纹的引发并与树脂相产生大量的剪切带，因而可以吸收较高的冲击能，使材料具有较强的冲击韧性。但当 PVC 量超过 ABS 量太多时，由于橡胶增制作用的减少或丧失，PVC 的脆性占主导地位，PVC/ABS 合金的冲击强度随着 ABS 含量的减少而降低。

PVC/ABS 共混物冲击强度的高低与所选基体的种类、用量比例以及加工工艺条件等有关。其中，ABS 中不同的橡胶含量对共混物冲击强度的影响较大，用含胶量高的 ABS 共混时，PVC/ABS 共混物的冲击强度出现协同作用，冲击强度较高；而选用橡胶含量低的 ABS 时，共混物的冲击强度低。ABS 的用量范围一般在 8%～40%，此时冲击强度随 ABS 用量的增大而增大；进一步增加 ABS 用量时，冲击韧性反而逐渐降低。据报道，该体系在 PVC 与 ABS 质量分数为 70/30 时，悬臂梁冲击强度达 377.4J/m，与 PVC 基体的 43.1J/m 相比较，提高了将近 10 倍。

ABS 在某种程度上还能起到加工助剂的作用，改善了 PVC 的加工性能。ABS 加入到 PVC 中，在共混成型时，由于摩擦热较大，凝胶化时间提前，易于获得均匀的熔融物，因此加速了共混物的熔化和降低了挤出时的出模膨胀，增加了熔体的强度，使加工过程更加稳定。但在共混时，PVC 仍需要加入稳定体系，以防止共混过程中的分解。同时共混设备的剪切速率要低一些，以免引起 PVC 及 ABS 的分解。

3.2.3.2 PVC/PA 共混体系

PVC 作为第二大通用塑料具有阻燃、绝缘、廉价等优点和缺口冲击强度低、加工性能差、耐热性能差等缺陷，PA 作为第一大工程塑料具有优异的力学性能和较好的机械加工性，PVC/PA 的共混改性结合了 PVC 的耐燃性、绝缘性和 PA 的耐磨性、自润滑性、耐化学腐蚀性、耐油性，同时可提高 PVC 的柔顺性。在聚合物共混材料的研究与开发快速发展的今天，PVC/PA 制品依然甚少。这主要源于 PVC/PA 共混的两大障碍：①PVC 与 PA 相容性差；②两者加工温度相差很大，在绝大多数 PA 熔融的条件下进行加工极易造成 PVC 的热降解。如何解决 PVC 与 PA 相容性差、加工温度相差很大的问题，使之更好地工业化，是研究的难点和热点。中北大学塑料研究所等单位采用低聚物尼龙来改性 PVC，解决了加工温度的问题。

采用溶液法使苯乙烯-马来酸酐共聚物（SMA）对 PA6 进行接枝，并运用红外光谱和核磁共振^{13}C 分析可以证实 SMA 对 PA6 的接枝作用，差示扫描量热仪结果显示接枝后的产物 SMA-PA6 的熔融温度降至 187℃，远低于 PA6 的 215℃，可以证实 SMA 对 PA6 的接枝有效地降低了 PA6 的结晶度。在 SMA 增容 PA6/PVC 的共混物中，当 m（SMA）：m（PA6）＝5：1 且 SMA/PA6 在共混物中的质量分数为 16% 时，其冲击强度达到 68kJ/m^2，拉伸强度达到 70MPa，断裂伸长率达到 130%，可实现对 PVC 增强、增韧的效果。

3.2.3.3 PVC 共混改性实例及配方

（1）实例：PVC/PA6-*g*-SMA 共混物

主要原料：PVC，牌号 WS-800；PA6-*g*-SMA；ACR，牌号 ACR-201；硬脂酸钙、硬脂酸锌；DOP，工业级。

采用熔融共混方法制备 PVC 与不同接枝率 SMA 接枝改性 PA6-*g*-SMA 的共混物，并对其进行研究。通过扫描电子显微镜观察发现：在 PA6-*g*-SMA 接枝率超过 5.12% 以后，其在 PVC 基体中能以更小的相畴均匀地分布，相界面很模糊，达到了很好的相容性，并且接枝率越高，增容效果越好。在 PA6-*g*-SMA 添加量为 15% 时，其拉伸断面出现典型的韧性断裂；且当 PA6-*g*-SMA 的接枝率为 5.12%、添加量为 15% 时，其冲击强度为 64.7kJ/m^2，为基体树脂的 161.7%；拉伸强度为 55MPa，为基体树脂的 148.6%。

（2）配方：PVC/ABS 共混物

PVC/ABS 共混物配方见表 3-2。

表 3-2 PVC/ABS 共混物配方

成分	质量份	成分	质量份
PVC	100	三碱式硫酸铅	1～3
ABS	5～12	二碱式亚磷酸铅	1～2
CPE	2～8	ZnSt	0.3
CaCO$_3$	5～10	CaSt	0.3
DOP	10～15	抗氧剂 1010	0.2

工艺：（PVC＋增塑剂＋稳定剂→混合）＋ABS＋其他助剂→混合搅拌→挤出→造粒→干燥→试样。

按配方设计比例，先将 PVC、DOP 及稳定剂在高速捏合机中混合搅拌 3min，然后加入 ABS 及各种助剂，在 80～100℃下充分搅拌均匀，再在挤出机中挤出，料筒各段温度：一段 140～150℃，二段 145～155℃，三段 155～165℃，四段 155～165℃，五段 165～175℃，六段 170～180℃，模头 180～190℃。

相关性能：PVC 与 ABS 的溶解度参数接近，随着 ABS 加入量的增加冲击强度随之增大。共混材料的拉伸强度为 40～50MPa；弯曲强度为 70～80MPa；弯曲弹性模量为 1.8～2.1GPa；热变形温度为 80～90℃。

3.2.4 PS 与通用工程塑料共混改性

PS 是产量仅次于 PVC 的一种通用塑料，具有成型性好、透明、良好刚性和电性能、易染色、低吸湿性及价格低廉等优点，在包装、电子、建筑、汽车、家电仪表、日用品和玩具等行业已有广泛应用。但 PS 因其自身不可避免的缺点，如韧性差、不耐环境应力开裂和溶剂、热变形温度相对较低（70～98℃）等在应用方面受到一定限制。因此，在不显著损伤 PS 模量和透明性的前提下提高其抗冲击强度和热变形温度，从而获得综合性能优良的 PS 合金材料就成为历年来人们关注的重要课题。但是，大多数工程塑料与 PS 相容性不好，所以必须选取适当的共混聚合物以及相容剂。

3.2.4.1 PS/PC 共混体系

PC、PS 均为透明塑料，PC 性能优异，抗蠕变性能好，使用温度为 -110～140℃，可见光透过率达 90% 以上，并且，PS、PC 折射率相近，两者共混，可取长补短，PS 的热稳定性、强度及韧性也可得到提高。

PC 结构与 PS 相似，均含有苯环，二者共混有望得到韧性、强度、透光性能和耐热性能都很好的材料。早在 20 世纪 80 年代中期，国外就有科学家致力于 PS/PC 体系基本性能的研究。J. D. Keitz 和 C. Wisniewski 等研究了 PS/PC 体系的玻璃化温度，Y. S. Lipatov 等和 D. J. Bye 等对 PS/PC 体系进行黏性流动研究，A. Rudin 等研究了 PS/PC 体系的力学性能、流动性能，T. Kunori 等对该体系进行相态、性能关系分析。W. N. Kimt 研究了玻璃化温度及热熔变，Woo Nyon Kim 等分别用螺杆挤出和溶液法制取配比为 100/0、90/10、80/20、70/30、60/40、50/50、40/60、30/70、20/80、10/90、0/100 的 PC/PS 共混体系，测试了体系玻璃化温度和玻璃化温度时特殊热熔变，并用 SEM 对系列共混物进行相态分析，表明 PC 分散相易于容于 PS 相，而 PS 分散相不易容于 PC 连续相。DSC 分析表明，PS/PC 共混物中两组分的玻璃化温度互相靠拢，说明 PC 与 PS 可部分相容。部分相容的 PS/PC 受到外力作用时，因其界面应力分布均匀连续，故冲击和拉伸外力使共混物产生银纹和剪切带，从而使 PS/PC 共混物力学性能提高。将 PS 与 PC 进行反应挤出共混，应力应变试验及动态力学分析表明，PS 和 PC 发生了接枝反应。另外，PS 对 PS/PC 共混体系有较好的增容效果。P(St-MAH)（苯乙烯接枝马来酸酐共聚物）、SBS-g-MAH 等增容剂也可用来增容PS/PC 共混体系。聚乙烯接枝马来酸锌（PE-g-MAZn）离聚体对 PS/PC 体系增容作用也较显著。用固相接枝法合成 PC-g-PS，固相接枝物的加入提高了共混体系的拉伸强度，虽然共混物冲击强度比纯 PC 低，但比不加接枝物的对比显著提高。用 γ 射线辐照 PC 和苯乙烯单体，通过 IR 谱和称量法可以证实 PC-g-PS 接枝物生成，将它用于 PC/PS 体系能显著提高二者相容性，体系力学性能、表面硬度和耐溶剂性提高。日本出光石油化学公司开发出非卤阻燃 PC/PS 系列产品，具有良好的阻燃性、流动性。

3.2.4.2 PS/PA 共混体系

PA 是结晶型聚合物，拉伸强度高于金属，压缩强度与金属接近，冲击强度比通用塑料高得多，并且随水分含量增多冲击强度提高，耐油、耐溶剂性能好，使用温度为 40～100℃，与 PS 共混有利于提高 PS 的韧性和赋予 PS 抗静电性能。

国外专家学者对此做了大量研究，Park 等用双螺杆反应挤出制取 MPS［马来酸酐官能化 PS，其中马来酸酐含量为 1%（质量分数）］作为 PS/PA6 相容剂，并通过该体系的相态及力学性能、流动性能分析了 MPS 的增容作用，表明高分子量的 MPS 能更有效地减小分散相微区尺寸，提高相间黏结力。Jo，Won Ho 等用 MPS 与 PA6 反应挤出共混，结果表明 MPS/PA6 体系各项性能均优于 PS/PA6 共混体系。Beck Tan N.C. 等用反应挤出方法研究了 PS/aPA（非结晶聚酰胺）共混体系，将 1% 的乙烯基噁唑啉官能化 PS 作为相容剂加入共混体系，该相容剂能与 aPA 终端基团反应生成 PS-g-PA 接枝共聚物。结果表明，反应性共混物分散相尺寸比非反应性共混物的减小 60%，断裂强度至少提高一倍。用两步乳液聚合法可以合成 PS/PA 乳胶互穿网络结构的（LIPN）共混物，其中多组分共聚物有利于加宽阻尼温度范围，改变添加原料顺序和交联剂用量能显著提高网络间的相容性；添加无机填料也是提高和加宽阻尼值的重要途径。

3.2.4.3 PS/PPO 共混体系

PPO 具有良好的力学性能、电性能、尺寸稳定性和耐热性，但熔体黏度高，加工困难，制品易产生应力开裂。因此，PPO 基本不单独使用，都是与其他塑料共混，其中共混品种中最著名的就是与 PS 共混，是由美国通用电气（GE）公司于 1967 年开发成功的，牌号为Noryl，它既保持了 PPO 树脂优良的电气、力学、耐热和尺寸稳定等性能，又改善了成型加工性和耐冲击性能。PS/PPO 共混物广泛应用于制造汽车零件、电气电子元件、家用电器、办公设备等领域。其基本性能见表 3-3。

表 3-3 PS/PPO 共混物基本性能

性能	标准级			高弹性		导电级	
	SEIG FN1J	SEIGF N2J	SEIGF N3J	HM 3020J	HM 4025	NC 212J	NC 220J
密度/(g/cm³)	1.16	1.25	1.33	1.31	1.43	1.12	1.17
拉伸强度/MPa	90	102	120	110	130	110	150
断裂伸长率/%	4～6	4～6	4～6	4～7	3～5	—	—
缺口冲击强度/(J/m)	98	98	98	78.4	58.8	58.8	58.8
弯曲强度/MPa	110	130	150	150	170	140	165
弯曲模量/GPa	3.4	4.8	6.8	7.5	9.7	7.0	10.0
洛氏硬度	86	87	88	88	90	—	—
热变形温度(1.8MPa)/℃	132	138	140	120	125	137	140

性能	标准级			高弹性		导电级	
	SEIG FN1J	SEIGF N2J	SEIGF N3J	HM 3020J	HM 4025	NC 212J	NC 220J
表面电阻/Ω	10^{17}	10^{17}	10^{17}	10^{17}	10^{17}	$10^2 \sim 10^{13}$	$10 \sim 10^{13}$
表面电阻率/$\Omega \cdot cm$	10^{17}	10^{17}	10^{17}	10^{17}	10^{17}	$10 \sim 100$	$0 \sim 10$
介电常数(60Hz)	3.0	2.98	3.15	—	—	—	—
介电损耗角正切(60Hz)	0.0016	0.0016	0.0020	—	—	—	—
介电强度/(kV/mm)	20	24	21	25	25	—	—
吸水性(23℃,24h)/%	0.07	0.06	0.06	0.06	0.06	—	—
纵向	0.005	0.002	0.002	0.0025	0.0015	0.003	0.002
横向	0.005	0.004	0.003	0.003	0.0025	0.005	0.004
燃烧性(UL94)	V-1	V-1	V-1	V-1	V-1	V-1	V-1

PS 与 PPO 相容非常好，达到热力学相容的水平，共混物的物理性能具有线性加和性。通过共混改善了 PS 的耐热性、抗冲击性能、耐环境开裂性和尺寸稳定性。

1979 年日本旭化成工业公司用 GPPS 与 PPO 接枝改性开发出 PS/PPO 合金，牌号为 Xyron，之后，日本三菱瓦斯化学公司、德国 BASF 公司、美国 Borg-Warner 化学公司等也开始生产。PS/PPO 合金发展迅速，其应用量远远超过 PPO，已进入五大工程塑料行列，生产能力居第四位。

3.2.4.4 PS 共混改性配方

（1）配方一：PS/PA6 共混物

配方比例为：PS，80 质量份；PA6，20 质量份；PS-g-MAH，10 质量份。

工艺：配料→混合→高速搅拌→挤出→切粒→测试→包装。

按配方设计比例混合，置于单螺杆挤出机挤出；挤出机各段温度在 200～220℃。相容剂也可用 SMA。

相关性能：拉伸强度 31MPa；断裂伸长率 5.6%；缺口冲击强度 8～10kJ/m²。

（2）配方二：PS/PET 共混物

配方比例为：PS，80 质量份；PET，20 质量份；PS-g-MAH，10 质量份。

工艺：配料→混合→高速搅拌→挤出→切粒→测试→包装。

按配方设计比例称量混合，在 130～180℃下塑炼 5～10min，充分搅拌均匀，置于单螺杆挤出机挤出；挤出机 L/D 为 25：1；料筒温度在 200～230℃；螺杆转速为 40～60r/min。

相关性能：拉伸强度为 15～20MPa；弹性模量为 250～350MPa；断裂伸长率在 5.5%～6.4%；冲击强度为 4.5～6.3J/m。

3.3 通用塑料与特种工程塑料的共混改性

特种工程塑料是综合性能更高，长期使用温度在 150℃以上的高性能的高分子材料，在 200℃以下其力学性能几乎不变，因此在航天航空、汽车、电气、电子、机械、化工、医疗等领域被广泛使用。

通用塑料有易老化、易燃、耐热性差、强度不高等比较明显的缺点，通过和特种工程塑料共混，可以提高其各项物理性能，使这种合金材料逐渐在某些方面代替价格较为昂贵的特种工程塑料。通用塑料与特种工程塑料的共混也基本可以分为熔融共混、溶液共混、乳液共混等。

特种工程塑料按结晶性可以分为两大类。结晶型包括氟树脂、聚苯酯（POB）、聚苯硫醚（PPS）、聚醚酮（PEK）、聚醚醚酮（PEEK）、液晶聚合物（LCP）等。非结晶型包括聚酰亚胺（PI）、有机硅树脂（SI）、聚芳酯（PAR）、聚砜（PSF）、聚苯醚砜（PES）等。

3.3.1 PE 与特种工程塑料共混改性

3.3.1.1 PE/PPS 共混体系

PPS 是一种综合性能优异的热塑性特种工程塑料，其突出特点是耐高温、耐腐蚀、耐辐射、不燃、力学性能和电性能优异。此外，在特种工程塑料中，PPS 价格最为低廉，性价比高。虽然 PPS 具有诸多优良特性，但因具有韧性差、成本高、不易加工等缺点，从而使其在应用范围上受到一定的限制。

用 PPS 改性 PE，可以提高 PE 的力学性能和耐高温性；用 PPS 和 PE 共混也可以改善 PPS 的流动性、着色性、冲击性和成型加工性，但 PE 与 PPS 相容性很差，会发生相分离，从而导致分层现象的出现。国外科学家以乙烯-甲基丙烯酸缩水甘油酯无规共聚物（PE-GMA）作为 PPS 与马来酸酐接枝低密度聚乙烯（LDPE-g-MAH）的相容剂，研究发现 PE-GMA 存在于两相界面间，可与 PPS 发生反应起到偶联剂的作用，使共混物中的 LDPE-g-MAH 相尺寸明显减小，分散性更好，共混物具有良好的摩擦性能和冲击性能，并达到了热性能与力学性能的平衡。国内有学者将带环氧基团类弹性体引入 PPS/PE-g-MAH 共混体系中，利用其高反应活性在相界面间发生化学反应形成微交联结构，从而达到界面增强的目的，使共混物的综合性能得到了提高。

3.3.1.2 PE/PVDF 共混体系

聚偏氟乙烯（PVDF）应用主要集中在石油化工、电子电气和氟碳涂料三大领域，由于 PVDF 良好的耐化学性、加工性及抗疲劳和蠕变性，是石油化工设备流体处理系统整体或者衬里的泵、阀门、管道、管路配件、储槽和热交换器的最佳材料之一。PVDF 良好的化学稳定性、电绝缘性能，使制作的设备能满足 TOCS 以及阻燃要求，被广泛应用于半导体工业上，用做高纯化学品的储存和输送。采用 PVDF 树脂制作的多孔膜、凝胶、隔膜等，在锂二次电池中应用，目前该用途成为 PVDF 需求增长最快的市场之一。PVDF 是氟碳涂料最主要的原料之一，以其为原料制备的氟碳涂料已经发展到第六代，由于 PVDF 树脂具有超强的耐候性，可在户外长期使用，无需保养，该类涂料被广泛应用于发电站、机场、高速公路、高层建筑等。另外 PVDF 树脂还可以与其他树脂共混改性，如 PVDF 与 ABS 树脂共混得到复合材料，已经广泛应用于建筑、汽车装饰、家电外壳等。

国内有学者针对 HDPE/PVDF/CB 复合体系进行了研究，以及 HDPE/PVDF 配比对复合物正电阻温度系数（PTC）的影响。研究表明，PVDF 的加入可明显提高材料的 PTC 效应，改善材料的发热稳定性，减弱负电阻温度系数（NTC）效应的产生，并提高材料及制件的使用寿命。HDPE/PVDF/CB 复合体系导电材料电致发热稳定性良好，发热温度为（85±5）℃，可制成具有商业用途的自控温型伴热带。

3.3.1.3 PE 共混改性实例

（1）实例一：HDPE/PPS/GF 复合材料

主要原料：PPS，$M_n=20000$；HDPE，牌号 DGDB2480；GF，牌号 HYBON6000；

PE-*g*-MAH，接枝率 0.85%。

以马来酸酐接枝 PE（PE-*g*-MAH）作为界面增容剂，将 PPS、HDPE 和玻璃纤维（GF）在转矩流变仪中混炼制得复合材料，并对其冲击性能、断面形貌及增韧机理进行分析。结果表明，PPS 基体中添加 HDPE 与 GF 可有效提高复合材料的缺口冲击强度，随着 HDPE 含量增加，PPS/HDPE/GF 复合材料的缺口冲击强度逐渐增大。当 HDPE/PPS 质量比为 50/50 时，其缺口冲击强度达 13.56kJ/m²，比不加 HDPE 的复合材料提高 90.72%。同时，在复合材料中加入 PE-*g*-MAH 后，随其含量的增加，试样的缺口冲击强度显著提高。但当 PE-*g*-MAH 质量分数超过 8% 时，缺口冲击强度反而下降。PPS/HDPE/GF 复合材料中，韧性良好的 HDPE 贯穿于复合材料中，提高了复合材料的韧性；另外，PE-*g*-MAH 可与复合材料中各相的官能团发生反应，增强了复合材料各相间的界面作用，对复合材料增韧起到重要的作用。

（2）实例二：HDPE/PTFE 自润滑光缆保护管料

主要原料：HDPE，牌号 5000S；MAH，AR 级试剂；PTFE、熔体黏度调节剂、抗氧剂（1010）、引发剂（BPO）、丙酮、无水酒精、异丙醇、二甲苯、电子给体添加剂等，均为化学纯。

制备：改性 HDPE 树脂由 HDPE、HDPE-*g*-MAH、抗氧剂和熔体黏度调节剂等按一定比例配成，它和 PTFE 共混时，同时加入一定量的成核剂，其制备工艺如图 3-3 所示。

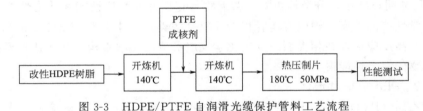

图 3-3　HDPE/PTFE 自润滑光缆保护管料工艺流程

共混材料中 PTFE 含量为 5% 时，拉伸强度为 26.5MPa；缺口冲击强度为 32kJ/m²；伸长率为 400%；摩擦系数为 0.16。

3.3.2　PP 与特种工程塑料共混改性

3.3.2.1　PP/PPS 共混体系

用熔融挤出拉伸冷却方法可以制备 PP/PPS 原位微纤共混物。PPS 在基体中形成良好的微纤形态，并且在共混物中有球晶。PP 的熔融温度没有大的变化，PP 的起始结晶温度随着 PPS 含量的增加而提高。PP/PPS 共混物的热变形温度随着 PPS 含量的增加不断提高。硬度测试结果表明，PPS 的加入使得共混物的硬度增加。随着温度的升高，PP/PPS 共混物的损耗模量不断降低；共混物的储能模量随着温度的提高而降低。

以硬脂酸（SA）为表面改性剂，制备出改性二硫化钼（MoS₂）粉末，将改性 MoS₂ 粉末与 PP、PPS 通过机械共混，可以制备出 PP/PPS/SA/MoS₂ 复合材料。这种复合材有很好的力学性能和耐磨性。

3.3.2.2　PP/LCP 共混体系

液晶高分子聚合物（LCP），是 20 世纪 80 年代初期发展起来的一种新型特种工程塑料。由于 LCP 具有高强度、高模量、优异的尺寸稳定性、阻燃性、绝缘性、线膨胀系数低、耐辐射、耐化学药品腐蚀等特点，使之在许多领域得到了广阔的应用。

A. Datta 在 PP 和 LCP 混合物中添加无水马来酸酐接枝 PP 的相容剂，实验结果表明，在 20%PP/80%LCP 中添加相容剂，降低了 PP/LCP 界面张力，增大了两相的黏结力。在 LCP 中添加 PP，PP 为分散相，可以减弱 LCP 力学性能方面的各向异性。在 PP 中添加 LCP 可以提高 PP 的力学性能、耐热性。

在 PP/GF/LCP 三元复合材料中，加入 5% LCP 后，复合材料拉伸性能可以达到 79.1MPa，比 PP/GF（70/30）复合材料提高了 62.7%，冲击强度提高了 18.1%。且材料的热变形温度最大提高 6.5℃，结晶温度最大提高 4.5℃，并使材料的结晶速率得到提升。

3.3.2.3 PP/PTFE 共混体系

等通道转角挤压（ECAE）加工的特点是在对材料施加挤压变形后，被加工材料的截面保持不变，因而不会产生一般的取向加工过程中出现的截面收缩问题，而且这一加工过程可以重复进行，使材料加工过程中的应变不断累积，极好地解决了金属材料加工中既要保持形状又要使材料的晶粒细化（变形过程）这一矛盾。

在 PP 中加入少量（小于 2% 的质量分数）的聚四氟乙烯（PTFE）对 PP 的固态 ECAE 加工性有较大的促进作用，主要表现为摩擦因数减小，从纯 PP 的 0.32 减小到 0.28；挤出压力降低，从纯 PP 的 130MPa 降低到 115MPa。含有少量 PTFE 的 PP 共混物经 ECAE 加工，挤出过程更容易，挤出更稳定，其挤出物呈现出较好的形变均匀性，且少量 PTFE 的加入对 PP 共混物的力学性能影响较小。因此，在 PP 中加入少量的明 PTFE 在不改变其力学性能的同时，可以大大地改善 PP 的固态 ECAE 加工性。在 PP 中加入少量 PTFE 后提高了 PP 共混物的摩擦磨损性能，但 ECAE 加工使其摩擦磨损性能有所降低，SEM 观察分析了摩擦磨损性能下降是由于 PTFE 在 ECAE-PP/PTFE 共混物中的取向使活动受阻而不能形成转移膜造成的。

3.3.2.4 PP 共混改性配方

PP/LCP 原位共混配方比例为：PP，100 质量份；LCP，15 质量份；PP-g-MAH，8 质量份；稳定剂（Ba/Zn），0.5 质量份。

按配方设计配料→烘干→混合搅拌→挤出→冷却→切粒→干燥→试样。

混合时间为 3～5min，以双螺杆挤出机挤出；挤出温度为 210～245℃。

相关性能：PP/LCP 体系的力学性能可以通过拉伸来得到进一步提高。共混物的密度为 1.071g/cm³；弯曲强度 58.3MPa；弯曲模量为 4.1GPa；热导率为 0.135W/（m·K）；热扩散系数为 $6.86 \times 10^8 m^2/s$。

3.3.3 PVC 与特种工程塑料共混改性

3.3.3.1 PVC/PSF 共混体系

聚砜（PSF）是略带琥珀色非晶型透明或半透明聚合物，力学性能优异，刚性大，耐磨、高强度，即使在高温下也保持优良的力学性能是其突出的优点。

PVC 和 PSF 共混主要用于超滤膜的制备。这种 PVC/PSF 共混中空超滤膜是先将原材料、溶剂和添加剂按照一定共混比例混合后，在加热条件下，充分搅拌、溶解形成铸膜液。然后采用干-湿法在纺丝机上进行制备。纺丝原液经过滤脱泡后储入纺丝罐，用氮气将原液压出纺丝罐，经过滤器、计量泵，进入插入管式喷丝头，再由套管和外管之间的空腔挤出，经干纺空气层后进入凝胶浴中。填充液经过流量控制装置，从储桶流入喷丝头的套管，与原液同时挤出喷丝头。原液和填充液细流经过空气层进入凝固浴固化为初生纤维，经适当拉伸和水洗，卷绕在收丝辊上。当聚合物浓度为 17%，PVC/PSF 共混比为 4∶1 时，所制得的 PVC/PSF 共混中空纤维膜具有较高的水通量和截留率。

3.3.3.2　PVC/LCP 共混体系

在共混聚合物中，由于 LCP 具有很好的流变性能、力学性能、耐热性而受到人们的广泛关注。在共混加工过程中，LCP 受力取向可形成微纤维结构，而形成的微纤维具有补强聚合物的作用。

将低熔点 PA6（LPA6）和 LCP 的复合物对 PVC 进行共混改性，可以得到性能良好的复合材料。将 LPA6 及 LCP 置于真空干燥箱中在 80℃ 干燥 12h，将 LPA6/LCP 按质量比 100∶5 加入双螺杆挤出机中挤出造粒，挤出机温度为 250～290℃，转速为 240r/min。再将 PVC、稳定剂、流动助剂加入高速混合机中热混 10min，再冷混至室温，备用。然后将 LPA6/LCP 共混物粒料、SMA（用量固定为 LPA6/LCP 共混物质量的 40%）与 PVC 按预定配比混合均匀后在锥形双螺杆挤出机中挤出造粒。加入质量分数为 10% 以下的 LPA6/LCP，可明显提高共混物的弯曲强度及弯曲模量；加入质量分数为 30% 以下的 LPA6/LCP，可明显提高共混物的维卡软化温度。

3.3.3.3　PVC/PVDF 共混体系

PVC/PVDF 共混体系更多的是用于膜制品。PVDF 具有化学性质稳定、成膜性能优良、韧性好等优点，但价格太昂贵；聚甲基丙烯酸甲酯（PMMA）亲水性强、化学性质稳定，且价格低廉但其制备的膜脆性大。因此将 PVDF、PMMA 与 PVC 共混有利于提高 PVC 膜的成膜性能、膜的韧性及其亲水性。经过共混掺入 PVDF 和 PMMA 后，膜的拉伸强度和断裂伸长率较纯 PVC 膜均有提高，其中当 PVDF 含量增加时，膜的断裂伸长率增大，可见 PVDF 可以增强共混膜的韧性。而当 PMMA 含量增加时，由于其为刚性粒子，虽然可以有效地增强膜的强度，使膜的拉伸强度保持在一定水平，但膜的韧性变小。该体系的最佳配比为 6∶1∶3，促使共混膜的水通量和拉伸强度都好。

3.3.4　PS 与特种工程塑料共混改性

3.3.4.1　PS/PPS 共混体系

PPS 与 PS 的结构类似，都有大量的苯环，但通过扫描电镜和 X 射线衍射可以观察到共混后的 PS 与 PPS 不相容，两相存在明显的相分离，同时 PS/PPS 共混物的力学性能与两相组成比例符合共混物的混合规律。PS 和 PPS 都是脆性材料，但 PPS 掺混 PS 后冲击强度却可以得到改善。PPS 与 PS 共混物注塑成型条件及性能见表 3-4。

表 3-4　PPS 与 PS 共混物注塑成型条件及性能

PPS/PS 共混比	100/0	70/30	50/50	20/80	0/100
注塑成型温度/℃	330	290	270	250	230
注塑成型压力/MPa	120	120	90	90	90
拉伸强度/MPa	45	46	36	30	78
拉伸模量/MPa	2800	2800	2200	2000	1800
缺口冲击强度/(J/m)	14.7	28.4	53.9	90.2	107.8
热变形温度/℃	137	113	107	85	80

3.3.4.2 PS/LCP 共混体系

PS 和 LCP 完全不相容，但采用超临界 CO_2 恒温降压法可以制备 PS/LCP 复合材料。将碘化聚苯乙烯锌盐（ZnSPS）作为界面相容剂，可以很好地改善 PS 和 LCP 之间的界面黏结。这种材料的结构特征在于，微孔结构仅存在于 PS 相中，LCP 保持其原有的纤维或小球形态。该复合材料中泡孔直径小于纯 PS 微孔直径，而到高液晶聚合物组成时持平，同时皮层泡孔直径小于芯部。

参考文献

[1] 王琛．高分子材料改性技术［M］．北京：中国纺织出版社，2007：62-68.

[2] 罗河胜．塑料改性与实用工艺［M］．广州：广州科技出版社．2007：35-41，154-299.

[3] 王国全．聚合物共混改性原理与应用［M］．北京：中国轻工业出版社，2007：135-158.

[4] 罗卫华．HDPE/PC 分散相纤维化及其原位复合材料的研究［J］．塑料工业，2004，32（4）：16-18.

[5] Broberg K B. On stable crack growth［J］. J Mech Phys Solids，1975，23（3）：215-237.

[6] 张东初等．HDPE/PC/POE-g-MAH 复合材料断裂性能的研究［J］．工程塑料应用，2012，40（6）：81-85.

[7] 崔同伟等．PA/PE 共混研究进展［J］．橡塑技术与装备，2014，40.

[8] 左建东等．HDPE/HUMWPE 吹塑薄膜性能的研究［C］．中国科协第四届优秀博士生学术年会，2006.

[9] 明艳，贾润礼．UHMWPE/PP 的共混改性［J］．塑料，2003，32（2）：26-29.

[10] 杨明山．塑料改性工艺、配方与应用［M］．北京：化学工业出版社，2013，05：222-230，310-319.

[11] 洪定一．聚丙烯原理、工艺与技术［M］．北京：中国石化出版社，2011，04：627-731.

[12] 赵敏．改性聚丙烯新材料［M］．北京：化学工业出版社，2010：74-111.

[13] 郭红革．聚丙烯/聚碳酸酯共混物的结构与性能研究［D］．天津：天津大学，2005.

[14] S. Soundararajan，Subhas C. Shit. Studies on properties of poly olefins：polypropylene copolymer（PPcp）blends with poly-oxymethylene（POM）［J］．Polym Test，2001，20：313-316.

[15] 黄河等．聚丙烯/聚甲醛共混研究［J］．石油化工应用，2013，32（12）：110-112.

[16] 李磊等．抗冲共聚聚丙烯 2500H/聚甲醛 MC90 合金性能的研究［J］．塑料工业，2014，42（2）：43-46.

[17] 王永杰等．PVC 树脂的共混改性［J］．聚氯乙烯，2014，42（1）：1-5.

[18] 肖娜等．PVC/ABS 合金的产生及其应用研究进展［J］．广州化工，2012，40（11）：48-49.

[19] 巩红光等．PVC/ABS 树脂共混改性国内研究进展［J］．石油化工应用，2007，27（2）：1-7.

[20] 王涛．PA11/PVC 共混聚合物的制备与研究［D］．武汉：武汉理工大学材料学院，2006.

[21] 李飞等．PVC/PA 共混改性研究进展［J］．聚氯乙烯，2011，39（1）：1-4.

[22] Lijie Dong，Chuanxi Xiong，Tao Wang，et al. Preparation and properties of compatibilized PVC/SMA-g-PA6 blends［J］．Journal of Applied Polymer Science，2004，94（2）：432-439.

[23] 王彩红等．接枝率对 PVC/PA6-g-SMA 共混物结果与性能的影响［J］．中国塑料，2009，23（3）：37-40.

[24] 刘俊华．聚苯乙烯/聚碳酸酯共混改性研究［D］．杭州：浙江工业大学，2000.

[25] 姚海军等．聚苯乙烯改性方法及其应用研究进展［J］．化学工程与装备，2009.

[26] 丁雪佳等．PS/PA6 共混体系的研究进展［J］．化工进展，2008，27（5）：697-701.

[27] 陈平，廖明义．高分子合成材料学［M］．北京：化学工业出版社，2010.08：334，366.

[28] 邓如生．共混改性工程塑料［M］．北京：化学工业出版社，2003：555-597.

[29] 邓程方，邓凯恒．聚苯硫醚共混改性研究进展［J］．塑料科技，2011，39（7）

[30] 陈晓媛等．聚苯硫醚反应性共混体系的增韧研究［J］．塑料工业，2007，35（1）：8-10.

[31] 殷茜等．HDPE/PVDF/CB 符合体系 PTC 性能的研究［J］．塑料工业，2004，32（4）：13-15.

[32] 孙海青等．聚苯硫醚/高密度聚乙烯/玻纤复合材料增韧研究［J］．工程塑料应用，2011，39（12）：68-71.

[33] 凌敬祥等．PTFE/HDPE 自润滑光缆保护管料的研制［N］．厦门大学学报，2001，40（6）：1265-1269.

[34] 郭静等．聚丙烯/聚苯硫醚原位微纤维共混物的结构与性能［N］．大连工业大学学报，2010，29（4）：272-276.

[35] 张建强等．改性 MoS_2 填充型 PP/PPS 复合材料的制备及性能研究［J］．功能材料，2007（38）：3586-3589.

[36] 赵敏，高俊刚等．改性聚丙烯新材料［M］．北京：化学工业出版社，2002：220-227.

[37] 史文等.GFRPP/LCP/PP-*g*-MAH 复合材料及其热性能研究［N］.重庆理工大学学报，2013，27（10）：29-33.

[38] 李红等.聚四氟乙烯对聚丙烯复合材料等通道转角挤压加工性的影响［J］.润滑与密封，2005（6）：42-44.

[39] 迟丽娜等.PVC/PSF 共混相容性及其对膜结构和性能的影响［J］.水处理技术，2006，32（7）：27-31.

[40] 王彩红等.PVC/LPA6/LCP 共混物的制备与性能研究［J］.聚氯乙烯，2011，39（12）：16-18.

[41] 徐晶晶.PVC/PVDF/PMMA 共混膜的研制［J］.膜科学与技术，2011，31（4）：1-5.

[42] 程兴国.超临界 CO_2 制备含热致液晶聚合物的微孔复合结构［D］.中国科学院化学研究所，2007.

[43] 严家发，贾润礼等.尼龙 6 低聚物改性 PVC 的研究［J］.绝缘材料，2008，（6）：25-29.

[44] 谭能超，贾润礼.聚苯乙烯增韧研究进展［J］.辽宁化工，2004，（10）：597-599.

[45] 谭能超.聚苯乙烯增韧填充改性研究［D］.太原：中北大学，2005.

第4章 通用塑料接枝改性与交联改性

4.1 通用塑料的接枝改性

4.1.1 技术概况

4.1.1.1 接枝改性目的

通用塑料热性能和力学性能优良，加工性能好、产量大、物美价廉，应用广泛。但是PP、PE等聚烯烃材料以及PS所固有的非极性使其与极性聚合物、无机填料以及金属的相容性差，复合使用时需加入相容剂降低界面张力，增加界面黏结。同时，它们的染色性、黏结性、亲水性、抗静电性、吸附性等性能也往往不能满足要求，因此限制了材料的应用领域和发展。通用塑料接枝极性单体使其极性化，利用极性基团的极性和反应性，改善其性能上的不足，同时又增加新的性质，是扩大高分子材料用途的一种简单而又行之有效的方法。此外，接枝改善相容性和黏结性，可减少塑料填充、共混等改性操作时低分子助剂的使用，有利于保持材料的强度和降低成本。

4.1.1.2 接枝改性方法

（1）化学接枝改性

化学接枝改性方法主要有溶液接枝、熔融接枝、固相接枝和悬浮接枝。溶液接枝和熔融接枝是目前应用最为广泛的接枝方法，固相接枝法20世纪90年代开始受到重视，悬浮接枝以其独特的优点亦引起了人们的关注。以PP的化学接枝改性为例，比较各种接枝方法的优缺点，如表4-1所示。

表 4-1　PP 接枝方法比较

项目	溶液接枝	熔融接枝	固相接枝	悬浮接枝
原料状态	粉末、颗粒	粉末、颗粒	粉末	粉末
宏观特点	均相、整体改性	非均相、整体改性	非均相、局部改性	非均相、局部改性
常用单体	MAH、AA 等	MAH、AA、GMA、St 等	MAH、AA、GMA、St 等	MAH、AA
反应温度	低于溶剂沸点	高于 PP 熔点	低于溶剂沸点	低于介质沸点
反应时间	长，大于 1h	短，约 10min	较长，约 1h	较长，约 1h
溶剂用量	多	无	少量	无或少量
副反应	较少	多	较少	较少
后处理脱单体	较难	难	容易	容易
生产方式	间歇式	连续式	间歇式	间歇式
生产成本	高	低	低	低
环境保护	不好	一般	较好	好

① 溶液法　溶液接枝法始于 20 世纪 60 年代初，使用甲苯、二甲苯、氯苯等作为反应介质在液相中进行接枝反应。溶液法中，高聚物、单体、引发剂全部溶解于反应介质中，体系为均相，介质的极性和对单体的链转移常数对接枝反应的影响很大。溶液接枝法操作简单、反应温度低（100～140℃）、改性均匀、降解程度低、副反应少、接枝效率高，但是产物后处理麻烦、溶剂用量大且需回收、生产成本高、环境污染较大。

② 熔融接枝　熔融接枝法的反应在螺杆挤出机或密炼机中进行。极性的接枝单体特别是 MAH 在非极性的聚烯烃中的溶解度有限，因此熔融法实质上并非均相的接枝方法。大多数反应体系包含两相，即溶有单体的聚合物相和单体相，而引发剂在两相的单体中分配存在，与单体接触的聚合物才有可能发生接枝反应。单体在高聚物中的溶解度、引发剂在两相中的分配，取决于单体、引发剂的种类、用量及反应温度等因素。同时单体在高聚物中的扩散被认为是控制反应速率的步骤，在引发剂和单体浓度高时尤其如此。目前，熔融接枝中越来越多地使用共单体（通常加入给电子单体）来接枝，一般要求共单体对聚合物大分子自由基有较高的反应活性，产生的共单体自由基能够容易和接枝单体反应。

熔融接枝改性方法在接枝完成后去除残留单体和引发剂时较为困难，导致所得到的最终产品是含有残存的活性反应基和低分子量产品的混合物。另外，当加工温度超出 200℃时聚合物链有时易于降解，这些问题制约了此种方法的进一步应用。

③ 固相接枝法　自 Lee 借助于界面助剂和催化剂在远低于 PP 熔点的温度下，采用固相接枝将马来酸酐接枝到 PP 上以来，此种方法得到了广泛关注。固相接枝法为非均相化学接枝方法，与传统的溶液法和熔融法相比，固相接枝聚合具有反应温度较低（100～140℃）、操作压力低（常压）、无须回收溶剂、后处理简单、高效节能、设备及生产工艺简单等优点。固相法以接枝 PP 为主，聚合物要求采用粉状料，粒径越小，越有利于提高接枝率，接枝在聚合物熔点之下进行，反应过程中聚合物保持良好的流动性。不同于熔融接枝法和溶液接枝法，固相接枝法是一种局部改性的方法，接枝反应一般发生在聚合物的结晶缺陷、结晶面以及无定形区域。在固相接枝过程中接枝单体、引发剂、界面剂、反应温度、催化剂等都会对接枝效果产生影响。

④ 悬浮接枝法　悬浮接枝法是一种将高聚物粉末、薄膜或纤维与单体一起在水相中接枝的方法。这种方法比较简单，而且反应温度低，高聚物降解程度低，反应容易控制，无溶剂回收，利于环境保护。在反应中若单体能溶胀聚合物则有好的接枝效率，否则需在反应前于较低的温度下使高聚物与单体接触一定时间，然后进行升温反应，或者加入某种溶剂作界面剂以利于单体在高聚物中扩散。

（2）辐射接枝改性

辐射引发接枝，多以紫外光照射，还包括其他高能射线，如 γ 射线、电子束等。与传统化学方法相比，辐射接枝反应无需添加剂，可保持高聚物本身的纯净性；接枝反应可改变高聚物材料表面结构，而保持基体材料的原有性能不变；辐射接枝反应可在较低温度、在较黏稠的介质、中等宽松条件下进行；可在较厚的高聚物中均匀进行，也可将辐射接枝反应限制在表面层或特定厚度内进行。接枝反应还可在固体状态下进行，可对具有精确形状的高分子材料的表面进行修饰，甚至可按需要将修饰限定在固体材料的某个区域之内。通过对辐照方式（预辐照、共辐照）、辐射能量、辐照温度、气氛（真空、充氮等）以及添加剂、溶剂等的选择，可达到相应的控制目的（接枝链的长短和分布等）。辐射接枝方法适用于绝大多数聚合物材料，可供选择的接枝单体种类也很多，可赋予高聚物表面以不同的官能团，使材料具备理想的表面性能。

（3）等离子体接枝

等离子体接枝是用非聚合气体对高聚物表面进行等离子处理，使其表面形成活性自由基，再利用活性自由基引发功能性单体接枝到高聚物表面。等离子技术作为一种新型的表面改性方法，快速、高效、无污染，运用前景广阔。

等离子体接枝聚合的方法有以下4种。

① 气相法：材料表面经等离子体处理后接触单体进行气相接枝聚合；

② 脱气液相法：材料表面经等离子体处理后，直接放进液体单体内进行接枝聚合；

③ 常压液相法：材料表面经等离子体处理后接触大气，形成过氧化物，再放进液体单体内，由过氧化物引发接枝聚合；

④ 同时照射法：单体吸附于材料表面，再暴露于等离子体中进行接枝聚合。

（4）超声波引发接枝

超声波是指频率为 $10^4 \sim 10^9\,\mathrm{Hz}$ 的弹性机械振动波。由超声波产生的机械力可引起溶液空化，当空化泡破裂时，可产生强烈的冲击波和瞬时高温，使高聚物分子链断裂降解，形成的大分子自由基与反应单体共聚生成接枝共聚物。超声波也可直接作用于高分子熔体，引起分子链断裂，产生大分子自由基，引发接枝反应。

（5）超临界流体接枝

超临界流体具有黏度小、容易扩散、无毒、化学惰性等一系列优点，兼具液体和气体的双重特性。超临界 CO_2 流体技术进行聚合物改性是近年来发展起来的一种新方法。超临界 CO_2 流体能够溶解大多数小分子有机物和少数含 F、Si 的高分子聚合物，对绝大多数聚合物不溶解，但能不同程度地溶胀。利用这一性质，可将单体和反应物渗入聚合物，然后对高聚物进行改性。并且这种方法具有不破坏聚合物外观、操作和分离简单的优点。

4.1.1.3 接枝改性机理

目前关于接枝反应与副反应的历程缺乏统一的看法，研究者对不同的体系提出的机理在接枝点、中间体及最终产物的结构上都有差别。

总的来说，反应历程首先是引发剂分解产生自由基，自由基对高聚物分子链脱氢产生自由基，偶氮型引发剂脱氢能力低于有机过氧化物型引发剂，不存在反应单体时，甲基与亚甲基脱氢后倾向于交联，次甲基脱氢后由于立构位阻而倾向于裂解。因此在过氧化物引发剂的存在下，高聚物的接枝反应往往伴随着副反应的发生，且与聚合物种类有关，PP 容易降解，PE 容易交联，乙丙共聚物则是两种副反应均有，而且程度随引发剂的增多而提高。适量单体的加入，能使副反应减轻，但单体量少时，却是加剧副反应。多种竞争反应的存在，何者为主，取决于反应条件，如反应温度、引发剂种类及浓度、单体种类及浓度等。

4.1.1.4 接枝单体选择

接枝单体可分为酸性官能团单体和碱性官能团单体。

酸性官能团单体为羧酸及酐，如甲基丙烯酸（MAA）、丙烯酸（AA）或其盐、马来酸酐（MAH）等。其中以 MAH 使用最多，MAH 单体在接枝条件下不会形成长的接枝链，在有些条件下，MAH 只能以单环的形式接到主链上，避免了长的接枝链而使高聚物的整体性能下降，以及接枝物的极性过大，与聚烯烃相的黏结能力下降，同时还可防止由于单体的均聚而降低接枝效率。近年来，不少研究者采用马来酸酯类来代替毒性大、易挥发的 MAH

作为接枝单体，使用酯类单体还因为单体极性相对要小，与非极性高聚物有更好的相容性，有利于提高接枝率。

碱性官能团单体有甲基丙烯酸缩水甘油酯（GMA）、（甲基）丙烯酸二甲氨基酯以及噁唑啉等一些单体，碱性单体除 GMA 外，研究较少。

熔融接枝法中，高聚物易发生交联或降解等副反应，有时严重影响接枝物的使用。为了减轻副反应，在主单体主要为 MAH 和 GMA 的情况下，常加入第二单体，选择的第二单体为电子给体，如苯乙烯、丙烯酰胺、丙烯酸酯类和马来酸酯类，它们同时也可提高主单体的接枝效率。

4.1.1.5 影响接枝改性的因素

（1）单体的影响

用于高聚物接枝改性的单体的反应活性取决于多种因素，例如，极性、立体构型、与聚合物主链的溶胀度以及单体的用量等。Kaur 等比较了 4-乙烯基吡啶和 MA 作为接枝单体时的接枝率，由于 MA 具有更高的值，更易于均聚而难以接枝；由于 4-乙烯基吡啶在水溶液体系中溶解度更高，在水溶液中具有更高的接枝率。此外，在多组分共聚接枝改性中，添加少量的第二单体即可大幅提高共聚物的接枝效率和接枝率，选择的第二单体为给电子体。

通常，反应开始阶段，接枝率随着单体用量的增大而增大，但随着单体用量的进一步增大，接枝率反而下降。当引发剂的浓度一定时，引发剂分解产生的初级自由基进攻高聚物大分子链，进攻所产生的接枝点数相对固定，随着单体浓度的增加，它与大分子自由基碰撞概率增大，接枝率增大；当单体浓度达到一定值后，再增大其用量，它与初级自由基的碰撞频率增大，产生了屏蔽效应及其他副反应，使引发效率下降，从而导致了接枝率的降低。

（2）引发剂的影响

常用的引发剂为各种过氧化合物、偶氮化合物以及过硫酸盐等，例如 AIBN、$K_2S_2O_8$、BPO 以及 Fe^{2+}、H_2O_2 等。引发剂的性质、用量、溶解性等因素均会对高聚物接枝改性产生较大的影响。引发剂用量对高聚物接枝改性接枝率的影响与单体用量对接枝率的影响相似，随着引发剂用量的增加，接枝率先增大后减小。

当体系中引发剂量少时，自由基浓度低，接枝率低；引发剂浓度提高，自由基数目增加，有利于接枝率的提高；引发剂浓度继续上升，由于接枝反应与单体均聚反应是一对竞争反应，体系内自由基浓度过高，自由基偶合终止速率加快，单体均聚程度加剧，接枝率下降。引发剂的溶解性也是一个重要的影响因素，引发剂在介质中的充分溶解可以极大地增加单体与活性点的接触机会，有利于接枝反应的发生。

（3）溶剂的影响

在通用塑料接枝改性中，溶剂是将单体和助剂传送到主链附近的载体，起到侵蚀和溶胀高聚物表面、为接枝反应提供场所、有利于单体向聚合物内部扩散及有利于接枝聚合反应热的移出等作用。溶剂的选择取决于以下因素：单体在溶剂中的溶解度、主链在溶剂中的溶解度，如选用多种溶剂时不同溶剂之间的相容性以及在溶剂中自由基的产生情况。溶剂的用量也会对接枝反应产生较大的影响，溶剂用量较少，体系的黏度大，笼蔽效应严重，引发效率下降，接枝率较低；溶剂用量过大，笼蔽效应大大降低，但初级自由基浓度以及反应物浓度都相应降低，碰撞概率减小，接枝率明显降低。

（4）其他助剂的影响

一些助剂的引入也会对接枝反应的进行和接枝率产生影响，如：催化剂、酸、无机盐、一些金属阳离子等，当这些助剂加入到接枝反应体系中时，单体同主链之间的反应将会同单体与这些助剂之间的反应产生竞争。如果助剂的加入会增大单体和大分子链之间的反应则接枝率增加，反之则接枝率降低。

（5）温度的影响

反应温度是控制接枝聚合反应动力学的重要因素。通常随着反应温度的升高，接枝率逐渐上升。反应温度升高，引发剂分解速率加快，初级自由基浓度增大，链转移常数增大，生成大分子自由基的数量增多；并且随着温度的升高，单体扩散迁移到主链附近的速率增加，极大地增加了接枝聚合的概率。在这些因素共同作用下接枝率得以提高。研究表明：随反应温度的升高，接枝率呈先升后降的变化趋势。这是由于随着反应温度的升高，引发剂分解速率加快，体系中自由基的浓度逐渐与单体浓度一致，自由基的分解速率与接枝反应速率相一致，使反应进行比较充分，接枝率逐渐上升；反应温度进一步升高，自由基的分解速率加快，超过了接枝反应速率，自由基终止反应加剧，同时副反应增多，因而导致接枝率下降。通常温度接近玻璃化温度（T_g）的时候，可以得到最大的接枝率，因为当温度低于 T_g 时，单体分散减弱，聚合物链上形成的活性基不能够有效的反应；温度高于 T_g 时，随着温度的升高，单体的均聚反应概率增加，接枝率减小。

4.1.1.6　接枝率表征

接枝物的性能，在很大程度上与接枝率有关，尤其是对于接枝物用做黏合剂、相容剂而言，研究接枝物用量及接枝率大小对改性效果的影响，对于改进配方、指导实际生产具有重要意义。

（1）化学滴定法

化学滴定法用酸碱滴定的方法来定量分析接枝率大小。接枝单体水解后一般都能产生酸根或碱根基团，采用酸碱滴定的方法，测得的数据重复性较好，结果较准确。但接枝物纯化和接枝率测定需要大量溶剂及其他仪器设备，整个过程繁冗费时。

（2）傅里叶红外光谱法（FTIR）

红外图谱是最常见的定性和定量分析接枝基团的方法。对于定性分析，特定基团有特定的振动特征峰，只要在 FTIR 光谱谱图中能找出接枝单体的特征官能团吸收峰，就说明单体确实接枝到聚合物上；对于定量分析，在用滴定或核磁共振等其他方法得到标准曲线的前提下，将此法和化学滴定法结合做出工作曲线后，可快速简便地测出接枝率。

（3）核磁共振光谱法（NMR）

NMR 光谱法作为定性分析接枝基团的方法，不仅可反映出接枝单体的结构，也能反映出单体接枝到聚合物的什么位置。NMR 光谱法包括[1]H-NMR 光谱法和[13]C-NMR 光谱法。^{1}H-NMR 光谱法可以灵敏地鉴定出接枝单体，因为接枝单体的 H 化学环境不同于聚合物中的 H 化学环境；^{13}C-NMR 光谱法不仅可检测出接枝单体，还能表征出接枝单体在 HDPE、LLDPE、PP 上的接枝点。

（4）元素分析法

对于某些接枝单体，如 GMA，通过测定接枝单体以及纯化之后的接枝产物中氧原子的含量，假定测得值分别是 A 和 B，则 B/A 的数值大小就代表了 GMA 的接枝率。对于不能够直接测定的元素，往往采取间接的方法。

4.1.2　PE 的接枝改性

4.1.2.1　实例

（1）实例一：DCP 引发 MAH 熔融接枝 LLDPE

陈晓丽等以 DCP 为引发剂，在双螺杆挤出机中进行了 MAH 熔融接枝 LLDPE 的研究，螺杆各区温度：170℃、180℃、190℃、190℃、190℃、185℃。经纯化的接枝物红外光谱在 1790cm^{-1} 处出现了明显的酸酐特征吸收峰，对应 MAH 的 C=O 特征伸缩振动，表明 MAH 确已接枝到 LLDPE 大分子链上。研究发现：随着 DCP 用量的增加，接枝率开始明显增大，DCP 为 0.6% 时，接枝率达到峰值（1.39%），随后则缓慢降低；随着 MAH 用量的增加，接枝率先迅速增大，后又显著下降，MAH 用量为 2.5 份时接枝率最大；增加螺杆转速，接枝率先是迅速上升，接着趋于平缓（72～120r/min），最后显著下降；引入苯乙烯（St）作共聚单体，在 St 与 MAH 用量为 1∶1 时，接枝效果最好，LLDPE∶MAH∶St=100∶2∶2，在 DCP 含量较低时，用 St 作共单体能够显著提高接枝率，DCP 含量为 0.1%、0.2%、0.3% 时，接枝率都提高很多，DCP 含量为 0.4%、0.5% 时，接枝率变化趋于平缓。

（2）实例二：紫外光引发丙烯酸接枝 LDPE

白明华等采用紫外光照射法，以二苯甲酮（BP）为光引发剂，将丙烯酸（AA）接枝到 LDPE 粉末表面，制备 LDPE-g-AA 热熔胶。研究发现：粉末粒径越小，接枝率越大。丙酮作为界面剂将液体 AA 和固体 BP 均匀浸润在 LDPE 粉末表面，每 100g LDPE 中丙酮用量范围在 6～20g 对接枝率的影响不明显，未加入丙酮的接枝率较低，在反应中尽量减少丙酮用量，可降低反应成本，且对产物后处理有利。随着光照射时间的延长，LDPE 粉末表面接枝率增加，当照射 15min 时，接枝率达到最大值，而后反应体系内引发剂和单体浓度逐渐消耗，导致接枝率趋于恒定。LDPE 粉末粒径、界面剂用量和光照射时间相同的情况下，随着光引发剂 BP 用量的增加，接枝率呈现先增大后减小的趋势，每 100g LDPE 中 BP 用量为 3g 时，体系的接枝率达到最高（8.0%），之后开始下降。在开始阶段，接枝率随着 AA 用量的增加而增大，100g LDPE 中当 AA 用量为 15g 时，接枝率达到最大值 8.0%，然后随着 AA 用量的进一步增大，接枝率不再变化。纯 LDPE 对铁片的剥离强度为 0.1kN/m，随着接枝率的提高，LDPE-g-AA 热熔胶对铁片的剥离强度明显提高；当接枝率为 5.5% 时，剥离强度可达到 2.0kN/m；纯 LDPE 和低接枝率 LDPE-g-AA 热熔黏合的试样，剥离时黏合剂层从铁片表面剥离，当接枝率大于 2.5% 时，黏合剂层的本体遭到破坏，黏合强度高于黏合剂的本体强度；接枝率大于 5.5% 时，剥离强度有下降趋势，可能是因为紫外光照射引发接枝反应时，接枝率的提高导致聚乙烯链部分断裂，黏合剂本体强度降低的缘故。

（3）实例三：丙烯酸丁酯固相接枝 LLDPE

刘俊龙等以丙烯酸丁酯（BA）为接枝单体，利用固相接枝共聚的方法，制备了 LLDPE-g-BA 共聚物。经纯化的产物红外光谱在 1737cm^{-1} 处出现酯基特征吸收峰，在 1166cm^{-1} 的吸收峰与 C—O—C 的伸缩振动一致，表明 LLDPE 已接枝上 BA。研究发现：LLDPE 的接枝率随着反应温度的升高而增大，并在 95℃ 达到最高值，100℃ 时，LLDPE 有严重的结块现象；随着反应时间的延长，LLDPE 的接枝率升高，在反应 4h 后出现加速现象，随着反应时间的继续延长接枝率升高趋势变缓，符合自由基聚合特征；接枝率和接枝效率均随着 BPO 用量的增加而增大；随着 BA 用量的增加，接枝率迅速增大，而接枝效率则下降；PET 和 LLDPE 在热力学上是不相容的，加入接枝物后，复合体系的力学性能有明显改善，说明 LLDPE-g-BA 作为 PET/LLDPE 共混体系的增容剂，有效改善了两相的界面结合力，从而提高共混体系的力学性能。本实验较佳的反应条件为：反应温度 90～95℃，反应时间 4～6h，引发剂与单体质量比为 0.07，单体与 LLDPE 质量比为 0.58，接枝率达到 10.12%。

（4）实例四：硅烷接枝 LDPE 电缆料

李巧娟等为了改善 LDPE 电缆料的性能，采用聚硅氧烷化学接枝方法对其进行改性。配方：LDPE，100 份；抗氧剂，0.1 份；DCP，0.1 份；聚硅氧烷，2 份。将 LDPE 在温度 110～120℃双辊混炼机上混炼，然后依次加入抗氧剂、DCP、聚硅氧烷，混匀后在 180～190℃、10MPa 的平板硫化机上热压反应 15min。研究结果表明：共混与接枝试样谱图上均有 Si—O 伸缩振动的特征谱带，但接枝试样中的聚硅氧烷含量更高；除示性电压、流动性外，化学接枝聚硅氧烷后的 LDPE 在耐环境应力开裂性、断裂强度、伸长率、击穿场强等方面均比与聚硅氧烷物理共混后的 PE 好，见表 4-2。

表 4-2　接枝与共混试样性能比较

性能		LDPE	共混 LDPE	接枝 LDPE
MFR/(g/10min)		1.60	2.00	0.38
抗环境应力开裂/h		5	11	32
拉伸性能	拉伸强度/MPa	14.42	13.76	15.35
	拉伸模量/MPa	10.93	10.75	10.48
	断裂伸长率/%	517	512	575
电性能	击穿电压/kV	5.75	8.00	6.25
	介电强度/(MV/m)	69.69	63.12	97.53
	体积电阻率/$\Omega \cdot m$	6.58×10^{15}	1.36×10^{15}	2.71×10^{15}
	介电损耗角正切	2.82×10^{-4}	6.97×10^{-4}	7.01×10^{-4}
	介电常数 ε	2.20	2.29	2.38

（5）实例五：β 射线辐射引发衣康酸接枝 LLDPE

李文斐等以衣康酸（IA）为单体，利用 β 射线预辐照引发技术，采用反应型双螺杆挤出机制备了 LLDPE-g-IA。产物在 $1712cm^{-1}$ 处有明显的羰基特征吸收峰，说明 IA 分子接枝到 LLDPE 分子链上。结果发现：接枝率随单体含量、预辐照剂量、反应温度的增大而增加；凝胶含量在预辐照剂量较低（20kGy❶）时几乎为零，当预辐照剂量达到 30kGy 时，随着预辐照剂量的增加，凝胶含量迅速增加，15kGy 为最佳预辐照剂量；挤出温度大于 210℃时产物颜色轻度发黄，反应挤出温度较低时，接枝率较低，最佳反应温度为 190～200℃；与纯 LLDPE 相比，LLDPE-g-IA 样品的拉伸强度、弹性模量及断裂伸长率无明显的变化，说明 LLDPE 接枝 IA 单体，基本上保留了原 LLDPE 的力学性能，没有产生严重的交联或降解；LLDPE-g-IA 的熔融温度变化不大，但其结晶温度均比纯 LLDPE 的高，LLDPE 接枝 IA 后，一方面破坏 LLDPE 分子链的规整性使其结晶的能力下降，另一方面导致分子内不均匀性提高，有效地降低了成核时的表面能位垒，起到了成核剂的作用，使 LLDPE-g-IA 的结晶温度升高；LLDPE-g-IA 的熔融热焓有不同程度的降低，并随着接枝率的增加，熔融热焓下降，结晶度变小，由于 IA 的引入导致 LLDPE 晶体的完善性下降，缺陷增多，使接枝物的熔融热焓下降，结晶度变小；随着接枝率增加，体系极性增大，降低了水在 LL-DPE-g-IA 膜的表面上的张力，接触角减小，接枝率为 0.12% 和 0.31% 时，接触角分别为 79°和 71°；随着接枝率的增大，LLDPE-g-IA 与金属铝的剥离强度增大，接枝率为 0.4% 时，剥离强度为 2.5N/mm。

4.1.2.2　配方

（1）配方一：MAH 接枝 PE

---

❶　1Gy=1J/kg。

配方：LDPE，100 份；DCP，0.05～0.25 份；MAH，1.0～5.0 份；其他试剂适量。

设备：单螺杆挤出机。

制备工艺：料筒后段温度 170～180℃，前段温度 190～200℃；模头温度 190～200℃；螺杆转速 15r/min。工艺流程见图 4-1。

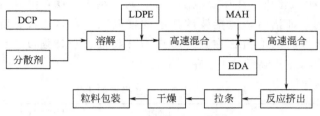

图 4-1　PE 接枝 MAH 工艺流程

① DCP 含量对 MFR 的影响见表 4-3。

表 4-3　DCP 含量对 MFR 的影响

MFR/(g/10min)	DCP 含量/份					
	0	0.05	0.10	0.15	0.20	0.25
LDPE	7.951	1.962	0.734	0.023	0.013	0.007
LLDPE	1.253	0.508	0.193	0.058	0.014	
HDPE	4.417	2.783	2.479	1.873	1.284	1.130

② DCP 含量对 LDPE/DCP/MAH 体系 MFR 和接枝率的影响见表 4-4。

表 4-4　DCP 含量对 LDPE/DCP/MAH 体系 MFR 和接枝率的影响

项目	2.0 份 MAH				4.0 份 MAH			
	DCP 含量/份				DCP 含量/份			
	0.1	0.2	0.3	0.4	0.1	0.2	0.3	0.4
MFR/(g/10min)	0.505	0.014	0.006	0.004	0.740	0.719	0.181	0.026
接枝率/%	0.52	0.58	0.67	0.73	0.66	0.72	0.81	0.89

③ MAH 含量对 LDPE/DCP/MAH 体系 MFR 和接枝率的影响见表 4-5。

表 4-5　MAH 含量对 LDPE/DCP/MAH 体系 MFR 和接枝率的影响

项目	MAH/份					
	0	1.0	2.0	3.0	4.0	5.0
MFR/(g/10min)	7.95	0.505	0.909	1.207	0.740	0.608
接枝率/%	0	0.41	0.52	0.54	0.66	0.74

（2）配方二：DCP 引发 MAH 接枝 LDPE

配方：LDPE，100 份；抗氧剂 1010，0.2 份；MAH，1.0～2.5 份；增塑剂 ESBO，3.0～5.0 份；DCP，0.1～0.3 份。

工艺流程：配料→混合→搅拌→挤出→冷却→切粒→干燥。

将 LDPE，DCP，抗氧剂 1010，ESBO 一并倒入高速混合机中搅拌 8min，再加入 MAH，充分搅拌混合 10min 后，然后经双螺杆挤出机反应挤出造粒。

挤出机料筒温度：一区 135℃、二区 155℃、三区 175℃、四区 180℃；机头 155℃；螺杆转速为 30～60r/min。

相关性能：接枝率为 0.88%。

（3）配方三：MAH 接枝 PE

MAH 接枝 PE 牌号及性能见表 4-6。

表 4-6　MAH 接枝 PE 牌号及性能

牌号	RG1001	RG1002	RG1201	RG1202
基体树脂	HDPE	LDPE	LLDPE	LLDPE
外观	白色颗粒	白色或淡黄色颗粒	白色或淡黄色颗粒	白色或淡黄色颗粒
MFR/(g/10min)	1.5	0.8	30	0.8
接枝率/%	1.0	1.0	0.9	1.0

用途：提高 PE 与玻璃纤维、矿物填料、阻燃剂等无机物的界面相容性。

(4) 配方四：MAH 接枝 PE

牌号：EPA-830E。

性能：基体树脂，mLLDPE；外观，白色或淡黄色颗粒；熔点，115℃；接枝率，≥ 0.8%；MFR (2.16kg, 190℃)，(0.6±0.2) g/10min。

用途：聚烯烃与尼龙、EVOH、金属等的共挤黏合剂；聚烯烃/PA 体系的相容剂，PA、聚酯的增韧剂；无机增强填充材料与 PE 之间的偶联剂，无机与有机颜料、阻燃剂与 PE 之间的偶联剂。

(5) 配方五：MAH 接枝 PE 性能

牌号：PR930。

性能：外观，白色颗粒（或粉末）；接枝率，>1.0%；MFR，3.0～5.0g/10min；密度，0.94～0.96g/cm³；熔点，130～135℃。

用途：提高木质纤维与聚烯烃树脂的相容性和分散性，能显著提高木塑型材的抗弯承载力、冲击性能、耐低温性能和断裂伸长率。

用量：作为木塑偶联剂建议添加量 2%～2.3%。

(6) 配方六：MAH 接枝 HDPE

牌号：TRD-100H。

性能：外观，聚烯烃本色或淡黄色粒子；接枝率，0.5%～1.0%；MFR，0.5～4.0g/10min；密度，0.924～0.946g/cm³；拉伸强度，15.20～17.20MPa；断裂伸长率，460%～540%。

用途：无机增强材料（玻璃纤维）和填充材料（滑石粉、碳酸钙、氢氧化铝、颜料）与聚烯烃之间的偶联剂；聚烯烃/PA 合金的相容剂；聚烯烃复合膜的黏结剂；聚烯烃/塑木材料的相容剂；改善聚烯烃与极性材料（金属，尼龙等）的黏结剂。

(7) 配方七：GMA 接枝 LDPE

牌号：TRD-G400H。

性能：外观，聚烯烃本色或淡黄色粒子；接枝率，0.8%～1.2%；MFR，0.5～4.0g/10min；密度，0.946g/cm³。

用途：PBT/PC、PBT/ABS、PBT/PU、PET/PA 等合金相容剂或增韧剂；聚烯烃/PA 合金的相容剂和增韧剂；聚烯烃复合膜的黏结剂；聚烯烃/塑木材料的相容剂；改善聚烯烃与极性材料（金属，PA 等）的黏结剂。

用量：5%～15%。

4.1.3　PP 的接枝改性

4.1.3.1　实例

(1) 实例一：DCP 引发马来酸二丁酯熔融接枝 PP

何和智以 DCP 为引发剂，马来酸二丁酯（DBM）为单体，反应挤出制备 PP-g-DBM。

工艺：按配方称取 DCP 加入 DBM 溶液中，然后与 PP 混合均匀，在双螺杆挤出机中进行反应挤出，挤出机各段温度分别为，进料段 195℃，二段 205℃，三段 195℃，机头 190℃；螺杆转速为 60r/min；再经冷却、切粒、干燥得接枝母料。

研究发现：反应挤出物经纯化后的红外光谱在 1740cm⁻¹ 处出现酯基 C —O 的特征吸收峰，证实 PP 分子链接枝了 DBM。随着挤出机口模温度的提高，PP 的接枝率降低，说明高温不利于接枝，在满足加工条件的前提下降低挤出温度可提高接枝率，最佳加工温度为 190～200℃；随着挤出机各段温度的升高，MFR 迅速提高，这是由于 PP 在高温下发生 β 链断裂使得流动性增大所致。随着螺杆转速的提高，物料在料筒中的停留时间缩短，DCP 没有足够时间分解成自由基引发反应，使得接枝物的接枝率和 MFR 降低，特别是当转速增大到 90r/min 时，接枝率显著降低。随着 DBM 用量的增加，接枝率增大，MFR 先降低后增加，DBM 增加，发生反应的概率增加，接枝率明显增加。DBM 少于 4% 时，随着接枝到 PP 链上的极性基团的增加，分子间的作用力增大，促使接枝物的 MFR 明显下降；DBM 超过 4% 时，大部分单体 DBM 接枝到 PP 分子链上，剩余少量的 DBM 单体以增塑剂的形式存在于接枝物中，MFR 增加。随着 DCP 用量的增加，接枝率和 MFR 都随之增加，DCP 的适宜质量分数为 0.04%～0.10%。值得注意的是，当 DCP 含量为零时，仍可以发生单体接枝反应，但接枝率和 MFR 较低。

（2）实例二：DCP 引发 MAH 固相接枝 PP

陈宋辉等采用固相法以 MAH 对 PP 粒料（粒径为 2.7mm）进行接枝改性，研究了反应条件对接枝率和接枝效率的影响。

工艺：将 PP 颗粒在适当的搅拌速度和温度下放入三口烧瓶中，依次加入界面剂、MAH、DCP、二甲苯溶液，反应数小时出料，干燥得到 PP-g-MAH。

① 经纯化的接枝产物红外光谱出现 MAH 特征吸收峰（1723cm⁻¹、1785cm⁻¹），证实 MAH 接枝到 PP 上。最大接枝率可达 2.2%。

② 预热温度为 161℃时接枝率和接枝效率最佳。PP 粒子通过预热实现温度沿粒子表层到粒子中心的梯度分布，粒子表面温度接近熔点而中心温度低而保持硬质状态，这样在加入界面剂后 PP 的高温表面迅速吸收界面剂出现瞬间接近溶液状态的黏稠态，随界面剂向粒子中心的扩散，黏稠态的粒子表面逐渐变干并在强力搅拌作用下撕裂分开。预热温度的高低直接关系着粒子表面到中心的升温速率，粒子表面到粒子中心的温差和粒子的表面高温层厚度取得最佳效果时，产品的接枝率和接枝效率最高。

③ 在预热温度为 161℃的条件下，产品的接枝率和接枝效率均随预热时间延长先增大后减小，且在 5min 时出现极大值。预热时间不足 5min 时，PP 粒子表面迅速升温且表面到中心的温差逐渐增大；5min 时温差达到最大值，加入界面剂后粒子在保持良好运动独立性的情况下出现最佳的表面撕裂，为后续加入的引发剂及单体创造了最好的反应场所；预热时间从 5min 延长到 20min 时，粒子中心也开始吸收热量，从而造成一方面粒子表面与中心温差的减小，在某种程度上不利于粒子外软内硬的状态，另一方面由于粒子整体温度上升，且粒子高温表层增多，界面剂加入后会被迅速吸收造成粒子表面撕裂程度相对下降，不能为后续接枝反应提供最好的场所。

④ 当恒温时间为 10min 时接枝率和接枝效率达到最大值，继续延长恒温时间对接枝率

和接枝效率影响不大。可能是因为，当恒温时间为 10min 时可以得到最好的接枝表面，继续延长恒温时间，粒子表面由于已经发干而不能再"牵扯撕裂"，对接枝表面的影响不大，从而对接枝率和接枝效率的影响也不大。

⑤ 反应温度的升高、界面剂用量的增大、反应时间的延长有利于接枝率和接枝效率增大。反应时间达 3h 时两者达最大，超过 3h 体系中 PP 分子链上的反应活性点已基本趋于反应完全，接枝率和接枝效率变化不大；随着 MAH 用量的增大，接枝效率先增大后减小，接枝率先增大而后基本保持不变，且接枝率和接枝效率均在 MAH 用量为 5% 时达到最大值。接枝率和接枝效率均随 DCP 用量的增大先增大后减小，当其用量为 MAH 的 5% 时，接枝率和接枝效率均达到最大值。

（3）实例三：超临界 CO_2 协助 MAH 和苯乙烯接枝 PP

后振中等利用超临界流体插嵌技术协助 St 和 MAH 共单体对 PP 膜进行接枝改性。

制备流程：实验采用"两步法"将纯净的等规 PP 膜和溶有引发剂 BPO 的单体（St 和 MAH 物质的量比为 1∶2）溶液放入 50mL 高压反应釜中，两者用不锈钢笼子隔开。将一定量的 CO_2 通过高压泵打入带有恒温套的反应釜中，并打开出气阀排出空气，然后继续打入 CO_2 至实验所需压力，在一定温度下形成超临界状态，此时携带单体和引发剂的超临界 CO_2 开始对 PP 基质逐渐渗透并溶胀，此过程称为插嵌过程。在预定的插嵌时间过后，恢复反应釜至环境压力，CO_2 逸出使单体和引发剂留在 PP 中，将该 PP 膜移入另一反应釜中并通入 N_2 保护，此反应釜加热至 100℃，反应 3h 后即得到接枝的 PP 膜。将所得的样品用沸腾的丙酮洗涤 6h 除去未反应的试剂，然后放入真空烘箱中在 60℃ 下干燥至恒重，得接枝 PP 料。

① 在 40℃、15MPa 的超临界 CO_2 条件下对 PP 插嵌 6h 后再进行接枝反应，随着引发剂浓度的增加接枝率出现最大值。引发剂浓度提高，随 CO_2 进入 PP 中的量增多，在聚合物分子链上产生的接枝点增多，接枝率升高；引发剂浓度超过一定值时，过多的自由基会导致大量均聚物的生成，甚至使 PP 链发生降解，致使接枝率降低。实验选取引发剂 BPO 浓度为 MAH 的 15%。

② 固定温度为 42℃，插嵌时间 6h，引发剂浓度为 MAH 的 15%，接枝率随着 CO_2 压力的增大而减小。溶解于超临界 CO_2 的单体和引发剂在 CO_2 相、溶胀的 PP 相之间发生物质的分配作用，压力较低时，超临界 CO_2 的溶解能力适中，溶质（单体和引发剂）在聚合物相中的分配较多，接枝率就比较高；压力较高时，CO_2 的溶解能力急剧增大，溶质在 CO_2 中的分配较多而进入聚合物的量减少，接枝率下降。

③ 维持超临界 CO_2 压力 12MPa，BPO 浓度为 MAH 浓度的 15%，插嵌时间 6h，随着温度的升高，接枝率先增大后减小，并在 42℃ 左右达到极大值。在 CO_2 溶解有足够量的单体和引发剂的前提下，温度升高使超临界 CO_2 的溶解能力下降，有利于单体和引发剂对 PP 相的分配，升高温度还能提高超临界 CO_2 对 PP 的溶胀能力，溶质更容易进入 PP 基质，接枝率提高；温度继续升高，CO_2 溶解能力进一步减弱，在 42℃ 以后，对于整个体系，CO_2 溶解性降低到无法溶解足够量的单体和引发剂时，接枝率下降。

④ 在压力 10MPa、温度 42℃ 条件下，接枝率具有极大值，约为 4.7%。随着接枝率的提高，接枝 PP 膜的表观结晶度和熔点均下降。

（4）实例四：水悬浮丙烯酸和苯乙烯双单体接枝 PP

祝宝东等以水为分散介质，二甲苯、甲苯为界面剂，BPO 为引发剂，丙烯酸（AA）和

St 为接枝单体，在水悬浮自搅拌体系中制备 PP-g-AA/St。

① 两次加料的接枝效果明显不好。在 102℃反应温度下，后加的单体还来不及完全扩散到 PP 表面的非晶区就被 BPO 引发进行了非接枝共聚反应。

② 二甲苯加入量增加，接枝率和接枝效率先增大后减小，并在 0.26 份处有最大值。适量的界面剂可浸润和溶胀 PP 表面、为接枝反应提供场所、有利于单体和引发剂向 PP 内部扩散及接枝聚合反应热的移出。但过多的界面剂不但会在 PP 表面形成覆盖膜，而且会溶解大量单体，隔绝单体与 PP 大分子链的接触，单体的自由基未与 PP 的大分子链作用形成接枝链就发生终止反应，降低了接枝率和接枝效率。

③ 接枝率、接枝效率随着水加入量的增加而降低，当接枝单体和引发剂投料量一定时，水量少可以提高反应物料的浓度，有利于接枝反应，但水量太少时物料悬浮分散效果欠佳，而且由于反应生成 AA 均聚物的表面活性作用，使反应体系容易起泡冲料，不利于控制反应的顺利进行。同时，考虑到 PP 料与单体等的充分接触，保证反应的均匀性，选择 m(H$_2$O)：m(PP)＝1.5：1。

④ 接枝率和接枝效率随 BPO 浓度的增加而增加，在 m(BPO)：m(PP)＝0.0015：1 时达到最大值，然后下降并趋于平缓。体系中单体浓度一定，引发剂含量过低时，由于笼蔽效应，单体发生非接枝均聚、共聚可能性大，不利于引发有效的接枝反应；引发剂浓度提高，形成的初级自由基数目增加，初级自由基对 PP 主链上氢原子进攻产生大分子自由基及反应中产生 AA 和 St 均聚物的能力增加，有利于接枝率、接枝效率的提高；BPO 浓度继续提高，单位时间内分解的自由基数量虽多，但产生非接枝共聚物也较多，接枝到 PP 链上的单体数目大为减少，同时生成的 PP 大分子自由基和初始自由基的偶合终止速率加快；引发剂含量过高，PP 的链断裂严重，引发更多的降解。

⑤ 随溶胀时间的延长，接枝率和接枝效率均增加，在 4h 达到最大值；继续增加溶胀时间，接枝率和接枝效率下降。溶胀时间延长，AA 和 St 逐渐渗透到 PP 粒子内部，接枝率和接枝效率增加；AA 和 St 先逐渐渗入到 PP 粒子的表层，再渗透到 PP 非晶区的内层，扩散阻力增加，故溶胀需要一定的时间；当溶胀一定时间后，渗入到球形 PP 中的 AA 和 St 量不再增加，但二甲苯可能溶出部分摩尔质量较低的 PP，且非接枝共聚反应的比例变大，从而造成接枝率和接枝效率下降。故适宜的溶胀时间为 4h。

⑥ 随反应时间的延长，接枝率和接枝效率先增加后缓慢下降，在 6h 时达到最大值。随反应时间的延长，体系中自由基浓度加大，接枝点多且接枝链长，因而接枝率和接枝效率提高；反应时间过长时，AA 和 St 进行均聚反应和非接枝共聚反应的反应程度加大；同时，接枝到一定阶段，PP 粒子表面的接枝链阻碍了接枝单体的进一步溶胀扩散，特别是当 PP 粒子表面接枝上较多的 AA 时，PP 粒子表面极性变大，阻碍了界面剂和单体向 PP 粒子内部非晶区的扩散，越来越多的单体被游离自由基引发非接枝聚合，并且引发剂会氧化接枝聚合物，导致接枝链的断裂。故适宜反应时间为 6h。

⑦ 在投料比和投料总量不变的情况下，加入 PP 质量 0.0005％的水相阻聚剂二氯化锡比亚甲基蓝效果好，可将双单体的接枝率提高到 11.95％，接枝效率提高到 59.75％。可能加入二氯化锡后，单体发生在水相中的聚合反应受到了一定程度抑制，并降低单体在水相中的溶解度。二氯化锡、亚甲基蓝均可以减少接枝反应时反应器壁上聚合物黏附量，有效防止"黏釜"现象发生。

⑧ 双单体 AA 和 St 的总加入量为 2.0g 时，随着 AA 加入量的增加，接枝率和接枝效

率起初基本保持恒定，当 AA 用量增加到 0.65g 后接枝率和接枝效率迅速下降，并在 AA 加入量为 0.90g 时降至最低点；继续增加 AA 的加入量，接枝率和接枝效率迅速升高，随后平缓升高。AA 加入量在 0.65～1.00g 时接枝率和接枝效率比双单体中任何单一单体的接枝率和接枝效率都低，可能的原因是副反应加剧。

⑨ 实验得出较佳的工艺条件：反应物料一次加入，投料质量比为二甲苯：水：聚丙烯：单体：过氧化苯甲酰：二氯化锡＝2.6：15：10：2：0.015：0.005，室温溶胀 4h，102℃反应 6h，此条件下双单体接枝率达 11.95%，接枝效率高达 59.75%。AA 与 St 在物质的量之比为 0.846 处进行接枝反应时无序共聚副反应严重。

(5) 实例五：γ 射线引发硅烷接枝 PP

王峰等采用 γ 射线固相辐射接枝方法，在 PP 粉末表面接枝乙烯基三甲氧基硅烷（VTMS）制备 PP-g-Si。

① 随着辐射吸收剂量的增加，在 0～11kGy 剂量区间，VTMS 在 PP 上的接枝率几乎是线性增加，当辐射剂量大于 11kGy 时，接枝率的增加开始变得平缓。这符合辐射接枝规律，即辐射接枝单体总量一定，随着单体消耗，吸收剂量加大，接枝率不再线性增长。

② 第二单体 St 的添加（体积分数为 VTMS 的 10%）可大大提高接枝率（4.2%）。St 和 PP 具有更好的亲和性，有利于单体在 PP 粉末中的深度扩散，接枝率提高；St 分子辐射接枝到 PP 分子链上后形成的自由基由于共轭效应比较稳定，更有利于接枝链的增长，可使更多的单体（包括 St 和 VTMS）接枝到 PS 链上。

③ 吸收剂量为 2kGy 时，添加接枝单体硅烷的接枝 PP 的 MFR 是 4.7g/10min，而未加硅烷单体的 PP 的 MFR 是 5.2g/10min。辐射使得 PP 分子链发生断裂，MFR 减小；加入 VTMS 后样品的 MFR 减小幅度变缓，因为辐射产生的自由基部分参与了接枝反应，而不是全部导致聚合物分子主链断裂。

④ 随吸收剂量的增加，PP-g-Si 水解后获得凝胶量同步增加，吸收剂量超过 16kGy 时，凝胶量开始下降。吸收剂量较低时，吸收剂量增加，接枝率提高，样品的凝胶量增加；吸收剂量继续增加，接枝率虽然也增加，但可能更多单体用于接枝链的增长，而凝胶是由接在不同 PP 分子链上的聚合物水解形成的，所以这时接枝率对凝胶贡献不大；吸收剂量超过一定值后，PP 分子链断裂变得逐渐明显，凝胶量下降。

(6) 实例六：甲基丙烯酸缩水甘油酯低聚物接枝 PP

梁淑君等利用半频哪醇休眠基在热、光作用下的再引发特性，将带有半频哪醇休眠基的甲基丙烯酸缩水甘油酯低聚物（PGMA-BPH）与 PP 进行熔融接枝，从而在 PP 大分子链上引入反应性环氧基团，实现 PP 的功能化改性。研究发现：随着接枝反应时间的延长，接枝率逐渐升高。10min 时接枝率为 0.51%，30min 时，接枝率达到 1.11%。所得接枝率一般较低，这是由于接枝对象低聚物 PGMA-BPH 所带休眠基的数量较少，使得反应体系中形成的低聚物自由基数目有限，与 PP 链自由基偶合形成的接枝物就少。反应时间延长，形成的 PP 大分子链自由基数量增加，与 GMA 低聚物自由基偶合的概率增大，从而使接枝率提高。接枝 PP 的晶型由纯 PP 的 α 晶与 β 晶的混合体变为单纯的 α 晶型，并且其熔点提高 2.3℃、结晶度由 35.06% 提高至 52.01%，结晶完善程度也有一定程度的提高。将所得 PP 接枝共聚物（接枝率 0.98%）作为 PP 和 PA6 的共混相容剂，分散相 PA6 的分散尺寸明显减小，粒子直径由 5～8μm 降低至 2～5μm，两相的相容性提高。

4.1.3.2 配方

（1）配方一：PP 接枝 MAH

配方：PP，100 份；DCP，0.05～0.25 份；MAH，1.0～5.0 份；其他试剂适量。

制备工艺：料筒后段温度 170～180℃，前段温度 190～200℃；模头温度 190～200℃；螺杆转速 15r/min。

性能：

① DCP 含量增加对 PP 挤出物 MFR 的影响性能见表 4-7。

表 4-7　DCP 含量增加对 PP 挤出物 MFR 的影响

项目	DCP 含量/份					
	0	0.05	0.10	0.15	0.20	0.25
MFR/(g/10min)	1.34	5.99	7.98	24.71	42.25	71.03

② DCP 含量对 PP/DCP/MAH 反应体系产物的 MFR 和接枝率的影响见表 4-8。

表 4-8　DCP 含量对 PP/DCP/MAH 反应体系产物的 MFR 和接枝率的影响

项目	DCP 含量/份			
	0.1	0.2	0.3	0.4
MFR/(g/10min)	4.67	4.88	5.30	7.08
接枝率/%	0.63	0.42	0.40	0.31

③ MAH 含量对 PP/DCP/MAH 反应体系产物的 MFR 和接枝率的影响见表 4-9。

表 4-9　MAH 含量对 PP/DCP/MAH 反应体系产物的 MFR 和接枝率的影响

项目	MAH/份					
	0	1.0	2.0	3.0	4.0	5.0
MFR/(g/10min)	7.98	6.47	4.75	4.67	2.86	1.75
接枝率/%	0	0.50	0.51	0.63	0.79	0.85

（2）配方二：MAH 接枝 LDPE

① 配方：LDPE，100 份；抗氧剂 1010，0.2 份；MAH，1.0～2.5 份；DCP，0.1～0.3 份。

② 工艺流程：配料→混合→搅拌→挤出→冷却→切粒→干燥→粒料。

将所有组分加入高速混合机中搅拌 3min，然后经双螺杆挤出机反应挤出造粒。挤出机料筒温度控制在 170～200℃。

相关性能：接枝率为 0.88%。

（3）配方三：MAH 接枝 PP

MAH 接枝 PP 配方见表 4-10。

表 4-10　MAH 接枝 PP 配方

成分	用量/份	成分	用量/份
树脂 PP	100	抗氧剂 1010	0.2
引发剂 DCP	0.2	抗氧剂 DLTP	0.4
接枝单体 MAH	1.5	润滑剂 HSt	0.5

工艺：所有组分经高速混合，然后挤出、冷却、切粒、干燥制备粒料。

相关性能：拉伸强度为 30.3MPa；弯曲强度 36.1MPa；弯曲模量 1323MPa；断裂伸长率 220%；缺口冲击强度 191J/m²；落锤冲击强度 1.5kJ/m²；洛氏硬度 90。

（4）配方四：MAH 接枝均聚 PP

MAH 接枝均聚 PP 性能及用途见表 4-11。

表 4-11 MAH 接枝均聚 PP 性能及用途

牌号	RG2001	RG2002	RG2006
MFR/(g/10min)	40	>100	6
接枝率/%	1.2	0.9	0.9
外观	白色或淡黄色颗粒		
基体树脂	均聚 PP		

用途：提高 PP 与玻璃纤维、矿物填料、阻燃剂等无机物的界面相容性，能大幅提高体系的机械强度。

配方：甲基丙烯酸缩水甘油酯（GMA）接枝均聚 PP 性能及用途

牌号：C-305。

性能：外观为本色颗粒；MFR（190℃，2.16kg）为 20g/10min；接枝率为 0.5%。

用途：用于玻纤、滑石粉、碳酸钙、云母、氢氧化铝（镁）等填充 PP 复合材料，改善 PP 基体与填料界面的相容性和黏结性，添加 3%~5%，可大大提高与填料界面的相容性和黏结性，以及复合材料的力学性能和耐热性能；用于增加 PP 的极性，添加 10%~20% 可明显改善 PP 的染色性和漆膜的附着力；用于 PP/PA 合金，改善相界面的相容性和亲和性；满足 PC、PBT 等增强体系材料的韧性要求。

配方：MAH 接枝共聚 PP 性能及用途

牌号：TRD-120B。

性能：密度，0.90g/cm³；MFR（190℃，2.16kg），30~60g/10min；接枝率，0.8%~1.0%；外观，微黄半透明颗粒。

用途：用于木粉、木纤维、玻纤、滑石粉、碳酸钙、云母、氢氧化铝（镁）等填充 PP 复合材料，改善 PP 基体与填料界面的相容性和黏结性，添加 5%~8%，可大大提高复合材料的力学性能和热抵抗性能；用于增加 PP 的极性。添加 10%~20%，可明显改善 PP 的染色性和可漆性；用于 PP 填充母料、色母料、阻燃母料、降解母料等，由于其与颜料、染料、阻燃剂等有较强的相互作用，可促进颜料、染料、阻燃剂等在聚丙烯载体树脂中的分散；用于 PP/PA、PP/PE 等 PP 合金，添加量 3%~5% 可改善相界面的相容性和亲和性。

4.1.4 PS 的接枝改性

4.1.4.1 实例

（1）实例一：DCP 引发 MAH 熔融接枝 PS

夏英等以 MAH 为接枝单体，DCP 为引发剂，采用熔融接枝法制备了 PS-g-MAH。

① 当 PS 为 100 份、DCP 为 0.2 份时，接枝率随 MAH 用量先增加后显著下降，5 份时接枝率最大（3.7%）。单体用量过高时，易发生单体均聚的链增长反应，最终导致接枝率下降。

② 当 PS 为 100 份、MAH 为 5 份时，接枝率随着 DCP 用量的增大先增大后减小，DCP 用量为 0.2 份时，接枝率达到最大值（3.7%）。

③ PS-g-MAH（接枝率 3.7%）用量对 PS/膨胀阻燃剂/热塑性弹性体复合材料（质量

比 100/66/14）性能的影响见表 4-12。

表 4-12　PS-g-MAH 用量对复合材料性能的影响

增容剂/份	冲击强度/(kJ/m²)	拉伸强度/MPa	氧指数/%	垂直燃烧	MFR/(g/10min)
0	2.61	21.1	27.1	FV-0	5.29
6	4.08	20.6	27.8	FV-0	5.26
9	4.30	24.3	28.3	FV-0	5.08
12	4.89	21.3	27.9	FV-0	4.62
15	4.38	20.0	27.4	FV-0	4.27

当增容剂用量为 12 份时，冲击强度达到 4.89kJ/m²，比未增容时提高了 87.4%，拉伸强度仍可保持在 21.3MPa。在力学性能得到改善的同时，复合材料的垂直燃烧可达到 FV-0级，氧指数由 27.1% 提高到了 27.9%，熔体流动速率为 4.62g/10min。

（2）实例二：BPO 引发 MAH 溶液法接枝 PS

董筱莉等用溶液接枝的方法研究了回收的废 PS 泡沫塑料的接枝工艺。将 PS 的溶解液和一定量的 MAH 单体置于反应器中，充惰性气体，升温至预定反应温度，分次加入引发剂，恒温反应 3～4h，制备了 PS-<i>g</i>-MAH。

① 反应温度 90℃，MAH 用量为 1%，引发剂 BPO 浓度对接枝反应的影响见表 4-13，BPO 用量 1% 为好。

表 4-13　BPO 浓度对接枝反应的影响

BPO 浓度/%	接枝率/%	接枝效率/%
0.33	0.90	90.1
1.00	0.94	93.9
2.00	0.77	76.5

② 随反应温度的增加，接枝率和接枝效率均有所提高，见表 4-14。自由基反应中，反应温度对接枝率的影响取决于温度对引发剂分解速度及温度对单体接枝与自聚速度的影响，MAH 不易自聚，反应温度高，引发剂分解速度快，活性自由基浓度高，接枝反应速率常数也因温度提高而增大。

表 4-14　反应温度对接枝率和接枝效率的影响

反应温度/℃	接枝率/%	接枝效率/%
70	0.60	60.7
80	0.87	86.6
90	0.94	93.9

③ 在同一反应温度下，引发剂用量一定，单体含量为 1% 时有较好的接枝率和最高的接枝效率，增加单体浓度只能略微增加接枝率，但大大降低了接枝效率，见表 4-15，这就造成部分单体残留在接枝液内，会对后续产品质量产生影响。

表 4-15　单体用量对接枝率和接枝效率的影响

单体用量/%	接枝率/%	接枝效率/%
0.7	0.44	66.4
1.0	0.94	93.9
1.5	0.99	59.6
2.0	1.12	55.9

④ PS 结构中苯环所对应的碳原子上的氢相对较活泼，可利用引发剂攻击此氢产生激活点从而产生接枝。

表 4-16　不同单体对 PS 的接枝的影响

接枝单体	附着力/级	剪切强度/MPa	冲击强度(J/m)	透明性
马来酸酐(MAH)	3	1.13	30	透明
丙烯酸(AA)	4	2.06	20	半透明
乙酸乙烯酯(VAc)	4	2.61	20	半透明
丙烯酸丁酯(BA)	3	2.41	30	乳白
丙烯酸乙酯(EA)	4	2.30	20	乳白
未接枝	8	0.77	≤10	透明

从表 4-16 中可以看出，不同单体接枝 PS 后的黏附力、剪切强度、冲击强度有明显提升。PS 分子链中苯环所连碳原子上的氢并非十分活泼，因此接枝反应速率较小，而单体的均聚速率较大，接枝产物是接枝单体的均聚物、接枝物和 PS 的共混物。接枝物含量低时，接枝单体均聚物与 PS 相容性若相差较大则共混物不相容，由于分散相与连续相的折射率相差大而造成的不透明，BA、EA 单体的接枝液特别浑浊，属于此种情况。VAc、AA 接枝物透明性略好，MAH 接枝物近似原 PS 溶液的透明性，认为 MAH 单体有较大的体积位阻而使之不能产生自身均聚。

⑤ MAH 由于较大的侧基不易均聚，用少量的 MAH 接枝 PS 时接枝效率相当高，用量过大时，由于在 PS 上一个活性点只能接上一个 MAH，因此大量单体未被利用。然而 MAH 能较大地改变 PS 的极性而提供改性材料的黏附性和其他树脂共混时的相容性，用其他单体与 MAH 共接枝，理论上能使 PS 的支链形成该单体与 MAH 的共聚物。共接枝对性能的影响见表 4-17。

表 4-17　共接枝对性能的影响

接枝单体	接枝率/%	接枝效率/%	接枝液外观	附着力/级	冲击强度(J/m)	韧性/mm
VAc+MAH	5.2	62.4	透明	2	30	3
BA+MAH	3.7	39.1	半透明	2	30	2
AA+MAH	4.1	49.7	透明	3	30	3

共接枝 PS 的接枝率比用单一 MAH 接枝 PS 的高得多。接枝后的接枝液透明性得到提高，说明提高接枝率改变了其与均聚物的相容性。用共接枝 PS 树脂液做成涂层，发现共接枝后 PS 树脂液的附着力均有明显提高，同时兼有较好的抗冲击性和韧性，因此此改性液基本具备了作涂层用树脂的性能。

⑥ 结论：当用 MAH 作 PS 的接枝单体、BPO 引发剂用量为 1%、接枝单体 MAH 用量为 1% 时，有较好的接枝率和最高的接枝效率；用 BA 接枝 PS 的接枝液涂层有较好的韧性，用 VAc 接枝 PS，接枝液黏结剂有较高的黏结强度；用多单体共接枝 PS 是提高 PS 接枝率的好方法；用 AA、MAH 共接枝的 PS 树脂比其他接枝树脂有更好的乳化性能。

（3）实例三：等离子体法顺丁烯二酸酐表面接枝 PS

郑力行等将 PS 多孔板清洗干燥后，在浓度为 2.5% 的顺丁烯二酸酐乙醇溶液中浸渍 24h，充分干燥后使用氩气低温等离子处理，然后将其依次浸入 0.1mol/L 的 NaOH 和 HCl 溶液中 10min，再用蒸馏水清洗，制备了顺丁烯二酸酐表面接枝 PS 多孔板。结果表明：PS

多孔板底部表面接触角在处理后随着处理时间的增加，表面润湿性有很大提高，在 60s 时接触角达最小值，比未处理减小 53.8%；PS 处理前和处理 60s 后的 XPS 全谱可以看出氧元素含量发生了明显变化，由起初的 4.43% 升高到 23.52%，氧碳含量比则由未处理的 4.68% 升高到 31.44%，这说明经处理，在 PS 表面引入了大量的含氧基团，特别是—COOH 的增加量非常高，比一般直接辐照所引入的含量要大很多；红外光谱显示处理后的 PS 上出现了羰基、羟基和碳氧键等新的吸收峰，表明在 PS 表面引入了羧基，并有部分副反应。

4.1.4.2 配方

（1）配方一：MMA 接枝 PS 透明改性

MAH 接枝 PS 透明改性配方见表 4-18。

表 4-18 MAH 接枝 PS 透明改性配方

成分	用量/份	成分	用量/份
PS	100	抑制剂 DMF	0.1
MMA	1.5	稳定剂二月桂酸二丁基锡	0.1
DCP	0.2		

工艺：配料→混合→低速搅拌→挤出→冷却→切粒→干燥→试样检测。

按配方设计比例称量混合搅拌 5min，投入双螺杆挤出机熔融挤出，挤出机螺杆 $L/D \geqslant 28:1$；挤出料筒各区段严格控制在 $160\sim185℃$；螺杆转速 $40\sim60\text{r/min}$。

相关性能：接枝率 1.1%，具有良好的综合性能。

（2）配方二：MAH 接枝 PS

MAH 接枝 PS 性能见表 4-19。

表 4-19 MAH 接枝 PS

产品牌号	C-415	C-415A
外观	淡黄色颗粒	淡黄色颗粒
MFR(200℃,5kg)/(g/10min)	2.2	3.2
接枝率/%	12	18

用途：用于玻纤增强及矿物填充 ABS、AS 界面改性剂；提高 PC/ABS 共混合金的相容性，亦可用于 PA 与 ABS 合金材料。

PS-g-MAH 界面改性典型数据见表 4-20。

表 4-20 PS-g-MAH 界面改性典型数据

项目	ABS+20%GF	ABS+20%GF+5%C-415	ABS+20%GF+5%C-415A
拉伸强度/MPa	85	98	112
弯曲强度/MPa	112	128	136
Izod 冲击强度/(J/m)	60	94	112

4.2 通用塑料的交联改性

4.2.1 技术概况

4.2.1.1 交联改性目的

交联是塑料化学改性的方法之一。交联使塑料的分子结构从原有的线性结构或基本为线型结构，变为三维网状结构。交联可提高材料的拉伸强度、冲击强度、耐热性能和耐化学性，同时其耐蠕变性能、耐磨性能、耐环境应力、开裂性能、耐光性、绝缘性和黏结性能也可以提高；交联产物中可以添加较多量的填料而性能不会有明显的降低，可降低成本；对回收塑料的适度交联，可提高其性能，扩大使用范围，例如对于分子量小于 3 万的再生 LDPE 或 LLDPE 通过交联使其平均分子量达到 7 万左右，近似于 HDPE。

4.2.1.2 交联改性方法和原理

（1）辐射交联法

辐射交联是指在辐射能源的作用下，在常温常压下，引发大分子链产生自由基，进而在大分子链之间发生交联反应的一种方法。20 世纪 50 年代发现高能电离辐射可以引发 PE 交联聚合反应后，辐射化学快速地发展起来。1957 年美国的 Raychem 公司首次实现了实际使用，目前世界上已有几十个辐射加工的产品投入工业化生产，广泛应用于各个工业领域以及人们日常生活中，开辟了辐射改性聚合物料的新方向。高分子辐射交联已成为辐射化工中应用发展最快、最早、最广泛的领域。

辐射交联的高能辐射源主要有加速器电子线、X 射线、γ 射线、β 射线、快质子、快中子、慢中子等，目前较为常用的是加速器产生的电子线、γ 射线及放射线 Co-60 辐射源。辐射能量大小以辐照剂量来表示，单位戈瑞（Gy），常用的辐照剂量一般在 20000～25000Gy。

辐射交联在辐射能的作用下，聚合物大分子链即可以发生交联反应，也可以发生分子链的降解反应。有的聚合物以降解为主，有的以交联为主，主要取决于聚合物的结构，如聚合物大分子链上 C 原子周围有 H 原子的存在，则以交联反应为主；如果 C 原子周围无 H 原子存在，则以降解为主。

在辐射交联反应中，衡量交联反应程度一般用交联 G 值表示。交联 G 值定义为每吸收 100Gy 辐射能量而形成交联键数，一般聚合物的交联 G 值都小于 10。也可以用凝胶率表示交联反应程度。

辐射交联一般不需要添加交联剂和其他助剂，并可在室温下进行交联，也可在塑料加工厂生产制品成型后进行交联。为提高交联反应 G 值，防止降解反应，使辐射交联的非链式反应变成链式反应，需要加入增敏剂；为促进交联反应速率和保证制品不发生变形，最大限度地有效利用辐射能，节约能源，有时也需要加入敏化剂。

高分子辐射交联的基本原理为聚合物大分子在高能或放射性同位素作用下发生电离和激发，生成大分子自由基，进行自由基反应，并产生一些次级反应，如正负离子的分解，电荷的中和，此外还有各种其他化学反应。辐射交联反应为自由基链式反应，整个辐射交联反应可以分为 3 步。

① 初级自由基及活性氢离子的生成，见式（4-1）：

$$—CH_2—CH_2—CH_2— \longrightarrow —CH_2—\overset{\cdot}{C}H—CH_2— + H\cdot \tag{4-1}$$

② 活泼氢原子（H·）继续攻击高聚物再生成自由基，见式（4-2）：

$$H\cdot + —CH_2—CH_2—CH_2— \longrightarrow —CH_2—\overset{\cdot}{C}H—CH_2— + H_2 \tag{4-2}$$

③ 大分子链自由基之间反应形成交联键使得链终止，见式（4-3）：

$$\begin{array}{c} —CH_2—\overset{\cdot}{C}H—CH_2— \\ —CH_2—\overset{\cdot}{C}H—CH_2— \end{array} \longrightarrow \begin{array}{c} —CH_2—CH—CH_2— \\ | \\ —CH_2—CH—CH_2— \end{array} \tag{4-3}$$

在第三步反应中，链的终止反应也可以是与离子、双键以及成环等各种方式终止。

（2）过氧化物交联法

1957 年美国通用公司在辐射交联的基础上使用过氧化物作为交联剂制造出了交联电缆，过氧化物化学交联是 XPE 绝缘电缆生产中应用较为广泛的一种交联工艺，广泛应用于低压等级、高压等级甚至是超高压等级的 XPE 绝缘电缆的生产中。

过氧化物交联与辐射交联极为相似，交联的机理是过氧化物受热发生分解，形成化学活性较高的自由基，然后这些自由基从高聚物的分子中夺取氢原子形成高聚物大分子自由基，最后在高聚物大分子自由基之间发生相互结合反应，形成了 C—C 交联键。过氧化物交联与辐射交联以 PE 为例，过氧化物化学交联的反应见式（4-4）：

$$OR\!-\!OR \xrightarrow{\triangle} 2R\dot{O}$$

$$-CH_2\!-\!CH_2\!-\!CH_2\!- \ +\ R\dot{O} \longrightarrow \ -CH_2\!-\!\dot{C}H\!-\!CH_2\!- \ +\ ROH$$

$$\begin{array}{c} -CH_2\!-\!\dot{C}H\!-\!CH_2\!- \\ -CH_2\!-\!\dot{C}H\!-\!CH_2\!- \end{array} \longrightarrow \begin{array}{c} -CH_2\!-\!CH\!-\!CH_2\!- \\ | \\ -CH_2\!-\!CH\!-\!CH_2\!- \end{array}$$

$$(4\text{-}4)$$

由于过氧化物交联工艺需要在高温和高压环境下，加工过程当中如若控制不当，很容易产生预交联或是焦烧的现象。并且这种交联工艺具有设备投资及占据空间大、能量消耗大和生产成本高等缺点。

（3）硅烷交联法

硅烷交联又称温水交联，是由英国的 Dow Coring 公司在 1960 年提出并开发应用的。硅烷交联工艺主要包含接枝和交联两个基本过程，引发剂受热分解出自由基并夺取高聚物分子中的氢原子生成高聚物自由基，将硅烷接枝到分子主链上；交联反应是在温水和催化剂的作用下形成 Si—O—Si 共价键，使聚合物发生缩合反应从而形成交联。硅烷交联 PE 反应过程如下。

① 引发剂受热分解并夺取 PE 主链上的氢原子形成大分子自由基，见式（4-5）：

$$OR\!-\!OR \xrightarrow{\triangle} 2R\dot{O}$$

$$-CH_2\!-\!CH_2\!-\!CH_2\!- \ +\ R\dot{O} \longrightarrow \ CH_2\!-\!\dot{C}H\!-\!CH_2\!- \ +\ ROH \qquad (4\text{-}5)$$

② PE 主链上发生接枝反应，见式（4-6）：

$$-CH_2\!-\!\dot{C}H\!-\!CH_2\!- \ +\ H_2C\!=\!CH\!-\!\underset{\underset{OR}{|}}{\overset{\overset{OR}{|}}{Si}}\!-\!OR \longrightarrow \begin{array}{c} -CH_2\!-\!CH\!-\!CH_2\!- \\ | \\ CH_2 \\ | \\ \dot{C}H \\ | \\ RO\!-\!Si\!-\!OR \\ | \\ OR \end{array} \qquad (4\text{-}6)$$

③ 传递自由基，见式（4-7）：

$$-CH_2\!-\!CH_2\!-\!CH_2\!- \ +\ \begin{array}{c} -CH_2\!-\!CH\!-\!CH_2\!- \\ | \\ CH_2 \\ | \\ \dot{C}H \\ | \\ RO\!-\!Si\!-\!OR \\ | \\ OR \end{array} \longrightarrow \ -CH_2\!-\!\dot{C}H\!-\!CH_2\!- \ +\ \begin{array}{c} -CH_2\!-\!CH\!-\!CH_2\!- \\ | \\ CH_2 \\ | \\ CH_2 \\ | \\ RO\!-\!Si\!-\!OR \\ | \\ OR \end{array} \qquad (4\text{-}7)$$

④ 接枝产物水解，见式（4-8）：

$$3H_2O + \cdots \longrightarrow 3ROH + \cdots \tag{4-8}$$

⑤ 缩合交联反应，见式（4-9）：

$$\cdots + \cdots \longrightarrow \cdots + H_2O \tag{4-9}$$

硅烷交联具有生产工艺简单、生产设备投资小且工艺适应性强等优势之处。但是硅烷交联需要经历的水煮或是蒸汽处理过程，容易使接枝高聚物与空气中的水分发生预交联。

4.2.2 PE 的交联改性

4.2.2.1 实例

（1）实例一：辐射交联 PE

孟伟涛等用高能电子束辐射技术研究了添加敏化剂季戊四醇三丙烯酸酯（PETA）和抗氧剂 300 的 HDPE 体系的辐射交联效应。PETA 和辐射剂量对提高 HDPE 辐射交联度起关键作用。在 PETA 作用下，13kGy 的低辐射剂量可使 HDPE 的交联度达 63%。

① 试样制备 PETA 母粒制备：按配比将 HDPE 和 PETA 混匀后，在双螺杆挤出机中挤出造粒得到 PETA 母粒，挤出机一至四区温度分别为 130℃、145℃、160℃、165℃，机头温度 160℃，螺杆转速为 20r/min；抗氧剂母粒、分散剂母粒的制备与 PETA 母粒制备的工艺相同；按配比称取抗氧剂母粒、分散剂母粒、PETA 母粒和 HDPE，混合均匀后在单螺杆挤出机中挤出后，定型薄片并控制片材厚度为 1mm，单螺杆挤出机一至三区温度分别为 170℃、190℃、195℃，机头温度为 200℃，主机转速 28r/min。薄片按预期剂量辐射。

② 辐射剂量对 HDPE 的交联影响 PETA 为 2.0% 和抗氧剂 300 为 0.2% 的 HDPE 试样，经 9~19kGy 的辐射剂量照射。试样在较低剂量下即可获得较高交联度，辐射剂量增大，XPE 的交联度大幅上升，辐射剂量高于 17kGy 后交联度出现下降趋势。大辐射剂量引发更多自由基，链自由基交联概率更大并增加链自由基反应的动力学链长，交联度上升；HDPE 辐射交联的同时也伴随着降解，交联和降解的竞争决定最终 XPE 的辐射效果，超过 17kGy 辐射剂量 XPE 交联度下降；辐射剂量由 9kGy 增加到 13kGy，交联度由 46% 迅速增至 63%，这时 XPE 可满足采暖用冷、热水管等 PE 管材的基本要求，具有实际使用价值，继续提高辐射剂量可获得更高的交联度，但从成本考虑，使用低剂量较为经济。

XPE 的拉伸强度随辐射剂量的增大而增大，拉伸断裂应变和直角撕裂强度先升后降，这与 HDPE 辐射后交联度的变化规律相互呼应，只是辐射剂量对 XPE 的拉伸强度、拉伸断裂应变和直角撕裂强度的影响幅度较小。辐射剂量由 9kGy 增至 19kGy 的过程中，拉伸强度增加了 4.5%；拉伸断裂应变为 124%～196%，直角撕裂强度变化幅度在 11% 内。辐射剂量为 13kGy 时，拉伸强度为 2.4MPa，拉伸断裂应变为 196%，直角撕裂强度为 161.28kN/m。交联使 HDPE 分子间产生化学键连接，增大分子间作用力，外力作用时，交联结构限制 XPE 分子间的滑移，刚性增强，延展性降低。辐射交联过程中降解使分子断裂会降低 XPE 的力学性能。

③ PETA 用量对 HDPE 交联的影响　一个 PETA 分子中含三个碳碳双键，具有很高的反应活性，对高能辐射敏感。增加自由基数目和自由基反应动力学链长，可将 HDPE 上的活性点连接起来增加交联网络的形成。

抗氧剂 300 为 0.2%，辐射剂量为 13kGy 时，PETA 可显著提高 XPE 的交联度；不加 PETA 的 XPE 交联度为 10%；含 0.5% 和 1.5% PETA 时，XPE 的交联度分别为 56% 和 70%；继续增加 PETA，HDPE 交联度变化较小。

添加 PETA 的 XPE 拉伸强度下降，PETA 超 1.0% 后拉伸强度的降幅减小；XPE 直角撕裂强度随 PETA 的增大先升后降，在 PETA 为 1.5% 时直角撕裂强度达最大。从力学性能变化可以看出，添加 PETA 后，HDPE 辐射过程中交联、降解同步存在。PETA 为 1.5% 较恰当，此时 XPE 交联度可达 70%，拉伸强度为 22.45MPa 和直角撕裂强度为 165.27kN/m。

④ 抗氧剂 300 对 HDPE 的交联影响　抗氧剂 300 是一种典型的硫代双酚类抗氧剂，具有自由基终止剂和氢过氧化物分解剂的双重功能。抗氧剂 300 可消除辐射引发的自由基，减弱 PE 的交联。

PETA 为 2.0% 的 HDPE 试样经 13kGy 照射后，不同抗氧剂用量下 XPE 的交联度变化无规律可循，见表 4-21，并非如理论分析抗氧剂含量增加，XPE 的交联度就相应降低。且抗氧剂对 XPE 力学性能影响很小。

表 4-21　不同抗氧剂 300 下 HDPE 的交联情况

抗氧剂 300/%	0	0.05	0.10	0.15	0.20	0.25	0.30
交联度/%	60.78	64.00	60.78	50.00	62.75	58.00	60.00
拉伸强度/MPa	21.01	21.44	22.51	22.19	22.44	21.76	21.36
拉伸断裂应变/%	92.52	134.59	109.85	88.79	196.65	123.75	591.06
直角撕裂强度/(kN/m)	168.67	152.76	156.14	159.78	161.28	154.62	147.91

⑤ HDPE 辐射交联后，热性能略降，结晶度变化很小，T_m 降低约 1℃，起始分解温度大幅下降。

(2) 实例二：DCP 引发交联 PE

刘善秋等以 DCP 引发交联 LDPE。将 DCP 加入 LDPE 中混合，加入量分别为 LDPE 用量的 0.5%、1.0%、1.5%、2.0%、2.5%，采用聚合物动态流变工作系统，混合物在密炼模式下进行共混 5min，温度为 115℃，转速为 30r/min；然后于平板硫化机内，在 15MPa 下模压制得厚度约为 0.5mm 的交联试样。研究表明：交联度与交联密度随着 DCP 用量的增加而增大；当 DCP 用量为 2.0%，交联温度 160℃，时间 15min 时，XPE 的交联度达到最大值。

① DCP 用量对交联度与交联密度的影响。160℃ 下，交联时间为 20min 时，随着 DCP 用量的增加，交联密度增加，当 DCP 用量为 2.0%，交联温度 160℃，时间 15min 时，XPE

的交联度达到最大值，DCP用量继续增大，交联度基本保持不变。

② DCP用量为1.5%时，随着交联温度和时间的增加，体系交联度增大。当交联温度达到160℃且交联时间超过15min时，体系交联度趋于最大值，之后基本保持不变。温度和交联时间增加，DCP分解产生的自由基增多，交联度增大；超过160℃与15min时，DCP基本分解完全，体系交联度基本保持不变。

③ DCP用量为0.5%和2.5%，温度低于450℃时，未交联的LDPE热稳定性能较好，热分解速率较慢；当温度超过450℃时，XPE热稳定性较好。交联过程中伴随的副反应生成了断链结构，低于450℃时，未参与交联的分子链及交联后产生的断链结构首先受热分解，此时LDPE热稳定性比XPE好；超过450℃时，由于XPE中交联网络结构的存在，分子间作用力增强，热稳定性更好。

④ 随着DCP用量的增加，XPE交联度增大，结晶度下降；且结晶温度和熔融温度也随着交联度的增加而下降，见表4-22。DCP用量增加，体系交联度增大，交联点增多，限制了分子链段的运动，结晶度与晶体尺寸减小。聚合物的结晶温度主要与其结晶度有关，而熔融温度主要受晶体尺寸大小的影响，随着交联度的增加，XPE的结晶度与晶体尺寸减小，导致其结晶温度与熔融温度下降。

表 4-22　DCP用量对XPE熔变（ΔH）、结晶度（X_c）、结晶温度和熔融温度（T_m）的影响

DCP/%	交联度/%	ΔH/(J/g)	X_c/%	T_m/℃	结晶温度/℃
0.0	0	58.6	20.3	110.2	97.8
0.5	63.4	48.4	16.8	108.4	95.2
1.0	70.2	47.8	16.6	107.2	94.5
1.5	76.5	44.8	15.6	106.8	93.0
2.5	84.1	38.3	13.3	103.6	91.0

⑤ 随着体系交联度增加，熔体黏度增大，当DCP用量超过2.0%时，熔体黏度基本保持不变，DCP用量超过1.5%时，体系达到最大黏度，交联体系的黏度随着剪切作用的进行反而下降。这是因为当交联完全后，在转子的剪切作用下，交联体系会转化成非连续相的交联树脂颗粒，导致扭矩急剧下降。

（3）实例三：DCP引发硅烷交联PE

李运德系统地研究了硅烷交联PE配方（见表4-23）和工艺。

表 4-23　硅烷交联PE配方

成分	用量/份	成分	用量/份
基体树脂PE	100	催化剂有机锡	0.2%
接枝剂硅烷	0~3%	抗氧剂1010	约0.1%
引发剂DCP	0~0.2%		

① 一步法工艺：将DCP、PE、有机锡和硅烷经熔融挤出造粒，制得接枝PE粒料。

两步法工艺：将PE、DCP、硅烷经熔融挤出造粒得A料（接枝PE）；将PE、有机锡、抗氧剂经熔融挤出造粒得B料（催化母料）。一步法所得接枝PE直接挤出成型制品，两步法所得A、B料混合挤出成型制品，制品经热水浸泡水解缩合交联得交联PE制品。

② 引发剂种类及其用量对凝胶含量熔体流动速率的影响见表4-24。引发剂反应活化能顺序：BPO＞DCP＞LPO＞CHP。BPO引发的凝胶率明显较低，可能是由BPO的分解温度低所致。在试验温度下DCP分解很快，体系尚未混合均匀就完全分解，自由基的引发效率

低，且有可能导致部分 PE 分子接枝量很多，另一部分 PE 分子则未能充分接枝，最终不能生成完善的交联结构。CHP 引发时，凝胶含量也较低，这是由于其反应活化能高，在反应温度下半衰期长，不能提供足够的活性中心使硅烷充分接枝。DCP 和 2,5-二甲基-2,5-二过氧化叔丁基-3-己炔活化能适中，半衰期与物料在挤出机中的停留时间相匹配，凝胶含量较高。凝胶含量大的接枝料 MFR 降低多。

表 4-24　不同引发剂对凝胶含量的影响

引发剂	BPO	DCP	LPO	CHP
凝胶含量/%	40.6	58.7	56.2	45.2
MFR/(g/10min)	0.48	0.12	0.15	0.22

注：引发剂用量 0.12 份，硅烷 A171 用量 2.2 份。

③ 硅烷用量 2.2 份，DCP 含量较低时，XPE 凝胶含量随 DCP 用量线性快速增加，之后凝胶含量增加趋势减缓，直至趋于一定值。MFR 随 DCP 含量的增加而持续下降，DCP 用量越大，单位时间内分解产生的自由基越多，分子量增加的越大，熔体流动速率降低的越大。

④ 凝胶含量由硅烷接枝程度和接枝硅烷水解交联程度两个因素决定。相同引发剂下，乙烯基硅烷的接枝活性由双键上的电子效应和位阻效应决定。不同硅烷对凝胶含量和 MFR 的影响见表 4-25。A151 的乙氧基体积大于 A171 甲氧基体积，但乙氧基的超共轭效应比甲氧基大，两个因素共同作用的结果，A151 比 A171 有更高的接枝率，但 A171 的水解活性大，最终凝胶含量大于 A151。也有文献报道 A171 的接枝率高于 A151，但都认为 A171 的水解活性大于 A151。A172 的凝胶含量虽然较高，但其熔体流动速率下降过多，对加工工艺造成不利影响，不宜采用。

表 4-25　不同种类硅烷对凝胶含量和 MFR 的影响

硅烷种类	A151	A171	A172
凝胶含量/%	58.4	60.3	62.1
MFR/(g/10min)	0.45	0.38	0.17

注：DCP 用量 0.12 份。

⑤ 引发剂用量为 0.10 份时，凝胶含量随硅烷单体 VTEOS 用量的增加，先快速增加，然后缓慢增加，直至趋于一定值；MFR 随 VTEOS 用量的增加先升后降。VTEOS 用量较少时，能较充分地接枝到 PE 分子链上，制品的凝胶含量随 VTEOS 用量增加迅速增加；VTEOS 用量超过 1.5 份后，一方面由于接枝点几乎被耗尽，接枝反应趋于平衡，另一方面当硅烷接枝量较大时，在水解交联过程中，由于先期的交联将妨碍剩余未接枝硅烷的交联过程，从而使凝胶含量趋于一定值。

⑥ 凝胶含量随温度的提高而增大，至一定温度后，凝胶含量变化不大，MFR 随温度升高呈下降趋势，并趋于平衡，见表 4-26。温度提高，DCP 半衰期缩短，大分子自由基数量增多，同时熔体黏度降低，有利于硅烷的扩散，使接枝速度加快；但高温下发生歧化反应导致断链和交联等副反应的可能性增加；DCP 早期的大量分解也导致挤出反应后期接枝活性点供应不足。所以，当温度达到 190℃后，随温度的提高，凝胶含量增加的幅度很小。

4.2.2.2　配方

（1）配方一：DCP 引发交联绝缘级 LDPE

表 4-26　工艺参数对凝胶含量和 MFR 的影响

挤出机各段温度					凝胶含量/%	MFR/(g/10min)
I	II	III	IV	V		
140	150	160	170	160	46.1	1.20
140	160	170	180	170	50.1	0.93
140	170	180	190	180	53.2	0.78
150	180	190	200	190	54.5	0.67
150	180	200	220	200	54.8	0.69

注：PE，100 份；DCP，0.10 份；VTEOS，0.22 份；$\phi30\times25mm$ 单螺杆挤出机，转速，30r/min。

配方：LDPE，100 份；助交联剂二乙烯基苯，1.5 份；DCP，2.0 份；抗氧剂 1010，0.25 份；填料 ZnO，0.5 份。

工艺：配料→混合搅拌→升温挤出→交联（交联温度 150℃左右）→造粒。

相关性能：可提高 LDPE 的交联料热变形温度至 110℃（未交联时的 LDPE 热变形温度为 65℃左右）；凝胶率为 81.2%。

（2）配方二：硅烷交联 HDPE

配方：HDPE，100 份；抗氧剂 1010，0.3 份；DCP，0.3 份；辅抗氧剂 DLTP，0.4 份；接枝剂乙烯基硅烷，2.5 份；催化剂二月桂酸二丁基锡，0.1 份。

工艺：二步法包括接枝和交联两个过程，工艺流程 如图 4-2 所示。

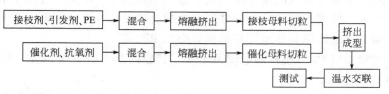

图 4-2　二步法工艺流程

第一步为预制物，即接枝过程，DCP 引发剂将硅烷接枝到主体树脂的主链上，在高剪切挤出机中进行，制备接枝母料，干燥后储存备用。

第二步是交联过程，即成型过程，将催化剂母料与接枝母料进行无水混合挤出成型。挤出机可以是双螺杆挤出机，也可以用单螺杆挤出机，只要 $L/D \geqslant 20:1$，压缩比为（2～3）：1；成型温度为 140～175℃。交联在水浴中或蒸汽中升温进行，温度控制在 60～90℃，反应时间为 5～25min。

4.2.3　PP 的交联改性

4.2.3.1　实例

（1）实例一：DCP 引发松节油和 St 交联 PP

梁玉蓉等用 DCP 作为引发剂，以松节油和 St 为交联剂对 PP 进行化学交联，研究发现：随着 DCP 含量的增加，交联体系冲击强度和拉伸强度先增加后减小，出现一个最佳值，表明通过交联改性可提高 PP 的力学性能；随着 DCP 含量的增加，交联体系凝胶量先增加后减小，表明交联和降解同时进行，是 2 个相竞争的反应，DCP 含量增加，自由基数目增多，过剩的自由基像活化剂一样，使降解反应急剧发生，影响交联效果。

（2）实例二：DCP 交联 PP

马德鹏等以 DCP 为引发剂，St 为交联剂，在双螺杆挤出机中对 PP 进行交联改性。结果如下。

① St 用量为 PP 的 4％时，随着 DCP 含量的增加，XPP 的冲击强度和拉伸强度均先升高后降低，DCP 用量为 0.05％时，冲击强度达到最大值（3.83kJ/m²），比纯 PP 提高了 27％；拉伸强度从 PP 的 36.02MPa 提高至 37.22MPa，在一定的 DCP 范围内（0.05％～0.2％）基本保持不变。随着 DCP 含量增加，体系 MFR 先降低后升高，在 DCP 含量为 0.05％时达到最小值（5.1g/10min）。

② 随着 St 含量的增加，XPP 的冲击强度和拉伸强度均是先升高后降低，MFR 则是先降低再升高，在 St 含量为 4％时，冲击强度和拉伸强度达到最大，而 MFR 最小。随着 St 含量的增加，PP 的降解逐渐被抑制，交联反应成为主要反应，拉伸和冲击强度升高，而 MFR 降低；St 的含量过多时，DCP 引发的 St 发生自聚反应增多，PP 交联反应降低。

③ 纯 PP 球晶的结构规整，球晶之间有明显的界面并且球晶尺寸较大；而 XPP 的球晶尺寸明显小于纯 PP，球晶的规整性被破坏，相邻球晶之间的界面出现模糊。交联破坏了 PP 链的规整性，并且 St 连接到 PP 链上可以极大地促进 PP 的异相成核，使大量的晶核可以在较小的过冷度条件下产生，导致 PP 结晶温度的大幅度升高，总结晶速率显著加快，晶粒细化，韧性提高。

（3）实例三：硅烷交联 PP

杨元龙等通过实验筛选到的接枝助剂能够有效地解决 PP 在接枝过程中的降解问题，同时根据共聚合原则，优选出接枝助剂与硅烷有机配合的反应体系，提高了接枝效率，优化了工艺配方，得到了高凝胶率和性能较好的硅烷交联 PP。

原料：粒料和粉料 PP、接枝剂硅烷 A 和 B、接枝助剂、引发剂 DCP、抗氧剂 B215、水解缩合催化剂 DBTDL。

① PP 在过氧化物引发剂的作用下，因受到 β-裂解和歧化作用而降解成众多的自由基，导致 PP 发生降解和氧化等化学反应，必须在接枝助剂存在的情况下才能有效地发生接枝反应。随着接枝助剂的加入，接枝 PP 的 MFR 逐渐减小，见表 4-27，说明接枝助剂能有效地抑制 PP 的降解。

表 4-27　接枝助剂含量对 PP 的 MFR 的影响

接枝助剂/100 份 PP	2	3	4	6	8
MFR/(g/10min)	10.5	8.5	4.8	4.1	3.3

② 优化配方后硅烷交联 PP 主要力学性能见表 4-28。

表 4-28　硅烷交联 PP 的力学性能

项目	PP	硅烷交联 PP	项目	PP	硅烷交联 PP
屈服强度/MPa	32.3	39.5	悬臂梁冲击强度/(J/m)	36.6	94.9
断裂强度/MPa	25.0	37.7	简支梁冲击强度/(kJ/m²)	6.3	8.6
伸长率/％	>400.0	29.7	凝胶率/％	0	59.8
弯曲强度/MPa	38.6	46.1	热变形温度(0.45MPa)/℃	120.8	131.1
表观屈服强度/MPa	47.5	57.9			

（4）实例四：电子加速器辐射交联 PP

中北大学塑料研究所韩朝昱采用电子加速器辐照法对 PP 进行接枝和交联改性。

工艺流程如图 4-3 所示，研究结果如下。

① 交联敏化剂 TMPT 在较低的剂量辐射下即有很好的交联效果，在 5kGy 的辐照剂量下交联效果就较好，而后稍有减小，超过 50kGy 时交联效果又随剂量的增加而逐渐增加；TAC、TAIC 分子中也都含有三个不饱和双键，但其低剂量下交联效果

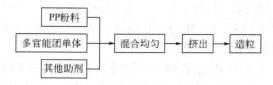

图 4-3 电子加速器辐照交联 PP 工艺流程

不明显，只有当剂量超过 20kGy 时，才逐渐表现出交联敏化作用，超过 70kGy 剂量时，其交联作用比 TMPT 要强；TMPT 比较适于低剂量下的交联，而 TAC、TAIC 则在较高的剂量下有较好的交联作用。

② 以 TMPT 为交联敏化剂的体系，在较低剂量下即可获得较高的拉伸强度与冲击强度，拉伸强度随着 TMPT 含量的增加先增大而后降低。对于以 TAC、TAIC 作为敏化剂的交联体系，其在较低剂量下，无论是拉伸强度还是冲击强度变化均不大。在高剂量下才出现与 TMPT 相一致的变化趋势。实验现象与交联敏化剂对凝胶率的影响相一致。

③ XPP 的凝胶含量随辐射剂量的升高而增大，辐射剂量超过 150kGy 后，曲线趋于平缓，这可能是由于辐射剂量较高，交联剂受射线作用自身形成均聚物，而无法起到交联敏化的作用，导致凝胶含量的变化减缓。TMPT 在低剂量下即有一定的凝胶含量生成，交联效果远好于 TAC、TAIC。TMPT 的交联作用与剂量有一定的关系，在 5kGy 时即可达到一定的凝胶含量，随辐射剂量的增加，凝胶含量的变化是先减小而后又增加。

④ 随辐射剂量的升高，冲击强度和拉伸强度均先升高后逐渐减小。适度交联形成空间网络结构，有利于吸收能量，冲击强度提高；当过度交联时，交联点过密，两交联点间网链较短，易造成应力集中，冲击强度下降。XPP 分子链间作用力增大不易产生相对滑移，增大了拉伸强度；辐射剂量超过一定值，随着空间网状结构的增大，PP 自由基与交联剂以及 PP 自由基之间接触的机会越来越小，交联剂自身会产生均聚，均聚物与基体的相容性较差，同时 PP 降解增多，从而使体系的力学性能下降。

⑤ 抗氧剂的加入在低剂量下对交联反应有一定的抑制作用，在高剂量下对交联无太大影响。成核剂的加入对凝胶率没有影响。当过度交联后其流动性能变差，同时其透光率降低，所以只有适度交联才能获得具有较佳性能的 PP 材料。

（5）实例五：PP/POE 共交联

江学良等利用动态交联技术制备了动态交联聚丙烯/乙烯-辛烯共混物（PP/POE）。

制备工艺：共混前将 PP、POE 在 80℃干燥箱干燥 8h，PP/POE 共混物在双螺杆挤出机上制得，共混温度 180℃，螺杆转速 180r/min。先将 DCP 和助剂 TAIC 用溶剂溶解，将溶液加入 POE 中混合均匀，50℃真空干燥 12h，按比例加入 PP，高速混合均匀，然后注射成型，注塑温度 190℃。

① DCP 的加入使共混物的扭矩会先快速上升，达最大值后逐渐降低，最后趋于平缓，助交联剂 TAIC 的加入会使扭矩有一定的升高。DCP 用量增加，交联程度提高，共混物扭矩快速上升；当 DCP 用量大于 POE 质量的 2% 时，PP 降解可能性增大，影响交联效果，共混物的扭矩达最大值后逐渐降低；当 PP 链的交联和降解趋于平衡，共混物的扭矩变化不再明显。TAIC 是一种具有 3 个烯丙基的化合物，加入 TAIC 时，可通过悬挂烯丙基在 PP 主链上进行接枝，还可通过自身的环化聚合产物与 PP 形成共交联，形成复杂的交联网络，

从而促进 PP 的交联。DCP 用量过高时，分解产生的自由基部分会直接与 TAIC 反应，降低 TAIC 稳定 PP 大分子自由基、防止断链的作用。助交联剂 TAIC 的加入会加强 DCP 对 POE 的交联作用。

② POE 用量增加，共混物的拉伸强逐渐下降，冲击强度逐渐提高，断裂伸长率先上升后趋于平稳。POE 的强度要低于 PP，当二者共混后，体系的拉伸强度必然降低；POE 的加入使 PP 的结晶度降低，共混物拉伸强度下降。POE 弹性体模量低，易于发生形变，聚合物中加入弹性体 POE 时，使断裂伸长率增加。POE 含量继续升高时，材料的断裂伸长率增大幅度减小。对 PP/POE 共混物的质量比为 100/40 时，共混物的综合力学性能较佳。

③ DCP 用量增加，共混物的拉伸强度先上升后下降，DCP 用量为 1.5%～2.0% 时，可以得到较高的拉伸强度；共混物的冲击强度和断裂伸长率随 DCP 用量增加呈增大趋势，分别增加 20% 和 10%。

④ PP/POE 共混物在 220℃ 下属于假塑性流体，表观黏度都随着剪切速率的增大而减小，即剪切变稀。随着 POE 含量的增大，共混物的表观黏度也随之下降，可能是因为 POE 的熔点 60～70℃，远低于 PP 的熔点（约 170℃），在 220℃ 下 POE 的流动性要好于 PP，因此共混物的黏度便会随着 POE 含量的增加而减小。DCP 用量增加，共混物的表观黏度降低，可能是由于高温下交联反应和降解反应的竞争，后者占主导，PP 的部分降解导致流动性相应地提高，共混物的黏度也便会随之降低。

(6) 实例六：BPO 引发 PP/EPDM 共交联

孙伟等采用反应型双螺杆挤出机，以 BPO 为引发剂、不饱和烯烃为交联助剂，对 PP/EPDM 体系进行反应增容，一步实现 PP 与少量 EPDM 的共混、接枝与交联，制备出了具有高熔体黏度的发泡用 PP。

原料：均聚型 T30S（MFR＝3.112g/10min，230℃，2.16kg）、EPDM、DCP、BPO、2,5-二甲基-2,5-二叔丁基己烷（简称双-2,5）、对苯二酚、三羟甲基丙烷三甲基丙烯酸酯、自制不饱和烯烃。

① PP/EPDM＝85/15 时，改性 PP 的 MFR 随 BPO 用量增加而急剧下降，当 BPO 用量超过 0.72% 时体系 MFR 变化趋缓；当交联剂为 DCP、2,5-二甲基-2,5-二叔丁基己烷时，改性 PP 的 MFR 随交联剂含量的增加一直呈上升趋势。分析认为：BPO 分解产生芳烃自由基，可选择性地从 PP 链段上的甲基或亚甲基基团上夺取氢原子，而不产生 β-裂解，有效地引发了体系的交联；BPO 用量增加，交联度增大，MFR 大幅度降低；BPO 用量超过 0.72% 以后，随着交联点密度的增加，交联点的建立速度与交联度的破坏速度趋向平衡，MFR 变化趋势平缓。当交联剂为 DCP 和 2,5-二甲基-2,5-二叔丁基己烷时，引发降解占主导地位，不能有效引发体系的交联。本试验采用 BPO 作引发剂，质量含量以 0.72% 为宜。

② PP 的过氧化物引发交联时，β-裂解和歧化作用降解成众多的自由基团，导致 PP 发生缩聚、降解和氧化等化学反应，MFR 增加和凝胶含量减小。PP/EPDM＝85/15，BPO 含量为 0.72% 时，随着交联助剂对二苯酚含量的增加，改性 PP 的 MFR 和凝胶含量基本保持不变；交联助剂为 PL-400 时，随含量增加，MFR 先增大然后趋于平缓，凝胶含量则先减小然后趋于平缓；当加入自制不饱和烯烃时，MFR 随不饱和烯烃含量的增加逐渐降低，凝胶含量逐渐增加，当不饱和烯烃质量含量超过 0.92% 时体系 MFR 和凝胶含量曲线变化趋缓。分析认为对二苯酚不能有效、稳定地生成大分子自由基；PL-400 可能发生使大分子自由基减少的反应，导致交联度降低；自制不饱和烯烃能有效地稳定了大分子自由基，随着含

量的增加，交联度提高，MFR 大幅度降低，当不饱和烯烃质量含量超过 0.92％时，体系中产生的大分子自由基最大限度地被稳定，出现交联度最大的现象。交联剂、交联助剂的最佳质量配比为 0.78：1。

③ 优化配方共混改性 PP 的拉伸强度可达 41.35MPa，与纯 PP 相比提高 13％；缺口冲击强度达到 14.80kJ/m²，与纯 PP 相比提高近 1 倍；弯曲强度达到 54.68MPa，与纯 PP 相比提高 20％，完全达到高熔体强度 PP 的力学性能要求。

④ 未加改性剂的 PP/EPDM 体系发泡效果不够理想，泡孔过大，分布不均匀，有较多穿孔，泡孔直径为 0.18～0.5mm，泡沫密度为 0.6g/cm³ 且表面粗糙，韧性不足；而加改性剂的 PP/EPDM 发泡样品各方面都得到了很大改善，泡孔的平均直径为 0.10mm，泡沫密度为 0.44g/cm³，泡孔细密而均匀，穿孔明显减少，且表面光滑柔顺。

4.2.3.2 配方

配方：PP，100 份，交联剂 1,10-双（磺酰叠氮）癸烷，0.8 份；稳定剂 4,4-硫代双（3-甲基叔丁基）酚，0.2 份。

工艺：按配方配料搅拌均匀，经双螺杆挤出机挤出造粒。

相关性能：密度 0.910g/cm³、拉伸强度 19.5MPa、弯曲强度 25.2MPa、弹性模量 911MPa、缺口冲击强度 580J/m。

4.2.4 PVC 的交联改性

4.2.4.1 实例

（1）实例一：硅烷交联 PVC

滕谋勇等采用索氏抽提器抽提法以四氢呋喃为溶剂，研究了硅烷种类、用量、交联温度、交联时间对 PVC 交联度的影响。

制备工艺：按比例称取 PVC100 份、热稳定剂 5 份、增塑剂 DOP45 份、催化剂 0.1 份、润滑剂 1 份，与定量的硅烷交联剂经高速搅拌 15min 混合均匀；将混合料在双辊塑炼机中熔融共混，前辊温度 120℃，后辊温度 110℃，塑炼时间 3min，然后出片；平板硫化机压片，温度 150℃，预热时间 4min，压力为 15MPa，保压 4min，冷却至室温；把压好的试样放入水浴中，水煮一定时间后取出，即得交联 PVC 试片。

① 交联度随硅烷用量的增加而增大，硅烷用量在 1.0～1.5 份时交联度变化比较大，大于 1.5 份之后变化不明显。五种硅烷偶联剂：3-（2-氨乙基）-氨丙基三甲氧基硅烷（硅烷 A）、3-（2-氨乙基）-氨丙基三乙氧基硅烷（硅烷 B）、γ-氨丙基三甲氧基硅烷（硅烷 C）、γ-氨丙基三乙氧基硅烷（硅烷 D）、3-巯基丙基三甲氧基硅烷（硅烷 E）的交联效果见表 4-29，硅烷 A 的交联效果最好。在硅烷的分子结构 $[R—Si—(OCH_3)_3]$ 中，R 取代基团的结构是影响接枝和交联反应的主要因素，R 是含巯基或氨基的烷基。硅烷 C、硅烷 D 只含有一个氨基，而硅烷 A、硅烷 B 均为双氨硅烷，与 PVC 大分子上的 Cl 原子发生接枝反应的概率更高。硅烷 A 含甲氧基，硅烷 B 含乙氧基，相同添加量下硅烷 A 氨基的摩尔数大于硅烷 B，且甲氧基硅烷的水解速率大于乙氧基硅烷，用硅烷 A 制得的 PVC 交联度高。硅烷 E 为巯基硅烷，虽然巯基相对于氨基更易与 Cl 原子发生亲核取代反应，但由于巯基硅烷与 PVC 的键合力小，容易造成链的断裂，使得交联度降低。

表 4-29　交联剂种类对 PVC 交联度的影响

硅烷种类	A	B	C	D	E
交联度/%	50.3	34.5	15.7	11.6	5.6

注：交联剂用量 1.5 份；交联水温 80℃；交联时间 8h。

② 1.5 份硅烷 A 为交联剂时，在较高交联温度下，硅烷水解速率快，材料的交联度也变大。交联时间越长，水解和缩聚反应进行得越充分，交联度也就越大。交联时间的延长，交联度随之增大。90℃交联 1～2h 时，交联度上升明显，之后交联度缓慢提高，4h 后交联度基本不变，交联度为 64.1% 左右。

③ 随着硅烷偶联剂加入量的增加，交联 PVC 的拉伸强度明显提高，断裂伸长率呈下降趋势。硅烷加入量为 1.0 份时拉伸强度和断裂伸长率变化趋势最为明显，综合考虑材料的力学性能，硅烷加入量在 1.5～2.0 份时效果较好。

（2）实例二：DCP/St/三乙醇胺体系挤出交联 PVC

中北大学塑料研究所以 DCP/St/三乙醇胺体系在挤出过程中实现了 PVC 的一步交联。基本配方见表 4-30。

表 4-30　DCP 交联 PVC 配方

成分	用量/份	成分	用量/份
PVC	100	硬脂酸钙	1
DOP	5	聚乙烯蜡	0.5
三碱式硫酸铅	4	St	5
二碱式亚磷酸铅	4	三乙醇胺	0～0.8
DCP	0～0.4	三聚氰胺	0～5

研究发现：交联可以使 PVC 拉伸强度得到明显提高，在 St 为 5 份，三乙醇胺为 0.33 份时，DCP 为 0.15 份时聚合物力学性能提高最大，超过此值则可能由于降解原因使其强度下降，而 DCP 加入太少时则体系中不能产生交联。由于三乙醇胺能吸收 PVC 脱出的 HCl，阻止 HCl 对 PVC 降解的促进作用，并能阻止 DCP 的离子型分解，所以提高了过氧化物的交联效率，DCP 用量为 0.15 份时三乙醇胺对交联的促进作用很明显；当三乙醇胺用量达到 0.6 份时，挤出物中观察到了气泡，这是脱 HCl 过于强烈所致，此时力学性能的持续提升，说明大分子的断链还不是主要的反应趋势。三乙醇胺中所含少量二乙醇胺和一乙醇胺可以与 PVC 大分子链上的 Cl 原子发生亲核取代反应，连接到 PVC 大分子上，起到活化大分子并稳定大分子自由基的作用，使聚合物交联效率提高。St 可以使 PVC 产生交联，但其所能达到的交联程度有限，St 还可以以较短 PS 支链的形式接枝到 PVC 大分子链上。三聚氰胺/DCP/St 体系以及只使用三聚氰胺体系，由于三聚氰胺不能很好地参与与 PVC 的反应，没有使 PVC 产生交联。

（3）实例三：PVC 可逆交联

可逆交联是指交联后产物在使用温度下表现出交联特性，而在加工温度下能够解交联，可以像热塑性塑料一样反复加工而加工性能不变差，使用性能没有太大差异。多胺类化合物与 PVC 的化学反应是由于氨基对聚氯乙烯大分子中活泼氯原子的反应产生的。

中北大学塑料研究所马青赛研究了尿素对 PVC 的交联作用，结果如下。

① 发现改性后 PVC 红外谱图在 2700cm^{-1} 附近出现了新的特征峰，即 $N^+ H_2$ 的伸缩振

动，说明尿素与 PVC 发生了交联反应，反应机理如下：

② 随着尿素添加量的增加，PVC 的拉伸强度曲线呈上升趋势。未添加尿素时，材料的拉伸强度仅为 16.02MPa。当添加量为 1 份时，改性后 PVC 的拉伸强度上升到 18.86MPa，随着尿素添加量的继续增大，体系的交联度增大，拉伸强度继续上升。当添加量为 5 份时，PVC 拉伸强度达到 27.05MPa。

③ 165℃时，在相同剪切速率下，随着尿素用量的增大，体系交联度增大，分子间滑移困难，剪切应力逐渐增大；同时，随着尿素用量的增大，体系的分子量分布加宽，流体的非牛顿性增强；改性 PVC 仍为假塑性流体，在给定的剪切速率下，熔体的表观黏度随着尿素添加量的增加逐渐增大，因为随着尿素添加量的增加，大分子交联点增多，大分子链间发生相对位移的阻力变大，使得体系表观黏度增大。

④ 加入尿素改性剂后，体系的开始失重温度和最大速率失重温度都有所降低，201℃以下改性前后材料的热重曲线无区别，201℃以上材料的热重曲线分析表明，改性后 PVC 材料的热稳定性有所下降，可能由于尿素与 PVC 大分子之间形成的交联结构在高温下解除，尿素从 PVC 大分子链上脱落下来，使 PVC 分子链上的烯丙基氯或者叔氯重新具有活性，尿素在温度高时可以显著加速 PVC 的分解，促进脱氯反应，同时尿素与氯化氢反应生成的盐酸胺盐也同样催化 PVC 的脱氯化氢作用。因此，改性后 PVC 材料的热稳定性下降。

⑤ 将试样放入烘箱，在 PVC 加工温度下（175℃）热处理后发现，未改性的 PVC 材料，其拉伸强度在 20min 前变化不大，拉伸强度的变化趋势比较平缓，20min 后有下降的趋势，样条颜色随热处理时间加长，从乳白色逐渐变为浅黄色；而改性 PVC 强度下降曲线更为平缓，样条颜色随时间变化基本不变，说明在 175℃的温度下，改性后的 PVC 材料比改性前的 PVC 材料热稳定性好，可能由于 175℃下尿素与 PVC 分子间形成的交联键没有打开，PVC 在此温度下，还是以交联的形式存在，交联提高了 PVC 的热稳定性。

（4）实例四：六次甲基四胺、PA6 低聚物交联 PVC

中北大学塑料研究所翟朝甲研究了六次甲基四胺（HMTA）、PA6 低聚物对 PVC 的交联作用，研究发现：红外谱图显示 HMTA、PA6 低聚物与 PVC 分子形成离子型交联键；随添加量的增加，HMTA、PA6 低聚物改性后的 PVC 材料拉伸强度呈上升趋势；改性后的 PVC 材料基本流变特性不变仍为假塑性流体，流动性随 HMTA、PA6 低聚物添加量的增加而下降；改性前后材料的热重曲线在材料的开始失重温度以下观察不到区别，对改性前后材料的开始失重温度以上的热重曲线分析表明，HMTA、PA6 低聚物改性的 PVC 材料热稳定性有所下降；在常规加工温度下的热稳定性分析表明，在加工温度下，HMTA、PA6 低聚物改性后的 PVC 材料热稳定性有一定的提高，PVC 的加工温度一般在材料的开始失重温度之下，因此论文中加工温度下热稳定性分析得出的结论更有实际意义。

（5）实例五：三聚氰胺、聚酰胺 650 交联 PVC

中北大学塑料研究所王琦研究了三聚氰胺（MEL）、聚酰胺 650 对 PVC 的交联作用，研究发现：红外谱图分析证明 MEL、PA650 与 PVC 分子形成离子型交联键；MEL、PA650 改性后的 PVC 材料拉伸强度都较未改性的 PVC 材料高，且随 MEL、PA650 用量的增加，改性 PVC 的拉伸强度呈上升趋势；改性 PVC 仍为假塑性流体，改性剂加入量小的情况下，改性 PVC 的流动性比未改性的 PVC 差，MEL、PA650 改性 PVC 的流动性随添加量的增加而下降；热重性分析表明，在开始失重温度以上，MEL、PA650 的加入并没有改善 PVC 的热稳定性；加工温度下的热稳定性分析发现 MEL、PA650 改性 PVC 比未改性的 PVC 材料的热稳定性有所提高。

（6）实例六：自制二元胺交联 PVC

中北大学塑料研究所严家发以自制二元胺——X 胺对 PVC 进行改性，研究发现：随着 X 胺用量的增大，PVC 的拉伸强度先增大后减小，并在 X 胺用量为 5 份时达到最大（26.43MPa），比未改性 PVC 提高 49.4%；随着 X 胺用量增大，改性 PVC 冲击强度下降，并在 X 胺用量大于 4 份后下降幅度增大，X 胺用量为 7 份时，冲击强度下降 10.6%；改性后的 PVC 仍为假塑性流体，流动性能随改性剂添加量的增加先下降后提高；热稳定性分析表明，X 胺改性 PVC 材料热稳定性有一定的提高；DSC 分析发现，改性 PVC 的玻璃化温度随着改性剂加入量的增加而下降。

（7）实例七：辐射交联 PVC

PVC 辐射交联改性是众多交联改性方法中一种较常用的方法。随着 50 多年的发展，其交联机理、交联反应动力学、交联网络结构、交联影响因素等方面的理论日趋成熟，并推动了辐射技术在工业应用中的发展，但由于辐射工艺过程影响因素比较多，因而关于增塑剂对交联效率的影响，加工助剂对交联机理、交联反应动力学的影响，稳定剂、填料等影响机理还存在不一致的结论，PVC 辐射交联的反应机理和各类加工助剂对交联反应的影响仍将是今后研究的重点。

朱光明等研究了代表性的增塑剂邻苯二甲酸二丁酯（DBP）、稳定剂硬脂酸铅及多官能团单体三羟甲基丙烷三丙烯酸酯（TMPTA）和季戊四醇四丙烯酸酯（PETA）对 PVC 的 γ 辐照改性的影响。结果如下。

① 辐照剂量达 4×10^5 Gy 时，纯 PVC 不产生凝胶，加入 10 份 DBP 后凝胶量 3.43%。增塑剂 DBP 增大了分子链的运动性，自由基移动速度加快，增加了自由基碰撞的概率，有利于交联。随着 DBP 用量的增加，纯 PVC 的拉伸强度下降得很快，而 DBP 增塑 PVC 的拉伸强度基本上保持不变。

② 由于 PVC 对光和热敏感，辐射交联时需要加入稳定剂。加入 1 份硬脂酸铅的样品的交联度比未加稳定剂的要高出一倍，可见硬脂酸铅对交联是有益的。

③ 添加多官能团单体 TMPTA 或 PETA 的 PVC，其交联度大大提高，凝胶化剂量也降低了，加入 10 份 PETA 的 PVC 辐照 0.38×10^5 Gy 时，凝胶含量达 29%；相同剂量时加 PETA 的交联度要比 TMPTA 的高，表明多官能团单体的不饱和基团数目越多，其辐照交联效应越大，也间接证明了多官能团单体实际参与了交联反应。加入多官能团单体后的拉伸强度也大大提高了，而断裂伸长率则下降很快。拉伸强度在剂量较高时，有下降的趋势，可能是部分降解的结果。100 份 PVC+10 份 DBP 的配方，样品失重为 10% 的温度提高了 8~10℃，这是由于交联结构的形成，对增塑剂的束缚性提高，对 PVC 的空气老化性能、阻燃性和印刷牢固性产生十分有益的影响。

（8）实例八：三嗪化合物交联 PVC

　　三嗪类化合物对 PVC 的交联能力较强，是比较理想的 PVC 亲核取代交联剂。常用的三嗪类化合物有：2-正丁氨基-4,6-二巯基均三嗪、2-二辛氨基-4,6-二巯基均三嗪、2-苯氨基-4,6-二巯基均三嗪和 2,4,6-三巯基均三嗪。三嗪类化合物通过巯基亲核取代作用，取代 PVC 分子链上的活泼氯原子，接枝在 PVC 上的多巯基化合物通过巯基将不同 PVC 分子链连接起来，形成交联网络。PVC 与三嗪类化合物进行交联时，会放出大量的 HCl，如果没有酸吸收剂存在，HCl 的催化降解作用使 PVC 大量分解，从而使制品颜色变深甚至变黑，需加入酸吸收剂，如各种金属氧化物和碳酸盐等，常用的是 MgO 和 ZnO。

　　Hidalgo 等人用对巯基苯甲醇在 PVC 溶液中的取代反应把羟基引入 PVC 大分子链上，然后利用已羟基化的 PVC 与二异氰酸酯的反应得到交联 PVC。研究表明：取代反应中只有巯基取代了 PVC 中的 Cl 原子；通过在不同溶剂中取代程度与时间的关系的比较发现，增加溶剂的极性，取代反应的速率和取代程度都有所提高；随反应条件的不同羟基化可达 50%（摩尔分数）或更多；在交联反应中，二异氰酸酯的加入量无疑是影响交联反应进程的重要因素；在 NCO 基团含量少于 OH 基团含量时，大部分 NCO 基团能够参与反应，这时 NCO 基团的转化率很高，如果 OH 基团含量很高，而加入的 NCO 基团含量与其相同时，由于交联限制了大分子链的活动性，使得 NCO 基团转化率降低。

　　（9）实例九：HPVC/NBR 共交联

　　李静等以高聚合度聚氯乙烯（HPVC）和粉末丁腈橡胶（NBR）为原料，采用动态硫化法制备了 HPVC/NBR 热塑性弹性体（TPE）。结果表明：乙酰柠檬酸三丁酯（ATBC）较邻苯二甲酸二辛酯（DOP）增塑的 TPE 的高温压缩永久变形好；随着 NBR 用量的增加，邵尔硬度、拉伸强度以及压缩永久变形均随之降低，断裂伸长率先增加后降低；加入过氧化二异丙苯（DCP）及助交联剂三烯丙基异氰尿酸酯（TAIC）改善了 TPE 的性能，PVC/NBR 质量比 70.0/30.0，DCP0.2 份、TAIC3.0 份时，TPE 的性能最佳。

　　试样制备：按配方称取 HPVC 树脂及各种助剂，加入高低速混合机，加热到 105℃ 使增塑剂充分被吸收后放至低速搅拌，待料冷却后出料。混匀物料用哈克密炼机密炼，使其动态交联，密炼条件：温度 180℃、时间 7min、转速 40r/min。密炼后压片，条件是：温度 180℃、预压 3min、保压 3min。

　　① 增塑剂乙酰柠檬酸三丁酯（ATBC）和邻苯二甲酸二辛酯（DOP）增塑的 TPE 动态硫化扭矩在 180s 左右稍微增大，见表 4-31，说明 TPE 分子间发生了交联。ATBC 的平衡扭矩较大，这是由于 ATBC 分子的极性官能团较多，与 HPVC 分子间的作用力大，较难进入 HPVC 分子链间。动态交联后两种 TPE 的交联度基本相当，ATBC 所增塑 TPE 的 70℃ 压缩永久变形较小，说明回弹性较好。

表 4-31　不同增塑剂对 TPE 性能的影响

增塑剂	压缩永久形变/%	交联度/%
DOP	47.1	25.5
ATBC	35.6	24.9

注：1. 测试条件 70℃，22h。

2. HPVC70 份、NBR30 份、增塑剂 70 份、DCP0.2 份、TAIC3.0 份，其他助剂适量。

　　② 随着 NBR 用量的增加，邵尔 A 硬度、拉伸强度以及压缩永久变形均随之降低，断裂伸长率先增加后降低，见表 4-32。NBR 减小了分子间的相对滑移，并且一些 NBR 微粒在软质 HPVC 的物理缠结结构中形成"缠结-交联"互锁网络，对 HPVC 分子链间的滑移起到

固定作用。NBR 相含量越多，共混体系硬度和压缩永久变形越低，回弹性增加。NBR 含量很少时，增塑剂对 HPVC 的增塑起主导作用，共混物断裂伸长率相对较高；随着 NBR 用量增加，由于 NBR 为具有部分交联结构的弹性聚合物，导致体系的断裂伸长率均呈上升趋势；NBR 用量进一步增加到 50/50 时，大量的 NBR 存在反而破坏了 HPVC 体系连续的相态结构，断裂伸长率又呈下降趋势。当 HPVC/N BR 质量比为 70/30 时，共混物的综合性能最好。

表 4-32 NBR 用量对 TPE 性能的影响

HPVC/NBR	邵尔 A 硬度	拉伸强度/MPa	断裂伸长率/%	常温压缩永久形变/%
100/0	70.0	15.8	373.9	22.4
95/5	68.1	15.6	383.3	19.6
90/10	66.4	15.3	415.6	19.3
80/20	65.2	14.7	418.2	18.4
70/30	63.3	14.1	423.3	16.0
50/50	57.4	7.8	363.5	15.8

注：1. 测试条件 70℃，22h。
2. HPVC/NBR 为 100 份；ATBC 70 份；DCP 2 份。

③ 随着 DCP 用量的增大，TPE 的拉伸强度先增大后降低，断裂伸长率降低，高温压缩永久变形逐渐降低，邵尔 A 硬度略有增加，见表 4-33。混炼过程中，NBR 的交联反应速率大于 HPVC 的交联反应速率，当 DCP 用量过大时，NBR 组分尚未均匀分散就已经迅速发生自交联反应，流动性大幅下降，影响在 HPVC 和增塑剂二元体系中的均匀分散，橡胶组分在剪切分散中颗粒过大，难以和 HPVC 及增塑剂形成微观分相、宏观均相的三维网状结构；微观相态间的界面缺陷增多增大从而使三元体系拉伸强度不增反降。

表 4-33 DCP 含量对 TPE 性能的影响

DCP 用量/份	邵尔 A 硬度	拉伸强度/MPa	断裂伸长率/%	70℃压缩永久形变/%
0.05	55.9	5.4	400.3	48.7
0.10	56.0	7.7	389.0	42.3
0.20	56.7	6.8	357.9	40.9
0.30	57.1	6.2	358.5	40.4
0.40	57.2	5.5	270.0	38.3

注：1. 测试条件 70℃，22h。
2. HPVC 70 份；NBR 30 份；ATBC 70 份；其他助剂适量。

④ TAIC 用量对 TPE 性能影响。TAIC 用量为 5 份时，TPE 的扭矩和 TAIC 用量为 3 份时相差不大，但拉伸强度有所增加，高温压缩永久变形性能较好，断裂伸长率降低，见表 4-34。TAIC 用量增大，交联度提高，但 TPE 过度交联会影响断裂伸长率和低温脆化温度，TAIC 的用量选择 3 份比较合适。每个 TAIC 分子都含有 3 个烯丙基官能团且活性较高，DCP 受热分解出活性自由基后，首先和 TAIC 中的某个烯丙基官能团发生接枝反应，从而避免了 NBR 的自身交联。在共混均匀的 HPVC/ATBC/NBR 三元体系后期硫化过程中，由于 TAIC 特殊的官能团结构，既可与 HPVC 大分子链发生接枝交联反应，也可与 NBR 分子上的双键发生交联反应，使 HPVC/ATBC/NBR 体系增加了交联点密度并提高交联度，更容易形成三维网络结构。从而进一步提高 HPVC/NBR TPE 压缩永久变形性能。

表 4-34　TAIC 用量对 TPE 性能的影响

TAIC 用量/份	邵尔 A 硬度	拉伸强度/MPa	断裂伸长率/%	70℃压缩永久形变/%
1.0	54.6	7.4	290.5	37.2
3.0	55.3	10.6	385.3	44.0
5.0	56.8	12.0	355.8	40.2

4.2.4.2　配方

（1）配方一：双马来酰胺酸交联 PVC

双马来酰胺酸交联 PVC 配方见表 4-35。

表 4-35　双马来酰胺酸交联 PVC 配方

成分	用量/份	成分	用量/份
树脂 PVC	100	引发剂 DCP	0.1~0.5
稳定剂	5~10	交联剂双马来酰胺酸	10~18
增塑剂 DOP	10~50		

工艺：将 PVC、交联剂、引发剂等助剂混合，在高速捏合机充分搅拌，在开炼机上加热混炼交联（开炼塑化时间必须小于 PVC 开始交联时间），然后在压机上进行交联反应。

相关性能：增塑剂的加入有利于 PVC 的塑化，但交联反应速率随增塑剂用量的增加而减慢，PVC 的凝胶率变低；交联剂含量增加，凝胶率增大，提高反应温度或增加反应时间可提高凝胶率。在温度 190℃ 时，DOP 用量为 10%，DCP 用量为 0.2%，交联剂用量为 16.25%，PVC 的交联反应级数 n 为 1 级，诱导期 t_0 为 9.1min 时，反应速率常数 K 值为 $1min^{-1}$。广泛应用于塑料建材、板材、片材与装饰材料等制品。

（2）配方二：PVC 辐射交联

PVC 辐射交联配方见表 4-36。

表 4-36　PVC 辐射交联配方

成分	用量/份	成分	用量/份
树脂 PVC	100	填料 CaCO₃	10
EVA(VA 含量 28%)	20	润滑剂 OPE	0.4
交联敏化剂 TMPTA	5	稳定剂三碱式硫酸铅	10
增塑剂 TOTM	35		

工艺：将 PVC 与 TOTM 混合增塑后，按配方比例称量混合，高速捏合机混合搅拌至 80℃；在 150~155℃双辊塑炼机上开炼，160~165℃平板硫化机上 30MPa 下热压 5min，然后冷压并在空气中，室温下用电子加速器对制品进行辐照，辐照剂量选择 1~7Mrad，电子加速器电子束能量 2.0MeV，束电流 10mA。

相关性能：辐射交联 PVC 具有良好的耐热性能和力学性能。EVA 的 VA 含量越高，交联 PVC 的凝胶率越高，力学性能及热延伸性能也越好。辐照剂量及改性剂用量增加，共混体系的凝胶率也随之增加。在 5Mrad 剂量下，VA 质量分数为 18% 时的拉伸强度为 13.25MPa；弯曲强度为 45~65MPa；缺口冲击强度为 12~17kJ/m²；断裂伸长率为 150%~160%。辐射交联改性 PVC 广泛用于下水管道、型材、电线电缆包覆材料和其他 PVC 制品。

（3）配方三：PVC 辐射交联

PVC 辐射交联配方见表 4-37。

表 4-37　PVC 辐射交联配方

成分	用量/份	成分	用量/份
树脂 PVC	100	稳定剂(三碱式硫酸铅)	6
增塑剂 DOP	20	稳定剂(二碱式磷酸铅)	2
交联剂三乙烯四胺	2～3	稳定剂(CdSt)	1
填料 $CaCO_3$	20		

工艺：先将 PVC 与 DOP 增塑后，按配方称量混合，高速混合机搅拌至 90℃，于 160～165℃下在双辊炼塑机上塑炼 8min，然后在 10MPa 下在硫化机上热压 6min；在空气中常温下以 Co-60γ 射线辐照至要求剂量。

相关性能：交联度为 66％。

4.2.5　PS 的交联改性

PS 中唯一的官能团是芳环，任何交联反应都会涉及芳环，因而可利用 Friedel-Crafts 反应使 PS 交联。芳环的一个 Friedel-Crafts 反应是芳环的烷基化。如欲使 PS 通过烷基化反应交联，需要一个双官能团的烷基化试剂。例如可采用二元醇作为烷基化试剂，分子筛为催化剂。所用试剂及催化剂的活性应适当，在 PS 加工过程中不应发生交联反应，即烷基化反应温度应在 200℃左右，最好是在 250℃以上才进行。这就要求烷基化试剂在此温度下不挥发，而催化剂则在此温度下不应起作用。1,4-二羟甲基苯是一个可使 PS 交联的双官能团烷基化试剂。将其与适量分子筛置于一密封罐中加热至一定温度，PS 的交联即可发生，产生的产物溶解度下降，热稳定性提高。

（1）实例一：低交联 PS 后交联

张全兴等用氰尿酰氯为后交联剂，通过 Friedel-Crafts 反应使低交联 PS 发生后交联，形成大孔树脂。研究发现：氰尿酰氯与小分子芳香化合物在 Friedel-Crafts 催化剂催化下，在 60℃以下，氰尿酰氯的三个酸氯基都可发生酰基化反应。但低交联 PS 与氰尿酰氯的后交联反应中，即使温度提高到 120℃，每一个参加反应的氰尿酰氯平均只有 1.6 个酰氯基参加了反应，说明高分子的反应活性比结构相似于高分子结构单元的小分子的反应活性低很多，所测三种树脂的后交联度只有 14％，但其表面积可达到 540m^2/g 左右，孔容 0.5mL/g 左右。如能进一步提高交联度，可得到更高的比表面积和孔容的树脂。

（2）实例二：溶胀法制备高交联 PS 微球

王东莎等以分散聚合法制得平均粒径为 1.08μm 的 PS 微球为种子，将 0.5g 种球与质量分数为 0.25％的 100mL 十二烷基磺酸钠（SDBS）溶液经机械搅拌均匀后，加入 1.56g 邻苯二甲酸二丁酯（DBP），在机械搅拌下 35℃恒温溶胀 10h，加入含有 4.535g St、1.043g 二乙烯基苯（DVB）和 0.1g BPO 的混合液，在机械搅拌下 35℃恒温继续溶胀 10h 后，加入 20mL 质量分数为 5％的聚乙烯醇溶液，70℃下聚合 10h。产物经离心分离、洗涤、干燥后得到单分散高交联 PS 微球。结果表明：当溶胀剂质量分数为 25％、交联剂质量分数为 23％、溶胀温度 30℃、搅拌速度为 150r/min 时，可制得平均粒径为 6.20μm 且单分散性较好的高交联 PS 微球。

（3）实例三：PS 交联发泡

由于 PS 熔体黏度较低，发泡过程中适度交联可提高 PS 的熔体黏度，使泡孔生长过程更稳定，降低发泡气体在气泡增长过程中的扩散，阻止气泡的合并和破裂，在一定程度上改善泡孔的均匀性和降低泡沫材料密度。工业上 PS 发泡常用的交联剂为 DCP。

PS 挤出交联发泡配方见表 4-38。

表 4-38 PS 挤出交联发泡配方

成分	用量/份	成分	用量/份
PS	100	马来酸有机锡	0.1
滑石粉	0.7	苯亚甲基山梨醇	0.5
六溴环十二烷	1.7	DCP	适量
ClF_2CH	6.2		

工艺：将上述组分在 220℃ 挤出机中熔融混合挤出，冷却到 120～130℃ 得泡沫板。

性能：密度 28kg/m³，泡孔直径 0.1mm。

（4）实例四：γ 射线辐照制备低介电 PS 交联材料

专利 CN102838762A 公开了一种 γ 射线辐照制备低介电 PS 交联材料的方法，此方法以 St 为单体，过氧化苯甲酰为引发剂合成 PS 线型预聚体，然后向预聚体中加入交联剂二乙烯基苯并混合均匀，注入到模具并充氩气密封以 γ 射线引发交联反应，即得到 PS 交联材料。该方法将 γ 射线辐照技术与本体交联聚合技术结合起来，有效地解决了低介电材料制备过程当中的一些技术问题，无需引发剂，且能在室温下安全快速地实现交联聚合反应，生产周期短，耗能少，有利于改善工作环境；制备出质轻透明、性能优异的 PS 交联材料。

工艺如下。

① 将 St 和过氧化苯甲酰按质量比 1000：3 混合后，在反应釜里充入氩气，控制温度在 80℃ 进行聚合，60min 后得到用于 γ 射线照射的线型 PS 预聚体，其在 25℃ 温度下黏度范围为 1000～2500mPa·s。

② 向预聚体加入交联剂二乙烯基苯，其含量为预聚体质量的 2%。

③ 将混合物注入模具中，排除空气并充入氩气，密封，接受辐照剂量为 7000Gy 的 γ 射线照射，即得到 PS 交联材料产物。

性能：1～11GHz 范围内 PS 交联材料的介电常数在 2.31～2.40 呈上升趋势；11～14GHz 范围内快速下降至 2.13；其后保持在 2.13～2.20 的范围内。2GHz 之前，PS 交联材料的介电损耗从 0.056 下降至 0.023；在 2～9GHz 范围内基本稳定在 0.001～0.023 的范围；其后，由于频率的升高，介电损耗出现较大波动，在 13.5GHz 处达到最大值 0.236。材料介电性能优异，是优良的低介电性能材料。

（5）实例五：一种高熔体强度 PS 的制备方法

专利 CN103804811A 报道了一种高熔体强度 PS 的制备方法。

方案 1：将 1.5kgSt 单体、30g 偶氮二异丁腈（AIBN）、230g 二乙烯基苯（DVB）于室温下混合，摇匀后加入 10.0kg 的线型 PS 颗粒料中，并迅速搅拌均匀将前驱体浆料加入反应器中，于 60℃ 下反应至少 3h。

方案 2：将 2.0kg St 单体、50g BPO、360g DCP 与室温下混合，摇匀后加入 10.0kg 的线型 PS 颗粒料中，并迅速搅拌均匀将前驱体浆料加入反应器中，于 90℃ 下反应至少 3h。

方案 3：将 1.0kg St 单体、30g BPO、440g 二乙烯基苯（DVB）与室温下混合，摇匀后加入 10.0kg 的线型 PS 颗粒料中，并迅速搅拌均匀将前驱体浆料加入反应器中，于 95℃ 下反应至少 3h。

方案 4：将 3.0kg St 单体、100g AIBN、400g DCP 于室温下混合，摇匀后加入 10.0kg

线型 PS 颗粒料中，并迅速搅拌均匀，将前驱体浆料加入反应器中，于 70℃ 下反应至少 3h。不同方案的交联 PS 凝胶含量和 MFR 性能见表 4-39。

表 4-39　交联 PS 的凝胶含量和 MFR

项目	普通 PS	方案 1	方案 2	方案 3	方案 4
凝胶含量/%	0	11.7	17.2	9.5	28.3
熔体强度/N	0.05	0.124	0.143	0.108	0.163

注：Rheotens 拉伸流变仪，毛细管直径 2mm，测试温度 190℃。

参考文献

[1] Natta G，Danusso F，Sianesi D. Stereospecific polymerization and isotactic polymers of vinyl aromatic monomers [J]. Die Makromolekulare Chemie，1958，28 (1)：253-261.

[2] 刁雪峰，贾润礼，柳学义. 聚丙烯接枝改性及其接枝物的应用 [J]. 塑料工业，2007：133-136.

[3] 龚春锁，揣成智. 聚烯烃接枝改性的研究进展 [J]. 塑料科技，2007，(4)：84-88.

[4] Rengarajan R，Parameswaran V R，Lee S，et al. N. m. r. analysis of polypropylene-maleic anhydride copolymer [J]. Polymer，1990，31：1703-1706.

[5] 闫赫，贾润礼，魏伟. 聚丙烯固相接枝的研究及应用进展 [J]. 塑料助剂，2011，(1)：17-22.

[6] 韩朝昱，贾润礼. 聚合物的辐射改性研究 [J]. 辽宁化工，2004，(3)：159-163.

[7] 余坚，何嘉松. 聚烯烃的化学接枝改性 [J]. 高分子通报，2000，(1)：66-72.

[8] 贾润礼，明艳，万顺. 几种反应型相容剂及其在聚合物共混改性中的应用 [J]. 高分子通报，2003，(3).

[9] Greco R，Maglio G，V. Musto P. Bulk functionalization of ethylene-propylene copolymers I. Influence of temperature and processing on the reaction kinetics [J]. Journal of Applied Polymer Science，1987，33 (7)：2513-2527.

[10] Kaur I，Misra BN，Gupta A，Chauhan GS. Graft copolymerization of 4-vinyl pyridine and methyl acrylate onto polyethylene film by radiochemical method [J]. J ApplPolym Sci 1998；69：599-610.

[11] 曾尤东，贾润礼，闫赫. 聚乙烯接枝技术研究进展 [J]. 塑料科技，2012，(4).

[12] 赵兴顺，张军华. 溶液法马来酸酐接枝氯化聚丙烯的研究 [J]. 功能高分子学报，2003，(1)：77-80.

[13] 阮吉敏，潘泳康. PP 固相接枝及其结晶性能的研究 [J]. 华东理工大学学报：自然科学版，1997，(6)：697-701.

[14] Rengarajan R，Paramesqaran V R，Lee S，et al. Molecular characterization of maleic anhydridefunctionalizedpolypropylene [J]. J Polym Sci，Part A，1995，33 (5)：829-834.

[15] Sanli O，Pulet E. Solvent assisted graft copolymerization of acrylamide on poly (ethylene terephthalate) films using benzoyl peroxide initiator [J]. J Appl Polym Sci，1993，47：1-6.

[16] Sacak M，Pulat E. Benzoyl peroxide initiated graftcopolymerization of poly (ethylene terephthalate) fibers withacrylamide [J]. J Appl Polym Sci，1989，38 (5)：39-46.

[17] 梁全才，成建强，邱桂学. 聚合物接枝改性及接枝率的表征 [J]. 塑料助剂，2009，(6)：15-18.

[18] 陈晓丽，李炳海. 线性低密度聚乙烯反应挤出接枝马来酸酐的研究 [J]. 塑料，2005，(6)：6-9.

[19] 白明华，赵常礼，张晨等. 聚乙烯粉紫外光接枝丙烯酸及其黏合性能的研究 [J]. 沈阳化工大学学报，2011，25 (2).

[20] 刘俊龙，刘克勇，何亮等. 线型低密度聚乙烯固相接枝丙烯酸丁酯的研究 [J]. 塑料科技，2009，(3).

[21] 李巧娟，谢大荣. 低密度聚乙烯与有机硅共混和接枝改性对性能的影响研究 [J]. 绝缘材料，2004，(4)：17-19.

[22] 李文斐，郑笑秋，姚占海. 预辐照线性低密度聚乙烯反应挤出接枝衣康酸的制备、表征及性能 [J]. 中国塑料，2007，(12).

[23] 张玉龙. 塑料粒料制备实例 [M]. 北京：机械工业出版社，2005：284-288.

[24] 罗河胜. 塑料改性与实用工艺 [M]. 广州：广东科技出版社，2007：191-193，189-191，220，238-239，295.

[25] 何和智. 反应挤出聚丙烯接枝马来酸二丁酯的研究 [J]. 工程塑料应用，2009，37 (12).

[26] 陈宋辉，刘长生. 聚丙烯固相接枝马来酸酐改性研究 [J]. 化学与生物工程，2010，(9)：29-32.

[27] 后振中，黄美荣. 超临界 CO_2 协助马来酸酐对聚丙烯的接枝共聚 [J]. 河南化工，2008，(10)：11-14.

[28] 祝宝东，王鉴，秦占占等. 水悬浮自搅拌体系中聚丙烯接枝双单体丙烯酸和苯乙烯 [J]. 塑料工业，2009，(1)：

6-9.

[29] 王峰，童彬．聚丙烯辐射接枝硅烷的制备及表征 [J]．辐射研究与辐射工艺学报，2009，(5)：261-264.

[30] 梁淑君，刘莲英，杨万泰．PP 接枝甲基丙烯酸缩水甘油酯低聚物的制备及应用 [J]．北京化工大学学报：自然科学版，2006，33 (4).

[31] 夏英，李姿潼，赵建等．PS-g-MAH 的制备及其增容 PS 阻燃复合材料的研究 [J]．塑料工业，2010，(4).

[32] 董筱莉，邹润德．聚苯乙烯溶液接枝改性研究 [J]．现代塑料加工应用，2002，(2)：13-15.

[33] 郑力行，王华山．等离子体法聚苯乙烯多孔板表面接枝顺丁烯二酸酐 [J]．塑料，2012，(4).

[34] 郑明艳等．聚烯烃交联改性的研究进展 [J]．河北化工，2008，31 (9).

[35] 高峰．聚烯烃的交联技术 [J]．甘肃科技，1999，(2)：59-60.

[36] 刘刚，刘毅刚．高压交联聚乙烯电缆试验及维护技术 [M]．北京：中国电力出版社，2012：3-10.

[37] Smedberg A，Borealis A B，Wald D. Determination of diffusion constants for peroxide by-products fo rmed during the crosslinking of polyethylene [C] //Electrical Insulation. Conference Record of the 2008 IEEE InternationaSymposiu-mon. Vancouver：IEEE，2008：586-590.

[38] Kudla S. Assessment of the influence ofmineral fillers on polyethylenecrosslinking process in the presence of peroxide by rheometric method [J]．Polimery，2009，54 (8)：577-580.

[39] 付雨微．新型光引发剂对紫外光交联聚乙烯介电特性的影响 [D]．哈尔滨：哈尔滨理工大学，2014.

[40] Shieh Y T，Liu C M. Silane grafting reactions of LDPE，HDPE，andLLDPE [J]．Journal of Applied Polymer Science，1999，74 (14)：3404-3411.

[41] Chen W C，Lai S M，Qiu R Y，et al. Role of silane crosslinking on theproperties of melt blended metallocene polyethylene-g-silane/clay nanocomposites at various clay contents [J]．Journal of Applied Polymer Science，2012，124 (4)：2669-2681.

[42] Sirisinha K，Kamphunthong W. Rheological analysis as a means fordetermining the silane crosslink network structure and content in crosslinkedpolymer composites [J]．Polymer Testing，2009，28 (6)：636-641.

[43] 孟伟涛，苑会林．高密度聚乙烯电子束辐射交联的研究 [J]．合成树脂及塑料，2011，(4)：30-33.

[44] 刘善秋，公维光，郑柏存．过氧化物交联低密度聚乙烯的结构与性能关系研究 [J]．塑料工业，2013，(5)：33-37.

[45] KRUPA I，LUYT A S. Mechanical properties of uncrosslinked and crosslinked linear low-densitypolyethylene/wax blends [J]．Appl Polym Sci，2001，81 (4)：973-980.

[46] GHOSH P，DEV D. Reactive processing of polyethylene：Effect of peroxide-induced graft copolymerization of some acrylic monomers on polymer structure melt rheology and relaxation behavior [J]．Eur Polym，1998，34 (10)：1539-1547.

[47] 李运德．硅烷交联聚乙烯配方、工艺和专用料研究 [D]．北京：北京化工大学，2002.

[48] 王文杰，刘念才．不饱和硅烷熔融挤出接枝聚乙烯的研究 [J]．高分子材料科学与工程，1999，(4)：133-136.

[49] ShiehYT，TsaiTH. SilineGraftingReaetionsofLDPE，HDPE，LLDPE. J Appl PolymSei，1999，(74)：3404.

[50] 俞强，李锦春．硅烷接枝交联聚乙烯的研究 [J]．高分子材料科学与工程，1999，(4)：48-51.

[51] 梁玉蓉，谭英杰．聚丙烯交联改性的研究 [J]．沈阳化工学院学报，2002，(1)：18-21.

[52] 马德鹏，魏华，吴凤龙．交联改性聚丙烯的研究 [J]．应用化工，2010，(3)：405-407.

[53] 张旭锋，王澜，景森等．化学交联聚丙烯的性能及其发泡研究 [J]．中国塑料，2005，(11)：36-40.

[54] 孙莉，徐斌，钟明强．聚丙烯熔融接枝改性研究 [J]．塑料科技，2006，(3)：16-18.

[55] 杨元龙，吕荣侠等．硅烷交联聚丙烯的研究 [J]．合成树脂及塑料，2000，(2)：6-9.

[56] 韩朝昱．聚丙烯的辐射改性研究 [D]．太原：中北大学，2004.

[57] 江学良，孙刚，官健等．聚丙烯/乙烯-辛烯共混物的动态交联及性能 [J]．武汉工程大学学报，2013，(9)：54-58.

[58] 梁基照，马文勇．PP/POE 共混物力学性能研究 [J]．塑料科技，2010，(11)：56-58.

[59] 刘西文，纪立军，王重．PP/共聚 PP/POE 共混体系的研究 [J]．塑料工业，2008，(1)：29-31.

[60] 孙伟，宋国君，杨超等．PP/EPDM 反应挤出共混制备高熔体黏度 PP 的研究 [J]．化工新型材料，2009，37 (5).

[61] 滕谋勇，张文东，姜传飞等．硅烷交联 PVC 的制备及性能 [J]．塑料助剂，2008，(6)：34-38.

[62] 秦吉臣，贾润礼．挤出过程中交联聚氯乙烯的研究 [J]．应用化工，2002，(1)．

[63] 马青赛．X 胺、三乙醇胺、尿素改性聚氯乙烯的研究 [D]．太原：中北大学，2008.

[64] 翟朝甲．六次甲基四胺、尼龙 6 低聚物、X 胺改性聚氯乙烯的研究 [D]．太原：中北大学，2008.

[65] 王琦．三聚氰胺、聚酰胺 650、X 胺改性聚氯乙烯的研究 [D]．太原：中北大学，2008.

[66] 严家发．某些胺类化合物改性聚氯乙烯的研究 [D]．太原：中北大学，2009.

[67] 严家发，贾润礼．聚氯乙烯的辐射交联 [J]．塑料助剂，2008，(6)：14-17.

[68] 朱光明，徐前永，施永勤．交联助剂对 LLDPE/EPDM 共混物辐射交联的影响 [J]．辐射研究与辐射工艺学报，2002，(1)．

[69] 马青赛，贾润礼．聚氯乙烯化学交联方法的研究进展 [J]．绝缘材料，2007，(4)：29-31.

[70] 翟朝甲，陈玉戈，贾润礼．聚氯乙烯交联方法的研究进展 [J]．塑料助剂，2007，(4)：5-8.

[71] Hidalgo M，Reinecke H，Mijangos C．PVC Containing Hydroxyl Groups．I．Synthesis，Characterization，Properties and Crosslinking [J]．Polymer，1999，(40)：3525-3534.

[72] Hidalgo M，Reinecke H，Mijangos C．PVC Containing Hydroxyl Groups．II．Characterization and Properties of Crosslinked Polymers [J]．Polymer，1999，(40)：3535-3543.

[73] 李静，贾小波，刘容德等．HPVC/NBR 热塑性弹性体的动态交联研究 [J]．现代塑料加工应用，2009，(1)：29-32.

[74] 华幼卿，石宝忠，权旭辉．高聚合度聚氯乙烯/部分交联粉末丁腈橡胶热塑性弹性体的亚微相态和力学性能研究 [J]．北京化工大学学报：自然科学版，1999，(3)．

[75] 杨明山．李林楷．塑料改性工艺、配方与应用（第二版）[M]．北京：化学工业出版社，2013：488-489.

[76] 张全兴，阎虎生，何炳林．低交联聚苯乙烯后交联的研究（I）[J]．高等学校化学学报，1987，(10)．

[77] 王东莎，刘彦军．种子溶胀法制备单分散高交联聚苯乙烯微球 [J]．应用化学，2007，(11)：1289-1294.

[78] 朱泉晓，俞悦，等．一种 γ 射线辐照制备低介电聚苯乙烯交联材料的方法：中国，102838762A [P]．2012-12-26.

[79] 励杭泉，王鹏等．一种高熔体强度聚苯乙烯的制备方法：中国，103804811A [P]．2014-05-21.

[80] 秦吉臣，贾润礼．聚氯乙烯化学交联研究进展 [J]．现代塑料加工应用，2002，14 (3)：63-64.

[81] 贾润礼．微地膜和交联聚乙烯发泡片材的回收 [C]．中国塑料工业年鉴，2009：410-412.

第5章 通用塑料在工程化改性时的阻燃技术及应用

通用塑料被广泛用于生活，如 PE、PP 在包装、汽车、日用杂品等方面，PS 在轻工市场、电气行业等方面，PVC 在包装、管材等方面。但同时也有着致命的弱点，在高温下易分解、燃烧，同时在燃烧过程中还生成大量的浓烟和有毒有害的气体，对生态环境及人们的身体健康造成巨大的危害。

为保护自然生态环境与人类健康，高分子材料的阻燃问题亟待人们解决，深入阻燃机理的研究及新型阻燃剂的研发和扩大应用对社会和谐发展具用重大意义。

5.1 通用塑料燃烧特点与机理

5.1.1 通用塑料燃烧过程

通用塑料燃烧的过程是一个非常复杂的物理化学过程。它不仅具有一般可燃固体材料燃烧的基本特征，还有一些鲜明的特性。这些特性既反映在通用塑料点燃之前的加热过程中，也反映在点燃和燃烧过程中。软化、熔融、膨胀、发泡、收缩等现象就是通用塑料在加热、燃烧过程中表现出来的特殊热行为，而分解过程中，不同的通用塑料也经历着机理各异的反应历程，涉及随机分解、解聚、环化、交联反应等，并产生各种各样的分解产物。更为复杂的是这些化学反应的机理历程、动力学过程还可能受到外部加热环境变化和内部材料热行为变化的影响。这些过程及其最终分解产物都对燃烧过程有着重要影响。

通用塑料的燃烧过程如图 5-1 所示。

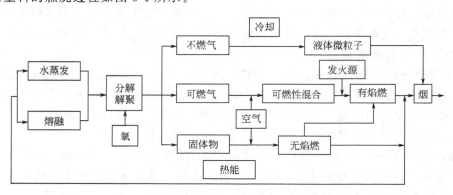

图 5-1　通用塑料燃烧过程示意

主要燃烧过程如下。

（1）加热

当外部热源施加于通用塑料时，其温度逐渐升高，受热时的升温速度除取决于外部热流速度及温差外，还与塑料的比热容、导热性及碳化、蒸发和其他变化的潜热有关。

（2）热分解

通用塑料受热达到热分解温度时，将释出下述分解产物。①可燃气体，如甲烷、乙烷、乙烯、甲醛、丙酮、一氧化碳等。②不燃气体，如二氧化碳、氯化氢、溴化氢、水蒸气等。③液体，通常是部分分解的高聚物和高分子量的有机化合物。④固体，一般是含碳的残留物，为炭或灰。⑤固体颗粒或高聚物残片，它们可悬浮于空气中形成烟。

（3）引燃

可燃气体在有足够氧气或氧化剂及外部引燃源存在下则有可能被引燃，此时物质即开始燃烧。影响引燃通用塑料的因素有：①闪燃温度；②自燃温度；③极限氧浓度；④暴露的程度；⑤通用塑料的量。

（4）燃烧

通用塑料被引燃后，放出燃烧热，此热量可升高高聚物分解生成的气态产物及固态产物的温度，这又使气体膨胀，从而增大通过对流、传导及辐射对系统的传热量，于是引起高聚物的燃烧。

通用塑料的分解温度和氧指数见表 5-1。

表 5-1　通用塑料分解温度和氧指数

通用塑料	分解温度 T_d/℃	氧指数/%
PE	340～440	18
PP	320～400	17
PVC(纯)	200～300	45
PS	300～400	18

5.1.2　PE 燃烧机理及特点

PE 燃烧反应的机理是按自由基反应机理进行的，其中至关重要的一个过程就是热分解。PE 在 335～450℃ 之间分解。在无氧条件下，对热比较稳定。在惰性气氛中，PE 在 202℃ 下发生交联，到 292℃ 时分子量开始有所下降，出现降解，但在 372℃ 之前不会发生显著的分解。PE 的热降解是无规断链及分子内和分子间转移反应。聚乙烯支链化能促进分子间氢转移反应，降低热稳定性。在较低温度下，分子量降低主要是由于弱链断裂，如在主链上结合的杂质氧，无挥发物产生；在较高温度下，分解反应主要是与叔碳键或相对于叔碳原子 β 位置的 C—C 键的断裂。

PE 主要热分解后期产物有乙烷、丙烷、丙烯、丁烯、戊烯、1-己烯、己烷、1-庚烯、正庚烷、1-辛烯、正辛烷、1-壬烯。形成裂解产物同分子间转移的路线及受热时间有关，分解过程还受到氧强烈的影响。热氧分解产物有丙醛、戊烯、正戊烷、丁醛、戊醛。燃烧过程中发现的分解产物主要有戊烯、丁醛、1-己烯、正己烷、苯、戊醛。

PE 的氧指数较低，仅为 17.4%。普通聚乙烯中存在着部分的支链和交联现象。聚乙烯降解的全部挥发物中，乙烯含量占 1% 以下。研究表明，聚乙烯在空气中燃烧时产生活性很大的 HO·自由基、H·自由基和 O·自由基，这些自由基有促进燃烧的作用。

所以，对 PE 的阻燃可通过以下途径：①终止自由基连锁反应，捕获传递燃烧连锁反应的活性自由基。卤系阻燃剂即是这种机理；②吸收热分解产生的热量，降低体系温度。氢氧化铝、氢氧化镁及硼酸类无机阻燃剂是典型代表；③稀释可燃性物质的浓度和氧气浓度，使之降到着火极限以下，起到气相阻燃效果，氮系阻燃剂就是这种原理；④促进聚合物成炭，减少可燃性气体的生成，在材料表面形成一层膨松、多孔的均质炭层，起到隔热、隔氧、抑烟、防止熔滴的作用，达到阻燃的目的。这就是膨胀阻燃剂的主要阻燃机理。

PE 燃烧时会熔融滴落，火焰上端呈黄色下端呈蓝色，基本无黑烟，伴随特有的石蜡燃烧气味，离火后可以继续燃烧，有黑色残渣。

5.1.3 PP 燃烧机理及特点

在 PP 分子结构中与叔碳原子相连的 H 活泼性大，与 PE 相比，降低了其热稳定性。热分解过程中，PP 的分子量降低首先出现在 $227\sim247\,^{\circ}\mathrm{C}$，在 $302\,^{\circ}\mathrm{C}$ 以上时，分解变得显著。氧对分解反应的机理和速度有非常明显的影响，有氧存在时，分解温度显著降低，而且氧化分解产物主要是酮化合物。不过在样品厚度超过 $10\sim12\mathrm{mm}$ 时，氧对材料内部的渗透受限，氧化裂解受限，而且温度低于熔融温度时，氧对材料内部的扩散也受到较高密度和较高结晶度的阻碍。

惰性气氛中，主要裂解后期产物有丙烯、异丁烯、甲基丁烯、戊烯、2-戊烯、2-甲基-1-戊烯、环己烷、2,4-二甲基-1-庚烯、2,4,6-三甲基-8-壬烯。主要热氧分解产物有丙烯、甲醛、乙醛、丁烯、丙酮、环己烷。燃烧产物主要有醛类、酮化合物。

与其他通用塑料一样，PP 的燃烧要经历一下四个阶段：

受热→分解→着火→燃烧

PP 受热空气作用，由于热降解和氧化而产生低分子量的气态分解产物。这种气态分解产物与热空气混合，进一步使 PP 降解和氧化。温度继续升高到燃点，分解产物甲烷、乙烷、乙烯与一氧化碳等可燃气体的浓度逐渐增加到可以继续燃烧的范围时，就会着火燃烧。此后，由于燃烧而产生的热使气相、液相和固相的温度继续上升，分解反应更加急剧，产生的可燃气体越来越多，燃烧就会越来越旺。

PP 燃烧时会熔融滴落，火焰上端呈黄色下端呈蓝色，基本无黑烟，伴随淡淡的石蜡燃烧气味，离火后可以继续燃烧，燃烧残留物为黑色胶状物。

中北大学塑料研究所研究发现，PP 和 PE 基木塑材料燃烧时离焰燃烧现象明显，原因是木粉高温气化，燃烧是以气体方式来燃烧，所以表现为离焰燃烧，这就给木塑材料的阻燃增加了新的要求。

5.1.4 PVC 燃烧机理及特点

PVC 本身具有自熄性，纯 PVC 氧指数可达 45% 以上，但在加工和使用时往往加入大量的增塑剂，从而降低了 PVC 的氧指数，大大提高了 PVC 制品的可燃性，制品燃烧时还会产生大量的烟雾。

热分析研究表明，纯 PVC 在氮气条件下的热分解有两个基本过程。第一阶段主要是脱 HCl，一般在 $120\,^{\circ}\mathrm{C}$ 以上就会有 HCl 放出，但显著分解阶段在 $230\sim340\,^{\circ}\mathrm{C}$。用 TGA 在 $10\,^{\circ}\mathrm{C}/\mathrm{min}$ 下加热，第一阶段脱 HCl 的质量约占 PVC 总量的 64%。其中绝大部分是脱 HCl 所致，也有极少量碳骨架链的分解。第二阶段的分解主要是脱 HCl 后形成的共轭多烯链结构的分解，约占 23%。PVC 热分解最终会形成少量炭渣，具有一定的成炭能力。

PVC 分解过程中主要裂解产物有氯甲烷、苯、甲苯、二噁烷、二甲苯、茚、萘、氯苯、二乙烯基苯、甲基乙基环戊烷、氯化氢。热分解产物有苯、甲苯、氯苯、二乙烯基苯、氯化氢。

PVC 燃烧时会软化，火焰上端呈黄色下端呈绿色，有黑烟产生，有氯化氢刺激性气味，离火后会自动熄灭，有黑色残渣。

5.1.5　PS 燃烧机理及特点

一般，自由基聚合的 PS 比离子聚合的 PS 热稳定性差。PS 热解行为与温度关系极大。一般在 300℃以下，聚合物分解只造成分子量低，尚无挥发物产生。分子量降低的降解机理被认为是初始分子链均裂后生成的自由基之间发生歧化终止反应。即大分子链无规断裂后的碎片经分子间转移，造成高分子量降低。温度高于 300℃时，聚苯乙烯降解产物有多种低分子量化合物，其中主要是单体（40%～60%），二聚体、三聚体以及少量甲苯（2%）和 α-甲基苯乙烯（0.5%），其降解机理被认为首先是无规均裂形成自由基，特别是位于分子链端的自由基通过分子内转移而造成降解。此外，聚苯乙烯在高真空条件以及 330～380℃之间会迅速分解。

在受热燃烧的过程中，随着温度的逐步升高，PS 会不断分解产生苯乙烯单体，最终可产生 30%～100%的苯乙烯单体。

因此，PS 的阻燃途径之一便是阻止这种热分解反应的发生。交联是达到这一目的的一种方法，通常采用添加二乙烯基苯（DVB）和三乙烯基苯（TVB）来进行交联。交联后聚苯乙烯的成炭量增高，可燃性挥发产物的生成量减少。若将交联与添加磷系阻燃剂并用，则阻燃效果更为显著。

PS 在燃烧过程中发现的后期分解产物有乙醛、苯乙酮、乙炔、丙烯醛、丙烯基苯、苯、苯甲酸、苯基醇、丁烷、肉桂酸、异丙基苯、1,3-二苯丙烷、乙烷、乙基甲基苯、甲酸、甲醛、甲烷、甲醇、甲基酚、甲基苯乙烯、1-苯基乙醇、丙烷、正丙基苯、异丙基苯、丙烯、苯乙烯单体、苯乙烯二聚体、氧化苯乙烯、甲苯。

PS 近火急剧收缩，燃烧时表面软化、起泡，火焰为橙黄色，有浓黑烟呈炭束飞扬，有苯乙烯单体气味，离火继续燃烧，有黑色残渣。

5.2　通用塑料用阻燃剂

5.2.1　阻燃剂的分类

按阻燃剂与被阻燃材料的关系，阻燃剂可分为添加型和反应型两大类，如图 5-2 所示。前者只是以物理方式分散在基材中，多用于热塑性高聚物。后者系作为单体，或辅助试剂而参与合成高聚物的反应，最后成为高聚物的结构单元，多用于热固性高聚物。

按阻燃元素种类，常用阻燃剂常分为卤系、有机磷系及卤-磷系、氮系、磷-氮系、锑系、铝-镁系、无机磷系、硼系、硅系、钼系等。还有一类膨胀型阻燃剂（它们多是磷-氮化合物的复合物）及一种纳米无机物（主要为层状硅酸盐），后者能与一系列高聚物构成具有阻燃性的高聚物/无机物纳米复合材料。

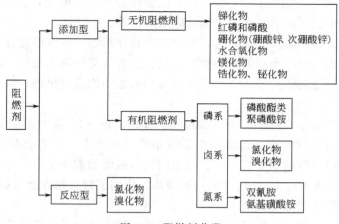

图 5-2　阻燃剂分类

5.2.2　阻燃剂的阻燃机理

5.2.2.1　卤素阻燃剂

卤素阻燃剂是目前世界上产量最大的化学阻燃剂之一。尽管卤素阻燃剂在热裂解或燃烧时生成较多的烟和腐蚀性的气体，但目前仍占据塑料阻燃剂的主导地位。卤素阻燃剂之所以受到人们的重视，主要是其阻燃效率高，价格适中，其性能/价格比指标是其他阻燃剂难以与之相比的。加之卤素阻燃剂的品种多，适用范围广，所以得到人们的青睐。

单独使用卤系阻燃剂时，主要在气相中延缓或阻止聚合物的燃烧。卤系阻燃剂在高温下分解成卤化氢（HX）可作为自由基终止剂捕捉聚合物燃烧链式反应中的活性自由基 OH·、O·、H·，生成活性较低的卤素自由基，从而减缓终止气相燃烧中的链式反应达到阻燃的目的。

$$HX + H \cdot \longrightarrow H_2 + X \cdot$$

$$HX + O \cdot \longrightarrow OH + X \cdot$$

$$2H \cdot + ZnMoO_4 \longrightarrow ZnO + Mo^{4+} O_2 + H_2O$$

卤化氢还能稀释空气中的氧，覆盖于材料表面阻隔空气，使材料的燃烧速率降低。

聚合物燃烧与其他材料燃烧相似，热裂解时产生可与氧气反应的物质，并形成 H_2-O_2 系统，通过链支化反应使燃烧传播。该类反应可表示如下：

$$\cdot H + O_2 \longrightarrow HO \cdot + O \cdot$$

$$\cdot O + H_2 \longrightarrow HO \cdot + H \cdot$$

$$\cdot OH + CO \longrightarrow CO_2 + H \cdot$$

如果能阻止上述链支化反应，就能延缓或终止燃烧。卤系阻燃剂的阻燃作用就是通过抑制气相中的上述链支化反应而实现的。卤系阻燃剂在受热情况下可分解生成 HX 气体，它能捕获高活性的 H·和 OH·自由基，而生成活性较低的 X·自由基，致使燃烧减缓。反应式可表示如下：

$$RX \longrightarrow R \cdot + X \cdot$$

$$X \cdot + R'CH_3 \longrightarrow HX + R'CH_2 \cdot$$

$$HX + H \cdot \longrightarrow H_2 + X \cdot$$

$$HX + HO \cdot \longrightarrow H_2O + X \cdot$$

另外，HX 为密度较大的难燃气体，它不仅能稀释空气中的氧，且能覆盖于材料表面，取代空气，形成保护层，使材料的燃烧速度降低或自熄。

近期的研究指出，卤系阻燃剂还具有凝聚相阻燃作用。一些含卤化合物在高温热解释放出卤和卤化氢后，在凝聚相形成的剩余物可环化和缩合为类焦炭残余物，阻止下层材料的氧化裂解。某些含卤化合物还可能会改变前火焰区和火焰中的反应机理，促进成炭，增大热辐射损失等。

卤系的 4 种卤系元素氟（F）、氯（Cl）、溴（Br）、碘（I）都具有阻燃性，阻燃效果按 F、Cl、Br、I 的顺序依次增强，以碘系阻燃剂最强。生产上，只有氯类和溴类阻燃剂被大量使用，而氟类和碘类阻燃剂少有应用。这是因为含氟阻燃剂中 C—F 键太强而不能有效捕捉自由基，而含 I 阻燃剂的 C—I 键太弱易被破坏，影响了聚合物性能（如光稳定性），使阻燃性能在降解温度以下就已经丧失。

溴系阻燃剂是卤素阻燃剂中最重要和最有效的一种，是目前世界上产量最大的有机阻燃剂之一。在阻燃剂中，溴系阻燃剂的增长率达到 10%，占全球阻燃剂市场的 45%。长期以来，由于溴系阻燃剂具有阻燃效果好、添加量少、相容性好、热稳定性能优异、对阻燃制品性能影响小、具有价格优势等优点，一直很受市场欢迎，并已逐渐发展成为具有独特性能和应用领域的系列产品。但是，应该看到溴系阻燃剂也有很多严重的缺点，即降低了被阻燃材料的抗紫外光稳定性，燃烧时生成较多的烟、腐蚀性气体和有毒气体。另外，溴系阻燃剂一般与氧化锑并用，使得生烟量很高。特别是自 20 世纪 80 年代以来，有关多溴代二苯醚及用其阻燃的聚合物热裂解和燃烧产物中含有致癌物二苯并二噁英和二苯并呋喃类化合物的争论，曾一度给应用最广泛的多溴代二苯醚的前途蒙上了一层阴影。

溴系阻燃剂中主要是多溴二苯醚类（十四溴二苯氧基苯、十溴二苯醚、八溴二苯醚等）、溴代双酚 A 类（四溴双酚 A、四溴双酚 A 醚等）、溴代邻苯二甲酸酐类 ［四溴邻苯二甲酸酐、1，2-双（四溴邻苯二甲酰亚胺）乙烷等]、溴代醇类（二溴新戊二醇、三溴新戊醇、四溴二季戊四醇等）、溴代高聚物及低聚物（溴代聚苯乙烯、聚丙烯酸五溴苄酯等）、其他溴系阻燃剂 ［五溴甲苯、六溴环十二烷、双（2，3-溴丙基）反丁烯二酸酯、二溴苯基缩水甘油醚等] 等。

在有机卤阻燃剂中，大量使用的除了溴系阻燃剂外，就是氯系阻燃剂。两者阻燃机理相同，但前者的阻燃效率要远高于后者，不过 C—Cl 键的耐热性及耐光性则优于 C—Br 键。因此，对于暴露于光线中的高聚物，即使添加光稳定剂，有时也选用氯系阻燃剂，近 20 多年来，一些国家氯系阻燃剂耗量的增长速度低于溴系，前者在阻燃剂耗量中所占的比重更远低于后者。但就全球范围而言，如果将阻燃增塑剂氯化石蜡包括在内，氯系阻燃剂的总产量仍是不可忽略的。工业上生产的氯系阻燃剂品种比溴系少得多，主要是氯化石蜡、得克隆（de-chlorane plus）、海特酸（Het）及其酸酐、六氯环戊二烯、四氯邻苯二甲酸酐等。其中氯化石蜡产量最大和用途最广，而得克隆则由于具有一些优异性能颇为人青睐。

5.2.2.2 有机磷系阻燃剂

磷系阻燃剂分无机和有机两类，是最先用于纺织品的阻燃剂。无机磷阻燃剂主要有红磷、磷酸盐、聚磷酸铵等；有机磷阻燃剂从结构上可分为含卤磷（膦）酸酯的和不含卤磷（膦）酸酯的，如三（β-氯乙基）磷酸酯（TCEP）、三（β-氯丙基）磷酸酯（TCPP）、三（2,3-二氯丙基）磷酸酯、三（2,3-溴丙基）磷酸酯、三（2,3-氯溴丙基）磷酸酯、四羟基甲基氯化磷酸酯或四羟基甲基氢氧化磷酸酯（THCP）、磷酸三辛酯、磷酸三丁酯、磷酸丁乙醚酯、磷酸甲苯二苯酯、磷酸二苯异辛酯、磷酸二苯基异丙苯基酯、磷酸三溴苯酯、亚磷酸三苯酯等。与卤系阻燃剂一样，有机磷系阻燃剂有添加型，同时也有与聚合物具有结合官能团（例如双键和环氧基）的反应型阻燃剂。磷系阻燃剂的阻燃机理主要是凝聚相阻燃，磷系阻燃剂受热分解生成磷酸的非燃性液态膜，接着磷酸进一步脱水生成偏磷酸，最后生成玻璃态的聚偏磷酸。在这个过程中，不仅磷酸液态膜起覆盖作用，而且聚偏磷酸是强脱水剂，可使聚合物材料脱水而炭化，形成石墨状的碳素包覆膜，减少可燃性气体的生成，并且这种炭膜隔绝了空气，使其发挥了更好的阻燃作用。

磷系阻燃剂是阻燃剂中最重要的品种之一。磷系阻燃剂并不是一种新型阻燃剂，但它作为无卤体系，在阻燃领域内十分令人瞩目。有机磷系阻燃剂包括磷酸酯、膦酸酯（包括其含卤衍生物）、亚磷酸酯、有机磷酸盐、氧化磷、含磷多元醇及磷/氮化合物等。但作为阻燃剂，应用最广泛的是磷酸酯和膦酸酯，尤其是含卤的磷酸酯和膦酸酯。

磷酸酯类的特点是具有阻燃与增塑双重功能。它可使阻燃剂实现无卤化，其增塑功能可使塑料成型时流动加工性变好，可抑制燃烧后的残余物。产生的毒性气体和腐蚀性气体比卤系阻燃剂少。其主要优点是效率较高；对光稳定性或光稳定剂作用的影响较小；加工和燃烧中腐蚀性小；有阻碍复燃的作用；极少或不增加阻燃材料的质量。但大多数磷酸酯类阻燃剂也存在着一些缺点。如耐热性差、挥发性大、相容性不理想，而且在燃烧时有滴落物产生等。

磷系阻燃剂的阻燃机理并非单一的。一般认为，有机磷系阻燃剂可同时在凝聚相及气相发挥阻燃作用。不过，阻燃机理也因磷系阻燃剂的结构、聚合物类型及燃烧条件而不尽相同。①凝聚相的阻燃机理：当含有磷系阻燃剂的聚合物受热时，可分解成磷酸或多磷酸。这类酸能催化含烃基化合物的吸热脱水成炭反应，生成水和焦炭。含烃基化合物炭化的结果，是在其表面形成石墨状焦炭层，此炭层隔热、隔氧，使燃烧窒息，从而达到阻燃目的。②气相的阻燃机理：有机磷系阻燃剂受热分解形成的产物中含有 PO·自由基，它在气相中可以捕捉 H·自由基及 OH·自由基，从而使火焰中的 H·及 OH·浓度大大下降，起到抑制燃烧的作用。

5.2.2.3 膨胀型阻燃剂

膨胀型阻燃剂是以磷、氮为主要成分的阻燃剂，它不含卤素，也不采用氧化锑为协效剂。膨胀型阻燃剂克服了传统阻燃技术的缺点，具有高阻燃、低烟、低毒、无腐蚀性气体产生、无熔滴行为等特点。膨胀型阻燃剂通过形成多孔泡沫炭层在凝聚相起阻燃作用，炭层经历以下几步形成：①在较低温度（150℃左右，具体温度取决于酸源和其他组分的性质）下，由酸源放出能酯化多元醇和作为脱水剂的无机酸；②在稍高的温度下，使酯化反应加速进行；③体系在酯化反应前或酯化过程中熔化；④反应过程中产生的水蒸气由气源产生的不燃气体使已处于熔融状态的体系膨胀发泡，同时，多元醇和酯继续脱水炭化，形成无机物及炭残余物，使体系进一步膨胀发泡；⑤反应接近完成时，体系胶化和固化，最后形成多孔泡沫炭层。

对膨胀型阻燃剂的成炭机理，普遍认为炭层是由于受热过程中阻燃剂之间形成的脂类物质降解后形成的。PER（季戊四醇）/APP（多聚磷酸铵）经过一系列反应，生成如下的产物，形成的富碳物质在发泡源或自身产生的气体作用下形成膨胀层。

成炭对聚烯烃材料的燃烧行为、阻燃性能和力学性能有很大影响。炭层结构、成炭量、剩炭率是评价材料阻燃性能好坏的重要依据。促进形成稳定、连续、致密、均匀的高质量炭层，增加成炭量，提高成炭率，提高与聚合物基体的相容性，降低聚合物材料的性能损失，并兼顾环保要求将是成炭阻燃聚烯烃的基本要求和研究重点。

膨胀型阻燃剂体系一般由以下三部分组成。

① 酸源（脱水剂）　一般可以是无机酸或加热至 $100 \sim 250℃$ 时生成无机酸的化合物，如磷酸、硫酸、硼酸、各种磷酸盐、磷酸酯和硼酸盐等。

② 炭源（成炭剂）　它是形成泡沫炭化层的基础，主要是一些含碳量高的多羟基化合物，如淀粉、季戊四醇和它的二聚物、三聚物及含有羟基的有机树脂等。

③ 气源（氮源，发泡源）　常用的发泡源一般为三聚氰胺、双氰胺、聚磷酸铵等。此外近年来新开发的磷-膨胀石墨（氧化石墨）阻燃体系，虽然与上述组成有区别，但其阻燃机理却极为相近，因此一并作为膨胀型阻燃剂讨论。

膨胀型阻燃剂的阻燃机理为：当受热时酸源分解产生脱水剂，它能与成炭剂形成酯，酯然后脱水交联形成炭，同时发泡剂释放大量的气体帮助膨胀炭层。厚的炭层提高了聚合物表面与炭层表面的温度梯度，使聚合物表面温度较火焰温度低得多，减少了聚合物进一步降解释放可燃性气体的可能性，同时隔绝了外界氧的进入，因而在相当长的时间内可以对聚合物起阻燃作用。

另外，与传统的卤系阻燃剂比较，膨胀型阻燃剂有一个显著不同的特点，即当其用量低于一定值时，对材料的阻燃性（UL94V）基本没有贡献，但当用量超过一定值时，材料的阻燃性急剧提高。而对卤系阻燃剂，材料阻燃性随阻燃剂用量几乎呈线性增长。

一种膨胀型阻燃剂的制备：将 $1.0mol$ 三聚氰胺直接加入到装有 $250m$ 蒸馏水的三口烧瓶中，溶解均匀。在恒温水浴锅中加热搅拌，升温至 $90℃$，保持温度恒定，缓慢滴加磷酸 $96mL$，在加入 $40mL$ 的磷酸时，加大搅拌速度，以免凝固结块，磷酸全部滴加完毕时，保持 $90℃$ 恒温，搅拌，反应 $1.5h$，冷却、烘干、研磨得到白色粉状固体磷酸密胺盐（MP），密封保存。

5.2.2.4　无机阻燃剂

无机阻燃剂具有热稳定性好、毒性低或无毒、不产生腐蚀性气体、不挥发、不析出、阻燃效果持久、原料来源丰富、价格低廉等优点。在对阻燃产品的环境安全性和使用安全性要求日趋严格的情况下，无机阻燃剂更显得越来越重要。随着表面改性、微细化研究的不断深入和协同体系的不断开发，无机阻燃剂的性能得到提高，应用更加广泛。

大多数无机阻燃剂的阻燃作用主要是吸热效应。氢氧化铝是国际市场上消耗量最大、用途非常广泛的阻燃剂。近年来国内的氢氧化铝阻燃剂发展很快，开发了不少新的品种，可基本满足用户的要求。氢氧化铝三水合铝、三水合氧化铝(简称 ATH)，分子式为 $Al(OH)_3$ 或 $Al_2O_3 \cdot 3H_2O$。用于阻燃的氢氧化铝一般是 α 晶型，因此也表示为 α-$Al(OH)_3$。氢氧化铝开始分解的温度为 $205℃$。在 $205 \sim 230℃$ 时，α-$Al_2O_3 \cdot 3H_2O$ 部分转化为 α-$Al_2O_3 \cdot 2H_2O$ 和 H_2O；在 $530℃$ 左右，进一步分解转化为 γ-Al_2O_3，整个过程吸热量为 $1967.2kJ/kg$。

氢氧化镁与氢氧化铝有许多相似之处，同样具有无烟、无毒、无腐蚀、安全价廉等优点。氢氧化镁为白色粉末，分子式为 $Mg(OH)_2$，相对分子质量为 58.33，通常为六角形或无定形结晶，体积电阻 $10^8 \sim 10^{10}\,\Omega$，吸热量 1600kJ/kg。分解温度为 340℃，更适合于某些需要加工温度较高的聚合物。

氢氧化铝与氢氧化镁在高温下通过分解吸收大量的热量，生成的水蒸气可以稀释空气中的氧气浓度，从而延缓聚合物的热降解速率，减慢或抑制聚合物的燃烧，促进炭化、抑制烟雾的形成。

$$2Al\,(OH)_3 \xrightarrow[-\triangle]{250℃} Al_2O_3 + 3H_2O \quad (-264.8kJ)$$

$$Mg\,(OH)_2 \xrightarrow[-\triangle]{320℃} MgO + H_2O \quad (-93.3kJ)$$

根据这一原理，选择金属氧化物时，其分解温度和吸热量是两项重要的指标。碳酸钙虽然也有较高的吸热量（1.8kJ/g），由于其分解温度（880~900℃）比聚合物的分解温度高出很多，故不能作为阻燃剂使用。即使与聚合物分解生成的 HCl 反应，由于碳酸钙在固相、HCl 在气相，两者的反应速率和进程受到影响，没有明显的阻燃作用。虽然硬氧化铝、氢氧化镁比碳酸钙的阻燃效率要高得多，但仍需要加入 60% 以上才能有明显的效果。

红磷的阻燃机理与有机磷系阻燃剂有相似之处。在 400~450℃下，红磷解聚形成白磷，后者再在水汽存在下被氧化为黏性的磷的含氧酸，它们既可覆盖于被阻燃材料表面，又可加速脱水炭化，形成液膜和炭层则可作为隔离屏障和发挥阻燃作用。

另外红磷也有可能在凝聚相与高聚物或高聚物碎片作用减少挥发性可燃物生成，而某些含磷的物系也可能参与气相阻燃。例如，有几种含磷化合物（三氯化磷和三苯基氧化膦）对阻止氢-空气混合物的燃烧比卤素更有效。

几种无机阻燃剂热分解的吸热量如表 5-2 所示。

表 5-2　主要无机阻燃剂热分解的吸热量

名称	分子式	相对密度	每摩尔的结合水量/mol	分解温度/℃	吸热量/(kJ/g)
氢氧化铝	$Al(OH)_3$	2.42	34.6	200	1.97
氢氧化镁	$Mg(OH)_2$	2.40	31.0	430	0.77
碱式碳酸铝钠	$Na\cdot Al\cdot O(OH)\cdot HCO_3$	2.40	43.0	240(CO_2)	1.72
铝酸钙	$3CaO\cdot Al_2O_3\cdot 6H_2O$	2.52	28.6	250(失去4.6分子)	1.59
硫酸钙	$CaSO_4\cdot 2H_2O$	2.32	20.9	430(失去1.4分子)	0.67
氢氧化钙	$Ca(OH)_2$	2.24	24.3	128(失去2/3分子)	0.93
硼酸锌	$ZnO\cdot 2B_2O_3\cdot 3.5H_2O$	2.65	14.5	168(失去1/2分子)	0.62
偏硼酸锌	$BaO\cdot B_2O_3\cdot H_2O$	—	7.5	450	—
硼砂	$Na_2O\cdot 2B_2O_3\cdot 10H_2O$	1.72	47.2	330 —	0.37
高岭土	$Al_2O_3\cdot 2SiO_2\cdot 2H_2O$	2.5~2.6	13.9	62(失5分子) 318(失5分子)	0.57
碳酸钙	$CaCO_3$	2.6~2.7	59.9	500 880~900	1.79

5.3 PE 的阻燃

5.3.1 用于 PE 的阻燃剂

对 PE 进行阻燃处理的方法主要还是通过添加阻燃剂的方法，因为该法简便、成本低廉、效果也比较好。常用的阻燃体系为含卤阻燃体系、含磷阻燃体系以及无机填料阻燃体系。

① 含卤阻燃体系　目前，含卤阻燃体系仍然是最有效的阻燃体系。常用的阻燃剂包括溴系阻燃剂，如十溴二苯醚（DBDPO）、双（四溴邻苯二甲酰亚胺）乙烷、六溴苯；以及氯系阻燃剂，如氯化石蜡（CP）、得克隆（DCRP）。一般卤素阻燃剂与三氧化二锑并用效果更好。

含溴阻燃剂虽然阻燃效果较好，但也存在一些问题，比如对冲击强度和热变形温度都有一定的负面影响。十溴二苯醚在阻燃导静电 PE 产品中还存在阻燃时间长等问题。

氯化石蜡的阻燃效率比较高，价格也低，是一种理想的阻燃剂，但其分解温度较低，热稳定性较差，只能用于加工温度比较低的薄膜类制品。不过使用 CP 和三氧化二锑体系阻燃的 LDPE 薄膜不透明。若需要透明的阻燃薄膜，可使用二硫焦磷酸酯作阻燃剂。此外，氯化石蜡在 PE 中易迁移渗出表面，在 PE 中的应用受到一定限制。也有报道指出，含脂肪族氯阻燃剂得克隆对炭黑填充的 XLDPE 的阻燃效果较好。得克隆的操作温度比较高，可达到285℃，因此可适用于许多聚合物的加工温度要求。

此外，有报道指出，对 PE 聚合物使用氯-溴并用体系有一定的协效作用，能较大幅度提高氧指数值，这样可以减少阻燃剂用量，降低成本，有利于改善阻燃制品的物性。具体的阻燃体系可以采用得克隆或氯化石蜡与含溴阻燃剂并用，并使用三氧化二锑做协效剂。已有研究报道表明，在 LDPE 中 30% 的得克隆和 30% 的聚二溴亚苯基咪，并辅以三氧化二锑阻燃，氧指数可达到 27% 以上。

② 含磷体系　含磷阻燃剂对 PE 也有一定的阻燃效果。常用的有有机磷和聚磷酸铵。含磷阻燃剂对 PE 的阻燃效果不及对含氧聚合物好。不过有研究表明，有些磷酸酯对 HDPE 有较好的阻燃效果。有研究报道用烷基胺酸性磷酸盐（Amgard NK）对 LDPE 有较好的阻燃效果，在 35% 和 40% 的添加量下可以分别使 LDPE 的 UL94 实验的 3.2mm 和 1.6mm 样品达到 V-0 级。红磷对 PE 也有较好的阻燃效果。Amgard CRP 是商品化红磷阻燃剂（Albright&Wilson 公司），粒径小，经热固性塑料包覆后，在 5% 的添加量下辅以适量的协效剂可以使 LDPE 达到 UL94V-0 级阻燃。还有研究表明，以三苯基磷酸酯（TPP）与二元醇，如双酚 A（BPA）或对苯二酚，进行酯交换反应可制取一系列多芳基磷酸酯低聚物阻燃剂。当 TPP 与 BPA 质量比为 6:5 或 10:9 时，可使 HDPE 的氧指数达到 25% 以上，甚至可达 29%。此外，磷酸酯低聚物比卤锑体系的生烟量低得多，而且透明性好，也是较好的阻燃方法。聚磷酸铵也可用于 PE 的阻燃，如 Hoechst 红丝的 Exolit422 即可用于 PE 的阻燃。

③ 无机填料体系　主要是氢氧化铝、氢氧化镁。由于含卤素阻燃剂受到环境保护的影响，无机填料阻燃体系作为无卤阻燃剂在 PE 阻燃制品中受到重视。

由于无机填料一般添加量大，对 PE 的力学性能影响较大，因此目前研究开发的重点是无机填料的超细化处理、表面改性处理，这不仅可以提高 PE 的阻燃性，而且也能使 PE 的力学性能改善。粉状无机阻燃填料的粒径对阻燃效果影响很大。一般，粒径越小阻燃效果越好。一方面，小粒径改善了同聚合物的界面结合，有利于改善材料的力学性能，相应减少了阻燃填料的负面影响；另一方面，依填料性质，小粒径也可能直接提高其阻燃效应。一般阻燃填料的粒径应在微米以下方能有较好效果。如氢氧化铝的平均粒径在 $2.66\mu m$ 以下，并对其表面进行偶联剂处理，能显著改善纯 PE 的阻燃性和缺口冲击强度。填料粒径小，在 PE 中的分散性将变差，表面处理往往是解决此问题的关键。

此外，向 PE 中添加单一阻燃剂往往不能获得理想的阻燃性能和综合效果，而复合阻燃体系是弥补这些不足的很好选择。无机填料体系与磷系或卤系阻燃剂并用也能收到好的效果，特别是对通过与熔融流滴有关的燃烧试验（如垂直燃烧试验）效果较好。其中惰性无机填料有效地降低了熔流性。如在含 12%BTB-PIE 与 6% 三氧化二锑的体系中加入 30% 的滑石粉，可使 LDPE 达到 UL94V-0 级阻燃，氧指数达 28%。

一般对阻燃 PE 的熔融流滴要求不高时，可采用卤系阻燃剂，用量较少，对 PE 的物理性能影响小，可以达到 UL94V-2 级标准。如果要求阻燃 PE 不能熔滴，则要在卤-锑体系的基础上使用无机填料或阻燃性无机填料。不过往往添加较大量的无机填料会使材料的冲击性能等下降。这样的混合阻燃体系可以使阻燃达到 UL94V-0 级。

④ 膨胀型阻燃剂　膨胀型阻燃剂聚磷酸铵和季戊四醇（APP/PER）体系对 LDPE 进行阻燃，通过热失重分析（TGA）研究了成炭促进剂 Zeolite（ZEO）对 APP/PER 和 LDPE 的催化成炭作用以及影响 LDPE/APP/PER 材料阻燃性能的各种因素，得到了使材料阻燃性能提高的 APP/PER/ZEO 之间的最佳配比。实验结果表明，将 APP、PER 与 ZEO 联用有较好的阻燃协效作用，添加 APP/PER/ZEO 膨胀型阻燃剂体系可使阻燃 PE 材料的氧指数达到 29.3%。解决目前膨胀型无卤阻燃 PE 材料开发上存在问题的关键是要最大限度地提高膨胀炭层的质量。为了改善成炭质量，在阻燃剂中加入成炭促进剂 ZEO，以达到既提高 IFR/PE 材料的阻燃性能，同时又降低 APP/PER 在 PE 中的添加量。ZEO 是一类晶体硅铝酸盐，它的物质结构是以 Si 氧化物和 Al 氧化物为主体，Si、Al 之间通过氧桥连接而成晶体结构。它们不仅孔结构均匀、比表面积大，而且表面极性很高。这些结构性质决定了 ZEO 不仅具有良好的吸附作用，而且具有一定的催化活性。根据 ZEO 质子酸催化理论，APP 与 PER 在 210℃下形成环状磷酸酯等一系列化学反应，ZEO 催化 APP/PER 成炭。ZEO 可以催化 APP 与 PER 脱 H_2O、NH_3 之前的氢转移反应和 APP 与 PER 脱除 H_2O、NH_3 形成环状磷酸酯的反应，使 APP/PER 体系的成炭量增加。

最佳的膨胀阻燃配方制成的材料燃烧后形成的膨胀炭层泡孔呈球形，分布比较均匀，平均直径约为 $100\mu m$，孔壁厚度约为 $10\mu m$，内部层次清晰，结构规整，堆积密实，是理想膨胀炭层的结构。因此为了提高在 PE 中的阻燃效果，添加高效的协同阻燃成分，增加阻燃中的残余炭量，提高炭层质量是常常使用的方法。

5.3.2　PE 阻燃实例及配方

5.3.2.1　实例

（1）实例一：膨胀阻燃 PE

主要原料是：LLDPE，7042；鳞片石墨，$300\mu m$，纯度为 99.9%；聚磷酸铵（APP）聚合度大于 1000；季戊四醇，化学纯；三聚氰胺，化学纯。

将可膨胀石墨（EG）和传统的膨胀阻燃剂（IFR）制备成膨胀阻燃 PE，采用极限氧指数对其阻燃性能进行研究，深入研究这两种阻燃剂之间的协同阻燃作用，并采用差示扫描量热仪和红外光谱对其热降解过程和炭层结构分别进行了分析。结果表明 EG 和 IFR 对 PE 具有很好的协同阻燃作用，当其配比为 1：1 时，膨胀阻燃 PE 可获得较佳的阻燃性能，阻燃剂用量仅为 30 份就可使膨胀阻燃 PE 的极限氧指数达到 31.5%，远高于单一阻燃体系；在热降解过程中，复合膨胀阻燃体系仍表现出 EG 和 IFR 的特征降解过程，热降解成炭由二者的热降解产物构成，证实了二者之间的物理作用机理，物理膨胀炭层和化学膨胀炭层的结合有效增加了炭层的隔热、隔氧作用，有利于阻燃性能的改善。

为更好地理解 PE/EG/IFR 炭层的组成，对成炭进行 FTIR 表征，如图 5-3 所示。PE/EG/IFR 的炭层含有 PE/EG 和 PE/IFR 的特征峰，特别是炭层在 2800～3000cm^{-1} 区间出现了显著的 CH$_3$ 和 CH$_2$ 的吸收峰，表明炭层具有很好的稳定作用，抑制了 PE 的降解。

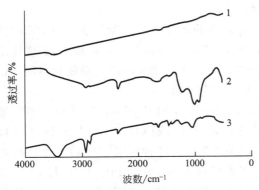

图 5-3　样品成炭的 FTIR 谱图

样品：1—PE/GE；2—PE/IFR；3—PE/EG/IFR

（2）实例二：无卤阻燃 PE

主要原料：HDPE：5200B；PE：5000S；聚磷酸铵（APP）、季戊四醇（PER）：白色粉末；偶联剂、增韧剂。

制备：将 HDPE 及 PE 在 80℃下热风干燥 2h 后待用，将 APP 与 PER 在 105℃下以 3：1 的比例高速混合 30min，同时加入偶联剂改性待用，之后将 HDPE、PE 经偶联处理的膨胀阻燃剂、增韧剂充分混合，经同相双螺杆挤出机挤出造粒，挤出机料筒温度为 160～190℃，机头温度为 195℃，制出的粒料在 90℃下热风干燥 3h 后，经注塑机注塑成型。

采用聚磷酸铵（APP）与季戊四醇（PER）协效无卤阻燃 PE 复合材料，制备出不同膨胀阻燃剂用量的无卤阻燃 PE 复合材料，研究阻燃剂的添加量对材料性能的影响，并观察阻燃剂在复合材料中的分散状况。结果表明，聚磷酸铵与季戊四醇协效无卤阻燃 PE 复合材料中，随着体系中膨胀阻燃剂添加量的增加，阻燃性能明显得到提高，当膨胀阻燃剂添加量为 30.71% 时，材料氧指数为 28.80%，可达 V-0 级。同时，无卤阻燃剂团聚现象变得明显，与基体的相容性变差，导致材料的拉伸性能与抗冲击性能变差。

（3）实例三：溴系阻燃 PE

十溴二苯醚（DBDPO）和八溴二苯醚（OBDPO）对 LDPE 的阻燃性能和拉伸强度有很大的影响。通过热分析法（DSC）和热重法（TG）比较了 DBDPO 和 OBDPO 分解行为的差异。结果表明，DBDPO 对 LDPE 拉伸强度下降的影响比 OBDPO 大。极限氧指数（LOI）测试表明：Sb$_2$O$_3$ 能够与溴阻燃剂产生协同作用，显著增强阻燃剂的阻燃性能；DBDPO 对 LDPE 的阻燃性能优于 OBDPO；用 DBDPO 为阻燃剂时，其最佳用量约为 12%（质量分数），DBDPO 与 Sb$_2$O$_3$ 的最佳比例是 3：1；以 OBDPO 为阻燃剂时，最佳用量约为 16%，与 Sb$_2$O$_3$ 的最佳比例是 2.5：1。

（4）实例四：氢氧化铝阻燃 PE

在氢氧化铝阻燃 PE 体系中，①HDPE 中单独添加氢氧化铝（ATH）阻燃剂，要使复合体系的阻燃性能达到一定的要求，其质量分数高达 60% 以上，此时体系的力学性能已严重劣化。②MH 和 ATH 按 1∶1 质量比使用具有较好的阻燃性能，比单独使用一种氢氧化物时的用量要少。③无卤阻燃剂红磷合金、聚磷酸铵和硼酸锌 HDPE/ATH 阻燃体系具有一定的阻燃增效作用，可以小幅度提高体系的阻燃性能，减少无卤添加剂的用量，从而改善体系的力学性能。

（5）实例五：聚磷酸铵阻燃 PE

中北大学塑料研究所通过极限氧指数测试、力学性能测试研究了聚磷酸铵（APP）对 PE 的燃烧性能和力学性能的影响。结果表明：APP 在添加量达到 30％以后，PE 的氧指数达到了 22.4％，可以实现离火后很快自熄；在添加了 APP 后，PE 的拉伸强度在开始的时候提高，当添加量超过 20％后，其拉伸强度开始缓慢降低；PE 的缺口冲击强度在添加 APP 后，在添加量很低时就产生了大幅度下降。

（6）实例六：微胶囊红磷阻燃 PE

通过原位聚合法制备了酚醛树脂（PF）为囊壁、红磷为囊芯的超细微胶囊红磷（MRP）阻燃剂，并采用红外光谱、X 射线光电子能谱、激光粒度分布仪对其进行表征；结果表明，制得的 MRP 平均粒径为 7.5μm，表面包覆紧密。进一步采用 MRP、炭黑及乙烯-乙酸乙烯共聚物（EVA）对 HDPE 进行阻燃改性；结果表明，使用如表 5-3 所示的配方，获得了氧指数为 30.1％、最大有焰烟密度为 41.3、阻燃级别为 V-0 级的阻燃 HDPE/EVA 电缆料，同时保持了较好的物理机械性能。

表 5-3 微胶囊红磷阻燃 PE 配方及性能

配方/份	HDPE	100
	EVA	30
	炭黑	20
	MRP	8
	硬脂酸	0.5
	硬脂酸钡	0.6
	硅烷偶联剂	1
拉伸强度/MPa	18.9	
断裂伸长率/%	580	
氧指数/%	30.1	
阻燃级别	V-0	
最大烟密度（有焰）	39.3	

（7）实例七：MEL/PETS/FR 复合体系阻燃 PE

中北大学塑料研究所采用 100 份 PE、10 份 MEL 及 15 份 PETS 的基准，通过添加不同量的 FR 来研究该复合体系的阻燃性能、力学性能和加工性能，获得四者的合理配比。结果表明：①随 FR 用量的增大，材料的氧指数逐渐变大；当 FR 用量超过 20 份时，复合材料氧指数为 27.5％，上升趋势放缓；②在一定的试验范围内，随着 FR 用量的增大，PE 复合材料的水平燃烧速度呈现出不断下降的趋势；当 FR 用量超过 20 份后，复合材料的水平燃烧速度开始增大；③随 FR 用量的增大，PE 复合材料的拉伸强度逐渐变大；当 FR 添加量超过 20 份时，拉伸强度的增大趋势减缓；④随 FR 在 PE 中添加量的增大，PE 复合材料的冲击强度一直呈下降趋势；⑤随着 FR 在 PE 中含量的增大，PE 复合材料的成型加工性逐渐变得困难，当 FR 添加量为 20 份时，PE 熔体黏度比较适宜，容易牵拉；⑥PE、MEL、PETS 及 FR 的适宜配比采用 100∶10∶15∶20。

5.3.2.2 配方

（1）配方一：黑色阻燃 PE 电缆护套料配方

黑色阻燃 PE 电缆护套料配方见表 5-4。

表 5-4　黑色阻燃 PE 电缆护套料配方

成分	用量/份	成分	用量/份
LDPE	100	十溴联苯醚	15
抗氧剂 1010	0.2	Sb_2O_3	10
EVA	30	$Al(OH)_3$	30
CA 抗氧剂	0.1	润滑剂	0.3
炭黑	3.5	其他	适量
微胶囊化红磷	7		

配方的氧指数在 28% 以上，体积电阻率为 $6.8 \times 10^3 \Omega \cdot cm$，介电强度为 23.8kV/mm，拉伸强度为 11.9MPa，低温脆化温度 $< -70℃$，耐环境应力开裂性 $> 48h$。

（2）配方二：电缆用 PE 阻燃

电缆用 PE 阻燃配方见表 5-5。

表 5-5　电缆用 PE 阻燃配方　　　　　　　　　　　　　　单位：份

成分	配方 1	配方 2	配方 3	绝缘级	抗静电阻燃
PE	100	100	100	100	100
十溴联苯醚	3	—	—	—	4
六溴环十二烷	7	—	—	—	—
氯化石蜡（氯的质量分数 70%）	—	10～15	—	—	—
亚乙基双三 α-氰基溴化磷	—	—	10～15	—	—
氯化聚乙烯	—	—	—	10	—
Sb_2O_3	4	10～15	5	7.4	3
白油	0.5～1.5	0.5～1.5	0.5～1.5	0.5～1.5	0.5～1.5
乙炔炭黑	—	—	—	—	25
亚磷酸酯	—	—	—	—	1
三(十二烷基苯磺酸)钛酸异丙酯(KR-9S)	—	—	—	—	0.5～1

（3）配方三：LLDPE/LDPE/（E/VAc）Mg（OH）$_2$ 无卤阻燃电缆料

① 选材与配方设计

a. 原材料　LLDPE，DFDA-7047，MFR = 1.0g/10min（190℃，10kg）。LDPE，2420D，MFR=0.3g/10min（190℃，10kg）。E/VAc，VA 含量为 18%。Mg（OH）$_2$，平均粒径 $8\mu m$，比表面积为 $10m^2/g$。微胶囊化红磷，含磷量 90%，平均粒径约 $43\mu m$。抗氧剂和偶联剂等。

b. 配方（质量份）　LLDPE：80；LDPE：20；E/VAc：30；Mg（OH）$_2$：70～80；微胶囊化红磷：8～10；抗氧剂、偶联剂：适量。

② 制备工艺

a. 工艺流程：制备 LLDPE/LDPE/（E/VAc）/Mg（OH）$_2$ 无卤阻燃电缆料的工艺流程如图 5-4 所示。

b. 性能测试：拉伸强度、断裂伸长率按 GB/T 1040—2006 测试；冲击强度按 GB/T 1043.1—2008 测试；氧指数按 GB/T 2406—2009 测试。

③ 性能与配方要点

a. 在配比为 80:20:30 的 LLDPE/LDPE（E/VAc）体系中，加入适量的 Mg（OH）$_2$

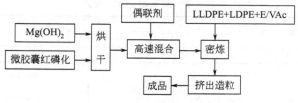

图 5-4　工艺流程

为主阻燃剂，微胶囊化红磷为辅阻燃剂，制得的电缆料阻燃性好。

b. Mg（OH）₂ 经偶联剂改性处理后，不仅能改善材料的力学性能，而且可使阻燃性能有所提高。

c. 随 Mg（OH）₂ 用量的增多和粒径微细化，材料的阻燃性能有所提高，但其用量应有一定限度，否则，材料的阻燃性能虽好，但力学性能、加工性能将明显下降。如表 5-6 所示。

表 5-6　配方性能

项目	测试标准	无卤阻燃电缆料	RM-E1850①
拉伸强度/MPa	GB/T 1040	10.6	＞10.0
断裂伸长率/%	GB/T 1040	285	＞300
热老化/(100℃×7d)	SH/T 1153		
拉伸强度保持率/%		95	95～105
伸长率保持率/%		92	95～105
氧指数/%	GB/T 2406	31	＞30
垂直燃烧	GB/T 2406	FV-0 级	FV-0 级
烟密度 D_m	ASTM E 622	200	＜150
pH 值	IEC-754-2	5.2	＞3.5
体积电阻率/Ω·cm	GB/T 1404	$1.3×10^{15}$	$1.5×10^{15}$
介质损耗角正切值	GB 1409	$1.8×10^{-3}$	＜$5×10^{-3}$

①日本产品牌号。

（4）配方四：卤-锑阻燃剂阻燃 PE 配方

卤-锑阻燃剂阻燃 PE 配方见表 5-7。

表 5-7　卤-锑阻燃剂阻燃 PE 配方

成分	用量/份	成分	用量/份
十溴二苯醚	20	偶联剂	1
氧化石蜡-70(含氯 70%)	10	PE	100
Sb₂O₃	15	氧指数/%	26
滑石粉	20		

卤-锑阻燃剂组合对 PE 薄膜阻燃配方见表 5-8。

表 5-8　卤-锑阻燃剂阻燃 PE 薄膜配方

成分	用量/份	成分	用量/份
PE 薄膜	96	Sb₂O₃	1
Saytex BT-93①	3	UL-94 阻燃标准	VTM V-0 级

①美国乙基公司生产的 1，2-双（四溴邻苯二甲酰亚胺）乙烷。

（5）配方五：溴系阻燃 PE 配方

溴系阻燃 PE 配方见表 5-9。

表 5-9　溴系阻燃 PE 配方

项目名称	配方编号		
	1	2	3
配方(质量分数)/%			
HDPE	—	—	100
LDPE	100	100	—
双(四溴邻苯二甲酰亚胺)乙烷(SaytexBT-93)	38	6.5	9
Sb_2O_3	10.3	2.2	2.8
陶土	24	—	—
性能			
拉伸强度/MPa	13.8～31.0	13.8～31.0	20.7
伸长率/%	100～300	—	450
悬臂梁冲击强度/(kJ/m²)	21.4～74.7	21.4～74.7	98.8
UL94(3.2mm)	V-0	V-2	V-2
氧指数/%	26.7	25.0	26.0

（6）配方六：几种常用无机阻燃填料对 LDPE 电缆料的阻燃

几种无机阻燃填料阻燃 LDPE 电缆料配方见表 5-10。

表 5-10　几种无机阻燃填料阻燃 LDPE 电缆料配方

项目名称	配方编号				
	1	2	3	4	5
配方(质量分数)/%					
LDPE(超低密度,MI=0.4,相对密度0.9)	100	100	100	100	100
氢氧化镁	50	100	—	—	100
氢氧化铝	—	—	100	—	—
$Mg_3Ca(CO_3)_4$(<0.5μm)	—	—	—	70	—
$Mg_4(CO_3)_3(OH)_2 \cdot 3H_2O$	—	—	—	30	—
硼酸锌	17	10	10	10	—
硅树脂粉	8	2	5	5	12
炭黑	3	3	3	5	3
性能					
拉伸强度/MPa	14.7	12.7	13.7	13.7	10.8
伸长率/%	620	420	400	560	470
氧指数/%	29	32	32	35	37
IEEE-383 试验	通过	通过	通过	通过	未通过

5.4　PP 的阻燃

5.4.1　用于 PP 的阻燃剂

由于 C—Br 键的键能较低，大部分溴系阻燃剂在 200～300℃下会分解，此温度范围正好也是 PP 的分解温度范围，所以在 PP 受热分解时，溴系阻燃剂也开始分解，并能捕捉其降解反应生成的自由基，从而延缓抑制燃烧的链反应，同时释放出的 HBr 本身也是一种难燃气体，这种气体密度大，可以覆盖在材料的表面，起到阻隔表面可燃气体的作用，也能抑制材料的燃烧。这类阻燃剂还能与其他一些化合物（如 Sb_2O_3）复配使用，通过协同效应使阻燃效果得到明显提高，所以溴系阻燃剂在 PP 阻燃应用中具有重要地位。

在 PP 中采用 IFR，可降低 PP 热裂或燃烧时生成的烟或腐蚀性气体及有毒产物量，对环境友好，是阻燃剂的一个发展方向，近年来备受青睐，且时有新品种问世。但从总体上来看，IFR 体系还处于开发阶段，现有的 IFR 体系普遍存在着添加量大、与 PP 相容性差、易吸潮，影响 PP 的耐候性等问题，还有待进一步完善。

工业上生产 UL 94V-2 级及 UL 94V-0 级两种阻燃 PP，前者用于制造某些阻燃要求不甚严格的汽车构件、电气构件、地毯、纺织品、管子和管件等，后者用于制造电视机构件、汽车内受热的特殊构件、某些家用电器和真空泵的部件等。

对于 UL 94V-2 级 PP，添加 4％的溴系阻燃剂及 2％的三氧化二锑即可满足要求，此时阻燃 PP 的物理-力学性能与原始 PP 相差无几，仅冲击强度有时略有下降。为使 PP 通过 UL 94V-0 级，需要添加总量达 40％的阻燃剂（如 20％左右的 DBDPO，6％的三氧化二锑及 15％左右的无机填料），否则不能消除熔滴。但这样高的阻燃剂含量使阻燃 PP 丧失了原有的回弹性和其他一些优良性能。采用 0.5％～3.0％的钛酸酯偶联剂处理的填料，可改善 PP 的柔顺性和阻燃性。磷系阻燃剂中的磷酸酯类、聚磷酸铵在 PP 中有一定效果。另外，磷同卤素有协效作用。据报道，三［2，2-二（溴甲基）-3-溴丙基］磷酸酯对 PP 有很好的阻燃效果，分解温度高（达 282℃），可以经受 PP 的加工温度。在 PP 中达到 7.1％的溴含量和 0.3％的磷含量就可以使 PP 的氧指数达到 25.6％。聚磷酸铵则多用于与其他阻燃剂配合使用，特别是用在膨胀阻燃体系。

近年来，膨胀型阻燃剂（IFR）在 PP 中的应用受到重视，但要达到 UL94 V-0 级标准，添加的阻燃剂量仍然要求较多，一般要在 25％或 30％以上，不仅成本高，而且对聚合物物性有负面影响。此外，PP 的加工助剂或氧化剂有可能排挤膨胀型阻燃剂的成分，使其迁移出聚合物。因此，要加入适当的界面改性剂进行调节。目前，也开发出一些单一的多组分膨胀阻燃剂，效果较好。已使用在阻燃的电气、地板胶及室内用具方面。

5.4.2 PP 阻燃实例及配方

5.4.2.1 实例

（1）实例一：芳基磷酸酯/膨胀型阻燃剂协同阻燃 PP

主要原料：间苯二酚双（二苯基）磷酸酯（RDP），分析纯；三聚氰胺焦磷酸盐（MPP），工业级；季戊四醇（PER），分析纯；PP，T30S；抗氧剂，B215。

以间苯二酚双（二苯基）磷酸酯（RDP）为阻燃协效剂，与三聚氰胺焦磷酸盐（MPP）和季戊四醇（PER）组成的膨胀型阻燃剂（IFR）复配，制备了具有良好阻燃性能的无卤阻燃 PP。研究 RDP 的用量对 PP/IFR 体系阻燃性能和力学性能的影响，并通过热重分析（TGA）和动态热机械分析（DMA）等手段对阻燃材料进行了表征。结果表明：RDP 与 IFR 具有明显的协同阻燃作用。当 RDP 质量分数为 5.0％时，阻燃 PP 的氧指数（LOI）从 28.5％提高至 30.5％，UL-94 由 V-1 级提升至 V-0 级；此外，体系的缺口冲击强度也有较大幅度的提高。

（2）实例二：Mg（OH）₂ 表面处理对 PP 的影响

分别采用硬脂酸和硅烷偶联剂对 Mg（OH）₂ 进行表面处理，研究了 Mg（OH）₂ 的表面处理方法对 PP 熔体流动速率和阻燃性能的影响。结果表明，经表面处理的 Mg（OH）₂ 可显著改善 PP 的加工性能，但对 PP 的阻燃性能没有明显影响。相同条件下，硅烷偶联剂比硬脂酸的改性效果更好，酸化水解条件对硅烷偶联剂的改性效果没有影响。

（3）实例三：新型磷系阻燃 PP

采用新型磷系阻燃剂 1,2,3-三（5,5-二甲基-1,3-二氧杂己内磷酸酯基）苯制备了无卤阻燃 PP 复合材料。结果表明，在 PP 中添加 25％的阻燃剂可以获得良好的阻燃效果，氧指数达到 25.5％，平均热释放速率下降了 22.5％，有效燃烧热平均值下降了 61.0％，且燃烧后形成了无数封闭孔洞的焦化炭层。

（4）实例四：膨胀阻燃 PP

中北大学塑料研究所研究了 APP、MEL、PETS 三者的组分配比对 PP/IFR 复合材料的阻燃性能和力学性能的影响。研究结果表明，当 IFR 总添加量为 30％时，变化 APP、MEL、PETS 三者的配比，阻燃体系的 LOI 浮动较大。当 APP：MEL：PETS＝2.5：1.5：0.5 时，PP/IFR 阻燃体系的 LOI 最高，达到 27.3％。与其他配比体系相比，按此配比得到的复合材料力学性能相对较好。

5.4.2.2 配方

（1）配方一：阻燃 PP 电缆料配方

阻燃 PP 电缆料配方见表 5-11。

表 5-11　阻燃 PP 电缆料配方

成分	用量/份
PP(polypro E610)	85
卤素阻燃剂(Fire Guare FG-Xk)	10
Sb_2O_3	5
抗铜害剂(草酸二酰肼)	0.2

混合，挤出造粒，挤出异型材，可焊接、拼装作嵌装玻璃用，用于火车、汽车门框。氧指数为 26.5％，拉伸强度达 35～45MPa，耐低温，−40℃对折不裂，缺口冲击强度为 25～30kJ/m²。此配方挤出造粒后，还可注射成型蓄电池外壳或阻燃周转箱。

（2）配方二：PP 阻燃装饰板配方

PP 阻燃装饰板配方见表 5-12。

表 5-12　PP 阻燃装饰板配方

成分	配方 1/份	配方 2/份	配方 3[①]（质量分数）/％
PP	100	100	40
双(2,3-二溴丙基)反丁烯二酸酯	7	—	—
八溴醚四溴双酚 A	—	7	—
Sb_2O_3	4	3	—
亚磷酸酯类	0.2	0.5	—
$Mg(OH)_2$(粒径 $8\mu m$ 以下)	—	—	42
水泥(粒径 $10\mu m$ 以下)[②]	—	—	18

① 装饰板氧指数为 34.5％。

② 水泥为吸水填料，并添加适量偶联剂。

（3）配方三：几种 UL94V-2 及 V-0 级阻燃 PP 的配方及性能

几种 UL94V-2 及 V-0 级阻燃 PP 的配方及性能见表 5-13 和表 5-14。

表 5-13　几种 UL 94V-2 及 V-0 级阻燃 PP 的配方及性能

配方及性能	试样 1	试样 2	试样 3	试样 4[3]
配方/份				
PP	94	96	100	100
阻燃剂[1]	BDBNCE	HBCD-SF	FR-1034	FR-1046
用量	4.0	3.0	2.7	2.4
Sb_2O_3	2.0	1.0	1.50	1.0
物理机械性能				
屈服拉伸强度/MPa	29.6[2] (29.3)	31.0 (30.3)	35.0 (35.0)	35.0
拉伸模量/GPa	1.50 (1.10)	1.72 (2.0)	1.50 (1.50)	1.50
弯曲强度/MPa	44.5 (41.7)	41.1 (41.7)		
弯曲模量/GPa	16.0 (1.3)	0.96 (1.03)		
伸长率/%			102 (102)	104
悬臂梁式缺口冲击强度/(kJ/m²)	51.3 (64.1)	58.5 (53.2)	11.0 (7.0)	11.0
热变形温度(1.82MPa)/℃	55 (47)	74 (69)		
熔体指数/(g/10min)	5.0 (3.2)	4.5 (4.9)		
阻燃性能				
氧指数/%	27.1 (17.1)		25.5 (18.0)	
阻燃性	V-2(3.2mm) 燃烧	V-2(1.6mm) 燃烧	V-2(0.8mm) (V-B)	V-2(0.8mm)

①FR-1034 为四溴一缩二新戊二醇，FR-1046 为双（3-溴-2，2-二溴甲基丙基）亚硫酸酯。

②所有括号内的数据均为原始树脂的相应值。

③试样 4 的基材与试样 3 的相同。

表 5-14　几种 UL 94V-2 及 V-0 级阻燃 PP 的配方及性能

配方及性能	试样 1	试样 2	试样 3	试样 4
配方/份				
PP	58	52	58	58
阻燃剂	DBDPO	DCRP	BTBPIE	BTBPE
用量	22	38	22	22
溴含量/%	18.3	24.7（Cl）	14.8	18.0
Sb_2O_3	6	4	6	6
无机填料	14（滑石粉）	6（硼酸锌）	149（滑石粉）	14（滑石粉）
物理机械性能				
屈服拉伸强度/MPa	26.2 (25.0)	18.5 (22.5)	26.9	27.6
拉伸模量/GPa	3.10		3.30	3.0
弯曲强度/MPa	48.3	50.0 (63.2)	51.0	50.3
弯曲模量/GPa	1.90 (1.50)	3.28 (2.09)	3.00	2.70

续表

配方及性能	试样 1	试样 2	试样 3	试样 4
伸长率/%	4.0 (102)	4.9 (33.4)	2.1	3.1
悬臂梁式缺口冲击强度/(kJ/m²)	21.3	20.2 (25.0)	21.3	21.3
热变形温度(1.82MPa)/℃	64	122(0.64MPa) (110)	69	66
熔体流动速率/(g/10min)	4.6		3.9	4.1
氧指数/%	26.3 (18.0)	29.0 (18.0)	25.3	25.8
阻燃性(UL94) 3.2mm	V-0(燃烧)		V-0	V-0
1.6mm	V-0(燃烧)	V-0(燃烧)	V-0	V-0

（4）配方四：微胶囊化红磷制作阻燃 PP

微胶囊化红磷阻燃 PP 的配方见表 5-15。

表 5-15　微胶囊化红磷阻燃 PP

组分名称	加入量/份	氧指数/%	垂直-水平燃烧试验
PP	100		
微胶囊化红磷	7		
抗氧剂	0.3	29.5	UL-94 标准 V-0 级
TPP 热稳定剂	1		
滑石粉	5		
Al(OH)₃	100		

（5）配方五：阻燃 PP 车窗框

红磷的微胶囊化处理是先用无机包覆，再用 PS 包覆已无机包覆的红磷。

硫酸铝 17 质量份，硫酸锌 4 质量份，红磷 60 质量份，烧碱溶液（质量分数 10%）适量，水 100 质量份，凝胶剂适量。将硫酸铝、硫酸锌加入水中，加热搅拌使之完全溶解，加入红磷搅拌 30min 后转入球磨机中将红磷颗粒研磨到 $5\sim10\mu m$，然后边搅拌边滴加烧碱，调节 pH 值为 6.0~7.0，再加入凝聚剂缓缓搅拌，保温熟化 1.5h，经过滤、洗涤、干燥得 Al(OH)₃ 和 Zn(OH)₂ 包覆的红磷阻燃剂。这种无机包覆虽然对降低红磷的吸水率和 PH₃ 的生成有很大作用，但还不充分，因此要再用 GPPS 来包覆经无机包覆的红磷。

向 PS 反应器中按 PS∶二甲苯＝1∶3（质量比）加入 PS 和二甲苯，使树脂溶解，再按 PS 溶液∶红磷＝1∶1（质量比），加入无机包覆的红磷，充分搅拌后，送入溶剂回收装置的干燥器中，于 60℃±5℃下干燥，得无机和有机包覆的微胶囊化红磷（即 IO 红磷阻燃剂）。

阻燃 PP 车窗框配方见表 5-16。

表 5-16　阻燃 PP 车窗框

成分	用量/份
PP	100
EVA	10
抗氧剂 1010	0.25
辅助抗氧剂 DLTP	0.25
ZnSt	3~4
IO 红磷微胶囊化阻燃剂	10

（6）配方六：有机硅阻燃的 PP 的配方及性能

有机硅阻燃 PP 配方及性能见表 5-17。

表 5-17 有机硅阻燃 PP 配方及性能

序号	1(未阻燃 PP)	2	3	4
配方/份				
PP	100	47.4	74.2	78.5
SFR-100		10.5	9.5	10.7
DBDPO		13.5	6.9	
硬脂酸镁		4.7	4.4	3.6
ATH		23.9		
滑石粉			0.5	7.2
性能				
密度/(g/cm³)	0.9	1.2	1.01	1.06
熔体流动速率/(g/10min)	4	10～25	10	6
抗拉强度/MPa				
屈服	37.2	18.8	25.4	16.5
断裂		8.61		14.5
抗弯模量/GPa	1.34	1.37	2.08	0.827
V 型缺口冲击强度/(J/m)	25.0	47.9	85.1	138.3
洛氏硬度(R)	100	60	83	93
热变形温度/℃				
0.455MPa	93	85	137	61
1.8MPa		54	55	43
氧指数/%		30	27	23
阻燃性 UL94(1.6mm)		V-0/5V	V-1	V-1
体积电阻率/Ω·cm	297×10¹⁵	1.6×10¹⁵	21.0×10¹⁵	58×10¹⁵
介电强度/(kV/mm)	26.2	31.1	31.9	24.5
介电常数(10⁶Hz)	1.67	2.42	1.61	1.08

含有 SFR-100 的阻燃 PP 具有下述特点。

① 能大幅度提高 PP 的冲击强度，特别是低温下的抗冲强度。例如，含 10 份 SFR-100 及 10 份其他协效剂的 PP，在常温下的 V 型缺口冲击强度可达未阻燃 PP 的 5 倍以上。即使其他添加剂含量达 40 份，也能达到 2 倍左右。

② 能明显改善 PP 的流动性，含 10 份 SFR-100 及 10～40 份其他添加剂的阻燃 PP，其熔体流动速率为未阻燃 PP 的 1.5～2.5 倍。这些添加剂能发挥增塑剂及流动促进剂的功能。

③ 能有效地促进成炭，阻止烟的生成和火焰的发展。同时，SFR-100 可通过类似互穿聚合物网络（IPN）部分交联机理而结合入聚合物中，故阻燃剂不会流动和迁移，不会渗至表面。

④ SFR-100 能改善 PP 的加工性能。对挤塑和注塑，可降低机械扭矩、熔融压力、熔体黏度和循环周期；对吹塑，则可使过程在较低剪切速度和较低温度下进行，还易于吹塑至难于填充的模具死角。因而可降低加工阻燃 PP 的能耗和提高劳动生产率。

5.5 PVC 的阻燃

5.5.1 用于 PVC 的阻燃剂和抑烟剂

PVC 本身具有自熄性，但在加工和使用时往往加入大量的增塑剂，从而大大提高了

PVC制品的可燃性，制品燃烧时还会产生大量有毒的烟雾，使人难以辨别方向和路径而造成救援和逃离火场的困难。据统计，火灾中死亡人数的80%是因燃烧时产生的有毒气体窒息而死的。因此，对PVC的阻燃与抑烟研究引起人们极大的关注。由此可见，对PVC的阻燃化设计，除了赋予其优良的阻燃性能，基本不影响原材料的物理性能与加工性能外，还应考虑到低烟、低毒问题。

（1）金属氧化物阻燃抑烟剂

金属氧化物（M_xO_y）是目前使用最多、最有效的PVC阻燃抑烟剂，分为酸性、碱性与两性三大类。不同类型的金属氧化物对PVC热解历程有不同的影响，从而产生不同的阻燃抑烟效果。

M_xO_y能有效提高体系的氧指数，降低烟密度，增加成炭量，使热解产物中芳香族挥发分比例减少，脂肪族挥发分比例增加。比较而言，过渡金属氧化物的阻燃抑烟效果最好。

（2）氢氧化铝、氢氧化镁阻燃抑烟剂

$Al(OH)_3$和$Mg(OH)_2$能显著地降低PVC的燃烧性能和发烟量，同时大大降低阻燃剂的填充量。超微细水合氧化铝（ATH）对硬PVC塑料物理机械性能、阻燃性能、消烟性能具有较大的影响。基本配方为：PVC树脂（SG-5）100质量份，增塑剂7质量份，稳定剂6.5质量份，润滑剂2.1质量份，其他助剂10.2质量份。试验表明，用偶联剂处理的ATH添加20%（质量分数）时，氧指数达47.1%，最大烟密度D_m降至75.6。以$Al(OH)_3$为主体并配了多种无机阻燃剂进行协同复配，研制成无机复合阻燃剂，具有添加量少、阻燃性好、低烟、无毒、价格低等特点。其基本配方为：PVC100质量份，铅系稳定剂4.0质量份，润滑剂0.4质量份，其他助剂3.5～5.0质量份。阻燃性能见表5-18。

表5-18　$Al(OH)_3$阻燃性能

$Al(OH)_3$/质量份	氧指数/%	垂直燃烧法	拉伸强度/MPa	缺口冲击强度/(kJ/m²)
20	58	FV-0，烟极少	52.0	7.0
40	＞80	FV-0，烟极少	50.8	6.5
60	＞80	FV-0，烟极少	52.9	6.5

（3）锌系化合物阻燃抑烟剂

能用于PVC阻燃抑烟的锌系化合物主要为硼酸锌（$2ZnO \cdot 3B_2O_3 \cdot 5H_2O$）。作用于PVC体系的硼酸锌与三氧化二锑相比，具有如下优点：①具有高的脱水温度；②是能完全反应的物质；③具有阻燃、抑烟和抑制余灰等多种功能；④色浅；⑤能提高体系的电性能；⑥低毒；⑦在提高体系的阻燃抑烟性能的同时，还可使体系的断裂强度、断裂伸长率和缺口冲击强度得到明显提高。

硼酸锌在PVC燃烧中的行为模式：在体系的燃烧过程中，硼酸锌发生分解，产生的三氧化二硼形成一层玻璃状物质，覆盖在聚合物表面，起到抑制余灰的作用。而分解产生的锌化合物，存在于凝聚相中，催化PVC脱HCl并促进其交联，提高成炭量、降低成烟量、阻止燃烧继续进行。目前市售品种有：美国Borax公司的Firebrake ZB系列，Climax公司的ZB系列等。

（4）铁系、铜系化合物阻燃抑烟剂

铁的许多有机或无机化合物均为PVC良好的阻燃抑烟剂，主要包括：FeOOH、二茂铁、Fe_2O_3等。这类阻燃抑烟剂的主要特点如下：①能显著提高该体系的氧指数，降低烟密度，提高成炭量；②能提高体系的热稳定性，降低体系的最大热释放速率，提高机械强度，改善加工性能，但对结晶性能有不良影响；③气相和液相两相反应；④挥发性强；⑤色重。

在 PVC 燃烧中的行为模式：无论哪种形式的铁系化合物，在与 PVC 脱出的 HCl 反应后，首先均生成第一步反应中心作用物 $FeCl_3$；继续反应生成第二步反应中心作用物 Fe_2O_3；成烟结束后均变为 α-Fe_2O_3。研究结果表明，铁系化合物具有炭化效应，对高聚物具有优异的阻燃消烟作用，铁系化合物燃烧时生成 $FeCl_4$，对促进炭化起了重要作用。

用作 PVC 阻燃抑烟体系的铜系化合物主要有：Cu、CuO、Cu_2O 和 Cu $(COOH)_2$ 等，这类阻燃抑烟剂的主要特点：①十分有效地抑制了烟的生成和提高体系的阻燃性能；②使体系脱 HCl 以及交联反应均提早发生，并且成炭量大大增加；③使热解气相产物中芳香族产物比例减少，脂肪族产物比例增加；④典型的凝聚相反应；⑤体系热解过程中，中心作用物为 Cu^+。

（5）钼系化合物阻燃抑烟剂

用作 PVC 阻燃抑烟体系的钼系化合物主要有氧化钼（MoO_3）、钼酸镍、钼酸锌、钼酸钙、八钼酸铵等，其中研究最多的是氧化钼。氧化钼主要特点如下：①能有效地提高体系的阻燃性能并抑制烟的生成；②其气相反应不重要，阻燃抑烟主要是按照凝聚相反应与异相反应机理进行；③对残炭的氧化作用对于烟密度的降低很重要。

MoO_3 和八钼酸铵主要用于 PVC 的抑烟，将这两种抑烟剂加入硬 PVC 中，当用量为 0.5%～5.0% 时，材料生烟量降低 30%～80%，氧指数提高了 3%～10% 个单位。对用作电缆包覆材料的软 PVC，加入 2% 的 MoO_3 或八钼酸铵，材料生烟量可减少 70%～80%，氧指数可提高约 3%。

（6）复合物类阻燃抑烟剂

所谓复合物，即指那些具有协同效应的阻燃抑烟剂，按一定比例混合后，作为一个整体加入 PVC 体系中，起阻燃抑烟作用。已为实验所证实的复合物有：钼化合物/Sn_2O_3、硼酸锌/Sn_2O_3、硼酸锌/Sn_2O_3/Al $(OH)_3$、Cu_2O/MoO_3/三聚氰胺八钼酸盐/草酸铜、硼酸锌/氢氧化铝、FeOOH/Sb_2O_3/ZnO、ZnO/MgO、ZnO/CaO 及硼酸锌/A 钼酸铵/锡酸锌。一种既能阻燃又可消烟的助剂-ZnO 和 MgO 固熔体，其消烟性能见表 5-19。

表 5-19 复合物类阻燃抑烟剂消烟性能

Sb_2O_3 用量/%	ZnO-MgO 用量/%	氧指数/%	烟密度	消烟率/%
2.0	0	32.9	78	0
1.5	0.5	34.6		
1.0	1.0	34.5	43.6	44.0
0	2.0	33.7	38.0	51.0

镁-锌复合物，即 magnesium-zinc complex，是一种新的阻燃和抑烟剂，它可能是 Mg、Zn 的固体溶液，适用于 PVC。对于典型的含有锡稳定剂的硬质、半硬质和软质 PVC（邻苯二甲酸二辛酯增塑），Ongard 均具有良好的抑烟效果。NITS 烟室法测定结果表明，这种抑烟剂可使 PVC 的生烟量降低约 30%（明燃），或 50%（阴燃），且含量以 4% 为最佳。

除上述几类典型的阻燃抑烟剂外，还有许多其他试剂可用作 PVC 的阻燃抑烟，如碳酸盐、沸石、磷酸盐和草酸盐等。钙系化合物具有优异的消烟及吸收 HCl 的性能，特别适合于 PVC 的阻燃与消烟。如铝酸钙（$3CaO \cdot Al_2O_3 \cdot 6H_2O$）、硬硅钙石（$6CaO \cdot 6SiC_2 \cdot H_2O$）等，其成本约为 ATH 的一半，而阻燃性与 ATH 相当，消烟性能则优于 ATH。

阻燃消烟技术已越来越受到人们的普遍重视。实践表明采用单一组分消烟效果不佳，而选用高功能复合阻燃抑烟剂是消烟阻燃技术的方向。

（7）磷酸酯类阻燃 PVC

常用的磷酸酯类增塑剂有磷酸三甲苯酯（TCP）、磷酸三苯酯（TPP）、磷酸三辛酯（TOP）、磷酸二苯辛酯（DPOP）、磷酸二苯异癸酯（IDDP）、磷酸三芳基酯（Reofos 65）、磷酸三（二甲苯）酯、磷酸三（溴氯丙）酯、磷酸二苯叔丁苯酯、磷酸二苯异丙苯酯、磷酸二苯异辛酯及国外商品化产品 Phosflex A307、Phosflex A312、Phosnex A314 等。

磷酸三甲苯酯的挥发性较低，室温下为液体，对力学性能要求高的 PVC 制品有良好的阻燃性，赋予制品的柔软性比 DOP 低，耐水性、耐久性、耐菌性良好。但它的邻位异构体有毒性，使用受到限制。磷酸三苯酯挥发性小，有较好的阻燃性，但易于从 PVC 中结晶，用量不能过多，限制了其使用。用芳基磷酸酯或氯化磷酸酯代替传统的增塑剂 DOP 或邻苯二甲酸二异癸酯（DIDP），可明显改善软质 PVC 的阻燃性。有研究表明，用 50 质量份磷酸三异丙基苯酯可使氧指数达 31.8%，而用 50 质量份的 DOP，氧指数只有 23.5%。

磷酸酯的阻燃作用被认为是在 PVC 热解过程中产生的 HCl，可以催化磷酸三异丙基苯酯分解，形成磷酸和对异丙苯酚，然后磷酸在更高的温度下，脱水缩合生成多磷酸，而起到阻燃作用。使用硼酸锌、八钼酸铵、锡酸锌对 DOP/磷酸酯并用体系有一定的协效阻燃作用，可提高氧指数约 3%。与 DOP 相比，使用其他一些磷酸酯类增塑剂也可改善软 PVC 的阻燃性，但磷酸酯类阻燃剂成本较高，而且对制品某些性能有负面影响，应尽量减少用量。

有试验在比较了不同单磷酸酯和二磷酸酯对增塑 PVC 性能的影响，发现单磷酸酯中，线型烷基磷酸酯比支链烷基磷酸酯有更好的阻燃抑烟效果，碳原子数为 12 的烷基磷酸酯的改性效果最佳；二磷酸酯的理想的桥联烷基的碳原子数是 10。

有研究开发了一种新的磷酸酯增塑剂，其结构为：

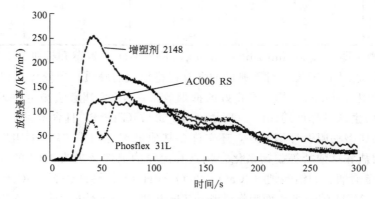

它与 Al（OH）$_3$（ATH）和硼酸锌（ZB）合用是有效的阻燃抑烟剂。

有学者还用锥形量热仪比较了该新型磷酸酯与其他正十四烷基二苯基磷酸酯（增塑剂 2148）和异丙基苯基二苯基磷酸酯（Phosflex 31L）的阻燃抑烟效果，结果如图 5-5 和图 5-6 所示。

图 5-5　不同磷酸酯增塑 PVC 的放热速率

（锥形量热单位面积功率 50kW/m²）

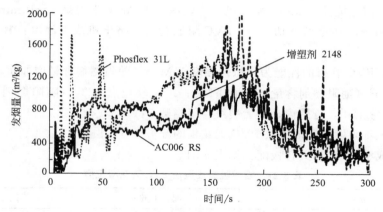

图 5-6 不同磷酸酯增塑 PVC 的发烟量

（锥形量热单位面积功率 50kW/m²）

5.5.2 PVC 阻燃实例及配方

5.5.2.1 实例

（1）实例一：软质 PVC 阻燃性能研究

通过 TEM、BET 对改性前后的氢氧化镁进行表征，通过 TG 对氢氧化镁进行热失重分析；并考察了氢氧化镁用量对软质 PVC 体系阻燃性能和力学性能的影响。结果表明：改性氢氧化镁比表面积有所增大；在 314～430℃范围内，氢氧化镁失重 27.5％；改性氢氧化镁在软质 PVC 体系中有较好的相容性和分散性；添加 40g 改性氢氧化镁，体系的氧指数由 25.5％提高到 27.7％，拉伸强度由 23.6MPa 下降到 18.6MPa，既达到了较好的阻燃效果，又对力学性能的影响不大。

（2）实例二：MBO 阻燃抑烟 PVC

将以钼和铬为金属基的有机复合物（MBO）作为 PVC 的阻燃抑烟剂，结果发现，MBO 具有优良的阻燃抑烟效果，尤其当 PVC 中分别加入邻苯二甲酸酯和磷酸盐类增塑剂时，可以使体系的氧指数从 27.2％分别增至 29.25％和 33.2％，同时又大大降低了生烟量。

5.5.2.2 配方

（1）配方一：阻燃 PVC 输送带配方

由本配方压延的工业用输送带的氧指数为 28.5％，阻燃性良好。其中 PVC 为悬浮 3 型或 4 型树脂，100 份；磷酸三甲苯酯（TCP），60 份；DOP，15 份；铅白，5 份。

（2）配方二：阻燃抑烟 UPVC 管材的配方

虽然 PVC 本身具有自熄性，氧指数达 45％～49％，但如果用在配线管中，则不满足消防氧指数≥50％的要求，在大火时，PVC 的发烟度较大，这要求 PVC 要添加抑烟剂。配方见表 5-20。

表 5-20 阻燃抑烟 UPVC 管材配方

成分	用量/份	成分	用量/份
PVC(S-1000)	100	三氧化二锑	3
CPE	6～8	氢氧化铝	9
三碱式硫酸铅	3	四溴双酚 A	3.5
二碱式亚磷酸铅	3	HSt	1.5
		石蜡	1.5

生产工艺：高速搅拌 10min→密炼机→二辊炼胶机 180℃下混炼 5～10min→拉片冷却切粒→挤出机挤出→冷却定型→切管→UPVC 阻燃管材。挤出机成型温度：160～175℃，口模温度 185℃。

阻燃抑烟 UPVC 管材的性能为：拉伸强度 40MPa（随阻燃剂含量增加而下降）；缺口冲击强度 105kJ/m² （随阻燃剂含量增加而下降）；维卡软化点 92℃ （随阻燃剂含量增加而上升）；室温下冷弯 120°，管壁内、外无裂纹；氧指数 54%。

（3）配方三：阻燃吸塑成型法 PVC 天花板的配方

阻燃吸塑成型法 PVC 天花板配方见表 5-21。

表 5-21　阻燃吸塑成型法 PVC 天花板配方

成分	配方 1/份	配方 2/份
PVC(悬浮 4 型)	100	100
三碱式硫酸铅	7	5
二碱式亚磷酸铅	1	2
CaSt	0.5	1.5
DOP 增塑剂	5～10	10
轻质 CaCO₃	5	10
钛白粉(金红石型)	—	3
颜料	适量	—
荧光增白剂	—	0.05～0.1

生产工艺：高速捏合 5～10min，温度≤110℃，冷却到 50℃后出料；由挤出机或二辊塑炼机为四辊压延机上料；剥离成片后冷却、卷取、裁切；将片材夹在真空吸塑成型机的加热框内加热后，在模具上吸塑成型；冷却，切边成产品。

真空吸塑成型的模具可以是石膏模、环氧树脂模、铝及其他金属模具，甚至可以是木模。模具表面应光滑，为防止材料黏附，可涂少量脱模剂。一般半硬质 PVC 阻燃塑料天花板的尺寸为 500mm×500mm，厚度为 1.5～3.5mm。

5.6　PS 的阻燃

5.6.1　用于 PS 的阻燃剂

对阻燃 PS，因其加工温度较高（180～210℃），常用芳香族溴化物阻燃，一般的脂环族或脂肪族溴化物的热稳定性难于满足要求，但经过热稳定处理的 HBCD，则是 PS 的一种高效阻燃剂。

对于由 PS 可发性珠粒制造的阻燃发泡塑料，由于 PS 泡沫的加工温度较低，可以选择阻燃效率高、热稳定性较低的脂肪族或脂环溴化合物阻燃剂。一般大多选用六溴环十二烷（HBCD）。此外，五溴二苯醚、四溴双酚 A、二溴丁基醚、三溴苯基丙基醚等也有较好的阻燃效果。以六溴环十二烷阻燃的泡沫 PS 挤出型材为例，配方为：PS 100 质量份、HBCD 6 质量份、发泡剂 2.25 质量份、矿物油 0.1 质量份、稳定剂 0.1 质量份，可以得到密度为 0.45g/cm³ 的挤出型材，燃烧试验测试结果为 UL94 （3.2mm）达到 V-0 级，氧指数达到 25%。

三（2,3-二溴丙基）异三聚氰酸酯（TBC）：TBC 与 PS 树脂的相容性良好，起始分解温度为 250～265℃，熔点为 100～110℃，在 PS 泡沫塑料制造时容易操作，阻燃效果较好，作为 HBCD 的替代品适用于 XPS 的阻燃。

二溴乙基二溴环己烷：与 PS 树脂具有较好的相容性，主要用于加工温度为 150～160℃ 的 EPS，不及四溴环辛烷稳定。通过添加水滑石、丙烯酸酯或丙烯酸甲酯可协效四溴环辛烷或二溴乙基二溴环己烷实现阻燃性能。

膨胀石墨阻燃 PS 的应用：膨胀石墨的层状晶格结构可形成特殊类型的插层化合物。有研究表明，膨胀石墨与磷、氮系阻燃剂复配使用可达到较好的阻燃效果。例如，德国巴斯夫公司在专利 US6130265 和 US6340713 中首先提出制备含有石墨颗粒的 EPS 的方法。此方法得到的 EPS 密度小于 35kg/m³，具有自熄性，可通过 DIN 4102 燃烧试验的 B2 级。另外，脂肪族、脂环族和芳香族溴化合物（如 HBCD、五溴单氯环己胺和五溴苯基烯丙醚）等溴系阻燃剂可用于该材料中进一步提高阻燃性能。2002 年巴斯夫专利 US644714 介绍了制备无卤 EPS 的方法：5％～50％的膨胀石墨与 2％～20％的磷酸化合物复配，通过悬浮聚合法制备膨胀 PS 颗粒。专利中所提到的磷酸化合物可以是无机或有机磷酸盐、亚磷酸酯或磷酸酯、红磷。优选的磷化合物为磷酸二苯酯、磷酸三苯酯、磷酸二苯甲苯酯、聚磷酸铵、磷酸间二苯酚二苯酯、三聚氰胺磷酸盐、苯基膦酸二甲酯、甲基膦酸二甲酯。用所得 PS 颗粒制备的 EPS 可达到 DIN 4102 燃烧试验的 B1 或 B2 级。此外，美国专利 US6420442 中指出 1％～12％的膨胀石墨和磷系阻燃剂（红磷或磷酸三苯酯）的复配使用可得到密度为 20～200kg/m³，横截面积小于 50cm² 的自熄型阻燃 EPS。

5.6.2 PS 阻燃实例及配方

5.6.2.1 实例

（1）实例一：磷氮膨胀型阻燃剂与聚苯醚协效阻燃 PS

选用 IFR 和聚苯醚（PPO）作为复合阻燃体系复配阻燃 PS，制得阻燃复合材料（PS/IFR/PPO）。

通过 X 射线衍射仪（XRD）、傅里叶红外测试仪（FTIR）、场发射扫描电镜（FESEM）、热重分析仪（TGA）和极限氧指数仪分别对阻燃复合材料的各方面性能进行表征和性能测试。研究结果表明：球磨改性可以细化阻燃剂的颗粒，使得其在 PS 基体中的分散性提高，并且阻燃剂的有机相容性也提高了。PPO 和 IFR 的复配使用可以有效地提高复合材料的阻燃性能。添加了 40％ IFR 和 20％ PPO 的复合材料极限氧指数达到 30.2％。添加的阻燃剂能够很明显的提高复合材料炭化层形成能力。此外，碳质泡沫层隔热效果好，阻燃和抑烟效果明显。因此，PPO 和 IFR 的组合表现出协同阻燃作用。

（2）实例二：溴系阻燃 PS

表 5-22 比较了两种热稳定化的六溴环十二烷（HBCD-HT 及 HBCD-STD，两者的差别是热稳定处理工艺不同）及两种芳香族溴化物（FRAr-1 及 FRAr-2）对 PS 氧指数的贡献。实验结果表明，HBCD-HT（此阻燃剂在 230℃下加热 7min 的质量损失仅 1％，最高耐温 240℃）及 HBCD-STD 比 FRAr-1 及 FRAr-2 能更有效地提高 PS 的氧指数，这是因为脂环族溴远比芳香族溴的阻燃效果为优之故。另外，当阻燃剂用量为 4％左右时，HBCD-HT 与 HBCD-STD 对材料氧指数的贡献是相同的，但用量为 2％时略有差别。再者，两种芳香族溴系阻燃剂对提高 PS 氧指数的效能几乎一样。另外，以 1.5％HBCD-HT 或 HBCD-STD 阻燃的 PS，可通过 UL94 V-1 试验。

表 5-22　阻燃 PS 的氧指数

配方及性能	试样								
	1	2	3	4	5	6	7	8	9
用量/份									
PS	100	97.8	95.5	97.8	95.6	96.6	93.8	97.9	95.7
HBCD-HT		2.2	4.5						
HBCD-STD				2.2	4.4				
FRAr-1						3.1	6.2		
FRAr-2								2.1	4.3
氧指数/%	19.3	25.3	25.8	23.7	26.1	19.9	20.7	19.4	20.3

（3）实例三：胺类有机物阻燃 EPS

中北大学塑料研究所以不同阻燃剂对 EPS 进行了阻燃处理，通过对 EPS 阻燃性能和残炭形貌的分析得到如下结论：①NH_4Cl/CMC、$(NH_4)_2SO_4/CMC$、$NH_4H_2PO_4/CMC$ 和 $(NH_4)_2HPO_4/CMC$ 阻燃的 EPS，氧指数均随着阻燃剂含量的增大而升高。当阻燃剂含量为 65.2 份时，氧指数相差不大，均为 24% 左右；当阻燃剂含量为 101.0 份时，氧指数均高于 26%，达到 B2 级阻燃对氧指数的要求。随着阻燃剂含量的增大，氧指数升高趋势为 $(NH_4)_2SO_4/CMC$ < NH_4Cl/CMC < $NH_4H_2PO_4/CMC$ < $(NH_4)_2HPO_4/CMC$，$NH_4H_2PO_4/CMC$ 和 $(NH_4)_2HPO_4/CMC$ 阻燃效率最高。②在建筑材料可燃性试验中，NH_4Cl/CMC、$NH_4H_2PO_4/CMC$、$(NH_4)_2HPO_4/CMC$ 含量为 101.0 份，$(NH_4)_2SO_4/CMC$ 含量 136.2 份时火焰到达刻线时间大于 20s。CMC 的加入有效解决了 EPS 燃烧滴落问题，仅 $NH_4H_2PO_4/CMC$ 和 $(NH_4)_2HPO_4/CMC$ 含量为 65.2 份时出现少量滴落，但未引燃滤纸，阻燃剂含量增大，无滴落现象发生。③残炭形貌的分析结果，四种阻燃 EPS 受热收缩都较小。其中，$NH_4H_2PO_4/CMC$ 和 $(NH_4)_2HPO_4/CMC$ 阻燃 EPS 残炭量大而质密，表面有气体膨胀留下的孔洞；建筑材料可燃性试样残炭为团状和丝状。$(NH_4)_2SO_4/CMC$ 阻燃 EPS 残炭量较少，且结构疏松，建筑材料可燃性试样残炭保留了阻燃剂的空间网络结构。④综合考虑氧指数和建材可燃性试验的要求，当 NH_4Cl/CMC、$(NH_4)_2SO_4/CMC$、$NH_4H_2PO_4/CMC$、$(NH_4)_2HPO_4/CMC$ 含量分别为 101.0 份、136.2 份、101.0 份和 101.0 份时，EPS 达到 B2 级阻燃，可用做 100m 以下民用建筑外墙保温材料。

5.6.2.2　配方

（1）配方一：阻燃性苯乙烯聚合物配方

阻燃性苯乙烯聚合物组合物，配方见表 5-23。

表 5-23　阻燃 PS 配方

成分	配方/质量份
PS(A)	100
磷酸三聚氰胺(B)	10
PR-51470，线型酚醛树脂	5
环氧化丁二烯-苯乙烯嵌段共聚物(C)	5
氢氧化镁 $Mg(OH)_2$(D)	80

其中：B+C=5～50 份，B:C=（80～20）:（20～80），先使 B 和 C 捏合，再以 B-C 与 A 捏合。

性能：将配方中的材料成型得到的产品拉伸强度（美国材料与试验学会标准 ASTM D638）25.5MPa，伸长率 40%，悬臂梁冲击强度（日本工业标准 JIS K6871）98kJ/m^2，并具有良好的阻燃性。

(2) 配方二：阻燃型聚苯乙烯组合物

此种阻燃型苯乙烯聚合物组合物具有良好的冲击性和流动性，它含有苯乙烯聚合物，苯基四氢化茚衍生物，多卤化二苯化合物和阻燃助剂。

配方：PS，100 份；八溴-1,1,3-三甲基-3-苯基四氢化茚 13 份；十二溴二苯基乙烷 5 份；三氧化二锑 5 份。

制法及性能：将配方中的材料混合，捏合，注射成型，得到的试样，熔体流动速率 6g/10min，美国保险业实验所 94 号燃烧试验可燃率达到 V-0 级。

(3) 配方三：阻燃通用级 PS 工艺与配方

配方：PS，100 份；聚丁二烯，8 份；双（二溴丙基）磷酸酯，3 份；三氧化二锑，3 份。

工艺：配料→混合→挤出→切粒→干燥→试样测试。

按配方份数比例称量混合，在 80～90℃搅拌 5～10min 分散均匀后，投入挤出机挤出，挤出机可采用双螺杆挤出机，也可采用单螺杆挤出机，要求 $L/D \geqslant 28$；料筒温度在 170～200℃；螺杆转速 80～100r/min。

相关性能：氧指数≥26%；UL-94 燃烧性能为 V-0 级；拉伸强度 22～26MPa；弯曲强度 34～38MPa；断裂伸长率 1.8%～2.1%；冲击强度 11～15kJ/m^2；热变形温度（在 1.82MPa）89～100℃。

5.7 纤维增强时的阻燃改性

在生产制备过程中，通用塑料制品往往用纤维增强来达到所需强度。现如今，随着各种不同行业和生活中的要求，纤维增强的同时也需要对通用塑料进行阻燃改性。

5.7.1 木纤维增强时的阻燃改性

构成塑木复合材料的两大原料木纤维和聚烯烃都是易燃性材料，为此该复合材料也是易燃材料，从塑木复合材料的应用上看，大多数领域都有阻燃要求，赋予塑木复合材料良好的阻燃性能是该材料应用发展的需要。然而，对木纤维增强聚合物的复合材料的阻燃还没有得到足够的重视，研究报道很少。

对于木纤维来讲，它是一种由有机质构成的复合体，主要由纤维素、半纤维素和木素构成，这三类物质均属于多糖类。当温度超过纤维素和木素的燃点以后，这些物质将开始燃烧，由于燃烧时的热量大到可以将它们汽化，因此，木纤维的燃烧过程是极快的。

而单独对木材及木纤维的阻燃研究有大量的文献报道，阻燃剂的品种和阻燃方法也很多。一般有磷-氮系阻燃剂（磷酸氢二铵、磷酸二氢铵、磷酸脒基脲、聚磷酸铵、磷酸胍等）；硼系阻燃剂（硼酸、硼砂等）；含卤阻燃剂；其他无机盐（沉淀无机盐、硅酸盐等）。但主要以磷-氮系阻燃剂为主，被认为是最适宜的木材阻燃剂，磷、氮两种元素在木材阻燃剂中起协同作用而提高阻燃效果。然而这些阻燃剂几乎有一个共同的特点，就是明显地降低木纤维的热降解温度，这可能会导致无法进行复合材料的加工。

已有文献报道，采用 Mg（OH）$_2$ 对木纤维/PP 复合材料进行阻燃，还有采用三氧化二锑和十溴二苯醚对木纤维/PE 复合材料进行阻燃。然而，无卤阻燃剂对木纤维/聚烯烃复合材料进行双重阻燃将是该复合材料阻燃研究的热点。阻燃剂的添加往往会恶化复合材料的力学性能，因此对木纤维/聚烯烃复合材料的研究要同时研究界面相容性、热稳定性和阻燃性，以获得理想的阻燃复合材料。

5.7.2　芳纶纤维增强时的阻燃改性

由于芳纶纤维（AF）具有比其他合成纤维更耐化学腐蚀（氧化、氨化和醇解等）的特点，所以它常常作为制备高性能复合材料的增强材料。AF 增强 PP 复合材料具有良好的强度和刚性，然而其阻燃性能虽然有所提高，但还是不能满足工业的需求。因此，在改善 PP 力学性能的同时，研制阻燃性能良好的阻燃 PP/AF 复合材料具有很高的实用价值。但迄今为止关于 AF 增强 PP 复合材料的阻燃研究甚少报道。

5.7.3　纤维增强时阻燃改性实例及配方

5.7.3.1　实例

（1）实例一：木纤维增强 LLDPE 同时阻燃改性

以木纤维（WF）增强 LLDPE，并从其界面相容性、阻燃性和热稳定性三个方面展开研究。结果表明：新合成的烷基磷酸酯类偶联剂、硅烷偶联剂、聚乙烯醇（PVA）和苯丙乳液等界面改性剂预处理木纤维表面后都能一定程度地提高复合材料的力学性能，表明它们都对复合体系的界面有一定的改性作用。与以上这些改性剂相比，马来酸酐接枝聚乙烯对该体系有良好的增容作用，能明显提高材料的拉伸强度和缺口冲击强度，尤其是拉伸强度。阻燃剂的添加在提高材料氧指数的同时恶化了材料的物理机械性能，通过综合比较，APP 是该体系最合适的阻燃剂，对力学性能影响较小，而且氧指数比较高，而由季戊四醇（PER）、聚磷酸铵（APP）和蜜胺磷酸盐（MP）组成的混合膨胀阻燃剂却大大地恶化了材料的力学性能，这是由于 PER 参与了 MA 与木纤维之间的酯化反应。复合体系中的木纤维影响了 LLDPE 的热降解行为，使其热分解温度提前，也分别对各种偶联剂处理木纤维后的热降解行为作了对比，发现都能对木纤维成炭起促进作用。当 LLDPE/木纤维/MAPE/APP/PER/SiO_2 配比为 70/30/5/37.5/12.5/0.6 时，各方面性能达到最优。

（2）实例二：芳纶纤维增强 PP 同时阻燃改性

以十溴二苯乙烷-三氧化二锑（DBDPE-Sb_2O_3，D-S）为阻燃剂，芳纶纤维（AF）为增强材料，制备了阻燃增强 PP 复合材料。

原料：AF，1414，直径 12μm，长度 3mm，单丝断裂强度为 22cN/dtex；DBDPE，溴含量 83%；PP，K1001；Sb_2O_3，分析纯；加工助剂，B225。

制备：采用表 5-24 所列配方（以 PP 的质量为标准）在双辊筒炼塑机中熔融共混（170℃左右），然后在平板硫化机上热压成型，冷却成为板材。热压压力 4MPa，温度 190～200℃，时间 5～6min。最后，根据国家标准的尺寸要求对板材进行裁剪制样，制备标准样条以备测试。

工艺路线：配料→混合→熔融共混→热压成型→冷却→制样→性能测试。

表 5-24　芳纶纤维增强同时阻燃 PP

成分	用量/份			
PP	100	100	100	100
助剂	1	1	1	1
AF	—	20	—	20
D-S[①]	—	—	30	30

①D-S 为 DBDPE 和 Sb_2O_3 的混合物（质量比为 3∶1）。

试验同时研究了 AF 和 D-S 对 PP 复合材料力学、阻燃、热稳定性能和断面形貌的影响。结果表明：PP/AF/D-S 的拉伸强度、弯曲强度和缺口冲击强度较 PP 分别提高了 41%、48% 和 117%，垂直燃烧达 V-0 级。此外，AF 和 D-S 在提高残炭量和热稳定性及降低热释放量方面都表现出良好的协同效应，而 AF 体现出较好的抗融滴作用。

（3）实例三：玻纤增强 PE 同时阻燃改性

用玻纤对 PE 进行增强改性，同时使用氯化石蜡、十溴联苯醚协同三氧化二锑对 PE 进行阻燃改性，改性后的 PE 塑料增强效果显著，各项力学性能制备较未增强的大为提高。同时阻燃效果非常好，几乎离开火焰即自行熄灭，完全不能自燃。配方配比为：PE：十溴联苯醚：三氧化二锑：氯化石蜡：玻璃纤维=100：7：4：7：25。

（4）实例四：玻纤增强 PP 同时阻燃改性

原料：PPF401；ONMMT-FR；PP、PE 专用阻燃剂，型号 6002；无碱长玻璃纤维，使用前经 KH560 硅烷处理；PP-g-MA，抗氧剂 1010，PP 蜡均为市售工业品。

配方见表 5-25。

表 5-25　玻纤增强同时阻燃 PP

项目	1	2
用量/份		
PP	54	52
PP-g-MA/ONMMT-FR 母粒	8	8
氮-磷阻燃剂(6002)	28	28
玻璃纤维	8	10
抗氧剂 1010	0.2	0.2
PP 蜡	1.8	1.8
性能		
拉伸强度/MPa	40.8	41.5
弯曲强度/MPa	68.2	70.5
缺口冲击强度/(kJ/m²)	8.45	8.95
热变形温度(0.45MPa)/℃	195	160
阻燃性(UL-94,1.6mm)/级	V-0	V-0

这是一种环保型阻燃增强的 PP。以氮-磷系阻燃剂，马来酸酐接枝聚丙烯（PP-g-MA）与阻燃用有机改性纳米蒙脱土（ONMMT-FR）的母粒作相容剂和阻燃协效剂、玻璃纤维增强剂，对 PP 进行阻燃增强改性，制得的纳米复合材料阻燃性达到 UL94 V-0 级（1.6mm）且低烟无熔滴，拉伸强度 40.8～41.5MPa，弯曲强度 68.2～70.5MPa，缺口冲击强度 8.48～8.95kJ/m²，热变形温度 159～160℃（0.45MPa）。

（5）实例五：镁盐晶须增强 LDPE 同时阻燃改性

通过拉伸性能、燃烧性能测试及热失重-差示扫描量热分析（TG-DSC），研究了 EVA、镁盐晶须和相容剂的用量对 LDPE/EVA/ATH 复合体系的影响。结果表明，EVA 在复合体系中的最佳用量为 m（EVA）：m（LDPE）=6：4；镁盐晶须的加入不仅提高了复合材料的拉伸强度和断裂伸长率，而且镁盐晶须与纳米氢氧化铝之间存在协效阻燃作用，提高了复合材料的氧指数；相容剂的加入改善了无机粉体与基体树脂间的相容性，提高了复合材料的力学性能和燃烧性能，相容剂的最佳用量为 15 份。

5.7.3.2　配方

（1）配方一：增强阻燃 PP 配方及工艺

玻纤增强同时阻燃 PP 配方见表 5-26。

表 5-26 玻纤增强同时阻燃 PP 配方

成分	用量/份
PP	100
八溴醚	16
Sb_2O_3	6
玻璃纤维	20
硅烷 KH-550	0.8
其他助剂	适量

工艺流程如图 5-7 所示。

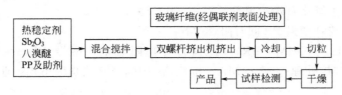

图 5-7 玻纤增强同时阻燃 PP 工艺流程

除玻璃纤维外，PP、阻燃剂、稳定剂及各种助剂挤出前，必须于温度 80～90℃下，在高速混合机中搅拌 5～10min，分散均匀后再挤出、切粒、干燥、成型。挤出机料筒温度控制在 190～245℃。

相关性能：氧指数≥27%，垂直燃烧试验为 UL94 V-1 级；拉伸强度 46.2MPa；弯曲强度 73.3MPa；缺口冲击强度（常温）为 8.5kJ/m²。

（2）配方二：增强阻燃 PP 配方

增强阻燃 PP 配方见表 5-27。

表 5-27 增强阻燃 PP 配方

成分	用量/份	成分	用量/份
PP	100	Sb_2O_3	7.2
LLDPE	40	偶联剂	0.5～1.0
玻璃纤维	30	其他助剂	适量
八溴醚	18		

制备方法如图 5-8 所示。

图 5-8 增强阻燃 PP 制备流程

性能见表 5-28。

表 5-28 增强阻燃 PP 性能

项目	指标
氧指数/%	28.4
拉伸强度/MPa	28.6
悬壁梁缺口冲击强度/(kJ/m²)	6.4
阻燃级别	UL94 FV-1 级

配方效果分析：①采用玻璃纤维增强 PP 可以使 PP 的拉伸强度、冲击强度等力学性能

得到较大的提高。从试验数据上看，利用 3mm 短切玻璃纤维增强 PP 时，玻璃纤维含量在 30%时，总体的力学性能达到最优。并且对玻璃纤维的偶联剂处理进行对比，对 30%含量的材料进行了处理与非处理的对比，对比结果表明，偶联剂处理的玻璃纤维明显对材料的力学性能有所提高，玻璃纤维的表面性能也有明显的提高。

② PP/LLDPE 共混母料中，随着 LLDPE 用量的增加，材料的冲击强度增加，拉伸屈服强度、拉伸模量降低。LLDPE 使体系冲击强度提高的原因是 LLDPE 对 PP 球晶的插入、分割和细化，使 PP 晶体尺寸减小，晶体间连接增多，从而提高了材料整个体系的冲击强度。

③ 阻燃剂的加入能很好地提高塑料的氧指数，提高材料体系的阻燃级别，缩短燃烧时间，并从而优化塑料的阻燃性能。三氧化二锑的加入对八溴醚的协同阻燃效果十分明显，当八溴醚与三氧化二锑质量份之比为 2.5∶1（摩尔比在 3∶1 左右）时，三氧化二锑的加入对材料体系的阻燃效果最佳。钛酸酯偶联剂 NDZ-101 的加入进行表面活化处理，大大改善了八溴醚以及三氧化二锑在 PP/玻璃纤维的分布，使其能够分布得均匀，有利于增加与聚丙烯树脂的亲和力，改善混溶性，达到很好的阻燃效果。而且整个材料体系中由于加入八溴醚和三氧化二锑，阻止了材料力学性能的降低。

④ 最后确定整体比较优化的配方为 PP∶玻璃纤维∶LLDPE∶八溴醚∶Sb_2O_3＝100∶30∶40∶18∶7.2 时拉伸性能和冲击强度都有明显的提高，并且氧指数达到 28.4%，阻燃级别为 UL-94 FV-1 级。

5.8 填充时的阻燃改性

填充剂在填充于通用塑料时，可以增加通用塑料的容量、降低成本。由于日常生活生产的要求，很多通用塑料制品在填充改性的时候往往也要对其整体进行阻燃。但要注意通用塑料的燃烧特性，当填充料燃烧时，其中的大量填料具有储存热量和增强传热的效果，这会促进基体树脂的热降解，即增加了材料的阻燃难度。

5.8.1 钙塑板阻燃

钙塑板它是以 PE 为基材，加入大量轻质碳酸钙及少量助剂，经塑炼、热压、发泡等工艺过程制成。这种板材轻质、隔声、隔热、防潮，主要用于吊顶面材。钙塑板塑料是由约 60%的轻质碳酸钙和 40%的高压聚乙烯树脂，加入适量发泡剂、交联剂、硬脂酸锌、适量的颜色配合，经混炼、热压加工而成的一种封闭孔结构的泡沫板材，是一种具有保温隔热、兼防水性能和装饰性能的材料。对钙塑板材料的阻燃要求也随着其大量应用而日益严格。

已有报道表明，将高压聚乙烯、轻质碳酸钙、氯化石蜡、四溴乙烷、水合氧化铝、三氧化二锑、AC 发泡剂和 DCP 交联剂按一定比例混合可制得能适用于工业生成的钙塑板材，并且有很好的阻燃性，可降低一定成本。

5.8.2 填充时阻燃改性实例及配方

5.8.2.1 实例

实例：纳米 $CaCO_3$ 填充 PVC 同时阻燃改性

原料：PVC，SG2；邻苯二甲酸二辛酯（DOP），工业级；三碱式硫酸铅、二碱式亚磷酸铅；硬脂酸钙，工业级；$Mg(OH)_2$，工业级；$Al(OH)_3$，ZX-131；纳米 $CaCO_3$（平均粒径，30nm）、微米 $CaCO_3$，工业级；阻燃剂金属配合物二（乙酰丙酮基）合钴（Ⅱ）$[Co(acac)_2]$，自制。

配方为 PVC100 份、DOP 4 份、稳定剂 4 份、润滑剂 1 份、偶联剂 1 份、阻燃剂 12 份 $[Al(OH)_3$ 和 $Mg(OH)_2$ 质量比为 $2:1]$、$Co(acac)_2$ 1 份、纳米 $CaCO_3$ 9 份时为最优配比。

通过氧指数（LOI）、剩炭率、烟密度等级（SDR）、冲击强度、拉伸强度和断裂伸长率等参数的测定，研究了氢氧化物和金属配合物复合阻燃体系对软质 PVC 阻燃、消烟性能和力学性能的影响；通过冲击强度、拉伸强度、断裂伸长率以及材料流变性能的测定对比研究了纳米级 $CaCO_3$ 和微米级 $CaCO_3$ 对阻燃型软质 PVC 的力学性能和加工性能的影响。结果表明：氢氧化物和金属配合物复合阻燃体系在提高软质 PVC 阻燃、消烟性能的同时会恶化材料的力学性能；纳米 $CaCO_3$ 能明显提高阻燃型软质 PVC 的冲击强度、拉伸强度和断裂伸长率，对材料具有明显的增韧、增强作用，同时对材料的流变性能及阻燃、消烟性能影响不大。

5.8.2.2 配方

（1）配方一：高炉炉渣微细粉填充阻燃 PP

高炉炉渣微细粉填充阻燃 PP 见表 5-29。

表 5-29　高炉炉渣微细粉填充阻燃 PP

成分	用量/份
PP-HM-033(MI=0.3)	100
十溴联苯醚	6.66
Sb_2O_3	3.33
高炉炉渣微细粉[①]	100

　　①高炉炉渣微细粉（平均粒径 10μm）成分如下：CaO 40%、SiO_2 32%、Al_2O_3 6%、MgO 6%、MnO 0.5%、FeO 0.5%、S 0.6%、TiO_2 0.4%。

制备方法：将 PP 树脂、阻燃剂、阻燃助剂、无机填料，在已加热至 185℃ 的两辊开炼机上开炼 10min 后，将开炼塑化成的片坯按适当面积切断、重叠放在平板压机压板，在180℃，然后用 5MPa 的压力热压 4min 后冷却，制成厚度 2mm 的压片。

性能及应用：高炉炉渣微细粉填充阻燃 PP 具有成本低廉的特点，熔融混炼及成型加工容易，不损伤混炼辊及螺杆料筒，在混炼塑化时无发泡、无异声、燃烧试验自熄。在电器配件等方面有广阔的应用前景。

（2）配方二：木粉填充阻燃 PE

木粉填充阻燃 PE 见表 5-30。

表 5-30　木粉填充阻燃 PE

成分	用量/份
PE	100
木粉（40 目）	20
DBDPO：Sb_2O_3(2:1)	11
改性剂	7
表面处理剂	适量
其他助剂	适量

制备方法如下。

小试：配方→小密炼机密炼→压片制样→性能测试。

中试：制备流程如图5-9所示。

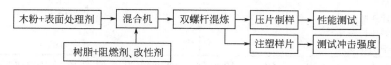

图 5-9　木粉填充阻燃 PE 制备流程

性能见表 5-31。

表 5-31　木粉填充阻燃 PE 性能

项目	指标
氧指数/%	27.0
拉伸强度/MPa	29.8
硬度（邵尔 D）	69
冲击强度/(kJ/m²)	51
熔体流动速率/(g/10min)	1.42

配方效果分析：①木材加工厂产生的废锯末，经简单的干燥、粉碎后可制得木粉。木粉可以作为 PE 的一种廉价填充材料。

②作为填充的适宜木粉粒度应小于 40 目，并在质量分数 20% 的木粉填充量时，呈现出与 PE 有较好的分散相容性。其拉伸强度稍低于纯树脂指标，但高填充时（如质量分数 40%），其分散状况较差，使力学性能下降显著。

③适当选用表面处理剂处理木粉，可大大改善木粉在 PE 中的分散相容性，提高力学性能，从而提高木粉填充量，以获得成本更低的复合填充材料。

④选用的阻燃配方，可有效提高木粉填充 PE 体系的阻燃性，但会使力学性能有所下降。补加改性剂不但显示出具有明显的补强作用，同时还具有可提高其阻燃性的助阻燃剂的功能。

⑤木粉填充 PE 所得复合材料具有良好的可加工性，可用于注塑制品和挤出成型制品的加工。但不适合用于对韧性要求较高制品。

（3）配方三：水滑石填充无卤阻燃线型低密度聚乙烯

水滑石填充无卤阻燃 LLDPE 见表 5-32。

表 5-32　水滑石填充无卤阻燃 LLDPE

成分	用量/份	成分	用量/份
LLDPE	60	二茂铁（FC）	5
EVA	40	硬脂酸	适量
微胶囊化红磷（MRP）	17	过氧化二异丙苯（DCP）	0.7
Sb₂O₃	5	水滑石（LDHs）	18

制备方法如下。①LDHs 表面处理采用干法改性：将 LDHs 和质量分数为 4% 的硬脂酸置于分散研磨机中高速混合 20min，改性温度为 80℃，然后将其在 100℃ 的干燥箱中干燥 4h。

② LLDPE/LDHs 复合材料的制备：按照配方称取原料，在 130℃ 的双辊开炼机上熔融混合 15min，然后将其在平板硫化机上压制成 1mm 和 3mm 厚的薄板。

性能见表 5-33。

表 5-33　水滑石填充无卤阻燃 LLDPE 性能

项目	指标
氧指数/%	34.5
拉伸强度/MPa	10.9
断裂伸长率/%	225
水平燃烧级别	FH-1

配方效果分析：①LDHs 具有一定的阻燃、抑烟效果。但是单独用于阻燃 LLDPE 时，阻燃效果不是很明显。

② LDHs 分别和 MRP、Sb_2O_3 协同阻燃 LLDPE 时，阻燃效果明显好于单独使用 LDHs 时，但是 MRP 的引入使得材料燃烧时产生大量黑烟，Sb_2O_3 的加入量应小于 6 份，否则材料燃烧时产生熔滴。

③ 添加少量 FC 就可以明显减少 LLDPE/LDHs/MRP/Sb_2O_3 复合材料燃烧时的生烟量，其中 FC 为 5 份时，比较合适。

（4）配方四：填充阻燃 PVC 改性工艺与配方设计

填充阻燃 PVC 配方见表 5-34。

表 5-34　填充阻燃 PVC 配方

成分	用量/份
PVC(SG2)	100
DOP	40
TIS	4
DIS	1
$CaCO_3$	30
十溴二苯醚	20
Sb_2O_3	6
其他助剂	适量

工艺：PVC＋增塑剂＋助剂→混合→高速搅拌→双辊开炼→压片定型→试样检测。

按配方设计比例称量混合在双辊开炼机上，在温度 165～175℃搅拌 8～10min，充分均匀后硫化压片，压片温度 75～85℃，压片时间 5～8min，定型成片，经测试制成成材。

相关性能：氧指数 35%～38%；密度为 1.45～1.50g/cm³；拉伸强度为 15～25MPa；断裂伸长率为 250%～350%；体积电阻率为 $1.7×10^8$～$1.6×10^9$ Ω·m。高填充阻燃改性 PVC 材料具有较高的软质塑料，主要应用于电缆中，作为辅助填充材料构料及制品。

5.9　与工程塑料共混时的阻燃改性

（1）实例一：PVC/ABS 共混同时阻燃改性

在 PVC/ABS 合金的研究中发现，ABS 的氧指数是 18.3%～18.8%，加入 PVC 可将 ABS 的氧指数提高到 28.5%，但若对阻燃性能要求较高时还需添加阻燃剂。普遍采用的是 Sb_2O_3 和卤素阻燃剂。阻燃剂对 PVC/ABS 体系的冲击强度不利。单独使用 Sb_2O_3 可以起到最大阻燃效果，但体系冲击强度下降太大，应少加为宜，而卤素阻燃剂与锑类阻燃剂存在协同效应，可大大降低树脂热分解反应速率，达到阻燃效果，且对体系加工性能影响不大。

因此 ABS/PVC 体系中应用复合阻燃剂是较好的选择。实验中在 ABS/PVC 体系（ABS 与 PVC 用量比例为 2∶3）中加入 6% 十溴联苯醚和 3% Sb_2O_3，经试验测得共混体系达到 GB/T 2408—2008 中的 V-0 级阻燃标准。

（2）实例二：PP/PA6 共混时的阻燃改性

原料：PP，PA6，马来酸酐（MAH），过氧化二异丙苯（DCP，分析纯），三聚氰胺（分析纯），钠基蒙脱土。

相容剂的制备：按 PP∶MAH∶DCP＝100∶3∶0.4 的比例称取一定质量的 PP、MAH、DCP，再称取少量抗氧剂 1010，先用丙酮将 MAH 和 PP 溶解，与抗氧剂粉末一起加入干燥过的 PP 粒料中，搅拌混合均匀，通过双螺杆挤出机挤出造粒，即得 PP 接枝马来酸酐（PP-g-MAH）。复合材料的制备如下。①原料的预处理：PA6 置于 80℃烘箱中干燥 6h，相容剂置于 100℃烘箱中干燥 4h。②挤出造粒：按照工艺配方，将经过预处理的原料混合均匀，然后在双螺杆挤出机上挤出、造粒，完成熔融插层共混法制备阻燃复合材料。③制备样条：将 PP/PA6 复合材料挤出造粒后进行干燥，在 80℃温度下烘干 6h，通过注塑成型机注塑制样。

将 PA6、PP、阻燃剂、蒙脱土通过直接熔融共混制备无卤阻 PP/PA6 复合材料，通过水平燃烧、热重分析、氧指数、力学性能测试了蒙脱土在复合材料中的含量对 PP/PA6 复合材料性能的影响。结果表明，随着蒙脱土在复合材料中含量的增大，其阻燃性能和力学性能都得到了提高，当蒙脱土用量为 2 份时，复合材料的综合性能达到最佳。当蒙脱土用量为 2 份时，氧指数达到 26.1%，拉伸强度 32.5MPa，缺口冲击强度 1.25kJ/m^2，均为最高。

（3）实例三：PVC/ABS 共混时的阻燃改性

采用不同的方法对 ABS 树脂进行阻燃改性研究，最终确立了阻燃 PVC/ABS 共混体系。结果表明：在共混体系中，PVC/ABS 的质量比为 70/30 并配以复合阻燃剂时，共混物的阻燃性可达到 FV-0 级，而且冲击强度可高于通用 ABS 树脂和高冲击 ABS 树脂。

（4）实例四：PE/PA6/SAMH 复合材料的阻燃改性

采用表面处理过的氢氧化铝（ATH）与氢氧化镁（MH）混合物（SAMH）（质量比 2∶1）、LLDPE、马来酸酐接枝聚乙烯（PE-g-MAH）共混挤出制成母料，然后与 PA6 共混挤出即母料法制备了 PE/PA6/SAMH 三元复合材料。当 PE/PA6/SAMH 三者质量比为 20/30/50 时，复合体系垂直燃烧通过了 UL94V-0（3.2mm）级，极限氧指数为 33.0%，冲击韧性较具有同样阻燃性能的 PA6/SAMH 二元体系提高了 1 倍，各组分一次性挤出则阻燃性能较差。采用热重分析（TGA）、扫描电子显微镜（SEM）对 PE/PA6/SAMH 三元体系的阻燃机理进行了探讨，发现母料法体系各组分界面作用强，燃烧炭层致密，残炭率高。

参考文献

[1] 倪子璀．卤系阻燃剂阻燃机理的探讨及应用 [J]．广东化工，2003，30（3）：27-29.

[2] 张军等．聚合物燃烧与阻燃技术 [M]．北京：化学工业出版社，2005：1，57，141-142.

[3] 葛世成．塑料阻燃实用技术 [M]．北京：化学工业出版社，2004：77.

[4] 欧育湘．阻燃剂 [M]．北京：国防工业出版社，2009：5-6，161，270.

[5] 山西省化工研究所．塑料橡胶加工助剂 [M]．北京：化学工业出版社，2002：378-379，381，388，401，404-405，412-413，419.

[6] 杨明山，李林楷．塑料改性工艺、配方与应用 [M]．北京：化学工业出版社，2010：221，294.

[7] 朱春玲．季广其．建筑防火材料手册 [M]．北京：化学工业出版社，2009：186.

[8] 邱文革等. 工业助剂及其复配技术 [M]. 北京：化学工业出版社，2009：281.

[9] 陈衍夏. 纤维材料改性 [M]. 北京：中国纺织出版社，2009：170.

[10] 胡源，尤飞，宋磊. 聚合物材料火灾危险性分析与评估 [M]. 北京：化学工业出版社，2007：99-100.

[11] 杨明山等. 现代工程塑料改性——理论与实践 [M]. 北京：中国轻工业出版社，2009：139-140.

[12] 韩志东等. 膨胀阻燃聚乙烯的研究 [J]. 中国塑料，2012，26（2）：50-54.

[13] 韩志东等. 分步插层法制备硝酸盐-硫酸-GIC [J]. 新型炭材料，2009，24（4）：379-382.

[14] 何敏等. 无卤阻燃剂对聚乙烯复合材料性能影响的研究 [J]. 塑料工业，2011，39（10）：83-86.

[15] 常怀春等. 酚醛树脂为囊壁的微胶囊红磷的制备及其在电缆料中的阻燃应用 [J]. 塑料工业，2011，39（4）：89-92.

[16] 熊传溪等. 两种溴阻燃剂对聚乙烯阻燃性的研究 [N]. 武汉理工大学学报，2005，27（3）：12-14.

[17] 吴伟明等. 氢氧化铝在聚乙烯中阻燃性能的研究 [J]. 塑料工业，2008，36：210-212.

[18] 田计青，贾润礼. 成炭阻燃聚烯烃的研究情况 [J]. 国外塑料，2006，24（8）：32-34.

[19] 刘渊，贾润礼等. 聚磷酸铵阻燃聚乙烯的研究 [J]. 塑料，2007，36（3）：24-26.

[20] 周详兴. 500 中包装塑料和 500 种塑料工业制品配方 [M]. 北京：机械工业出版社，2008：285，288，291.

[21] 周详兴. 500 种化学建材配方 [M]. 北京：机械工业出版社，2008，173.

[22] 张玉龙. 塑料粒料制备实例 [M]. 北京：机械工业出版社，2005：156-157.

[23] 李楠，贾润礼. 阻燃聚丙烯的研究进展 [J]. 上海塑料. 2006，09（3）：4-7.

[24] 李楠，贾润礼. 膨胀型阻燃剂在阻燃聚丙烯中的应用 [J]. 塑料制造，2006，5：67-70.

[25] 欧育湘. 实用阻燃技术 [M]. 北京：化学工业出版社，2002：252-254.

[26] 张海丽等. 芳基磷酸酯/膨胀型阻燃剂协同阻燃 PP 的制备及性能研究 [J]. 塑料工业，2011，39（8）：30-32.

[27] 危加丽等. 无卤阻燃 PP 的制备 [J]. 合成树脂及塑料，2011，28（3）：10-12.

[28] 曾伟立. 聚丙烯用阻燃剂的研究进展 [J]. 中国塑料，2011，25（7）：6-10.

[29] 刘继纯等. Mg（OH）$_2$ 表面处理对阻燃 PP 性能的影响 [J]. 塑料科技，2009，37（2）：71-74.

[30] 王会娅等. 新型无卤阻燃聚丙烯的制备及性能研究 [J]. 塑料，2008，37（6）：23-25.

[31] 欧育湘. 阻燃高分子材料 [M]. 北京：国防工业出版社，2001：150-152.

[32] 包永忠等. 聚氯乙烯阻燃抑烟研究进展 [J]. 聚氯乙烯，2008，36（1）：24-28.

[33] Day J F. [C]. In Proceedings FRCA Fall Conference, Philadelphia , PA, 2001：77-85.

[34] Moy P Y，De Kleine L A. [P]. 世界知识产权专利，WO04/000925，2004.

[35] Moy P Y，De Kleine L A. [P]. 世界知识产权专利，WO04/099305，2004.

[36] Moy P Y. Aryl phosphate ester fire-retardant additives for low-smoke vinyl applications [J]. J Vinyl Add Tech-nol，2004，10（4）：187-192 .

[37] 刘立华. 软质 PVC 阻燃性能研究 [J]. 塑料科技，2010，38（8）：33-35.

[38] 贺盛喜等. 阻燃电缆用 PVC 树脂的开发 [J]. 聚氯乙烯，2011，39（7）：16-19.

[39] Tian C M，Wang H，et al. Flame retardant flexible poly（vinyl chloride）compound for cable application [J]. J Appl Polym Sci.，2003，89（11）：3137.

[40] Sharma S K，Saxena N K. Flame retardant smoke suppressant protection for poly（vinyl chloride）[J]. Fire Techn，2004，40（4）：385.

[41] 内藤真人，小暮直亲. 聚苯乙烯系树脂挤出泡沫板及其制造方法. 中国，03154516.5 [P]. 2003-01-29.

[42] 王勇等. 聚苯乙烯泡沫塑料阻燃技术研究进展 [J]. 中国塑料，2011，25（9）：6-10.

[43] PS/HDPE 无卤阻燃符合材料的增韧研究 [J]. 塑料科技，2010，38（4）：56-60.

[44] 李玉玲等. 悬浮聚合法制备含磷阻燃聚苯乙烯 [J]. 塑料，2010，42（6）：44-46.

[45] Hwu J M，Ko TH，YangW T. et al. Synthesis and properties of polystyrene montmorillonite nanocomposites by suspension polymerization [J]. Journal of Applied Polymer Science，2004，91：101-109.

[46] PlatzerB，Klodt R D，Hamann B，et al. The influence of local flow conditions on the particle size distribution in anagitated vessel in the case of suspension polymerization of styrene [J]. Chemical Engineering and Processing，2005，44：1228-1236.

[47] 王俏，刘勇，郭延红. 苯乙烯悬浮聚合工艺条件研究 [J]，化学与黏合，2010，32（1）：61-63.

[48] 董波．磷氮膨胀型阻燃剂与聚苯醚协效阻燃聚苯乙烯的研究 [D]．太原：太原理工大学，2013.

[49] 邓舜扬．新型塑料材料、工艺、配方 [M]．北京：中国轻工业出版社，2000：48-49.

[50] 罗河胜．塑料改性与实用工艺 [M]．广州：广东科技出版社，2007：291.

[51] 吴涛等．有机硅改性无卤膨胀型阻燃剂的制备及在聚丙烯中的应用研究 [J]．有机硅材料，2012，26（5）：336-339.

[52] 贺金梅．木纤维增强线性低密度聚乙烯复合材料界面改性与阻燃的研究 [D]．哈尔滨：东北林业大学，2003.

[53] 陈小随等．十溴二苯乙烷-三氧化二锑协同芳纶纤维增强阻燃聚丙烯复合材料的性能研究 [J]．中国塑料，2011，25（6）：36-30.

[54] 刘雄祥．聚乙烯塑料阻燃增强改性研究 [J]．化工科技市场，2004，9：32-34.

[55] 张治华等．环保型阻燃增强聚丙烯的研制 [J]．塑料助剂，2009，77（5）：22-23.

[56] 常志宏等．镁盐晶须增强阻燃 LDPE/EVA/ATH 复合材料的研究 [J]．高分子材料科学与工程，2006，22（5）：217-220.

[57] 屈红强等．纳米 $CaCO_3$ 对阻燃型软质聚氯乙烯的增韧增强作用 [J]．中国塑料，2005，19（7）：36-40.

[58] 张玉龙等．塑料配方与制备手册 [M]．北京：化学工业出版社，2010：36，90-104.

[59] 赵伟等．PVC/ABS 合金的研究 [J]．塑料助剂，2010（4）：44-47.

[60] 段学召等．蒙脱土对无卤阻燃 PP/PA6 符合材料的影响 [J]．化工技术与开发，2014，43（3）：10-12.

[61] 夏英等．阻燃 ABS/PVC 共混体系的研究 [J]．现代塑料加工应用，2000，12（3）：13-15.

[62] 区卓琨等．PA6/SAMH/PE 三元复合无卤阻燃体系的研究 [J]．塑料工业，2009，37（2）：50-53.

[63] 刘渊，贾润礼，柳学义．聚乙烯用阻燃剂及其复配体系的研究进展 [J]．高分子通报，2007（12）：78-83.

[64] 田计青，贾润礼．聚乙烯复合阻燃体系的研究进展 [J]．塑料包装，2007，16（6）：40-44.

[65] 田计青．无卤阻燃改性聚乙烯的研究 [D]．太原：中北大学，2007.

[66] 李楠．无卤阻燃聚丙烯的研究 [D]．太原：中北大学，2007.

[67] 刘健卫．胺类有机物阻燃 EPS 保温板研究 [D]．太原：中北大学，2015.

第6章 通用塑料在工程化改性时的抗静电技术及应用

所谓静电，就是一种处于静止状态的电荷或者说不流动的电荷。无论是在人类的日常生活还是大自然中，静电广泛且每时每刻都存在着。比如，在黑暗中脱毛衣时，会听到噼啪声，并伴有闪光；有时和人握手时，会感到针刺般疼痛；梳头发的时候，头发会"飘"起来等等，这些生活中的静电对于人们来说影响并不大。

通用塑料因其优良的绝缘性和耐水性，在电气和电子工业领域得到了广泛的应用。但是由于其体积电阻较大，在生产和应用中，极易产生静电积累而导致吸尘、电击（放电）、影响电子电器产品的正常使用、燃烧甚至爆炸，给工农业生产和日常生活带来危害。因此，如何减少和消除通用塑料及其制品的静电危害，是行业长期关注的热点。

6.1 抗静电改性技术概况

一般情况下通用塑料具有较高的表面电阻和体积电阻，是很好的绝缘体，一旦摩擦带电后，静电不易通过导电除去而滞留在通用塑料表面，几种通用塑料的体积电阻率，详见表6-1。

表6-1 通用塑料体积电阻率

塑料及其他高聚物	体积电阻率/$\Omega \cdot cm$
PE	$10^{16} \sim 10^{20}$
PP	$10^{16} \sim 10^{20}$
PVC	（软质）$10^{14} \sim 10^{16}$（硬质）
PS	$10^{17} \sim 10^{19}$

一般的，物体所带电荷量（静电荷量）与摩擦或诱导产生的电荷量（发生电荷量）、泄漏电荷量之间存在着如下关系：

带电荷量＝发生电荷量－泄漏电荷量

不难看出，为了防止通用塑料及其制品的静电积累，一方面应尽可能减轻或抑制摩擦或诱导产生静电；另一方面则尽可能快地将已产生的静电荷以无害形式释放。其中前一种途径受加工和应用条件的制约，多数场合难以避免；后一种途径则比较可靠实际。对通用塑料进行抗静电改性的基本做法就是降低其表面电阻率和体积电阻率，从而使电荷可以及时的泄溢。迄今为止，几乎所有的抗静电技术都是以此为基础实现的，表6-2归纳了一些常见抗静电措施及其优缺点。

表 6-2 常见抗静电技术比较

处理方法	措施	优点	缺点
物理方法	除电(空气离子化)	不改变材料特性	设备费用大、受制品形状制约
	加湿	不改变材料特性	设备费用大、操作环境差
	接地	比较简便	缺乏可靠性
表面处理	表面涂覆抗静电剂	操作简便、见效快、适用于复杂形状制品	缺乏持久性
	表面涂覆导电涂料	适用材料范围宽、设备费用低、见效快	价高、有剥落危险、难以形成均一的涂膜
	电镀处理	镀层不易剥落	对材料的选择性强、设备费用大、有污染
	浸渍、喷涂	导电性好	设备费用大、制约性大
混配方法	添加低分子量抗静电剂	廉价、简便	改变材料表面特性、摩擦、水洗影响性能、速效差
	添加导电填料	导电性好、可靠性强	添加量大、部分使产品着色、价高
	共混亲水聚合物	方法简便、可靠性强	较低分子量抗静电剂价高
	永久抗静电剂	不受摩擦、水洗影响	添加量大、对材料物性有影响

抗静电的主要思路是通过各种途径使静电荷能够很快地泄漏。就目前通用塑料抗静电技术的发展状况来看，最常用的几种抗静电方法是添加抗静电剂、添加导电填料和与结构型导电高分子材料共混。

6.2 抗静电剂

6.2.1 抗静电剂分类

6.2.1.1 按使用方式分类抗静电剂

将聚集的有害电荷导引、消除使其不对生产、生活造成不便或危害的化学品称为抗静电剂。抗静电剂是塑料助剂中较常见的一类添加剂。工业上所使用的抗静电剂是在传统的表面活性剂的基础上进行改性和复配后得到的。按使用方式不同，分为外加型抗静电剂（涂覆型抗静电剂）和添加型抗静电剂（混炼型抗静电剂）两类。

外加型抗静电剂是指涂在高分子材料表面所用的一类抗静电剂。一般用前先用水或乙醇等将其调配成质量分数为 0.5%～2.0% 的溶液，然后通过涂布、喷涂或浸渍等方法使之附着在高分子材料表面，再经过室温或热空气干燥而形成抗静电涂层。应当指出，外加型抗静电剂在制品表面只是简单的物理吸附，擦拭、水洗后极易失去，一旦失去就不再显示抗静电效果，因而从应用性能的持久性来看属于"暂时性抗静电剂"。为改善外加型抗静电剂的耐久效果，一些与聚合物树脂具有良好黏结性、不易洗涤、磨耗和散逸的高分子量外加型抗静电剂（如丙烯酸酯等）开始付诸应用。区别于常规低分子量外加型抗静电剂，这种抗静电剂称作耐久性外加型抗静电剂。作为理想的外加型抗静电剂，应当满足如下几个基本条件。

① 在低毒、低污染、廉价溶剂中易溶或易分散。

② 与树脂或胶料的亲和性强，结合牢固，不逸散、耐摩擦，耐洗涤。

③ 具有良好的抗静电效果，受环境湿度和温度的影响小。

④ 不使制品着色，亦不引起着色制品色泽的变化。

⑤ 无毒或低毒，不刺激皮肤，无过敏性。

⑥ 价廉。

混炼型抗静电剂是在聚合物制品的加工过程中添加到树脂或胶料内，成型后显示良好的抗静电性，通常亦有"内加型抗静电剂"之称。一般情况下，混炼型抗静电剂与基础聚合物构成均一体系，较外加型抗静电剂效能持久。传统意义上的混炼型抗静电剂系低分子量表面活性剂，通过从制品内部的迁移到达表面，进而实现抗静电的目的。一般速效性差，多次水洗或摩擦后同样存在失效的可能。最近几年，随着功能性高分子和合金化技术的发展，一类具有导电功能的亲水聚合物材料被引入聚合物抗静电剂的范畴。它不同于传统意义上的添加型抗静电剂，无须迁移到聚合物制品的表面，而是基于内部的导电网络形成电荷传递通道，抗静电效果更加持久和稳定，受环境湿度和温度的影响小，并因此成为聚合物抗静电技术的重要方向。

尽管如此，在聚合物用混炼型抗静电剂领域，以低分子量表面活性剂为基础的添加型抗静电剂仍具有举足轻重的地位。作为理想的低分子量混炼型抗静电剂，一般应该满足如下几个方面的要求。

① 良好的耐热性，在聚合物制品的加工温度（100～300℃）下不分解，不挥发。
② 与树脂的相容性好，不喷霜，不影响制品的印刷性和黏合性。
③ 易混配，不影响制品的加工性能。
④ 与其他配合助剂配伍性好，和相关组分无对抗效应。
⑤ 不损害制品的稳定性能和物理机械性能。
⑥ 无毒或低毒，不刺激皮肤，不污染环境。
⑦ 价廉。

6.2.1.2 按结构性能分类抗静电剂

表面活性剂类抗静电剂是迄今为止用途最广、品种最多、产量最大的一类抗静电剂。根据结构中亲水基能否电离和电离后离子电性能的不同一般分为阳离子型抗静电剂、阴离子型抗静电剂、两性型抗静电剂和非离子型抗静电剂。

（1）阴离子型抗静电剂

阴离子型抗静电剂涉及化合物类型很多，包括各种硫酸衍生物、各种磷酸衍生物和高级脂肪酸盐等，主要用作纺织品和化纤油剂、整理剂使用，作为通用塑料抗静电剂应用最多的是烷基磺酸盐类化合物。

① 脂肪酸盐类　这类的抗静电剂主要是脂肪酸钠盐等，化学分子式为 $RCOONa$。
② 硫酸衍生物　这类的抗静电剂包括硫酸酯盐（$-OSO_3M$）和磺酸盐（$-SO_3M$），分子结构上硫酸酯盐和磺酸盐相差一个氧原子，二者的性质有很大的差异。

a. 高级醇硫酸酯盐类（$ROSO_3M$）：这类的抗静电剂是用 12～18 个碳原子的高级脂肪醇和浓硫酸或发烟硫酸进行酯化反应，然后用碱中和后制得。此类的抗静电剂主要用作纤维的抗静电剂。

b. 液体脂肪油硫酸酯盐［$R（OSOO_3Na）COOR'$］：这类抗静电剂是由油酸、油酸丁酯等不饱和的脂肪酸、不饱和脂肪酸酯、植物油、动物油等含有双键的化合物中双键与硫酸反应，再与碱反应制得。

c 脂肪胺、酰胺的硫酸盐类：这类的抗静电剂如酰氨基醇硫酸酯钠盐 $RCONHR'CH_2CH_2OSO_3Na$。

d. 脂肪酸酰胺磺酸盐类：如 $TCONR'CH_2CH_2SO_3Na$。

e. 烷基磺酸盐类：如

$$CH_3(CH_2)_{10}CH_2-\overset{\displaystyle O}{\underset{\displaystyle O}{S}}-ONa$$

烷基磺酸盐类抗静电剂一般是由石蜡烃与发烟硫酸或三氧化硫磺化，再用碱中和而得的。其反应式为：

$$RH+SO_3 \longrightarrow R-SO_3 \xrightarrow{\text{NaOH}} R-SO_3Na \qquad (6-1)$$

此类抗静电剂的突出特征是耐热稳定性优异，因而可适用于要求高温加工的硬质 PVC、PS、ABS、工程塑料等配合体系，亦可作为外加型抗静电剂以 1% 的水溶液涂覆制品表面。

③ 磷酸衍生物　磷酸系三元酸，其酯类衍生物包括 3 种，其中单烷基磷酸酯和二烷基磷酸酯呈酸性，三烷基磷酸酯呈中性。磷酸酯类表面活性剂在工业上具有广泛的用途。

作为抗静电剂，应用最多的当属阴离子型的单烷基磷酸酯盐和二烷基磷酸酯盐类化合物。它们是由高碳醇、高碳醇的环氧乙烷加合物及烷基酚环氧乙烷加合物与三氯氧磷或五氧化二磷反应，最后用碱中和制备的。

不同结构的磷酸酯盐类抗静电剂性能上差异较大，如单烷基磷酸酯盐极性较强，水溶性大，而二烷基磷酸酯盐润滑性好，难溶于水。它们在纺织工业中具有不可或缺的地位，主要用作纤维油剂和织物整理剂的抗静电组分。在塑料及其他聚合物中，既可以涂覆形式使用，亦可共混到基础聚合物中，并显示出较硫酸酯盐类抗静电剂更优异的效果。其代表性结构包括二月桂基磷酸钠盐、二月桂基磷酸三乙醇胺盐、月桂醇环氧乙烷加合物的磷酸酯钠盐、高碳醇或烷基酚环氧乙烷加合物的磷酸酯及其盐等。

④ 高分子量阴离子型抗静电剂　高分子量阴离子型抗静电剂主要包括聚丙烯酸钠盐、马来酸酐与其他不饱和单体的共聚物盐和聚苯乙烯磺酸等。此类抗静电剂分子量高，与通用塑料制品表面的黏合性好，耐挥发和耐水洗性高，常作为纺织工业品中的耐久性抗静电剂使用，在通用塑料合成材料工业中也可以涂覆方式使用，能克服吸湿性强的表面活性剂抗静电持久性差的缺陷。

（2）阳离子型抗静电剂

阳离子型抗静电剂主要包括多种胺盐、季铵盐和烷基咪唑啉等，其中以季铵盐最为重要。阳离子型抗静电剂对高分子材料有较强的附着力，抗静电性能优良，是通用塑料用抗静电剂的主要种类。

① 季铵盐　季铵盐是阳离子型抗静电剂中附着力最强的，作为外部抗静电剂使用有优良的抗静电性，但季铵盐耐热性差，容易热分解，因此以季铵盐作为内部抗静电剂使用时应予以注意。

季铵盐系用叔胺与烷基化剂反应制得，随着所使用的叔胺和烷基化剂的不同，季铵盐类抗静电剂有很多品种。国产的抗静电剂 SN（硬脂酰胺乙基-β-羟乙基-二甲基硝酸铵）系用硬脂酸与乙二胺先缩合为 N-硬脂酰基乙二胺，然后用甲酸、甲醛双甲基化制成叔胺，最后用硝酸和环氧乙烷季化制得。

季铵盐除可直接作为塑料的内部抗静电剂使用外，也可以先以叔胺的形式添加到塑料中，待成型后再用烷基化剂进行表面季化。例如把乙烯基吡啶的聚合物添加到树脂中待成型后再表面季化。

② 烷基咪唑啉　1-β-羟乙基-2-烷基-2-咪唑啉及其盐是纤维的外部抗静电剂，同时也可作为 PE、PP 等的内部抗静电剂使用。

③ 胺盐 胺盐的种类很多，有烷基胺的盐、环烷基胺的盐和环状胺的盐等，一般为烷基胺和环烷基胺用酸直接中和所得到的盐，如烷基胺的盐酸及磷酸盐、烷基胺环氧乙烷加合物的盐、高级脂肪酸与乙醇胺或三乙醇胺的酯盐、硬脂酰胺基胺的盐以及环己胺的磷酸盐等，一般多作为纤维的外部抗静电剂使用。

（3）两性离子抗静电剂

两性离子抗静电剂主要包括季铵内盐、两性烷基咪唑啉和烷基氨基酸等。它们在一定条件下既可以起到阳离子型抗静电剂的作用，又可以起到阴离子型抗静电剂的作用，在一狭窄的 pH 值范围内于等电点处会形成内盐。两性离子型抗静电剂的最大特点在于它们既能与阴离子型抗静电剂配伍使用，也能与阳离子型抗静剂电配伍使用。和阳离子型抗静电剂一样，它们对高分子材料也有较强的附着力，因而能发挥优良的抗静电性，在某些场合下其抗静电效果比阳离子型抗静电剂还优。

① 季铵内盐类抗静电剂 具有高级烷基的季铵内盐通常用具有长链烷基的叔胺与一氯乙酸反应来制取。反应式如下：

$$C_{12}H_{25}-\overset{\overset{\displaystyle CH_3}{|}}{\underset{\underset{\displaystyle CH_3}{|}}{N}} + ClCH_2COONa \longrightarrow C_{12}H_{25}-\overset{\overset{\displaystyle CH_3}{|}}{\underset{\underset{\displaystyle CH_3}{|}}{\overset{+}{N}}}-CH_2COO^- + NaCl \qquad (6-2)$$

由于此类抗静电剂分子中同时含有季铵型的氮结构和羧基结构，所以在很大范围的 pH 值下水溶性良好。十二烷基二甲基季铵乙酸盐等是良好的纤维用外用抗静电剂。

含有醚结构（如聚氧乙烯结构）的两性季铵盐耐热性良好，能够作为塑料的内用抗静电剂，同时还是研究作为合成纤维内用抗静电剂的主要品种之一。

② 两性烷基咪唑啉 1-羧甲基-1-β-羟乙基-2-烷基-2-咪唑啉盐氢氧化物是两性咪唑啉型抗静电剂的代表性品种。两性咪唑啉的抗静电性优良，与多种树脂相容性良好，是 PE、PP 等优良的内部抗静电剂。

$$\underset{\underset{\displaystyle CH_2COOM}{\overset{\displaystyle |}{\underset{\displaystyle HO}{\quad}\;\underset{\displaystyle CH_2CH_2OH}{\quad}}}}{R-C\overset{\displaystyle N-CH_2}{\underset{\displaystyle N-CH_2}{\big\langle}}}$$

R＝$C_{7\sim17}$ 的烷基，M＝Mg、Ca、Ba、Zn、Ni 等。

③ 烷基氨基酸类 由于烷基氨基酸的氨基也能成盐，而胺盐属阳离子型，所以习惯上把氨基酸归入两性离子型。作为抗静电剂使用的烷基氨基酸类主要有三种类型，即烷基氨基乙酸型、烷基氨基丙酸型和烷基氨基二羧酸型。

烷基氨基乙酸型：$RNHCH_2COONa$；

烷基氨基丙酸型：$RNHCH_2CH_2COONa$；

烷基氨基二羧酸型：$\left[\begin{array}{c} RNHCHCOO^- \\ | \\ CH_2COO^- \end{array}\right] Ba^{2+}$。

烷基氨基丙酸的金属盐或二乙醇胺盐可作为塑料的外部或内部抗静电剂使用。作为外部抗静电剂使用时，为了增加其水溶性，多使用碱性介质。烷基氨基二羧酸的金属盐或二乙醇胺盐主要作为塑料内部抗静电剂使用。

（4）非离子型抗静电剂

由于离子型抗静电剂可以直接利用本身的离子导电泄漏电荷，所以具有优良的抗静电性。一般非离子型抗静电剂的抗静电效果均较离子型抗静电剂差，要达到相同的抗静电效果通常非离子型抗静电剂的添加量为离子型抗静电剂的两倍。但非离子型抗静电剂热稳定性好，也没有离子型抗静电剂易于引起塑料老化的缺点，所以主要作为塑料的内部抗静电剂使用。非离子型抗静电剂主要有多元醇、多元醇酯、醇或烷基酚的环氧乙烷加合物、胺或酰胺的环氧乙烷加合物等。其中烷基胺的环氧乙烷加合物是消费量非常大的塑料用内部抗静电剂。

① 多元醇和多元醇酯

a. 多元醇类的抗静电剂：甘油、山梨醇、聚乙二醇等吸湿性的多元醇多少具有一定的抗静电性，但附着力差，无法用作外用抗静电剂。很早就有商品聚乙二醇作为 PE、PP 的内用抗静电剂，现在聚乙二醇很少使用。

b. 多元醇的脂肪酸酯：该类抗静电剂中重要的有山梨糖醇酐单月桂酸酯和甘油单硬脂酸酯。其具有一定的亲水性，可以作为塑料的内用抗静电剂使用。多元醇酯是用多元醇与脂肪酸酯化制得。

② 脂肪酸、醇、烷基酚的环氧乙烷加合物　在碱性催化剂的存在下，将脂肪酸、醇、烷基酚等与环氧乙烷反应，在其分子内活泼氢上加聚的结果生成液状或膏状的脂肪酸聚乙二醇酯或聚醚。

脂肪酸环氧乙烷加合物：$C_{17}H_{35}COO(CH_2CH_2O)_{\overline{n}}H$

醇环氧乙烷加合物：$C_{12}H_{25}O(CH_2CH_2O)_{\overline{n}}H$

烷基酚环氧乙烷加合物：C_9H_{19}—〈 〉—$O(CH_2CH_2O)_{\overline{n}}H$

月桂酸、油酸等高级脂肪酸的聚乙二醇酯在纤维工业上广泛作为抗静电剂使用，也可作为聚烯烃、聚苯乙烯的内部抗静电剂。高级醇的环氧乙烷加合物除了作为纤维纺丝油剂成分使用外，作为聚烯烃的内部抗静电剂也有效果。烷基酚的环氧乙烷加合物除了对纤维具有一定的抗静电性，在纺织工业上主要作为洗涤剂使用，但与油性成分配合也能作为纺丝的油剂，也可作塑料、合成纤维的内部抗静电剂使用。

③ 胺类衍生物

a. 烷基胺-环氧乙烷加合物：高级脂肪胺-环氧乙烷加合物耐热性好，可作为塑料的内用抗静电剂，具有良好的效果，适用于 PE、PP 等，也可用作纤维的外用抗静电剂。此类抗静电剂随着环氧乙烷加合分子数的增加，水溶性增大，但与 PE 等聚烯烃相容性降低，因此用于聚烯烃时，环氧乙烷的加合量不能太大。

b. 酰胺-环氧乙烷加合物：酰胺-环氧乙烷加合物的制备方法和烷基胺-环氧乙烷加合物相同，也是在碱性催化剂存在下用脂肪胺与环氧乙烷加聚而成。该类抗静电剂可作为塑料的内用和外用抗静电剂，也可用作纤维的外用抗静电剂。

c. 胺-缩水甘油醚加合物：伯胺、仲胺与缩水甘油醚的反应产物，可以作为塑料的内用抗静电剂。代表性品种如 N-（3-十二烷氧基-2-羟基丙基）乙醇胺。具有良好的热稳定性，是 HDPE 和 PS 的高效抗静电剂。

（5）高分子型永久抗静电剂

高分子型抗静电剂是近年来研究开发的一类新型抗静电剂，它克服了一般表面活性剂型抗静电剂的一些缺点，具有长效、耐洗刷、不影响制品外观、耐热、作用效果不受空气中的相对湿度的影响等优点。高分子型抗静电剂的作用方式是同树脂之间以高分子合金的形式共混，使其均匀而细微的分散成纤维状或网状"导电通道"。主要品种有聚氧化乙烯的共聚物、聚醚酯酰胺、聚醚酰亚胺、聚乙二醇甲基丙烯酸共聚物、环氧乙烷与环氧丙烷的共聚物等。聚酰亚胺与聚醚的共聚物（PEBA）以10％～20％添加到聚合物基体中，可形成导电网络。这类抗静电剂的缺点是用量大、成本高，需配合适当的相容剂及加工条件方能达到理想的效果，而相容剂及加工条件等关键技术还需要不断改进与完善。

常见抗静电剂性质和用途见表6-3。

表6-3 常见抗静电剂性质和用途

名称	性质	用途
硬脂酰胺丙基二甲基-β-羟乙基铵硝酸盐（SN）	浅黄或琥珀色，异丙醇和水的溶液（含50％～60％），pH值为4～6，纯品180℃开始分解	PE、PP、PVC、PS等
硬脂酰胺乙基二甲基-β-羟乙基铵硝酸盐（国产SN）	棕红色油状黏稠液体，pH值为4～6，高于180℃开始分解，易溶于丙酮、丁醇、氯仿，对5％酸、碱稳定	PE、PP、PVC、PS、橡胶等
3-月桂酰胺丙基三甲基铵硫酸甲酯盐（LS）	白色结晶粉末，熔点99～103℃，235℃开始分解，可溶于水、有机溶剂，低毒	PE、PP、PVC、PS等
N,N-双（2-羟基乙基）-N-（3′-十二烷氧基-2′-羟基丙基）甲铵硫酸甲酯盐（609）	50％异丙醇-水溶液为淡黄色，pH＝4～6，可溶于极性溶剂，加热时可溶于非极性溶剂	PVC、ABS、丙烯酸树脂等
N-（3-十二烷氧基-2-羟基丙基）乙醇胺（477）	白色流动性粉末，熔点59～60℃，可溶于水、有机溶剂，在250℃以下稳定	PE、PP、PVC、PS等
三羟乙基甲基铵硫酸甲酯盐（TM）	淡黄色黏稠液体，易溶于水	聚丙烯腈、聚酯、聚酰胺等纤维
硬脂酰胺丙基二甲基-β-羟乙基铵二氢磷酸盐（SP）	35％异丙醇-水溶液为淡黄色透明液体，pH＝6.3～7.2，低毒	PE、PP、PVC、PS等
烷基磷酸酯二乙醇胺盐（P）	棕黄色黏稠膏状物，易溶于水和有机溶剂，pH＝8～9	PE、PP、PVC、PS、合成纤维等
N,N-双（2-羟乙基）烷基胺	溶于丙酮、苯、四氯化碳和异丙醇等	PE、PP
羟乙基烷基胺，高级脂肪醇和二氧化硅的复配物（HZ-1）	白色或灰白色粉末，熔点45℃左右，热稳定性＞300℃	PE、PP
ECH抗静电剂（烷基酰胺类）	淡黄色蜡状物，熔点40～44℃，热稳定性＞300℃	PVC

6.2.2 抗静电剂结构特性

抗静电剂通常是表面活性剂之类的物质，它们的分子结构具有如下通式：R—Y—X。其中R为亲油基，Y为亲水基，X为连接基。

C_{12}以上的烷基是典型的亲油基，而烃基、羧基、磺酸基和醚键等则是典型的亲水基。其中非极性部分的亲油基和极性部分的亲水基之间应具有适当的亲水亲油平衡（HLB），并与高分子材料有一定的相容性。HLB值越大，说明表面活性剂分子的极性越高；反之，HLB值越小，表面活性剂分子的极性越低。HLB值的高低将是我们判断抗静电剂与聚合物基体相容性、抗静电速效性与持久性的基本依据。亲油性基团多为烷基、烷芳基、芳基、环己基等非极性基团，对于烷基亲油基团来说，碳链越长，亲油性越强，和非极性聚合物的相容性越好，即与树脂的结合越牢固；相反，碳链越短，极性越高，抗静电性能越好，显示抗静电性能的速度越快。

表 6-4 常见抗静电剂中的亲油基与亲水基

亲油性基团	弱亲水性基团	亲水性基团	强亲水性基团
$CH_3\left(CH_2\right)_n$（烷烃链）	—CH_2—O—CH_3	—OH	—$C_6H_4SO_3H$
C_6H_5—（苯基）	—C_6H_4—O—CH_3	—COOH	—SO_3H
C_6H_{11}—（环己基）	—$COOH_3$	—CN	—SO_3Na
$C_{10}H_7$—（萘基）	—CS—	—NH—co—NH_2	—COONa
$\left(CH_2—CH_2—CH_2O\right)_n$	—CSSH—	—$CONH_2$	—$COONH_4$
$(CH_3)_2Si(CH_2)_n$	—NO_2	—OSO_3（硫酸酯）	—Cl，—Br，—I

6.2.3 抗静电剂作用机理

在物质的摩擦过程中电荷不断产生同时也不断中和，电荷泄漏中和时主要通过摩擦物自身的体积传导、表面传导以及向空气中辐射三个途径，其中表面传导是主要的。这是因为体积传导主要取决于体积电阻率，表面传导主要取决于表面电阻率，而一般固体的体积电阻率约为表面电阻率的 $100\sim1000$ 倍。如能设法降低其表面电阻从而提高表面电传导，就能起到防止静电的作用。

高分子材料的表面电阻除由本身的性质决定外，还和许多外界因素有关，如图 6-1 所示。外部抗静电剂一般以水、醇或其他有机溶剂作为溶剂或分散剂使用。当将抗静电剂加入到水中时，由于在它们的分子中有非极性部分的亲油基和极性部分的亲水基的存在，抗静电剂分子的亲油基就会伸向空气-水界面的空气一面，而亲水基则向着水，随着浓度的增加，亲油基相互平行最后达到最稠密的排列，如图 6-1（a）～图 6-1（c）所示。这时将纤维浸渍在溶液中，抗静电剂分子的亲油基就会吸附在纤维的表面［图 6-1（d）］。经浸渍，干燥后的纤维表面形成如图 6-1（e）所示的结构。

这样，在纤维表面由于有亲水基的存在就很容易吸附环境中的微量水分，而形成一个单分子的导电层。当抗静电剂为离子型化合物时就能起到离子导电的作用。非离子型抗静电剂虽与导电性没有直接关系，但吸附的结果除利用了水的导电性外，还使得纤维中所含的微量电解质有了离子化的场所，从而间接地降低了表面电阻，加速了电荷的泄漏。另一方面，由于在纤维的表面有了抗静电剂的分子层和吸附的水分，因此在摩擦时其摩擦间隙中的介电常数同空气的介电常数相比明显提高，从而削弱了间隙中的电场强度，减少了电荷的产生。

另外环境中的相对湿度和温度等影响，其中特别是相对湿度的影响最大。

水是高介电常数的液体，纯水的介电常数为

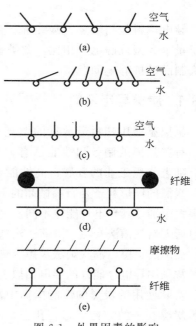

图 6-1 外界因素的影响

81.5，与干燥的塑料和纺织品相比具有很高的导电性，而且随着其中所溶解的离子的存在导电性还将进一步增加。因此如果在高分子材料表面附着一层薄薄的连续相的水就能起到泄漏电荷的作用。由于水是挥发性的，所以这种泄漏电荷的作用也只是暂时的。然而水虽具有挥发性，但却又能从大气中的湿气源源不断地得到补充。目前所知道的绝大多数的抗静电剂都是吸湿性的化合物，而且往往是能电离的，它们的抗静电作用在很大程度上利用了水的导电性，所以要充分发挥抗静电剂的作用就必须确保水分的存在。也就是说环境中的相对湿度越大，纺织品的表面电阻就越小，同时抗静电剂的含水率也越高，其效果也越好。相反，相对湿度在25％以下时，抗静电的效果就差了。

温度对高分子材料的表面电阻有正反两方面的影响。一方面，绝缘体导电一般属离子导电，因此随着温度的升高离子活度增加，电阻相应减小。另一方面，如果高分子材料的温度比周围的气温低，则水就会凝集在它的表面，所以表面电阻就低。相反如果高分子材料的温度比环境温度高，则由于表面水分的挥发而使表面电阻增高。

一般外部抗静电剂在洗涤、摩擦和受热时吸附的分子层容易从纤维的表面脱落，同时表面吸附的分子层还有向内部迁移的趋势，因而抗静电性不能持久，在使用或储存的过程中抗静电性能会逐渐降低或消失。

耐久性外部抗静电剂大都是高分子电解质和高分子表面活性剂，其单体分子中具有乙烯基等反应性基团。它们可以用通常的方法涂布在纤维的表面形成附着层，也可以用单体或预聚物的形式涂布在纤维的表面，然后经热处理使之聚合而形成附着层。由于附着层与纤维表面有较强的附着力且坚韧，所以耐摩擦、耐洗涤和耐热，也不向内部迁移，抗静电性能持久。耐久性外部抗静电剂由于附着层具有一定的厚度，所以抗静电作用主要取决于它本身的化学结构和物理性质，同时与环境的相对湿度也有密切的关系。

6.3 导电填料

导电填料包括炭黑、碳纤维、金属及金属氧化物填料等。与表面活性剂类抗静电剂和高分子量永久型抗静电剂相比，此类材料能够显著降低制品的体积电阻和表面电阻，从根本上解决制品的抗静电问题。

6.3.1 炭类导电填料

炭黑是通用塑料最常见的填充材料之一，在通用塑料制品中具有良好的抗电性和补强性。有关炭黑的制备和性能已有大量的文献和专著进行专门的叙述，本书不再作具体的介绍。随着炭黑工业的发展，高性能导电炭黑牌号在高科技聚合物制品中的应用日趋广泛。

炭黑的球形粒子是石墨微晶的不规则的聚结体。由于制造工艺的不同，炭黑的结构形态会有很大区别，其导电性能也不同。一般炭黑按生产方法分为接触法炭黑和炉法炭黑。接触法炭黑包括天然气槽法炭黑、滚筒法炭黑、圆盘法炭黑、无槽混气炭黑等。炉法炭黑包括气炉法炭黑、油炉法炭黑、油气炉法炭黑、热裂法炭黑、乙炔炭黑等。用于导电涂料和其他导电制品的炭黑常采用导电性能好的导电槽黑、导电炉黑、超导电炉黑、特导电炉黑、乙炔炭黑。

实际使用的炭黑的性能指标中常用氮气法表面积和邻苯二甲酸二丁酯（DBP）吸附量来表示炭黑粒子的结构形态。孔壳状的炭黑颗粒具有较高的电导率，即是说，每单位质量炭黑的表面积和孔体积越大，每单位质量炭黑的导电性越好。炭黑表面化学状态也影响炭黑的导电性。表面氢、氧、CO_2 的存在将使导电性下降。因此，挥发分也是炭黑的性能指标之一。挥发分越高，导电性下降越多。一般槽炭黑挥发分为 5%，炉炭黑为 1%。此外，炭黑中灰分、水分的存在也使导电性下降。

碳纤维是一种高导电碳素材料，其以较低的添加量赋予聚合物制品良好的导电性，体积电阻率可以达到 $100\Omega \cdot cm$ 以下，通常可用于电磁波屏蔽制品等。碳纤维也可以制成与石墨的复合型。例如，一种用于浅色导静电涂料的碳纤维是含有石墨区的，石墨的碳轴与纤维的轴垂直排列。纤维的直径为 $3.5 \sim 70nm$，长度是直径的 100 倍以上。纤维的内芯是中空的或定向性差的碳原子，外层是定向排列的石墨。这种结构的碳纤维是将金属催化剂与含碳原子的气体，如乙烯、丙烯、甲苯等接触而制造的。

由于各种碳素类导电填料本身呈黑色，这样就局限了它们仅仅适用于黑色制品中。

6.3.2 金属类导电填料

金属类导电填料一般包括金属单质材料和金属氧化物材料。前者如黄铜纤维、铜纤维、铝纤维、不锈钢纤维等，后者以氧化锡纤维为代表。

需要指出的是，金属单质类导电填料实际包括金属粉末、片料和纤维多种形态，但粉末和片料填充塑料往往带来密度大、制品外观差等问题，工业上应用并不多。相比之下，纤维形态长径比大，加工方便且制品外观性能好，因而应用较为广泛。一般地，金属纤维类导电填料在湿环境中容易腐蚀，由其改性的聚合物制品电阻值随腐蚀程度的加剧而增大，不锈钢纤维具有耐腐蚀性，并越来越成为金属类导电填料的主体。常见金属导电填料见表 6-5。

表 6-5　常见金属导电填料

金属种类	体积电阻率/($10^{-5}\Omega \cdot m$)	金属种类	体积电阻率/($10^{-5}\Omega \cdot m$)
Ag	1.6	Pt	9.85
Cu	1.7	Pd	9.98
Au	2.4	Ni	11.8
Al	2.7		

① 银导电填料　银是最早使用的导电填料。银的优点是电阻率低，导热性好，氧化速度慢，而且银的氧化物也有导电性。使用银作为导电填料主要有两个缺点：其一是价格昂贵；其二是银的迁移现象带来的弊端。

银的迁移是当银作为电极使用时，从阴极来的银在阳极呈树枝状生长，导致短路现象。银的迁移在电子产品小型化时造成困难，由于引线间隔的限制，引线密度难以提高。为了防止银的迁移，最有效的办法是控制涂层中水分的存在。例如，使用上下夹心保护，使银涂层隔绝空气。

② 铜导电填料　铜是容易被氧化的金属，其氧化物是绝缘体。因此，若不做特殊处理，铜是不能用作导电填料的。这是因为涂层的电导率会随时间延长，氧化程度增加而下降。目前的防氧化技术主要有如下几种：表面镀金属；加入还原剂将铜粉表面的氧化铜还原为铜；有机磷化物处理；聚合物稀溶液处理。

③ 镍导电填料　镍粉价格适中，稳定性介于银粉与铜粉之间。在实际使用过程中，也存在由于镍粉在基质中迁移使导电性下降的问题。

④ 金属合金粉导电填料　近年来有很多金属合金粉作为导电填料的研究和应用报道。例如，由于银的价格昂贵，镍在使用中存在导电稳定性差的问题。使用 Ni-Al 合金粉作为导电填料，可以制造出耐老化、耐湿的导电涂层。

金属氧化物类导电填料以氧化锡纤维为代表。氧化锡晶须纤维一般是用气相法制备的，反应温度、反应氛围等条件很难控制，工业上至今难以制备和生产。最近，日本某公司利用独特的技术成功地制造出世界上第一个氧化锡长纤维，据称，这种纤维可以连续弯曲，能够任意切割调整长度，同时亦可控制纤维直径，调整导电性和色调。其在强酸、强碱溶液中呈现高耐腐蚀性，能够在苛刻环境下长期保持导电性不变。与粉状氧化锡导电填料相比，氧化锡纤维的导电性高，能够以较少的添加量得到较高的导电效果，不损害被填充材料固有的物理性能。

6.4 结构型导电高分子材料

通用塑料除了炭黑、碳纤维、金属等填料之外，还可以与结构导电型高分子材料共混制备抗静电塑料。

6.4.1 基本特征

所谓结构型导电塑料是由那些具备共轭 π 键的高分子经化学或电化学"掺杂"处理后，使之转化为具有高导电特性的高分子材料。这种导电塑料与添加金属粉末、碳粉体的高分子材料制备的复合型导电塑料有着本质的区别。它除具备可进行分子设计的结构特征外，还含有由"掺杂"处理而引入的一价阴离子（称 p 型掺杂）或阳离子（n 型掺杂），而且还保持了树脂的分子结构、加工特性和形变行为等特征。所以说，从分子结构上讲，此导电塑料具备高分子链结构和与链非键合的一价阴离子或阳离子共同的结构特点。因此，结构型导电塑料不仅具有由于掺杂而带来的金属高电导率和半导体（p-型和 n-型）的特性，而且，还具有高分子的可分子设计结构多样化、易加工和质轻的特点。

正因为结构型导电塑料具有上述的结构特征和独特的"掺杂"机制，使结构型导电塑料具有优异的物理化学性能和广阔的技术应用前景。

① 结构型导电塑料室温电导率可在绝缘体-半导体-金属态范围内（$10^{-9} \sim 10^5 \, S/cm$）变化，这是迄今为止任何材料无法比拟的。

正因为结构导电塑料的电性能有如此宽的范围，因此它在技术上的应用呈现出多种诱人前景。例如：具有高电导率的结构型导电塑料可用于电、磁屏蔽，防静电、分子导线等工程中，而具有半导体性能导电高分子，可用于光电子器件（晶体管、整流管）和发光二极管等（light emitting diode，LED）。

② 结构型导电塑料不仅可以掺杂，而且还可以脱掺杂并且掺杂/脱掺杂的过程完全可逆。这是结构型导电塑料独特的性能之一。如果将完全可逆的掺杂/脱掺杂的性能与结构型导电塑料的可吸收雷达波的特性相结合，则结构型导电塑料又是目前快速切换的隐身技术的首选材料。实验发现结构导电塑料与大气某些介质作用，其室温电导率会发生明显的变化，若除去这些介质又会自动恢复到原状。这种变化的实质是掺杂或脱掺杂过程，并且其掺杂/脱掺杂完全可逆。利用这一特性，结构型导电塑料可实现高选择性、灵敏度高和重复性好的气体或生物传感器。

6.4.2 基本类型

结构型导电塑料是经化学或电化学聚合方法合成的以共轭双键为主键的聚合物，如聚乙炔

（PA）、聚吡咯（PPy）、聚噻吩（PTP）、聚苯胺（PANI）和聚对苯乙烯等。由于这些聚合物具有较高的电子亲和性或较低的离子化势能，经化学掺杂或电化学掺杂后可成为导体，经掺杂后的共轭双键的π电子系统形成孤子（soliton）、极化子（polaron）或双极化子（bipol wron）等载流子，以及以自由基、离子自由基或双离子形式存在，掺杂剂同时也可形成抗衡离子储存入基体中，以维持电中性。结构导电塑料的掺杂和脱掺杂具有可逆性，伴随氧化态/还原态转变。聚合物结构和物化性能也会出现突变，呈现出优异的性能，如金属状导电性、三阶非线性光学效应、电化学特征、发光特性、磁学性能等。随着材料合成技术、结构表征技术、导电机理、结构与性能关系等方面研究的不断深入发展，使这类聚合物能与其他材料进行复合，制备出多功能性导电塑料。综合分析，结构型导电塑料可分为以下四类。

① 与无机材料复合：如与黏土、沸石、石墨等复合制成导电塑料。

② 与金属氧化物复合：如与 V_2O_5、MoS_2 等层状化合物复合制成导电塑料。

③ 与非导电聚合物复合：可与非导电聚合物复合，以解决共轭聚合物加工性能差、力学性能低、制备导电性能良好，且综合特性优良的导电塑料。

④ 与纳米粉体复合：与导电、半导体或非导电纳米粉体复合，运用纳米粉体优异的电性能和"三大效应"制备导电性能更为优越的导电塑料。

结构型高分子材料本身具有导电性，但这类材料的稳定性、功能性、加工再现性差且成本高，因此常采用一定的手段，改善加工性能，以提高实用性。常见的方法是将普通树脂与结构型导电聚合物通过物理或化学方法共混，使达到导电的目的。这类材料有 PANI/PE，PPy/PE，PANI/PS，PPy/PS 等。典型的产品为美国 Americhem 公司和德国的 Zippeling Kessler 公司合作开发的 PVC/PANI 共混物，PANI 为 30％时其电导率可达 125S·cm^{-1}；当导电聚合物的含量为 2％～3％时，其体积电阻率可达 10^7～10^9Ω·cm，用于电磁干扰屏蔽材料、导体材料和抗静电材料使用。采用化学法或电化学法将导电聚合物和基体聚合物在微观尺度内共混（即纳米级），得到有互穿或部分互穿网络结构的导电塑料也是目前研究的热点。

聚苯胺（PAn）可与 PVC、ABS、PC 等共混，可用注射、挤出、吹塑等方法成型。例如，在聚苯胺中加入 70％的 SPVC，产品的电导率为 125 S/cm，拉伸强度为 42MPa，断裂伸长率为 250％。

聚吡咯（PPy）是少数高稳定性导电聚合物，其膜制品在空气中具有优良的稳定性。但是聚吡咯的力学性能不好，常用其与 PVC、PVA 等复合，以提高其强度。

6.5　PE 抗静电改性

6.5.1　PE 用抗静电剂

用作 PE 树脂添加型抗静电剂的化合物类型很多，归纳起来包括聚乙二醇、烷基胺环氧乙烷加合物、烷醇酰胺、多元醇酯、烷基磷酸盐、两性咪唑啉和其他两性化合物的金属盐等，但就现状而言尤以烷基胺环氧乙烷加合物、烷醇酰胺和脂肪酸多元醇酯用量最多。季铵盐类阳离子型抗静电剂与聚乙烯树脂的相容性差，热稳定性也不足，往往不能在聚乙烯注塑制品中使用。

聚乙二醇是早期应用较广的 PE 添加型抗静电剂，由于其抗静电效率较低，与树脂的相容性差，有喷霜和遇水泛白的倾向，进入 20 世纪 80 年代后已很少直接使用。取而代之的脂肪胺环氧乙烷加合物热稳定性较高，抗静电效果突出，且与树脂的相容性也得到了很好的改善，20 世纪 80 年代以来得到了广泛的推广和应用，迄今仍主导着聚烯烃抗静电剂的主要市场。应当指出的是，此类结构的抗静电剂与无机二氧化硅粒子具有良好的协同效果，许多品种中往往配合一定比例的 SiO$_2$ 粉末。近年来研究结果表明，脂肪胺环氧乙烷加合物对环氧树脂电路板具有一定的侵蚀作用，从发展趋势看有被烷醇酰胺类抗静电剂取代的倾向。

脂肪胺环氧乙烷加合物类抗静电剂的应用性能与环氧乙烷加合数具有直接的对应关系。在脂肪烷基碳数相同的条件下，环氧乙烷加合数增加将导致分子极性增大，进而与树脂的相容性降低，抗静电持久性变差，市售产品环氧乙烷加合数一般控制在 1～3 之间。表 6-6 综合评价了各种不同类型的抗静电剂在 LDPE 中的抗静电效果和加工应用性能。

表 6-6　不同类型的抗静电剂在 LDPE 中的抗静电效果和加工应用性能

抗静电剂	加工性[①]	热稳定性[②]	喷出[③]	表面电阻/Ω
空白	○	○	○	4.2×10^{16}
硬脂基氨基丙酸钠	△	×	△	2.6×10^{14}
月桂基-三甲基氯化铵（Arquad 12）	××	—	—	—
月桂基-甲基-二(羟乙基)氯化铵	×	×	×	7.9×10^{10}
Catanac CN	××	—	—	—
1-羟乙基-2 十七烷基-2-咪唑啉硫酸盐	△	△	△	3.6×10^{12}
1-羟乙基-2 十七烷基-2-咪唑啉过氯酸盐	△	△	△	1.6×10^{12}
月桂基胺环氧乙烷加合物(2 分子)	△	△	△	3.2×10^{8}
月桂基胺环氧乙烷加合物(4 分子)	△	△	△	5.0×10^{10}
月桂基胺环氧乙烷加合物(8 分子)	×	△	△	5.8×10^{12}
吐温 60	△	△	△	2.3×10^{16}
聚乙二醇(相对分子质量 400)	×	△	×	5.4×10^{13}
N,N-二(羟乙基)月桂酰胺	△	△	△	3.8×10^{12}
N,N-二(羟乙基)硬脂酰胺	△	△	△	8.3×10^{12}
N,N-二甲基月桂酰胺	○	○	○	6.4×10^{14}
N,N-二甲基硬脂酰胺	○	○	○	3.7×10^{13}
磷酸二月桂酯钙盐	△	○	△	4.2×10^{14}

① ○，与树脂相容性优良；△，与树脂相容性差；×，与树脂不相容；××，用挤压机不能混入树脂。
② ○，不变色；△，少许变色；×，严重变色。
③ ○，无喷出；△，少许喷出；×，严重喷出（发黏）。

除此之外，近年来出现的高分子量永久抗静电剂也开始在 PE 中应用，如 Ciba 精化公司近期推出的 Irgastat P18 就推荐用于 PE 薄膜，其用量较表面活性剂类抗静电剂要高得多。

6.5.2　PE 抗静电改性实例及配方

6.5.2.1　实例

（1）实例一：HDPE 吹塑专用料抗静电改性

主要原料：HDPE；纳米导电粉（ATO 粉）；有机醇、酯类抗静电剂；炭黑类、碳纤维、聚苯胺类导电型抗静电剂等。

通过研究各种不同抗静电剂对 HDPE 吹塑专用料抗静电性能、力学性能及成型加工性能的影响，最终选择了抗静电母料作为 HDPE 吹塑专用料的抗静电剂。应用测试表明，其不仅在用量较少（质量分数为 3%）的情况下就能达到良好的抗静电性能（10^{10} Ω），而且对 HDPE 基体材料的力学性能和成型加工性能基本无影响。经装药和外包装膜剥离测试，抗静电母料改性 HDPE 吹塑专用料的抗静电性能优异且综合性能良好，完全满足某弹药部件的使用要求。

（2）实例二：HDPE/石墨/纤维复合型抗静电材料

主要原料：HDPE；PE-*g*-MAH；聚乙烯接枝聚乙二醇 PE-*g*-PEG；鳞片石墨，固定含碳量 99%，80 目；纤维，硅酸盐类；KH-570 型硅烷偶联剂。

工艺流程如图 6-2 所示。

图 6-2　HDPE/石墨/纤维复合型抗静电材料工艺流程

中北大学塑料研究所根据不同机理采用熔融混炼法分别制备了 HDPE/石墨/硅酸盐纤维复合型抗静电材料和 HDPE/聚乙烯接枝聚乙二醇（PE-*g*-PEG）/硅酸盐纤维共混型抗静电材料。研究了抗静电体系中各组分对材料力学性能和电学性能的影响。

用双螺杆挤出机制备了 HDPE/石墨/纤维复合型抗静电材料。研究表明，相容剂 PE-*g*-MAH 能有效改善石墨在基体树脂中的分散状态，增强石墨粒子与树脂的界面结合力。鳞片石墨能降低材料的体积电阻率，并对材料有一定的增强作用。纤维对材料增强作用明显。预先研磨工艺有助于石墨在 HDPE 体系中的分散，并且有助于降低石墨在抗静电体系中的添加量。用双螺杆挤出机制备了 HDPE/PE-*g*-PEG/纤维共混型抗静电材料。首先在双螺杆挤出机上制备高分子永久型抗静电剂 PE-*g*-PEG，它能有效降低材料的体积电阻率和表面电阻率，并且不影响材料的其他性能，但是材料的抗静电效果对环境湿度有一定的依赖性。

（3）实例三：HDPE 注塑制品专用抗静电母料

主要原料及占比：羟基胺类抗静电剂 10%～15%；单甘酯：单十八（烷）酸丙三醇酯（GMS）20%～25%；硬脂酸铵：N,N'-亚乙基双硬脂酰胺，N,N'-亚乙基双硬脂酰胺简称 2%～3%；其他辅助润滑剂 2%～4%；LLDPE 粉 30.36%，HDPE 23.30%。

工艺流程如图 6-3 所示。

图 6-3　抗静电 HDPE 工艺流程

这是一种专用于高密度聚乙烯注塑制品的复合抗静电母料，母料中抗静电剂有效含量在 30%以上，该专用母料在 HDPE 制品加工过程中用量少，仅为 2%～3%，而且产品的加工工艺和力学性能稳定，能使 HDPE 制品表面获得短期和长期都比较理想的抗静电效果。

（4）实例四：LLDPE 抗静电母料

主要原料：LLDPE；抗静电剂，HZ-1（羟乙基脂肪胺与一些配合剂复合物），SN（十八烷基羟乙基二甲胺硝酸盐）或 ASA-150，阳离子与非离子表面活性剂复合物；抗粘连剂、爽滑剂、芥酸酰胺、油酸酰胺等；抗氧剂 1067；润滑热稳定剂，硬脂酸锌。

制备流程如图 6-4 所示。母料中各种助剂的比例：LLDPE 粉料 4～80 份，开口剂 4～16 份、爽滑剂 4～16 份、抗静电剂 4～24 份、抗氧剂 4～16 份、硬脂酸锌 4～16 份。

这种具有协同效应的复合抗静电剂配方，母料中抗静电剂含量为 10%以上；使用该母

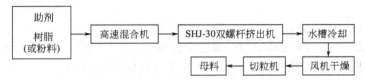

图 6-4　LLDPE 抗静电母料制作工艺流程

料的专用料加工过程中不仅母料用量可减少，而且产品的加工工艺稳定；专用料的力学性能稳定。能使专用料表面电阻率（ρ_s）长短期都达到较低值的母粒用量为 3.9%。

（5）实例五：HDPE 抗静电母料

主要原料：HDPE（牌号 1081H，陶氏化学公司）；硅酸盐类短纤维；鳞片石墨；硅烷偶联剂。

工艺流程如图 6-5 所示。

图 6-5　HDPE/石墨/纤维复合型抗静电材料工艺流程

中北大学塑料研究所采用鳞片石墨 FG 和短纤维 CF 对高密度聚乙烯 HDPE 进行抗静电及增强改性。测试及分析了 HDPE 混合体系的电学性能和拉伸性能。得出结论：添加一定量的石墨能明显提高材料的抗静电性能，通过加入纤维可以改善体系的强度，同时短纤维有助于降低材料的体积电阻率。

6.5.2.2　配方

（1）配方一：LDPE 抗静电母料

该母料中由于添加大量乙炔炭黑，能降低制品的力学性能，这点应引起重视。该母料的特点是，抗静电效果理想，分散性能好，常用于抗静电电缆材料、屏蔽电缆料或其他电子产品。常用挤出工艺生产，配方见表 6-7。

表 6-7　LDPE 抗静电母料配方

成分	用量/份
LDPE(MFR 为 7g/10min)	100
导电乙炔炭黑	40
偶联剂 KR-9S	0.4
聚乙烯蜡	3
硬脂酸	0.8

（2）配方二：矿用抗静电阻燃 PE 管材

矿用抗静电阻燃 PE 管材配方见表 6-8。

表 6-8　矿用抗静电阻燃 PE 管材配方

成分	用量/份
LDPE(挤管级,MFR=1~3g/10min)	100
LDPE 阻燃母料	10
HZ-1 抗静电剂	0.5
HKD-500 抗静电剂	0.5
ASA-150 抗静电剂	0.5
DCP 交联剂	2

成分	用量/份
抗氧剂 1010	0.2
助抗氧剂 DLTP	0.2
白油分散剂	1
炭黑	2

本配方经混合、挤出，管材有良好的阻燃抗静电性，自熄时间 0.5～1s。

（3）配方三：碳纤维导电 HDPE

碳纤维导电 HDPE 配方见表 6-9。

表 6-9 碳纤维导电 HDPE 配方

成分	用量/份
HDPE	100
碳纤维	30
偶联剂	1.0
润滑剂 HSt	0.5
稳定剂 BaSt	0.5

工艺流程：碳纤维（经偶联剂表面）→混合→高速捏合→挤出机挤出→切粒→干燥→试样。

相关性能：体积电阻率 $10^2 \Omega \cdot cm$；拉伸强度 66MPa；断裂伸长率 2%；缺口冲击强度 50J/m；热变形温度 141℃。

6.6 PP 抗静电改性

6.6.1 PP 用抗静电剂

PP 为部分结晶型树脂，其对内部抗静电剂的选择与 HDPE 基本相同，在众多表面活性剂类抗静电剂品种中，脂肪烷基胺环氧乙烷加合物、烷醇酰胺类化合物、脂肪酸多元醇酯和两性咪唑啉等两性表面活性剂品种应用较多。

值得指出的是，PP 制品加工形式多样，加工温度较 PE 的高，一般要求抗静电剂品种具有较高的耐热稳定性，特别是诸如聚丙烯纺丝、BOPP 膜加工和一些注塑制品。在这方面硼酸酯类抗静电剂、高分子量永久型抗静电剂具有显著的优势。据报道，北京市化工研究院开发研究了 ASB 系列的硼酸酯类抗静电剂，其在 BOPP 膜中的应用性能优于脂肪烷基胺环氧乙烷加合物和烷醇酰胺类抗静电剂。

还需说明的是，考虑到加工中的方便性，目前用于 PE、PP 的抗静电剂多以母料形式供应。表 6-10 为两性咪唑啉的金属盐类抗静电剂 10% 母料用于 PP 制品中的抗静电性能。而烷醇酰胺类抗静电剂较脂肪烷基胺环氧乙烷加合物在 PP 中的抗静电性更加优异。

表 6-10 PP 抗静电性能

抗静电剂[①]配合量/%	表面电阻/Ω	摩擦电压[②]/V	备注
空白	$>10^{15}$	6510	
0.5	5.3×10^{11}	450	210℃注塑成型
0.7	6.0×10^{10}	280	
1.0	2.2×10^{10}	190	
空白	$>10^{15}$	6500	
0.5	4.5×10^{11}	1050	210℃注塑成型
0.7	3.2×10^{10}	840	（与另一种 PP 配合）
1.0	1.6×10^{10}	260	

①母料所用的抗静电剂为日本雄狮油脂公司生产的两性咪唑啉的金属盐。

②用旋转静电试验器，荷重 200g，750r/min 与棉布摩擦的电压，在 20℃，相对湿度 65% 下测定。

高分子型抗静电剂在聚丙烯基体中的分散程度和分散状态对 PP 合金的抗静电性能有显著影响。研究表明，高分子型抗静电剂在基体树脂中形成芯壳结构，并以此为通路泄漏静电荷；高分子型抗静电剂以细微的层状或筋状形态主要分布在制品的表面，而在中心部分较少且主要以颗粒状存在。决定永久性抗静电 PP 合金形态结构的主要因素是成型加工条件和高分子抗静电剂与 PP 的相容性。成型加工条件主要影响 PP 与高分子抗静电剂的熔融黏度差或黏度比。通过剪切速率和加工温度控制，使得高分子抗静电剂的熔体黏度略大于 PP 熔体的黏度，高分子抗静电剂经适度拉伸变形后分散于聚丙烯基体中。在多层流的流动过程中，黏度低的组分包覆黏度高的组分（即"软包硬"），形成芯壳结构的 PP 合金。一般来说制品表面是高剪切速率区域，高分子抗静电组分容易聚集以形成层状分散结构，并且表面的浓度高于中心部分，即存在"表面浓缩现象"。

抗静电剂与 PP 的相容性直接影响抗静电剂在 PP 基体中的分散过程和分散状态，由于 PP 是非极性聚合物，其和抗静电剂的相容性一般较差。需采用必要的增容技术。PP 经马来酸酐接枝改性后可作为反应性增容剂以改善 PP 与抗静电剂的界面黏附性，增容剂用量在 5% 左右即可收到良好的效果。

6.6.2　PP 抗静电改性实例及配方

6.6.2.1　实例

（1）实例一：多元醇脂肪抗静电改性 PP

主要原料：PP，牌号 T36F；非离子型多元醇脂肪类抗静电剂；阴离子型磺酸类抗静电剂；抗氧剂 1010。

通过熔融共混法制备不同配比的多元醇脂肪类抗静电剂、磺酸类抗静电剂改性 PP 抗静电材料；分别考察了两种抗静电材料的体积电阻率、表面电阻率、拉伸强度、冲击强度和表面硬度。结果表明：两种抗静电剂的加入都能够降低 PP 的表面电阻率，起到抗静电效果，而多元醇脂肪类抗静电剂的效果要比磺酸类抗静电剂突出；两种抗静电剂对 PP 体积电阻率影响都不大。此外，两种抗静电剂的加入会降低 PP 的拉伸强度和表面硬度，对冲击强度影响不大。在 PP 中添加 6 份多元醇脂肪类抗静电剂，抗静电效果最佳，其表面电阻率为 $4.7 \times 10^{11} \Omega$，拉伸强度为 27.28MPa，冲击强度为 $4.9 kJ/m^2$，硬度为 64.8。

（2）实例二：电子包装用 PP 抗静电改性

满足表面电阻率小，拉伸强度大，冲击强度大的 PP 用量为 75 质量份，永久抗静电剂用量为 20 质量份，相容剂用量为 6 质量份，其他助剂 3 质量份。

制备过程：将 PP、PAA 与相容剂、分散剂，在混合机中混合均匀，加入双螺杆挤出机熔融挤出，温度为 200℃，主机转速为 40r/min，挤出后冷却，干燥，切粒。在片材挤出机上，将切粒好的片材材料加入挤出机料斗，温度 200℃，生产出片材。

采用永久抗静电剂（PAA）、相容剂及其他助剂改性 PP，熔融共混挤出造粒制备电子包装用永久抗静电 PP 片材材料。通过正交试验优化了各组分之间的配比，考察了永久抗静电剂、相容剂对 PP 片材材料力学性能及表面电阻率的影响。结果表明永久抗静电剂用量对复合材料的性能影响最显著，当永久抗静电剂用量从 10 份增加到 25 份，材料的冲击强度增大，最高达 $18.13 kJ/m^2$，拉伸强度减小，表面电阻率减小，最小达 $2.2 \times 10^9 \Omega$。

（3）实例三：抗静电导热 PP/Al 复合材料制备

采用熔融共混的方式制备铝高填充 PP，并研究了铝粉用量、偶联剂种类对复合材料的热导率、电阻率和力学性能的影响。结果表明：当铝粉质量分数为70％时，复合材料的热导率达到3.524W/（m·K），是未添加铝粉PP的14.6倍。随铝粉用量的增加，热导率增加，而电阻率和力学性能均下降。以POE-g-MAH为偶联剂，在PP/POE/POE-g-MAH质量比为10/1/0.6，铝粉的质量分数为40％时，热导率为1.385W/（m·K），并且使复合材料从绝缘材料变为抗静电材料，复合材料的综合性能较好。

（4）实例四：新型低碳含量注塑式PP/PA/GF/CB抗静电材料

主要原料：PP，F401；炭黑，VXC-72；短玻璃纤维，ECS11；抗氧化剂1010；添加剂，TAF、TS-2A。

制备：将经真空干燥的PA（90℃，10h）和炭黑按一定比例充分混合，置于同向双螺杆挤出机熔融共混并挤出造粒。双螺杆挤出机及口模的温度控制在200～250℃，螺杆转速为200r/min，混合物在双螺杆挤出机中的停留时间控制在60～240s，然后挤出造粒，制得母料。将母料、抗氧剂、添加剂按一定比例加入PP中，用高速混合机混合均匀后，与玻璃纤维一起置于同向双螺杆挤出机中熔融共混并挤出造粒，玻璃纤维由螺杆中段的玻纤加料口加入。双螺杆挤出机及口模的温度控制在180～220℃，螺杆转速为50～200r/min，混合物在双螺杆挤出机中的停留时间控制在60～240s，然后挤出造粒，随后将挤出物按相应标准注塑成型，制得PP/PA/GF/CB抗静电复合材料。注塑时熔融温度200～230℃、模具温度50℃、注射速率低速或中速。

采用挤出-注塑的方法制备新型低炭含量注塑式PP/PA/GF/CB抗静电材料，并研究此类新型材料电性能-结构的关系。发现与炭黑填充单一聚合物、炭黑填充不相容聚合物材料相比，新型PP/PA/GF/CB材料在炭黑含量5％时就能够很好的满足抗静电（10^6～10^9Ω/sq）的要求。四元PP/PA/GF/CB体系在熔融混合阶段自发形成PA包覆GF，炭黑沉积于PP/PA界面和PA相中的导电网络结构。该结构形成了事实上的导电网络，这正是新型PP/PA/GF/CB材料在极低的炭黑含量下具有良好的抗静电效果的原因。PA与玻纤间的界面亲和力是该结构形成的关键因素。

（5）实例五：新型抗静电聚丙烯的研制

主要原料：PP；涂覆料D，粉料；甘油亚乙基双硬脂酰胺；硅烷偶联剂。

中北大学塑料研究所采用双螺杆挤出机，熔融共混制备了抗静电PP，亚乙基双硬酯酰胺和丙三醇合成甘油亚乙基双硬酯酰胺为聚丙烯抗静电剂，同时添加石棉短纤维。结果表明，自制的抗静电剂和石棉短纤维的加入，体系的力学性能基本保持不变，表面电阻率大大降低，得到抗静电性能较好的聚丙烯塑料。

6.6.2.2 配方

（1）配方一：PP抗静电材料

配方比例为：PP，100质量份；抗静电剂HZ-14，1.2质量份；润滑剂EBS，0.5质量份；HSt，0.2质量份。

工艺流程：按配方设计比例混合→搅拌→挤出→切粒→干燥→试样检测。

挤出机的L/D为≥25∶1；料筒温度在175～200℃，机头温度为170～185℃；螺杆转速140～200r/min。

相关性能：PP抗静电材料的体积电阻≤10^8Ω·cm。

（2）配方二：阻燃抗静电PP

阻燃抗静电PP配方见表6-11。

表 6-11　阻燃抗静电 PP 配方

成分	用量/份	成分	用量/份
PP	100	导电乙炔炭黑	25
十溴联苯醚	4.5	偶联剂 HK-9S	0.8
Sb$_2$O$_3$	3.5	稳定剂 CaSt	0.3
Al(OH)$_3$	1.5	润滑剂 HSt	0.3

工艺流程：按配方设计比例，先把 Al（OH）$_3$ 等表面处理，然后混合→搅拌→挤出→切粒→干燥→试样。

高速混合在温度 80～100℃下搅拌 5～10min；在双螺杆挤出机挤出，挤出温度为 170～205℃；模头温度为 185～195℃。

相关性能：材料的体积电阻率≤10^8Ω·cm；氧指数≥27%，燃烧性能为 UL94 V-1 级。

（3）配方三：抗静电 PP

抗静电 PP 配方见表 6-12。

表 6-12　抗静电 PP 配方

成分	用量/份		
	1	2	3
PP	100	100	100
抗静电剂 HZ-1	1		
抗静电剂 HZ-14		1	
乙二醇月桂酸酰胺			0.6
白油	0.2	0.2	0.2

6.7　PVC 抗静电改性

6.7.1　PVC 用抗静电剂

不同塑料制品使用不同的抗静电剂才能收到有效的效果。PVC 塑料具有其特殊性，相对其他树脂，其抗静电剂研究较困难。

首先，PVC 大分子链上的许多端基是引发剂的残基，使一半以上的端基含有双键，存在不稳定的烯丙基氯原子。每个 PVC 大分子链上含有多个支链，支链接点上（叔碳原子）的氯原子极不稳定。当温度较高或受热时间较长时，就会脱出氯化氢，形成共轭双键和少量的交联键，使塑料熔体颜色变深，黏度上升，同时与氧接触会发生热-氧降解。加入碱性抗静电剂会与氯化氢等反应而使抗静电剂失效。研究表明，几乎所有的抗静电剂都会增大PVC 塑料的热稳定性。因此，要求 PVC 抗静电剂在加工温度下不挥发、不分解，同时对热分解无促进作用。

其次，要求解决好耐久性问题。当制品表面抗静电剂消失时，内部静电剂可以向制品表面迁移，迁移速率与相容性有关，既不能太快也不能太慢，这就要求选用的抗静电剂与PVC 的相容性适中。

另外，抗静电剂的加入不能使 PVC 的物理机械性能（如断裂应力、相对伸长率、耐冲击力等）变坏，不影响制品的表面性能（如外观、印刷性能等）。

润滑剂加入树脂若渗出表面速率过快，在塑料表面有形成膜的倾向，会抑制抗静电剂的迁移，像金属皂类这样的阴离子型稳定剂遇到阳离子型抗静电剂时容易互相复合，影响抗静电效果。同时抗静电剂本身的润滑作用使树脂塑化延迟，老化作用使树脂在较低温度下分解。因而要解决好抗静电剂与其他助剂的关系。

抗静电剂向塑料表面的迁移主要是借助于高分子化合物分子链段运动，而高分子化合物的玻璃化温度（T_g）直接影响抗静电剂分子的迁移速率。PVC 的玻璃化温度为 87℃，高于室温，在室温下使用时高分子链段处于冻结状态，抗静电剂分子很难迁移至表面。制品表面抗静电剂消失以后，内部抗静电剂分子要经过较长的时间才能迁移至塑料表面，恢复抗静电性，整个抗静电效果呈波浪形的起伏。因而，如何解决 PVC 抗静电性的持续均匀，是科研人员要考虑的重要问题。

软质 PVC 的抗静电剂较硬质、半硬质 PVC 抗静电剂容易研制。因为软质 PVC 含有较多增塑剂，它是一种可迁移的载体助剂，有助于抗静电剂向表面迁移。而解决硬质、半硬质 PVC 的抗静电问题，需要进行一系列配方研究。

PVC 属热敏性树脂，其在加工中容易受热分解脱除氯化氢，这给使用添加型抗静电剂带来了相当大的困难，尤其是硬质 PVC 制品，由于加工温度高，脱氯化氢反应更甚，一方面氯化氢可能与碱性的胺类抗静电剂反应导致抗静电性呈下降趋势；另一方面一些抗静电剂结构有促进脱氯化氢反应的作用，加速老化的进程，影响热稳定性。

抗静电剂种类繁多，不同结构的品种对 PVC 的热稳定性影响程度也有差异。研究结果表明，各种表面活性剂类抗静电剂对 PVC 热分解的催化作用按下列顺序递减：

阳离子型＞两性型＞非离子型＞阴离子型

软制品 PVC 中添加了大量的增塑剂，一方面加工温度低，热分解影响小，对抗静电剂品种的选择范围宽；另一方面玻璃化温度较低，有利于抗静电剂分子的迁移和扩散，因而使用添加型抗静电剂的效果也比较显著，它们对抗静电剂品种和用量的选择与聚烯烃树脂基本一致。但应用最多的当属季铵盐类、多元醇酯类和其他阴离子型抗静电剂品种。20 世纪 90 年代初美国 Kenrich 公司上市了一种新烷氧基锆酸酯结构的添加型抗静电剂，据报道其抗静电性受环境湿度影响小，热稳定性高且具备一定的偶联性。就抗静电性而言，季铵盐类阳离子抗静电剂的应用效果好于非离子型的酯类抗静电剂。

有研究采用了五种不同类型的抗静电剂对 PVC 复合材料的抗静电性能和力学性能进行试验。结果发现，炭黑对 PVC 复合材料的抗静电性能最好；单甘酯对 PVC 复合材料无抗静电效果，且对 PVC 复合材料的力学性能也无提高；TiO_2 对 PVC 复合材料的力学性能影响较小；季铵盐对 PVC 复合材料的力学性能影响较大。

6.7.2 PVC 抗静电改性实例及配方

6.7.2.1 实例

（1）实例一：PVC/炭黑抗静电复合材料

主要原料如下。PVC 树脂：S-700；炭黑；以 EVA 为基体的炭黑母粒（炭黑含量为 40%）和改性炭黑；EVA：EA 含量为 20%；稀土热稳定剂、邻苯二甲酸二辛酯（DOP）、聚乙烯蜡、硬脂酸、硬脂酸钙和改性剂。

将炭黑采用不同方式添加在 PVC 材料中，得到其抗静电性能和力学性能的不同规律和结果。并用 SEM 观察和分析其缺口冲击断面，对其不同规律的性能作出了合理的解释。

① 随着炭黑含量的增加，炭黑 PVC 复合材料的表面电阻率下降。以 EVA 为炭黑母粒添加的 PVC 复合材料其抗静电效果明显好于直接添加的炭黑 PVC 复合材料。当以 EVA 为炭黑母粒添加的 PVC 复合材料其炭黑质量含量为 4% 时，其表面电阻率下降到 10^6 数量级，

这种数量级表面电阻率的 PVC 复合材料能够满足煤矿井下高分子材料对表面电阻率的要求。

② 不同炭黑添加方式对 PVC 复合材料的力学性能有不同的影响规律。以 EVA 为炭黑母粒添加的炭黑 PVC 复合材料其拉伸强度随炭黑含量增加而降低，但炭黑含量为 4% 以下其拉伸强度只下降 6%；在炭黑含量 10% 以下时，以 EVA 为炭黑母粒添加的炭黑 PVC 复合材料韧性随炭黑含量增加而增加，在 10% 炭黑含量时，其缺口冲击强度达到纯 PVC 材料缺口冲击强度的 225%。炭黑直接添加方式其韧性随炭黑含量增加而下降。

③ 以 EVA 为炭黑母粒添加的炭黑 PVC 复合材料，其炭黑优先分布在 EVA 中，并随 EVA 以小粒径呈丝状物分布在 PVC 材料，所以在炭黑小含量时其复合材料的抗静电效果能达到优良；且其复合材料缺口冲击断面没有大的空洞，其断面呈现韧性断裂特征。

（2）实例二：高聚合度软质 PVC 抗静电材料

主要原料：HPVC，P-2500；DOP、TCP（磷酸三甲酚酯）；导电炭黑、乙炔炭黑；抗静电剂 SP-8。其混合工艺是按配比将树脂、导电材料或 SP-8 加入已预热至 80℃的高速混合机中，搅拌数分钟后，再加入增塑剂、稳定剂等助剂、搅拌至料温升至 100℃，加入 CaCO₃ 继续搅拌到料温升至 125℃时，出料冷却。工艺流程如图 6-6 所示。

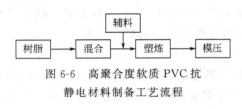

图 6-6　高聚合度软质 PVC 抗
静电材料制备工艺流程

目前，市场上的防静电胶片以橡胶为主，生产工艺复杂、成本高、表面亮度较差，具有橡胶特殊的异味。而高聚合度软质聚氯乙烯抗静电制品，不但力学性能高、亮度好、生产工艺简单，而且根据所选的香料可制成不同香气的材料，是橡胶理想的替代品。由浙江大学和浙江仙居国达塑料电子厂共同研制生产的高聚合度软质 PVC 抗静电材料，是利用填充空壳结构的导电材料或抗静电剂来改良 HPVC 软质制品的导电性能，拓宽了 PVC 的应用范围。

（3）实例三：PVC/T-ZnOw　抗静电复合材料

主要原料如下。PVC 树脂，S-700；ZnOw；炭黑及以 EVA 为基体的炭黑母粒（炭黑含量为 23%）；各种助剂：稀土热稳定剂、邻苯二甲酸二辛酯（DOP）、聚乙烯蜡、硬脂酸、硬脂酸钙、ACR。

采用四针状氧化锌晶须（T-ZnOw）作为抗静电填料，利用其特有的三维四针状结构及较高的强度和模量来改善复合材料的抗静电性能和力学性能，克服传统抗静电复合材料力学性能差的缺点，并对 T-ZnOw 进行表面改性以及 T-ZnOw 掺杂铝的实验，制备了 PVC/T-ZnOw 抗静电复合材料，用毛细管流变仪、SEM 等研究了 PVC/T-ZnOw 复合材料的流变行为、力学性能和电性能。

研究结果表明：经偶联剂处理的 T-ZnOw 粒子更有利于提高复合材料的力学性能，但对复合材料的电学性能影响很小。随着 T-ZnOw 含量的增加，复合材料的各种力学性能均呈现先升高后降低的趋势。复合材料的拉伸强度、常温冲击强度、低温冲击强度、弯曲强度分别在 15 份、8 份、5 份和 10 份时达到最大，比纯 PVC 分别提高了 15.9%、300%、56.5%、19% 和 32.1%。复合材料的表面电阻率在 T-ZnOw 含量为 8 份时降低到 1×10^{12} Ω，体积电阻率在 T-ZnOw 含量为 5 份时降低到 1×10^{12} Ω，而 T-ZnOw 掺杂铝后，表面电阻率降低两个数量级。

PVC 及其复合材料均为假塑性流体，且复合材料的非牛顿指数整体上比 PVC 高，对剪切速率的敏感性低于 PVC；在同一剪切速率下，PVC/T-ZnOw 复合材料的表观黏度比纯

PVC 高；复合材料的黏流活化能比 PVC 高，对温度的敏感性比 PVC 高。用炭黑作为填料加入到 PVC/T-ZnOw 复合体系，从而大大提高了复合材料的电学性能，复合材料表面电阻率在炭黑加入量为 6 份时降低到 $10^4\Omega$。随着加入炭黑含量的增加，复合材料的拉伸强度逐渐增大，冲击强度和断裂伸长率均呈现降低的趋势。

（4）实例四：PVC/MWNTs 复合材料

实验原料：PVC（SG-5 型）；氯化聚乙烯（CPE，含氯 36%），EVA（牌号 EVA-28）；多壁碳纳米管（MWNTs）；流动改性剂 ACR（牌号 ACR-401）。

选用聚团状多壁碳纳米管 MWNTs 及氯化聚乙烯（CPE）、乙烯-乙酸乙烯共聚物（EVA）等改性剂对 PVC 进行抗静电及增韧研究，测试及分析了 PVC 共混体系的电性能、耐热性能及聚团状多壁碳纳米管在不同复合体系中的分散。结果表明，添加一定量的 MWNTs 能明显提高材料的抗静电性能。加入 MWNTs 后，复合体系的热稳定性有所提高，在不同体系中由于相结构的不同，效果差别很大。MWNTs/CPE/PVC 体系具有较高的抗静电效果及综合性能。实验测定了复合材料的电阻在 10^5 数量级，而纯 PVC 的电阻在 10^{18} 数量级。在 MWNTs/CPE/PVC 复合体系中，碳纳米管在基体中可以达到纳米尺度的分散。碳纳米管在复合材料中的含量为 8.3% 时分散均匀且形成了很好的网络结构，这在提高复合体系的热稳定性的同时赋予复合体系良好的导电性。

6.7.2.2 配方

（1）配方一：抗静电 PVC 软质卷材地板配方

抗静电 PVC 软质卷材地板配方见表 6-13。

表 6-13 抗静电 PVC 软质卷材地板配方

成分	配方 1/份	配方 2/份
PVC	100	100
DOP	30	30
环氧大豆油	5	5
三碱式硫酸铅	3.5	—
二碱式亚磷酸铅	2.5	—
液体 Ba-Cd-Zn 复合稳定剂	—	4.5
硬脂酸钡	—	1.5
CPE（高含氯量）	3	3
阳离子季铵盐	1.1	3.3
CaCO₃	30	30
颜料（以红色为主）	适量	适量

抗静电 PVC 塑料地板卷材可以通过压延法、挤出压延法、挤出二辊压光法或挤出拉片二辊压光法生产。配方 1 生产的产品的体积电阻率为 $1.1\times10^5\Omega\cdot cm$，按配方 2 生产的产品的体积电阻率为 $7.5\times10^5\Omega\cdot cm$。

（2）配方二：炭黑 PVC 硬片配方

炭黑 PVC 硬片配方见表 6-14。

用挤出压光或压延方法生产出片材，其表面电阻率可达 $8.5\times10^4\sim2.5\times10^4\Omega$，有良好的抗静电作用。炭黑在塑料中不易分散均匀，可用下述配方首先制成易分散混合物，再同 PVC 混合：导电性炭黑，70 份；脂肪酰胺，5 份；PVC，5 份；聚乙二醇，3~5 份，在 95℃下搅拌 15min。也可把炭黑制成 35%~50% 的炭黑母料使用。

（3）配方三：PVC 透明抗静电工艺与配方

PVC 透明抗静电配方见表 6-15。

表 6-14　炭黑 PVC 硬片配方

成分	用量/份
PVC	100
3PbO·PbSO₄	5
CPE(含氯 36%)	10
导电炉炭黑(V-7)	10～15
BaSt	1
聚乙烯蜡	0.5
石蜡	0.1
PbSt	1

表 6-15　PVC 透明抗静电配方

成分	用量/份
PVC	100
MBS	15
二月桂酸二丁基锡	2
HSt	0.5
十二烷基磺酸钠	0.08
聚氧乙烯月桂酸基醚	1
硬脂酸单甘油酯	1.5

工艺：混合→高速搅拌→挤出→切粒→干燥→试样检测。

按配方设计比例称量混合，在高速捏合机中 80～90℃搅拌 10～15min 后；送入挤出机进行共混挤出，挤出温度在 155～175℃，然后切粒、干燥、测试、成品。

相关性能：体积电阻率为 $2.4×10^{12}Ω·cm$。

（4）配方四：煤矿用 PVC 管材

煤矿用 PVC 管材配方见表 6-16。

表 6-16　煤矿用 PVC 管材配方

成分	用量/份
PVC	100
DOP	5～8
CPE	10～20
三碱式硫酸铅	2～3
二碱式亚磷酸铅	1～2
Ba-Cd-Zn 稳定剂	1～2
BaSt	0.5～1
HSt	0.5～1
聚乙烯蜡	0.5～1
炉法炭黑(80 目)	30～45

工艺：PVC＋助剂→混合（130℃内）→挤出→切粒→干燥→检验。

煤矿井下用 PVC 管材性能指标：表面电阻率<$1×10^6Ω$；冲击强度≥8kJ/m²；阻燃性/氧指数：27%。

6.8　PS 抗静电改性

6.8.1　PS 用抗静电剂

PS 的特点是具有较高的玻璃化温度，而在玻璃化温度以下，分子处于"冻结"状态，作为添加型抗静电剂的分子迁移和扩散受到很大的局限，因此抗静电效果难以发挥。作为 PS 的添加型表面活性剂类抗静电剂的选择原则，一般要求表面活性强，热稳定性高和不影响透明性。脂肪烷基胺环氧乙烷加合物、烷基磺酸盐、两性季铵盐多被推荐使用，如用烷基-二（聚氧乙烯）季铵乙内盐氢氧化物加入 PS 后表面电阻可达到 $2.9 \times 10^{11} \Omega$。而且与聚烯烃树脂相比达到同样的抗静电效果往往需要增加添加量，制品的加工温度提高也有助于抗静电剂的迁移，但添加量加大和加工温度提高可能导致透明性变差和制品泛黄问题，必须充分比较和权衡。当然，从速效性和持久性角度来看，离子型抗静电剂较非离子型抗静电剂显示抗静电性的速度要快，如使用脂肪烷基胺环氧乙烷加合物类抗静电剂在加工或洗涤后要经过较长时间后方能显示抗静电性。

高分子量永久型抗静电剂的出现彻底解决了困扰 PS 抗静电的难题，文献表明，苯乙烯类聚合物是高分子量永久型抗静电剂最早应用和迄今应用最多的聚合物树脂，许多公司以此为核心开发了永久抗静电 PS 树脂牌号，但由于添加量过大，成本过高，目前还只能在一些特殊应用领域推广，随着高分子量永久抗静电剂技术的进步，其应用范围将不断扩大。

现在市面上有一种用于 PS 的抗静电剂 SH-105。这种抗静电剂可直接注入 $50 \sim 60 ℃$ 水中，制成有效物 3% 左右浓度的水溶液。然后可用浸渍、涂刷或喷雾的方法进行高聚物表面的抗静电处理。处理后表面电阻值 $\leqslant 3 \times 10^8 \Omega$，是一种理想的外用型抗静电剂。

6.8.2 PS 抗静电改性配方

（1）配方一：抗静电 PS

主要原料：PS 为 100 质量份；烷基磺酸酯 1.5 质量份。

工艺：配料→混合→挤出→切粒→干燥→成品。

把 PS 与抗静电剂混合搅拌 $5 \sim 10 min$，充分分散均匀后，投入双螺杆（或单螺杆）挤出机挤出。挤出机 L/D 为 25∶1；料筒温度在 $170 \sim 200 ℃$；螺杆转速为 $100 \sim 160 r/min$。

相关性能：体积电阻率 $< 10^8 \Omega \cdot cm$。

（2）配方二：抗静电 PS 泡沫塑料

抗静电可发泡聚苯乙烯粒子是通过在可发性聚苯乙烯粒子上涂覆由 SiO_2 $10 \sim 70$ 份、含羟基季铵盐 $20 \sim 80$ 份、偶联剂和冷却加速剂组成的混合物而获得。

此混合物配方为：$(OHCH_2CH_2)_2N(CH_3)C_8H_{17}^+CH_3C_6H_4SO_3^-$，275 份；聚乙烯丙酸酯，100 份；沉淀二氧化硅，150 份；三硬脂酰柠檬酸酯（润滑剂），75 份；荧光增白剂，0.3 份。

将可发泡 PS 粒子与 2% 的上述混合物混合，得到的 PS 颗粒的流动时间为 17.6s，最小模塑时间为 87s，发泡后的泡沫塑料表面电阻率为 $9 \times 10^9 \Omega$，密度为 $20 kg/m^3$。若上述涂覆混合物中不用 SiO_2，则粒子不流动，模塑时间为 58s，表面电阻率为 $5 \times 10^{10} \Omega$。

参考文献

[1] 山西省化工研究所．塑料橡胶加工助剂 ［M］．北京：化学工业出版社，2002：492.

[2] 胡友良等．聚烯烃功能化及改性科学与技术 ［M］．北京：化学工业出版社，2006：366.

[3] 肖卫东等．聚合物材料用化学助剂 ［M］．北京：化学工业出版社，2003：368.

[4] 方海林等．高分子材料加工助剂 ［M］．北京：化学工业出版社，2007，3：107.

[5] 于文杰等．塑料助剂与配方设计技术 ［M］．北京：化学工业出版社，2010，07：337.

[6] 邢凤兰等．印染助剂 ［M］．北京：化学工业出版社，2008：318.

［7］ 童忠良. 纳米功能涂料［M］. 北京：化学工业出版社，2009，05：562-563.

［8］ 邓少生，纪松. 功能材料概论——性能、制备与应用［M］. 北京：化学工业出版社，2012，01：104-105.

［9］ 杨鸣波，唐志玉. 中国材料工程大典. 第7卷. 高分子材料工程（下册）［M］. 北京：化学工业出版社，2005：08.

［10］ 李国昌，王运华. HDPE 吹塑专用料的抗静电改性及其应用［J］. 工程塑料应用，2009，37（1）：48-51.

［11］ 梁琦，贾润礼. 聚乙烯抗静电改性研究［D］. 太原：中北大学，2007.

［12］ 王培利等. 高密度聚乙烯注塑制品抗静电母料的研究［C］. 中国染料工业协会色母粒专业委员会 2010 年全国塑料着色与色母粒学术交流会，2010.

［13］ 陈红等. 线性低密度聚乙烯抗静电母料的研究［J］. 塑料科技，2009，37（7）：55-58.

［14］ 葛涛，张明连，杨金平. 功能性塑料母料生产技术［M］. 北京：中国轻工业出版社，2006.

［15］ 周详兴. 500 种化学建材配方［M］. 北京：机械工业出版社，2008：128.

［16］ 罗河胜. 塑料改性与实用工艺［M］. 广州：广东科技出版社，2007：184.

［17］ 赵敏，高俊刚，邓奎林等. 改性聚丙烯新材料［M］. 北京：化学工业出版社，2002，348.

［18］ 刘伟等. 不同抗静电剂对聚丙烯抗静电性能和力学性能的影响［J］. 中国塑料，2010，24（4）：39-43.

［19］ 徐永昌等. 永久抗静电剂在电子包装用聚丙烯片材材料的应用［J］. 广州化工，2013，40（14）：34-36.

［20］ 王错等. 抗静电导热 PP/Al 复合材料的制备与性能［J］. 塑料，2014，41（6）：29-31.

［21］ 滕参. 新型低碳含量注塑式 PP/PA/GF/CB 抗静电材料的制备与研究［D］. 苏州：苏州大学，2006.

［22］ 丁浩主. 塑料工业实用手册. 第2版：上册［M］. 北京：化学工业出版社，2000：150.

［23］ 杨丽庭. PVC 改性及配方［M］. 北京：化学工业出版社，2011：313.

［24］ 胡智等. 聚氯乙烯抗静电复合材料性能的研究［J］. 塑料工业，2013，41（8）：28-30.

［25］ 田瑶珠等. 炭黑/聚氯乙烯抗静电复合材料的制备及性能［J］. 塑料，2012，41（3）：63-66.

［26］ 送帅. 氧化锌晶须改性聚氯乙烯的研究［D］. 贵阳：贵州大学，2009.

［27］ 王文一等. MWNTs/PVC 复合材料的性能与结构［J］. 高分子材料科学与工程，2010，26（8）：35-38.

［28］ 周详兴. 500 种包装塑料和 500 种塑料工业制品配方［M］. 北京：机械工业出版社，2008：40，43-44.

［29］ 张玉龙. 塑料粒料制备实例［M］. 北京：机械工业出版社，2005：288.

［30］ 刘渊，贾润礼，柳学义. 复配技术在聚烯烃材料抗静电改性中的应用［J］. 塑料制造，2006（10）：32-34.

［31］ 刁雪峰，贾润礼. 抗静电剂在聚烯烃中的应用和研究进展［J］. 塑料助剂，2007，1：13-14.

［32］ 梁琦，贾润礼. 石墨和短纤维填充聚乙烯抗静电材料的研究［J］. 塑料，2007，36（2）：23-25.

［33］ 刁雪峰，贾润礼. 新型抗静电聚丙烯的研制［J］. 上海塑料，2007（2）：17-19.

［34］ 刁雪峰. 抗静电聚丙烯的研究［D］. 太原：中北大学，2007.

［35］ 刘渊. 聚乙烯阻燃、抗静电改性研究［D］. 太原：中北大学，2007.

第7章 基于导电和电磁屏蔽要求的改性及应用

随着电子工业的高速发展，各种民用和军用电子产品数量急剧增加，电磁干扰（EMI）已成为一种新的社会公害。通用塑料因其质量轻、耐腐蚀、成本低、可塑性好等优点被用作电子产品的壳体材料。但通用塑料为绝缘体，对于电磁波来说几乎是透明的，不能吸收和反射，毫无屏蔽能力，不具有抗 EMI 的性能。因此，研究导电性佳、加工性能好的新型屏蔽通用塑料，大大加快以通用塑料取代金属材料制作电子仪器壳体的进程，为军事、通信、保密、计算机系统工程、电子控制工程、生物工程以及高科技的电磁兼容提供了良好的手段与保证，这将对社会生活和国防建设有着重大的现实意义。

7.1 电磁屏蔽用塑料概况

7.1.1 电磁屏蔽原理

电磁屏蔽主要用来防止高频电磁场的影响，从而有效控制电磁波从某一区域向另一区域进行辐射传播。其基本原理是：采用低电阻值的导体材料，并利用电磁波在屏蔽导体表面的反射和在导体内部的吸收，以及传输过程的损耗而产生屏蔽作用，通常用屏蔽效能（SE）表示，其单位用分贝（dB）表示，可写成方程式：

$$SE = 20\lg \frac{E_b}{E_a}$$

$$SE = 20\lg \frac{H_b}{H_a}$$

$$SE = 20\lg \frac{P_b}{P_a} \tag{7-1}$$

式中，E_b，E_a 分别为屏蔽前、后电场强度；H_b、H_a 为屏蔽前、后的磁场强度；P_b、P_a 为屏蔽前、后的能量场强度。

衰减值越大，表明屏蔽效能越好。根据 Schelkunoff 电磁屏蔽理论，材料的屏蔽效能可用式（7-2）表示：

$$SE = R + A_1 + B \text{（dB）} \tag{7-2}$$

式中，R 为 R_1、R_2 之和，电磁波在第一和第二界边上电磁波的反射损耗；A_1 为电磁波的吸收损耗；B 为电磁波在屏蔽材料内部多次反射过程中的损耗。屏蔽体的屏蔽效能如图 7-1 所示。

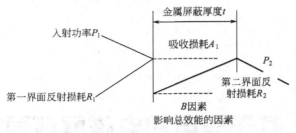

图 7-1 屏蔽体的屏蔽效能

根据电磁学的有关知识，可以推导出上述三种损失的 A_1、R、B 的计算公式，其中吸收 A_1 的计算公式为：

$$A_1 = 1.31t\sqrt{fa_r\mu_r} \qquad (7\text{-}3)$$

当 $A_1 > 15$dB 时，B 可忽略，故式 （7-2） 可表达为：

$$SE = R + A_1 \qquad (7\text{-}4)$$

$$R = 168 - 10\lg(\mu_r f / a_r) \qquad (7\text{-}5)$$

式中，μ_r 为屏蔽材料的相对磁导率；a_r 为屏蔽材料的相对电导率；f 为电磁波的频率，Hz；t 为屏蔽材料的厚度，cm。

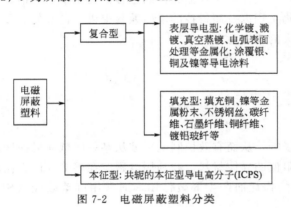

图 7-2 电磁屏蔽塑料分类

由此可见，材料的屏蔽效能（SE）与其电导率、磁导率、材料的厚度及入射的电磁波频率密切相关。对于大多数材料，其反射损耗 R 是很少的，所以电磁屏蔽层的屏蔽效能 $SE \approx A_1$。

EMI 属噪声干扰，屏蔽效能 SE 数值越大（dB）屏蔽效果越好，根据实用需要，对于大多数电子产品的屏蔽材料，在 30～1000MHz 频率范围内，其 SE 至少达到 35dB 以上，就认为是有效的屏蔽。

按结构和制备方法不同可将高分子电磁屏蔽材料分为复合型（包括表层导电型和填充型屏蔽塑料）与本征（结构）型两大类（图 7-2）。

7.1.2 表层导电型电磁屏蔽塑料

表层导电型屏蔽塑料是利用贴金属箔、金属熔融喷射、磁控溅射、电镀或化学镀、塑料制品涂覆导电涂料等方法在塑料表面获得很薄的金属层，从而达到屏蔽的目的。金属熔融喷射、电镀或化学镀等方法虽导电性好，但成本相对较高，因此应用不广，而对塑料制品涂覆导电涂料的方法，以其低成本和中等屏蔽效果占据电磁屏蔽材料的主要市场。如日本海尔兹化学株式会社的 PLS-100 和 PLS-200 电磁屏蔽涂料，屏蔽性能极佳，达 60～75dB（30MHz～1GHz），在塑料制品上已获得广泛应用。但表面涂覆法也存在使用和加工过程中易发生剥离和脱层现象，该法对外形复杂的塑料进行表面处理也有很大的局限性。

导电涂料能喷涂于通用塑料、ABS 等工程塑料、玻璃钢、木材、水泥面等非金属材料上，具有室温固化、附着力强的优点，是使手机、显示器、打印机等非金属外壳进行电磁屏蔽最为简便的一种处理方式。导电涂料成本低，简单实用且适用面广，可分为银系、铜系、镍系以及碳系 4 类。

① 银系的导电性最高，性能稳定，屏蔽效果极佳，但价格昂贵，目前只应用于防止电磁要求较高的航空航天等高技术领域。

② 铜系的导电性能仅次于银系，且价格低，因此铜粉是制备电磁屏蔽涂料的理想导电填料之一。由于新制备的铜粉表面易氧化，使其导电性迅速下降。因此铜粉防氧化技术是制备导电性能稳定的铜系导电涂料的关键技术。有研究采用化学镀法在铜粉体上沉积金属银层，获得了导电性更为优良的 Cu/Ag 复合电磁屏蔽涂层，体积电阻率由铜系涂层的 $50m\Omega \cdot cm$ 下降到 $2.5m\Omega \cdot cm$。

③ 镍系的导电涂料化学稳定性较好，对电磁波的吸收和散射能力强，屏蔽效果好，抗氧化能力比铜强，且价格适中，因而成为当前欧美等国电磁屏蔽用涂料的主流涂层。厚度为 $50\sim70\mu m$，体积电阻率为 $1m\Omega \cdot cm$，屏蔽效果可达 $30\sim60dB$（$500\sim1000MHz$），例如 TBA 公司开发的 ECP502X 和 ECP503，A. Cheson Colloids 公司的 Electrody 440S 以及 BEE 化学公司 Iso lex R65 等均为镍系涂料产品。

④ 碳系导电涂料通常以炭黑作分散相制成的。优点是价格便宜、化学稳定性好、相对密度小、分散性好，但由于碳系导电涂料导电能力弱，一般用作防静电涂层，很少用作电磁屏蔽涂层。

7.1.3 填充型电磁屏蔽塑料

导电性填充料，至今已用过或正在使用的有石墨、炭黑（特别是乙炔炭黑）、金属粉末、金属纤维、金属合金、无机电解质和金属氧化物等。常用的金属粉末有金粉、银粉、电解铜粉、胶态金属、片状镍及铝、铁等金属粉末。常用的无机电解和金属氧化物有 $CuCl_2$、MgO、TiO_2 及有规整三维空间结构的 ZnOw（氧化锌晶须）等。由于铜、铝、铁等金属粉末易于氧化而在表面上形成氧化膜，会使高分子混合料的电导率显著降低，因此这些金属粉末没有很大的使用价值。炭黑类包括工业炉黑、槽黑、热裂黑及石墨化炭黑、乙炔黑等特殊导电性炭黑，其中用得最多的是工业炭黑，特别是乙炔黑和高温石墨化炭黑等。因为这些炭黑结构稳定，表面不易氧化，而且在高分子混合料中容易形成伸展的链式或网状组织。导电性填充料，特别是金属粉末填充料在混合料中达到一定浓度后，会使高聚物的物理机械性能显著变坏。因此，实际使用时必须将材料的物理机械性能与该制品所需的导电性结合起来考虑，合理选择各组分的配比。

虽然填充型材料有很多缺点，如需要高的添加量、分散不均、加工困难及易影响物性，而常造成塑料材料脆裂等，但与表层导电型材料相比，填充型材料具有一次成型的特点，容易加工成型，能设计各种复杂形状、美观及低成本的优势，提高产品的可靠性，是重要的一个研发方向。

7.1.3.1 金属填充型

从单一物质导电性来说，金属粉末或金属片具有良好的电导率，部分金属填料还具有较高的磁导率。将金属填料与通用塑料共混得到复合材料，当金属填料达到一定的填充量后，就能在通用塑料基体中形成一定结构的导电网络，从而实现有效的电磁屏蔽。用银粉或镀银填料作为电磁屏蔽材料具有突出的屏蔽效果。如在高分子基体中添加 $50\%\sim55\%$（质量分数）的银粉时，复合材料的体积电阻率约为 $10^{-4}\sim10^{-5}\Omega \cdot cm$，屏蔽效能高达 80dB 以上。

但银属于贵金属，仅限于在某些特殊场合下使用。铜的导电性能良好，价格适中，但铜的密度较大（$8.9g/cm^3$），使用时铜粉不易悬浮于聚合物中而下沉，影响填料在聚合物基体中的分散度；其次铜粉容易被氧化而降低其导电性。为了解决这一问题，通常采用抗氧化剂对铜粉进行表面处理，或用较不活泼的金属包覆铜粉表面，如在铜粉上覆一层镍或在铜粉上镀银；或采用铜粉和镍粉、银粉混合使用，均可达到理想的屏蔽效果；还有一种方法是在制备铜系导电塑料的过程中，加入还原剂或其他添加剂等成分，从而制得具有一定抗氧化性的导电材料。铝片或铝箔具有密度小（$2.7g/cm^3$）、颜色浅、价格低等优点，并具有较大的长径比（40：1）。容易在聚合物基体中形成导电网络。但铝的导电性不高，如添加30%（质量分数）铝箔片到尼龙中，所制得的复合材料表面电阻为$10^3\Omega$，且在$0.5\sim1000MHz$屏蔽效能仅为$18\sim25dB$。

当需要特别高的电导率时，最好选用银粉和金粉作填充料。当银粉在通用塑料中的体积分数为50%～55%（质量分数约85%）时，混合料的ρ_v约为$10^{-6}\Omega\cdot m$，有的可达$(5\sim7)\times10^{-7}\Omega\cdot m$。材料中银粉的含量降低时，电导率就会明显下降。含金粉混合料的ρ_v约为$(1\sim5)\times10^{-6}\Omega\cdot m$。作为填充料的金粉的优点之一是在微量水分存在下和电流作用下，混合料中的金粉不会移动。但由于金或银的价高量少，使用范围非常有限。

金属粉末的颗粒大小、状态及形状都会影响所制成混合料的导电性。例如将粒径为$4\mu m$和含量为35%的铜粉掺入LDPE中，所得混合料的ρ_v为$10^3\Omega\cdot m$。而将粒径为$2\sim15\mu m$和含量为24.3%的电解铜粉末添加入HDPE，所得混合料的$\rho_v=10^6\Omega\cdot m$。

细分散的金属微粒在高分子混合体内不会形成链式组织，若改用金属小薄片作填充料，在混合料中就会在某种程度上形成局部电导骨架——电导桥，从而显著增加材料的导电性和降低混合料的成本。表7-1列出PS与用电解法制得的金属小薄片（尺寸为$2mm\times2mm\times0.001mm$，堆积密度为$55kg/m^3$）填充混合料的体积电阻率和在牵引力作用下的断裂应力σ_p。

表 7-1 混合料性能

填充料	填充料含量/%	$\rho_v/\Omega\cdot m$	σ_p/MPa
铜薄片	5	5.9×10^{-5}	39.9
	15	3.3×10^{-6}	32.3
	56.4	3.1×10^{-7}	54.5
镍薄片	5	5.0×10^{-4}	37.6
	15	2.7×10^{-5}	29.6
	30	50×10^{-6}	30.3
	50	1.9×10^{-6}	40.0

与炭黑、石墨等导电性填充料比较，需要添加更多的金属粉末才能达到所需电导率的高分子混合料。这是因为一般高分散金属粉末在混合料中不具有形成有利于导电的链式组织能力，所以通常金属含量都要40%～50%，才会使材料的电阻率开始降低。但这样高的金属粉末含量通常会使通用塑料的力学性能显著变坏，而且金属粉末易于生成氧化层，这是金属粉末不宜作导电性填充料的另一主要原因。此外，高密度的金属粉末与相应较低密度的通用塑料不易形成均匀分布的混合料，这正是导致材料导电性不均匀和指定性能的重现性差的原因。

在PP中加入不致明显破坏高聚物性能的镍粉后，在没有外磁场下制成厚度约为$150\mu m$

的 PP 薄膜，其体积电阻率高于 $10^4 \Omega \cdot m$。但若在 100 份 PP 中加入 $50 \sim 60$ 份（质量）的碳酰镍（CONi）粉，并在固定外磁场下成型制得的薄膜，则发现薄膜的 ρ_V 可降低 8 个数量级。这说明在磁场的作用下，可使磁性填充料颗粒沿着磁场磁力线分布。当填充料浓度足够高时，可在混合料中形成连续的链式组织，从而显著提高材料的导电性。

7.1.3.2 金属氧化物填充型

金属氧化物导电填料主要有氧化锡、氧化锌、氧化钛、铁氧体等。用物理气相沉积法、溅射法、离子喷镀法制成的掺杂 $5\% \sim 10\%$ 的锡的透明铟锡氧化膜电阻率可达 $10^{-3} \sim 10^{-4} \Omega \cdot cm$。由于金属氧化物导电填料具有密度较小，在空气中稳定性好并可制备透明塑料等优点，已被广泛应用于电磁屏蔽领域。国外在 20 世纪 90 年代就已研制出以金属氧化物为导电填料的浅色、白色抗静电导电高分子材料。液氮温度下电阻可降到零的高温超导体作为一种新型材料，在低频波段的屏蔽性能超过目前所有的材料，近年来也引起了人们的广泛关注。粒径为 $2 \sim 6 \mu m$ 的 $YBa_2Cu_3O_7$ 粉末烧结成直径为 2.4mm 圆盘状试样，在 $7.5 \sim 12.5GHz$ 液氮温度下屏蔽能效可达到 $70 \sim 80dB$。

7.1.3.3 碳素填充型

由于碳系填充型导电高聚物具有价廉和电阻可设计等优点，在整个导电高分子聚合物中占有较大的份额。但由于炭黑填充的塑料导电性较差，其制品绝大多数被用作抗静电材料。

碳纤维是一种高强度、高模量材料，不仅具有优异的导电性能，而且综合性能良好。碳纤维的电磁屏蔽性能主要源于自身良好的导电性，其电导率随热处理温度的升高而增大，因此高温处理下得到的碳纤维的电导率已逐步接近导体，具有较高的电磁屏蔽性能。碳纤维代替炭黑或石墨添加到热塑性树脂中制成的复合型导电塑料的综合性能优良，电阻率低，电磁屏蔽效果好。当要求在具有高强度、小体积、壁薄、注射成型易流动等环境下使用时，必须采用碳纤维填充的高分子塑料。目前市售的高档笔记本电脑、手机壳体材料即是采用碳纤维填充的 PC/ABS 合金。

普通碳纤维的电磁屏蔽性能可以用金属包覆等方法使碳纤维的电磁性能得到进一步的提高，这样就可以在填料含量较低的情况下，兼具有碳纤维和金属的优点，获得较好的屏蔽效果。如采用金属包覆 PAN 基碳纤维，与环氧树脂、ABS、PE、PP 等基体材料复合后，制得的导电塑料在频率 $10 \sim 800MHz$ 下测得其屏蔽性能平均为 50dB，最高可达 60dB。

碳纳米管（CNTs）自从被发现以来就迅速成为研究热点之一，它不仅具有独特的一维管状纳米结构，同时也是迄今为止发现的唯一同时具备超高力学性能、热性能和电性能的超级材料。纯单壁碳纳米管（SWNTs）组成的薄膜电导率高达 $6.6 \times 10^5 S/m$。SWNTs 的超长径比（$L/D > 1000$）极有利于形成三维网状结构的导电通道。添加 SWNTs 的导电热塑性工程塑料的电导率达到渗滤阈值时，SWNTs 的用量为炭黑的 1/10。显然，较小的添加量即可赋予材料较好的加工性、较高的表面光洁度、成型变形小、密度小、力学性能高等优点。Y. Yang 等将 CNTs 分散在 PS 的甲苯溶液中，加入发泡剂偶氮二异丁腈（AIBN），得到一种 PS/CNTs 泡沫复合塑料。该复合塑料的电磁屏蔽效能随 CNTs 含量增加而增强，当 CNTs 体积分数为 7% 时，屏蔽效能可达到 20dB。对 CNTs 进行处理，可取得更好的屏蔽效果。王进美等先利用酸处理技术对 CNTs 进行了改性处理，然后再对 CNTs 进行镍铜混合镀。结果表明，含复合金属镀层的 CNTs 的电导率为 17.3S/cm，在 $8.2 \sim 12.4GHz$ 频段，电磁屏蔽效能平均值达 71dB 以上。CNTs 用于电磁屏蔽塑料的研究尚处于初级阶段，离实际应用还有较大差距，目前还需对 CNTs 因易团聚而分散性欠佳等问题进行深入研究。

7.1.4 结构型电磁屏蔽塑料

这种与结构型导电高分子（ICP）共混就是采用物理或化学方法将结构型导电高分子和基体高分子进行复合，这是一条使结构型导电高分子走向实用化的有效途径。机械共混是制备高分子合金及复合材料的常用方法。将结构型导电高分子与通用塑料在一定条件下混合后成型，可以获得具有多相结构特征的复合型导电高分子。它的导电性能由导电高分子的"渗流途径"决定，一般当导电高分子质量分数为 2%～3%时，其体积电阻率为 $10^7 \sim 10^9 \Omega \cdot cm$，可作为电磁屏蔽材料使用。ICP 不仅能通过反射损耗，更能通过吸收损耗达到 EMI 屏蔽目的，因而比金属屏蔽材料更具优势。典型金属材料与 ICP 屏蔽材料的物理性能见表 7-2。

表 7-2 金属材料与 ICP 屏蔽材料的物理性能

分类	电导率/(S/cm)	密度/(g/cm³)	机械硬度	塑性	加工性	主要屏蔽特征
金属	$\geqslant 10^5$	高(Cu≈8.9)	好	差	差	反射损耗
ICP	$1 \sim 10^2$	低(PPY≈1.2)	差	好	好	反射损耗和吸收损耗

对于聚苯烯/聚氯乙烯，当聚苯烯质量分数由 5%增加到 15%时，导电性突升，此后随聚苯烯质量分数继续增加，导电性升幅变小。为了满足电子电气设备的电磁屏蔽要求，必须使聚苯烯的质量分数高达 20%～30%，如美国 Americhem 公司等共同开发的聚苯烯/PVC 导电复合材料，当聚苯烯质量分数为 30%时，其 ρ_v 达到 $10^{-2} \Omega \cdot cm$，拉伸强度为 4.2MPa，伸长率大于 250%，可以用作电磁屏蔽材料。需要指出的是，基体高分子的热稳定性对复合材料的导电性能也有影响，一旦基体高分子链发生松弛现象，就会破坏复合材料内部的导电通道，致使导电性能明显下降。若将结构型导电高分子和基体高分子达到微观尺度内的共混，则可以获得具有互穿或部分互穿网络结构的复合型导电高分子，通常采用化学法或电化学法进行制备。化学法制备的基本原理是基于某些结构型导电高分子单体可在 $FeCl_3$ 和 $CuCl_2$ 等氧化剂作用下进行氧化缩聚，即先将单体或氧化剂预浸到基体高分子上，然后在气相或液相条件下进行氧化聚合反应。采用电化学方法制备复合型导电高分子包括二步法和一步法两种。目前已成功地合成了聚噻吩/PS、聚苯烯/丁腈橡胶、PPy/PC、PPy/PS 以及聚甲基噻吩/PMMA 等导电复合材料。Neste 公司以聚苯烯为基础导电聚合物开发出可熔成型的导电性塑料合金，可进一步与 PE、PS、PVC、PP、苯乙烯/丁二烯/苯乙烯共聚物（SBS）等进行机械熔融共混，这些产品可用于制作静电、电磁屏蔽材料。德国 Drmecon 公司研制的聚苯胺与 PE 或聚甲基丙烯酸甲酯（PMMA）的复合物在 1GHz 频率处的屏蔽效率超过 25dB，其性能优于传统的含碳粉高聚合物复合物的屏蔽效率。

7.2 导电聚烯烃改性料

7.2.1 导电聚烯烃简介

导电聚烯烃的开发与应用是目前国际上一个十分活跃的研究领域，它已从初期的纯实验室研究发展到应用研究阶段，广泛应用于半导体、防静电材料、电磁屏蔽材料等领域。目前 90%以上导电聚烯烃属于填充型。

导电 PE 与纯 PE 相比，除成型流动性和伸长率有所降低外，其他性质相似。导电 PE

用于防止暴露在水中的电缆绝缘表层树脂中晶格破坏的一种涂层。可在交联 PE 绝缘电力电缆结构中作线芯屏蔽和绝缘屏蔽，以均匀电场分布，提高击穿强度和电缆局部放电特性。也可用于制作具有防静电，防电磁波干扰和无尘要求的生产设备、工具、电子仪器及仪表外壳以及无尘生产车间的装饰材料。

PE 本身是不导电的高分子材料，但添加导电填料如炭黑就可以改变 PE 的导电性能。也可通过无规共聚和接枝共聚等化学方法使高分子导电。但化学方法在生产和应用的时候还存在很多的问题，故未普及。PE 的体积电阻率为 $10^{16}\sim10^{20}\,\Omega\cdot cm$，与 PP 相同，但其结晶度没有 PP 高，因此若导电填料用量相同，其电导率没有 PP 高。

导电 PP 与绝缘 PP 相比，相对密度增加 50%，成型流动性和伸长率有所降低，其他性质变化不大。导电 PP 采用注塑成型，用于制作具有防静电，防电磁波干扰和无尘要求的生产设备、工具、电子仪器及仪表外壳，无尘生产车间的装饰材料。

碳纤维填充的 PP 导电塑料力学性能优良，电导率高，电磁屏蔽性能好。若在碳纤维表面镀金属，其导电性可以提高 50～100 倍。

PP 的体积电阻率为 $10^{16}\sim10^{20}\,\Omega\cdot cm$，由于其体积电阻率较高，难以将产生的电荷及时泄逸，为了改变其导电性能，降低其表面电阻，需要添加导电填料。PP 由于结晶度高，临界阈值较低，因此其导电性较高，这是因为导电填料优先分散在非结晶区域内，结晶度越高的树脂，其非晶区域越小；导电填料的分散浓度越高，导电性越好，在不同的基体树脂中，添加等量同一导电添加剂其导电性大小顺序为：PP＞HDPE＞LLDPE＞LDPE。

7.2.2 导电聚烯烃改性实例及配方

7.2.2.1 实例

（1）实例一：LDPE/Ni/不锈钢纤维复合薄膜

通过向 LDPE 中添加导电填料不锈钢纤维和镍粉，制备成了 LDPE/Ni/不锈钢纤维电磁屏蔽复合薄膜。对金属填充聚合物 LDPE 作为电磁屏蔽复合膜的性能进行研究，对金属填料的加入对复合膜电磁性能、导电性能和力学性能的影响机理进行分析，发现如下结果。

① 由于线型的不锈钢纤维在 LDPE 中更易形成导电网络，可明显提高材料的导电性，使材料反射电磁波的能力增强；不锈钢纤维的自旋极化率高，具有复合磁损耗机理，可显著提高材料的吸波性能。因此加入不锈钢纤维和镍粉后，材料的电磁屏蔽性能显著提高。加入质量分数为 25% 的不锈钢纤维和镍粉制成的 LDPE 复合薄膜对 800MHz 以下的低频段电磁波有良好的屏蔽效能，屏蔽值为 25～30dB。

② 不锈钢纤维和镍粉的加入降低了材料的拉伸性能，LDPE/Ni/不锈钢纤维复合薄膜比 LDPE/Ni 复合薄膜的拉伸强度和断裂伸长率都低。LDPE/Ni/不锈钢纤维复合膜拉伸强度的金属填料质量分数临界值为 16%，而 LDPE/Ni 复合膜的临界值为 22%。两种薄膜的最大拉伸强度均约为 15MPa。

（2）实例二：PE/炭黑电磁屏蔽塑料

研究炭黑（CB）含量与目数及偶联剂对 CB/PE 复合材料的导电性能和电磁屏蔽性能的影响发现，当 CB 质量分数达到 30% 时，复合材料体积电阻率最低约为 $10^4\,\Omega\cdot cm$。当炭黑质量分数为 25% 时，1000 目 CB/PE 复合材料的屏蔽效能最高，为 30dB。当炭黑质量分数为 30% 和 35% 时，800 目 CB/PE 复合材料的屏蔽效能最高，达到了 35dB。而且钛酸酯偶联剂为 CB 质量的 2% 时能很好地改善 CB/PE 复合材料的导电性与屏蔽性能。

（3）实例三：HDPE/多壁碳纳米管导电塑料

采用超声波分散溶液混合法，制备出导电性能优良的多壁碳纳米管（MWNTs）/HDPE 导电复合材料。研究了不同含量及长径比的 MWNTs 对 HDPE 导电性能的影响。结果表明：MWNTs 可以显著提高复合材料的导电性，其体积电阻率由 $10^{17}\Omega\cdot m$ 降至 $10^{7}\Omega\cdot m$；长径比较小的 MWNTs 分散性较好，并能显著提高材料的 PTC（正温度系数效应）强度，当 w（MWNTs-60100）＝7％（相对于材料总质量而言）时，PTC 强度达到 2.8。

采用溶液共混的方法，将 MWNTs 混于 1,2-邻二氯苯（DCB）中，利用超声波对该溶液进行分散，制备出 MWNTs 分散较好的 MWNTs/HDPE 复合材料，没出现明显的团聚，长径比小的 MWNTs 分散性较好。MWNTs 促进了 HDPE 的结晶过程，提高了熔融过程的起始温度，MWNTs 在 HDPE 基体中起到成核剂的作用，并能提高 HDPE 的成核速率，使晶粒尺寸分布变窄。

（4）实例四：PP/石墨/剑麻电磁屏蔽塑料

主要原料：PP，N-MPIHM-160；膨胀石墨，1000 目；剑麻。

采用密炼方式制备石墨包覆爆破剑麻填充 PP 电磁屏蔽材料，研究了该材料的加工性能，具体研究了不同含量的石墨/剑麻的 PP 电磁屏蔽材料的力学性能、结晶性能以及毛细管流变性能的变化。结果表明，复合材料的拉伸强度随着填充物含量的增加而降低至 23MPa 后基本保持不变；质量分数 30％的石墨/剑麻填充物的弯曲性能最好，弯曲模量随着填充物含量的增大而增大；复合材料的结晶和熔融温度随着填充物含量的增大而升高；复合材料的流动性随着填充物含量的增加而变差。

（5）实例五：PP/铁粉电磁屏蔽塑料

对铁粉含量、粒度及偶联剂对铁粉/PP 复合材料导电性和电磁屏蔽性能的影响进行了研究。结果表明：铁粉/PP 复合材料的体积电阻率随铁粉质量分数的增加而降低，在 20％时出现渗滤值，当铁粉质量分数超过 30％之后，继续增大铁粉含量复合材料的体积电阻率和屏蔽效能变化不明显。铁粉含量一定时，随着铁粉目数增大，复合材料的屏蔽效能有所提高；在 100MHz～1GHz 低频区域，复合材料最大电磁屏蔽效能达到了 40dB。钛酸酯偶联剂为铁粉质量的 4％时，能很好地改善铁粉/PP 材料的导电性和屏蔽性能。

电磁屏蔽性能测试：采用高性能屏蔽室屏蔽效能的测量方法（GB/T 12190—2006）规定的方法进行，选用双锥天线和对数周期天线，测试频率范围为 100MHz～1GHz，测试所用设备及其布置如图 7-3 所示。

（6）实例六：PP/碳纤维/镍粉电磁屏蔽塑料

主要原料：PP，T30S；碳纤维，PAN 基碳纤维，粒径 $7\mu m$，电阻 $1.5\times10^{-3}\Omega/cm$；镍粉，$1.5\sim3\mu m$，电阻 $1\sim3\Omega/cm$；液体石蜡，化学纯；钛酸酯偶联剂，处理碳纤维用 NDZ-102，处理镍粉用 TMC-TTS。

以碳纤维和镍粉为填料，与 PP 经开炼机混炼后模压制备碳纤维/镍粉/PP 电磁屏蔽复合材料。由于碳纤维与 PP 间的黏结性差及其在 PP 中的分散性不好、镍粉在 PP 中易发生团聚，因此先分别用钛酸酯偶联剂对碳纤维及镍粉进行表面处理。具体研究了碳纤维、

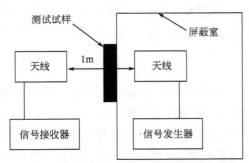

图 7-3　屏蔽室电磁波屏蔽效能的测试示意

镍粉含量对复合材料的导电性能、在 1～18GHz 频率范围内屏蔽性能和力学性能的影响规律，通过比较碳纤维/PP 材料与碳纤维/镍粉/PP 材料的综合性能，研究碳纤维与镍粉之间的相互影响和作用，探索一种制备电磁屏蔽材料的新方法。

结果表明，在 1～18GHz 频率范围内复合材料的屏蔽效能随着频率的升高而波动上升。碳纤维/PP 复合材料的电磁屏蔽效能随着碳纤维含量的增加而增强，其力学性能随着碳纤维含量增加呈先增强后减弱的趋势。相同碳纤维含量，添加镍粉能够提高复合材料的电磁屏蔽效能，但不同碳纤维含量存在不同的镍粉最佳添加量。当碳纤维含量为 2％和 5％时，镍粉添加量为 12％时复合材料的屏蔽性能最好，力学性能随着镍粉添加量的增加而下降；当碳纤维含量为 10％和 15％时，镍粉添加量为 15％时复合材料的屏蔽性能最好，而力学性能随着镍粉添加量上下波动。屏蔽效能最好的是碳纤维和镍粉的添加量都为 15％的复合材料，平均值为 40.07dB，最高屏蔽效能为 49.49dB。力学性能最好的是碳纤维添加量为 15％、镍粉添加量为 8％的复合材料。相同的填料含量，碳纤维/镍粉/PP 复合材料比碳纤维/PP 复合材料的断裂伸长率高。

7.2.2.2 配方

（1）配方一：炭黑改性半导电 LDPE

炭黑改性半导电 LDPE 配方见表 7-3。

表 7-3 炭黑改性半导电 LDPE 配方

成分	用量/份	成分	用量/份
LDPE	100	防老剂（DNP）	0.8
聚异丁烯	25	交联剂（AD）	1.0～2.0
炭黑	40～50	分散剂（PE 蜡）	1.0
稳定剂（Ba/Cd）	0.3	润滑剂（HSt）	0.3

工艺：按配方设计比例配料→混合→密炼→开炼→冷却→挤出→切粒→干燥→试样。

开炼温度为 150～200℃；挤出机料筒温度为 160～210℃。

相关性能：体积电阻率（20℃）$1\times10^2\Omega\cdot cm$；拉伸强度为 4～5MPa；伸长率为 281％；线膨胀系数 $9.4\times10^{-5}℃^{-1}$。

（2）配方二：碳纤维导电 HDPE

碳纤维导电 HDPE 配方见表 7-4。

表 7-4 碳纤维导电 HDPE 配方

成分	用量/份	成分	用量/份
HDPE	100	稳定剂（BaSt）	0.5
碳纤维	30	润滑剂（HSt）	0.5
偶联剂	1.0		

工艺：碳纤维（经偶联剂表面）→混合→高速捏合→挤出机挤出→切粒→干燥→试样。

相关性能：体积电阻率 $10^2\Omega\cdot cm$；拉伸强度 66MPa；断裂伸长率 2％；缺口冲击强度 50J/m；热变形温度 141℃。

（3）配方三：导电用 PE

导电用 PE 配方见表 7-5。

（4）配方四：导电 PP 制品

模制品的表面由导电的炭黑和由表面电阻为 1～100Ω 的热塑性树脂组成，用改性树脂，静电喷涂而成。

表 7-5　导电用 PE 配方　　　　　　　　　　单位：份

成分	线芯	绝缘
LDPE	100	30～50
聚异丁烯	30	40～50
丁基橡胶	—	70
CPE(含氯 31%)	—	70～100
抗氧剂 DNP	0.5	0.5
AD	1～2	—
乙炔炭黑	40～50	40～50
硬脂酸	2～4	—
三碱式硫酸钙	—	2～3
二碱式亚磷酸铅	—	2～3
硬脂酸钡	—	0.5～1
硬脂酸铅	—	0.35～0.5
碳酸钙	—	5～10

主要配方：PP，65 份；热塑性弹性体，10 份；炉黑（比表面积 $58m^2/g$，密度 $1.8g/cm^3$，平均粒径 $46\mu m$），25 份。以上组分干燥混合 5min，在 230℃切粒，注塑得到 3mm 板，熔体流动速率 1.3g/10min，弯曲模量 1313.2MPa，缺口冲击强度 68.6J/m。

这种薄板，通过用空气喷雾静电加工方法，涂以改性的丙烯酸树脂，这种板材表面电阻率为 $1.7×10^4\Omega$，试比较用增加 PP 的量代替 5 份炭黑则制品表面电阻率为 $5×10^{11}\Omega$。

（5）配方五：碳纤维填充导电 PP

主要原料为 PP 粉末，粒径＞$300\mu m$，100 份；短碳纤维纱，纱平均长 6mm，67 份。

工艺：原辅料＋导电碳纤维→混合→装入金属架→预热→压制成型→加压下冷却→导电 PP 片材。

将 PP 与碳纤维加入搅拌器中，以 500r/min 的转速搅拌 5min，使 PP 粉末均匀地分散在松散开的短纤维纱上，将混合物装入金属框架中，呈毡状，厚度 3.5mm，与框架厚度相同。框架上下夹两块铁板，置于油压机上，220℃预热 5min，再施加 100MPa 压力，保持 5min，随后移至另一压机，在 100MPa 压力、35℃下冷却 5min，制成导电 PP 片材。体积电阻率为 $0.11\Omega\cdot cm$。

（6）配方六：云母片改性 PP 电磁屏蔽塑料

主要原料：PP，100 份；云母片（镀镍率 50%），40 份；适量助剂。

工艺：按配方设计比例混合搅拌→挤出→切粒→干燥→试样检测→产品。

相关性能：电磁屏蔽为 40dB。

（7）配方七：PP/石墨导电塑料

主要原料：PP，100 份；石墨（可膨胀油酸钠改性），5 份；适量助剂。

工艺：按配方设计比例混合搅拌→挤出→切粒→干燥→试样检测→成品。

相关性能：电导率为 $6.3×10^{-3}S/m$。

7.3　导电 PVC 改性料

7.3.1　导电 PVC 简介

PVC 的分子链是由 σ 键组成，是一种绝缘性能良好的材料，不可能像共轭高聚物那样得到更高的电导率，通常作为抗静电材料的电阻率必须小于 $10^8\Omega$，而作为导电材料的电阻率必须小于 $10^{-1}\Omega$，将 PVC 制成导电材料有一定的难度，仅仅用简单添加表面活性剂的方法，即制作抗静电材料的方法，往往不能使材料的电阻率下降到 $10^{-1}\Omega$ 以下，因而不能制得导电材料。在制作导电 PVC 材料时，通常是与导电性优良的碳素系、金属纤维或粉末共混，制成高分子复合材料，才能达到导电材料的要求。所以，导电 PVC 材料无论其品种规格和应用范围均不及抗静电材料那么多和广泛。目前导电 PVC 材料主要用于具有屏蔽电磁波的地板、墙壁和天花板；也可以用于导电油膏，应用于电子工业中；还可以作为导电薄膜的基材。在 PVC 薄膜上，通过涂层、蒸镀、溅射及电镀等方法，在其表面产生一层导电的薄膜材料，用来作为电极材料；正在开发应用于防电磁波和通信领域的 PVC 材料。

用于屏蔽电磁波的地板、墙壁和天花板的导电 PVC 材料，可通过 PVC 与导电粉末和导电纤维共混制得，导电粉末可用导电炭黑、石墨、金属盐、铜及镍等粉末，导电纤维有碳纤维、石墨纤维，各种金属纤维在混炼机上按一定的配方和工艺进行共混成型，可制成屏蔽电磁波的 PVC 地板、墙壁和天花板，也可以采用糊树脂通过和导电材料及配合添加剂一起捏合，通过刮涂的方法在不锈钢板上形成导电层，制成屏蔽电磁波材料。具体的工艺流程如下：

PVC＋导电填料＋其他助剂→捏合→混炼→造粒→导电 PVC 混合料

采用和抗静电材料相似的添加导电炭黑的方法来制备 PVC 导电复合材料，也是一种常用的制备 PVC 导电材料的方法。但是由于采用一般的导电炭黑仅仅用机械混合的方法，除了使用大量的导电炭黑外，制品的电阻率很难降到 $10^8\Omega\cdot cm$ 以下，而大量的导电炭黑的加入，又会使制品的其他性能不能满足使用要求。在对导电性要求不高的场合，可以使用粒径小，结构形态呈空壳球状的纤维结构的炭黑，这种炭黑具有特别高的比表面积和结构度，即使在低的填充份数下，也能得到电阻率在 $10^4\Omega\cdot cm$。另外，使用一般的导电炭黑和抗静电剂如各种表面活性剂复合使用，也可以在低的填充量下得到电阻率低的产品。

对于导电 PVC 材料的加工，可以采用普通 PVC 的加工方法，如可以用挤出、注塑、压延、层压及粘接等方法。由于添加导电性填料的影响，导致熔体黏度增高，所以比普通 PVC 加工较为困难；添加金属填料时，物料的热稳定性易受影响；以短纤维为填料时，可能存在物料局部不均匀的问题，电阻值易变化。因此，必须注意稳定剂、加工助剂和改性剂的选择，混炼时间及温度等工艺添加的严格控制。

7.3.2 导电 PVC 改性实例及配方

7.3.2.1 实例

（1）实例一：电磁屏蔽 PVC 复合涂层

主要原料及配方如下。导电表层基本配方：PVC，100 份；DOP，150 份；有机锡，4.5 份；膨润土，1.5 份；石墨，45 份；乙炔炭黑，50 份；二甲苯，150 份。导磁底层基本配方：PVC，100 份；DOP，100 份；有机锡，4.5 份；膨润土，1.5 份；镍粉，100 份；二甲苯，150 份。

针对 PVC 基材的复合型电磁屏蔽涂层进行了研究。并探讨和讨论了不同种类的导电炭黑、镍粉和石墨等填料对 $9\sim10^6$ kHz 频率范围内电磁波屏蔽性能的影响，紫外光和温度对电磁屏蔽涂层体积电阻率的影响。发现紫外光照射和温度变化对复合涂层体积电阻率影响甚微；复合电磁屏蔽涂层在 $9\sim10^2$ kHz 范围内，屏蔽效果高达 70dB；在 $10^2\sim10^6$ kHz 范围内，屏蔽效果逐渐下降到 18dB 左右。

（2）实例二：PVC/剑麻/石墨电磁屏蔽塑料

主要原料：PVC，SG5；邻苯二甲酸二辛酯（DOP），分析纯；硅烷偶联剂（KH-550），分析纯；剑麻（SF）；膨胀石墨，1000目；氢氧化钠，分析纯；乙醇，纯度95％、分析纯；铅系复合稳定剂，RP25。

针对石墨填充型电磁屏蔽材料中，填充量大、难分散造成复合材料屏蔽效能较低的缺点，采用石墨对植物纤维蒸汽爆破原位包覆改性的技术制备了PVC复合材料。测试其电磁屏蔽性能，结果表明：①蒸汽爆破原位改性技术使石墨较好地包覆于剑麻纤维表面，提高了剑麻纤维形成导电网络的可能，也改善了石墨在PVC中的分散性。②实验得出剑麻/石墨/PVC复合材料具有较好的屏蔽性能，当石墨改性剑麻含量为28％时，复合材料的屏蔽效能最高可达28dB，而逾渗阈值降到20％。③改性剑麻含量大于10％时，随着含量的增加，拉伸和弯曲性能提高，而改性剑麻含量对冲击性能影响不大。改性剑麻含量为30％，复合材料具有较好的综合力学性能。

（3）实例三：PVC/$Fe_{78}Si_{13}B_9$电磁屏蔽复合材料

主要原料：PVC；邻苯二甲酸二丁酯，含量≥99.5％；$Fe_{78}Si_{13}B_9$非晶带材，宽4.5mm，厚25μm；E-15环氧树脂；聚酰胺树脂，低分子650型；三乙烯四胺；KH-550。

PVC/$Fe_{78}Si_{13}B_9$电磁屏蔽复合材料是一种具有较高强度同时兼有良好电磁波屏蔽功能的复合板，该复合板以普通PVC板为基体树脂，以高强度的$Fe_{78}Si_{13}B_9$非晶态合金薄带状材料（简称非晶带材）作为增强材料。普通PVC薄板与$Fe_{78}Si_{13}B_9$非晶带材复合在一起，制成一种强度高同时兼有良好屏蔽功能的新型复合板。经测试，当1层$Fe_{78}Si_{13}B_9$非晶带材与PVC板复合后，在100Hz～20MHz频率内的电磁波屏蔽效能就高达25dB，因此该复合板可以广泛应用于电磁波屏蔽设备。同传统的金属屏蔽板材相比，该复合板具有比强度高、屏蔽性能好、生产简便、成本低廉等突出优点。

对$Fe_{78}Si_{13}B_9$非晶带材和复合板的力学性能研究表明，非晶带材内部应力分布严重不均匀，在拉伸过程中始终处于弹性变形阶段，拉伸强度为1400～1500MPa；与PVC板相比，随着非晶带材层数的增加，复合板的拉伸强度和弯曲强度显著上升。复合板以4层非晶带材为宜，其拉伸强度为42MPa，较PVC板提高了130％，复合板的弯曲强度达54MPa，比PVC板的弯曲强度提高了1倍以上。

7.3.2.2 配方

（1）配方一：添加导电性炭黑的半硬质PVC计算机机房用卷材地板

电磁屏蔽半硬质PVC计算机机房用卷材地板配方见表7-6。

表7-6 电磁屏蔽半硬质PVC计算机机房用卷材地板配方

配方1		配方2	
成分	用量/份	成分	用量/份
PVC	100	PVC	100
3PbO·PbSO₄	3	3PbO·PbSO₄	5
2PbO·PbSt	2	CPE(含氯36％)	10
DOP	40	BaSt	1
活性CaCO₃	20～30	PE蜡	0.5
导电性炭黑(V-7)	15	石蜡	0.5
HSt	1	PbSt	1
CPE	8	DOP	40
		导电性炭黑(V-7)	10
		HZ-1非离子型抗静电剂	0.5～1.5

工艺：配方 1、2 的卷材地板用压延法生产，在四辊压延机的第 4 个辊筒上与印刷好的 PVC 木纹膜热压贴合。这种地板卷材的体积电阻率可达 $8.5×10^4\Omega\cdot cm$（配方 1），基底的体积电阻率可达 $10^3\sim10^4\Omega\cdot cm$（配方 2）。有良好的防电磁干扰作用。为了降低成本，可在配方 2 中加入 $CaCO_3$ 10～20 份。

（2）配方二：石墨纤维 PVC 硬片

电磁屏蔽石墨纤维 PVC 硬片配方见表 7-7。

表 7-7 电磁屏蔽石墨纤维 PVC 硬片配方

成分	用量/份	成分	用量/份
PVC	100	石墨纤维	30
$3PbO\cdot PbSO_4$	5	PE 蜡	0.5
PbSt	1	石蜡	0.5
CPE	10	BaSt	1

7.4 导电 PS 改性

7.4.1 导电 PS 改性实例

PS 常作为计算机、家用电器以及电子、仪器仪表的壳体材料，这些设备发生电磁波，直接影响器件的工作性能，要求 PS 具有抗电磁干扰能力，即导电性。不少国家已经制定出严格的法律，各种电子器件，尤其是各种家用电器，没有合格的防电磁波渗漏的不能在市场上销售。为此，研制抗电磁干扰壳体塑料材料十分重要。

导电 PS 为热塑性塑料材料，具有高抗冲击性与导电性能，有相似于 ABS 树脂的力学性能，收缩率低，抗低温性能好，有很好的抗电磁干扰性能，采用注塑成型。

（1）实例一：PS/炭黑复合导电塑料

主要原料：PS，N201、MI20；乙酸丁酯，化学纯；炭黑，中超耐磨；硬脂酸锌，化学纯。

通过炭黑（CB）用量、加工工艺、温度对 PS/CB 复合材料导电性能影响的探讨、复合导电材料亚微观结构的观察，并研究了 PS/CB 复合材料的导电性能。结果表明，随着 CB 含量的增加，材料的电阻率呈非线性下降，当 CB 的质量分数在 10%～40% 的范围内时，电阻率下降明显，在此含量范围以后，体积电阻率变化不大；材料的导电性能与加工工艺有关，溶剂法的导电性能比混炼法好；电阻率随温度的升高均有上升的趋势。由复合材料的亚微观结构表明，随着 CB 含量的增加，CB 由分散的单个颗粒逐渐连接在一起，最后与 PS 形成了一种相互交错式的结构。

（2）实例二：PS/膨胀石墨导电塑料

主要原料：膨胀石墨，粒径 $305\mu m$，膨胀倍数 250 倍；PS，143-E；邻苯二甲酸二丁酯，工业级；偶联剂，KH-590；吐温-85，化学纯；油酸、丙酮和氢氧化钠，化学纯。

以 PS、增塑剂和膨胀石墨为原料，采用直接熔混法制备了增塑 PS/膨胀石墨导电复合材料。结果发现，当增塑剂用量较高时，采用 PS、增塑剂和膨胀石墨进行直接熔融混合可以得到导电性能优良的导电复合材料。增塑剂用量和膨胀石墨用量对复合材料导电性能的影响都很大，同时影响力学性能。随着增塑剂用量增加，复合材料体积电阻率降低，拉伸强度降低，冲击强度提高。当增塑剂用量为 30% 时，膨胀石墨用量为 10% 的复合材料体积电阻

率低至 $6.46\times10^{6}\Omega\cdot cm$。采用直接熔混法制备的复合材料的导电性能与其他制备方法相差并不明显，仅差约一个数量级，而拉伸强度和冲击强度也相差不明显。

（3）实例三：多壁碳纳米管/PS-PVC复合导电塑料

主要原料：MWNTs，外径范围，$10\sim20nm$，长度 $5\sim15\mu m$，纯度＞95％；PS，密度 $1.12g/cm^{3}$；PVC，密度 $1.134g/cm^{3}$；环己酮，含量＞99.5％。

用溶液共混法制得 MWNTs/PS-PVC 复合材料，同时进行电导率的测试分析。通过对载流子浓度、迁移率的测量以及电导活化能的计算等，分析研究了影响 MWNTs/PS-PVC 复合材料电导率的因素和导电机制。结果表明：当 PS 与 PVC 的质量比为 1：1 时，MWNTs/PS-PVC 复合材料的导电阈值最低；当 MWNTs 的质量分数为 1.5％，PS 在 PS-PVC 基体中的质量分数为 50％时，MWNTs/PS-PVC 复合材料的电导率比 MWNTs/PVC 单一聚合物复合材料的电导率提高了 4 个数量级。在导电网络的形成过程中，MWNTs/PS-PVC 复合材料中形成的与无机化合物超晶格结构类似的 n-i-p-i 结构，降低了 MWNTs/PS-PVC 复合材料的电导活化能，增加了载流子浓度，使 MWNTs/PS-PVC 复合材料电导率显著提高。

7.4.2　导电 PS 改性配方

（1）配方一：PS/导电炭黑体系

PS/导电炭黑电磁屏蔽塑料制备工艺流程见图7-4。

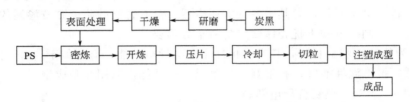

图 7-4　PS/导电炭黑电磁屏蔽塑料制备工艺流程

① 导电炭黑加工过程：将导电炭黑用立式快速磨，湿磨 40min，过筛，100℃下干燥 20h，得 300 目炭黑粉末，再对部分炭黑用表面处理剂处理。

② 导电聚苯乙烯塑料加工过程：原辅料按配比在密炼机中混合，经开炼、压片、冷却、切粒，得到混合原料。原料供注塑机注塑成型导电 PS 塑料制品。

（2）配方二：PS/不锈钢丝电磁屏蔽制品

原料配比为：PS：不锈钢丝＝94：6。

工艺：成品电磁屏蔽效果 40dB。

（3）配方三：PS/镀镍纤维电磁屏蔽塑料

PS 和镀镍纤维配比为 85％和 15％，成品电磁屏蔽效果为 44dB。

参考文献

[1] 徐勤涛等．电磁屏蔽塑料的研究进展 [J]．工程塑料应用，2010，38 (9)：82-85.

[2] 王光华等．电磁屏蔽导电复合塑料的研究现状 [N]．材料导报，2007，21 (2)：22-25.

[3] 周秀芹．导电电磁屏蔽塑料研究进展 [J]．化工时刊，2006，20 (1)：62-64.

[4] 陈省区等．在塑料表面用磁控溅射制备电磁屏蔽膜的研究 [N]．真空科学与技术学报，2008，28 (5)：98-101.

[5] 潘成，方鲲，周志飚等．导电高分子电磁屏蔽材料研究进展 [J]．安全与电磁兼容，2004 (3)：1-4.

[6] 薛茹君．电磁屏蔽材料及导电填料的研究进展．涂料技术与文摘，2004，25 (3)：3-7.

[7] 何江川等 . 电磁屏蔽涂料制备的新进展 [J] . 包装工程, 2004, 25 (6): 55-57.

[8] 施冬梅, 杜仕国, 田春雷 . 铜系电磁屏蔽涂料抗氧化技术研究进展 [J] . 现代涂料与涂装, 2003 (3): 33-38.

[9] 毛倩瑾, 于彩霞, 周美玲 . Cu/Ag 复合电磁屏蔽涂料的研究 [J] . 涂料工业, 2004, 34 (4): 8-10.

[10] 于名讯等 . 电磁屏蔽材料的研究进展 [J] . 宇航材料工艺, 2012 (4): 12-15.

[11] 赵择卿等 . 高分子材料导电和抗静电技术及应用 [M] . 北京: 中国纺织出版社, 2006: 404-429.

[12] 杜仕国, 王保平, 曹营军 . 导电高分子复合材料的电磁屏蔽效能分析 [J] . 玻璃钢/复合材料, 2000 (6): 19-2.

[13] 管登高, 黄婉霞, 蒋渝等 . 镍基电磁波屏蔽复合涂料制备及在 EMC 中的工程应用 [J] . 电子元件与材料, 2004, 23 (2): 41-43.

[14] 王光华, 董发勤, 司琼 . 电磁屏蔽导电复合塑料的研究现状 [J] . 材料导报, 2007, 21 (2): 22-25.

[15] 张登松等 . 多壁碳纳米管的制备及改性处理 [J] . 化学研究 .2004, 15 (3): 12-15.

[16] 孙国星等 . 聚苯乙烯/碳纳米管复合材料研究进展 [J] . 高分子通报, 2009 (2): 12-20.

[17] 戚亚光 . 世界导电塑料工业化进展 [J] . 塑料工业, 2008, 36 (4): 1-5.

[18] 王进美等 . 碳纳米管的镍铜复合金属镀层及其抗电磁波性能 [N] . 复合材料学报, 2005, 22 (6): 54-58.

[19] 陈立军等 . 碳系填充型导电塑料的研究进展 [J] . 合成树脂及塑料, 2007, 24 (2): 78-81.

[20] 沈重远等 . 可熔融畚胺共聚物/聚乙烯导电复合材料的形态与性能 [C] . 全国高分子材料科学与工程研讨会论, 2004: 457-458.

[21] 戚亚光 . 世界导电塑料工业化进展 [J] . 工程塑料应用, 2008, 36 (3): 73-77.

[22] 于红军 . 工业配件用塑料制品与加工 [M] . 北京: 科学技术文献出版社, 2003: 318-322.

[23] 杜新胜等 . 导电聚烯烃的研究与进展 [J] . 塑料助剂, 2009 (2): 1-4.

[24] 刘帅等 . 金属填充 LDPE 薄膜电磁屏蔽性能研究 [N] . 北京理工大学学报, 2007, 27 (5): 467-470.

[25] 何和智等 . 炭黑/聚乙烯复合材料的电磁屏蔽性能 [J] . 塑料, 2010, 39 (3): 43-47.

[26] 丁阳 . 多壁碳纳米管/高密度聚乙烯复合材料的导电行为研究 [J] . 中国胶黏剂, 2010, 19 (6): 25-29.

[27] 何和智等 . 剑麻/石墨/聚丙烯电磁屏蔽材料制备与性能研究 [J] . 塑料工业, 2012, 40 (7): 72-74.

[28] 何和智等 . 铁粉/聚丙烯符合材料的电磁屏蔽性能 [J] . 塑料, 2011, 40 (2): 12-15.

[29] 单燕飞 . 碳纤维/镍粉/聚丙烯电磁屏蔽复合材料的制备及其性能研究 [D] . 广州: 华南理工大学, 2012.

[30] 罗河胜 . 塑料改性与实用工艺 [M] . 广州: 广东科技出版社, 2007: 154-199.

[31] 杨丽庭 . 聚氯乙烯改性及配方 [M] . 北京: 化学工业出版社, 2011, 09: 324-325.

[32] 叶林忠等 . 电磁屏蔽符合涂层的研究 [J] . 现代塑料加工应用, 2006, 18 (5): 8-10.

[33] 何和智等 . 剑麻/石墨/聚氯乙烯电磁屏蔽材料制备与性能研究 [J] . 塑料工业, 2013, 41 (1): 72-75.

[34] 朱正吼等 . PVC/Fe$_{78}$Si$_{13}$B$_9$ 非晶带材复合板力学性能研究 [J] . 工程塑料应用, 2005, 33 (1): 23-25.

[35] 周详兴 . 500 种化学建材配方 [M] . 北京: 机械工业出版社, 2008: 73-74.

[36] 周详兴 . 500 中包装塑和 500 种塑料工业制品配方 [M] . 北京: 机械工业出版社, 2008: 40, 276.

[37] 应宗荣等 . 聚苯乙烯/膨胀石墨导电复合材料的电性能与力学性能 [J] . 中国塑料, 2007, 21 (12): 20-23.

[38] 石磊等 . 多壁碳纳米管/聚苯乙烯-聚氯乙烯复合材料的导电特性 [N] . 复合材料学报, 2013, 30 (4): 7-12.

[39] 梁琦, 严正文, 贾润礼 . 导电纤维在屏蔽塑料中应用的研究进展 [J] . 塑料制造, 2007 (4): 88-92.

[40] 贾婷婷 . 碳系填充物改性聚氯乙烯导电性的研究 [D] . 太原: 中北大学, 2011.

第8章 基于工程要求的其他改性

为了提高通用塑料各项性能或是降低成本，使其可以更加广泛地被使用，人们对通用塑料进行如密度、硬度、外观、加工性、透明性、力学性能、电磁性能、化学性能、抗蠕变性、低收缩、耐腐蚀性能、耐老化性、耐磨性、热性能、阻燃性、阻隔性及成本性等方面的改性。本章重点介绍通用塑料基于工程要求的高硬度、高光泽、耐划伤、导热性、低收缩性、耐磨性及抗蠕变改性。

8.1 通用塑料的高硬度、高光泽及耐划伤改性

8.1.1 通用塑料的高硬度改性

8.1.1.1 硬度的概念及表示方法

硬度是指材料抵抗其他较硬物体压入其表面的能力。

硬度值的大小是表征材料软硬程度的有条件的定量反映，它不是一个单纯而确定的物理量。硬度值的大小不仅取决于材料的本身，而且取决于测试条件和测定方法，即不同的硬度测量方法，对同一种材料测定的硬度值不尽相同。因此，要衡量材料之间的硬度大小，必须使用同一种测量方法测量的硬度值进行比较。

常用于表示硬度的方法有以下几种。

① 邵尔硬度：邵尔硬度常用于塑料的硬度表示。邵尔硬度又可分为邵尔 A 和邵尔 D 两种。邵尔硬度计的刻度为 0~100（无单位），当试样用 A 型硬度计量硬度值大于 90 时，改用邵尔 D 型硬度计测量硬度。用 D 型硬度计测量硬度值低于 20 时，改用 A 型硬度计测量。

② 洛氏硬度：洛氏硬度是用规定的压头对试样先施加初试验力，接着再施加主试验力，然后卸除主试验力，只保留初试验力。用前后两次初试验力作用下压头压入试样的深度差经过计算得出的值表示。洛氏硬度无单位。

③ 莫氏硬度：常用于硬质材料的硬度表示，莫氏硬度将硬度值划为 1~10 十个级别，其中金刚石的硬度值为最大（9H），而人的指甲的硬度为 2H。

几种通用塑料的硬度见表 8-1。

表 8-1 几种通用塑料的硬度

塑料种类	洛氏硬度	塑料种类	洛氏硬度
HDPE	R45	PVC(硬)	R117
PP	M66	PS	M89

8.1.1.2 提高通用塑料硬度的途径

提高通用塑料硬度的途径：添加硬质填料及纤维，共混及复合硬质树脂，塑料表面硬度改性及塑料交联硬度改性等。

(1) 塑料硬度的添加改性

塑料硬度的添加改性是指在塑料中加入硬质添加剂的一种改性方法。常用的硬度添加剂为刚性无机填料及纤维。

常见的几种硬质无机填料的莫氏硬度如表8-2所示。

表8-2 常见几种硬质无机填料的莫氏硬度

填料及纤维	莫氏硬度	填料及纤维	莫氏硬度
金刚石	9	玻璃	5.5
氧化铝	9	硅灰石	5~5.6
石英粉	7~8	聚丙烯腈纤维(PAN)	5.15
金红石型 TiO_2	7~7.5	铁粉	4.5
硼酸铝晶须	7	钢粉	2~8.5
胶态 SiO_2	7	钛酸钾晶须	4
玻纤	6.5	$CaCO_3$ 晶须	3~4
长石	6~6.5	$CaCO_3$	3
氧化镁	6	硅酸钙	3
玻璃微珠	6	云母	3

表8-2中莫氏硬度大于5的填料一般都可以用做硬度改性材料。硬质添加剂在改善硬度的同时，大幅度提高塑料制品的表面粗糙度，只有玻璃微珠既可改善硬度，又不影响表面光泽。玻璃微珠可分为人工合成和从粉煤灰中提取两种。粉煤灰来源于火力发电厂，用风选或水选即可得到。

分别采用滑石粉、碳酸钙、硫酸钡、硅灰石和云母对 PP 进行填充改性，其力学性能测试如表8-3所示。

表8-3 几种填料对 PP 改性后的力学性能

性能	单位	滑石粉1250目	碳酸钙1250目	硫酸钡800目	硅灰石800目	云母粉600目
弯曲强度	MPa	48.4	40.5	39.7	40.5	46.6
弯曲模量	MPa	2462.0	1750.8	1567.0	1948.6	2609.6
缺口冲击强度	kJ/m^2	3.8	4.6	6.1	5.6	5.5
拉伸强度	MPa	34.9	28.7	30.6	29.5	33.7
球压痕硬度	N/mm^2	87.4	80.8	80.3	80.1	86.5

(2) 塑料表面硬度改性

塑料表面硬度改性是指只改善塑料制品外表的硬度，而制品内部的硬度不变。这是一种低成本的硬度改性方法。这种改性方法主要用于壳体、装饰材料、光学材料及日用品等。表面硬度改性主要包括涂层、镀层及表面处理三种方法。

表面涂层是指在塑料制品表面涂上一层硬度高的材料，从而提高塑料制品的硬度。可涂覆的材料有：无机物、有机硅涂料、氟碳涂料、多官能团丙烯酸酯及热固性树脂等。

表面镀层主要包括金属类、金属氧化物及其他无机物等。金属类主要为化学镀铬，例如在复印件里可用镀铬塑料滚筒代替金属镀铬滚筒。无机涂层主要为：SiO_2、SiC、SiN 等，镀层方法用等离子及高温喷涂等方法。例如用等离子喷涂方法可将陶瓷喷涂到塑料表面上。这是一种在塑料制品表面进行适当化学反应，改变其原有结构，从而提高其硬度的一种方法。例如塑料用激光进行相变硬化处理后，其硬度可提高 2~3 倍之多。再例如在塑料表面进行渗氮处理，也可以提高其表面硬度。

（3）塑料共混与复合硬度改性

塑料共混硬度改性即在低硬度树脂中共混高硬度树脂，以提高其整体硬度。常见的共混树脂有：PS、PMMA、ABS 等，需要改性的树脂主要为 PE、PP 等。

塑料复合硬度改性即在低硬度塑料制品表面上复合一层高硬度树脂。此方法主要适合于挤出制品，如板、片、膜及管材等。常用的复合树脂为 PS、PMMA、ABS 等。

8.1.1.3 提高硬度的改性实例

（1）实例一：硅灰石填充 PP

PP 和硅灰石填充比例为 60：40。

此配方的 PP 的邵尔硬度由 62 增加到 67，提高 8% 左右。

（2）实例二：白炭黑填充 LDPE

在 LDPE 中，白炭黑分别加入 20% 和 50% 时，其硬度值提高幅度分别为 21% 和 35%。

（3）实例三：$Al(OH)_3$ 填充 PE

在 PE 中分别加入 11%、25% 及 50% $Al(OH)_3$ 时，其邵尔硬度分别为 48、50 及 54。

（4）实例四：GF 改性 HDPE

在 HDPE 中加入 20% GF，HDPE 的洛氏硬度提高 15% 左右。

（5）实例五：GF 改性 PP

在 PP 中分别加入 10%、20% 及 30% 的 GF 后，其洛氏硬度由纯 PP 的 R85 提高到 R105、R107 及 R107。

8.1.2 通用塑料的高光泽改性

现如今随着人们生产生活水平的提高，塑料制品不仅仅要求有各项性能，也被要求外表美观或用于装饰。如空调面板、取暖器外壳、电饭锅外壳、电热杯外壳、电吹风外壳、电冰箱果蔬盒等大型薄壁制品，电话机外壳、暖瓶外壳、加湿器外壳、饮水机外壳、电风扇外壳及扇叶、抽油烟机外壳、排气扇外壳及扇叶等。

8.1.2.1 高光泽 PP

PP 是五大通用热塑性树脂中增长最快的品种之一，广泛应用于工业生产和日常生活用品中。高光泽 PP 作为理想的替代 ABS、HIPS 等高光泽制品的材料，已引起了人们的兴趣和关注。国内外此类光泽度良好的改性 PP 广泛应用于文具、家用电器、室内其他生活用具。目前国内已有众多厂家在开发和生产这类高光泽改性 PP 料，但与国外相比，在光泽度和强度方面还存在一定差距。

国内外高光泽 PP 主要通过在 PP 树脂中加入 $BaSO_4$ 等无机填料和成核剂改性而成。成核剂有利于提高 PP 树脂的结晶度，从而提高产品的光泽度和强度。

高光泽 PP 制备配方见表 8-4。

表 8-4 高光泽 PP 配方

成分	用量/份	成分	用量/份
PP（牌号 K7726）	25	抗氧剂 1010	0.085
PP（牌号 T30S）	33	抗氧剂 DLTP	0.17
超细硫酸钡 1250 目	15	润滑剂 EBS（牌号 JH-302）	0.4
铝酸酯偶联剂	0.3	成核剂 3988	0.16

工艺条件如下所述。原料干燥：硫酸钡在 110℃ 下干燥 4h；将硫酸钡高速混合 1min，

然后加入铝酸酯，低速混合 3min，再将剩余组分加入高速混合机中高速混合 1min；采用同向旋转啮合型平行双螺杆挤出机共混造粒。主机转速 320～340r/min；喂料 12～15Hz；双螺杆挤出机各区温度：185℃、195℃、205℃、205℃、200℃。

性能测试：拉伸强度 25MPa；断裂伸长率 80%；弯曲强度 33MPa；弯曲模量 1600MPa；悬壁梁缺口冲击强度 40J/m；镜面光泽（20°入射角）86%。

8.1.2.2 PS/LLDPE 共混物光泽度的改进实例

用两步交联加工方法制备的 PS/LLDPE 综合性能优异，但是光泽度较低。对于结晶型聚合物，添加一定量的成核剂对光泽度有明显的改善作用。PS/LLDPE 共混物中 LLDPE 是结晶型聚合物，添加一定量成核剂，如加入二苄基山梨醇（DBS）对减少 LLDPE 的球晶尺寸有作用，能明显改善 PS/LLDPE 共混物的光泽度和力学性能。

DBS 是 LLDPE 树脂的有效成核剂。加入 LLDPE 树脂量的 0.1% 就可使 PS/LLDPE 共混物的光泽度达到 96.7%，且力学性能大幅度提高。其中冲击强度、拉伸强度、断裂伸长率分别比 PS/LLDPE 二元共混体系提高了 1720%、53.8% 和 1077%。

8.1.3 通用塑料的耐划伤改性

通用塑料已广泛应用于汽车、电器、日用品、家具和包装等制造业。然而大部分通用塑料的表面耐划伤性能很差，在很大程度上降低了产品的美观程度，而且在制品表面产生的划痕也会导致应力集中，限制了其使用性能。因此，提高通用塑料的表面耐划伤性能是一个重要研究课题。

划伤是材料表面的一种破坏方式，其类型和机制相当复杂，影响因素很多。树脂的分子结构、填料、助剂、润滑剂及抗冲改性剂等都影响着塑料的划伤行为。

8.1.3.1 耐划伤改性方法

（1）填料的影响

提高通用塑料表面耐划伤性能的主要方法是加入不同填料和助剂改性；改变树脂的分子结构；与其他聚合物共混。

加入填料改善通用塑料表面的耐划伤性能是一种比较经济、有效、应用广泛的方法。填料加入到塑料中能改善材料的力学性能（如模量、屈服应力和破裂应变等），进而提高材料的耐划伤性能。利用填料（如滑石粉、硅灰石、玻璃微珠、微纤维等）可改善材料表面的耐划伤性能。

填料的尺寸、用量和类型对通用塑料的表面耐划伤性能有一定的影响。如用粒径为 1.2～40.0μm 的硅灰石和滑石粉填充 PP，当粒径小于 12μm 时，PP 混合物的划痕深度随粒子尺寸的增加而几乎呈线性增加。利用数字成像分析滑石粉填充 PP 材料的表面划伤破坏特征时发现，随着滑石粉含量的增加，材料表面由于划伤破坏而引起的应力发白现象严重。不同的填料类型也影响着材料的表面耐划伤性能。硅灰石是 3 个硅四面体分子重复、扭转而成的针状结构，而滑石粉是 2 个硅四面体分子中间夹着氢氧化镁八面体分子的片层结构，层间以弱范德华力连接，降低了材料的屈服拉伸强度，因此硅灰石填充 PP 时耐划伤性能比滑石粉填充 PP 的好。

（2）塑料的分子结构

通用塑料中如 PP 是半结晶材料，每个球晶包含着无数个折叠链片晶，这些片晶从中心向四周成辐射状发散。因为短分子链形成的球晶抵抗变形的能力更强，因此耐划伤性能更好。在长链低结晶 PP 中，银纹、撕裂和脆性变形是主要的变形方式，而在短链低结晶 PP 中，楔形微裂纹和脆性变形是主要的变形方式。短链和长链 PP 分子所形成的折叠链片晶和变形机制的不同导致了短链低结晶 PP 耐划伤性能比长链低结晶 PP 更好。

（3）与其他聚合物共混

用共混改性技术改善通用塑料的耐划伤性能是一种实际有效的方法，可以兼顾其他材料的性能。如德国南方化学公司与普茨塑料制品公司合作，使用一种改性纳米添加剂成功生产了耐划伤 PP/PS 塑料合金。这种合金不仅具有高耐划伤性能而且表面均匀，手感好，合金主要应用于汽车内饰件。硅烷接枝 PE 也能提高 PP 树脂的耐划伤性能，且流动性和脱模性都很好。

8.1.3.2　通用塑料耐划伤改性实例

（1）实例一：非挖开用 PE 排水实壁管

耐划伤 PE 配方见表 8-5。

表 8-5　耐划伤 PE 配方

成分	质量分数/%	成分	质量分数/%
PE100 管道专用料	70～80	PE 蜡	1.2～2.5
超细碳酸钙	6～12	氟聚合物	0.8～1.5
三元共混树脂（BaSO$_4$、SiO$_2$、HDPE）	9～17		

性能测试：环刚度 19.3kN/m^2；断裂伸长率 686%；拉伸强度 23MPa；熔接强度 20MPa。

（2）实例二：耐划伤 ABS/PVC/PETG 合金

耐划伤 ABS/PVC/PETG 合金配方见表 8-6。

表 8-6　耐划伤 ABS/PVC/PETG 合金配方

成分	用量/份	成分	用量/份
PVC	40～60	增溶剂	1～5
ABS	30～80	复合耐划伤剂①	0.5～2
PETG	10～20		

① 复合耐划伤剂组分：EVA10～30 份；芥酸酰胺 30～60 份；硅灰石 20～40 份；2-羟基-4 甲氧基二苯甲酮 5～10 份。

制备：按配比称取各组分，在高速混合机中，室温下控制转速在 300～400r/min，混合 5～10min，取出后转入螺杆挤出机中，在 160～180℃温度下挤出造粒。

8.2　通用塑料的高导热改性

金属材料为传统概念上的导电、导热材料，但随着高分子科学技术的进步，通用塑料也成为导电、导热领域新的角色，它颠覆了传统通用塑料绝缘隔热的概念。导电通用塑料是近几年研究的一个热点，导热通用塑料也随着应用领域的不断扩大逐渐被人们重视，如换热工程、电磁屏蔽、电子电气、摩擦材料等。近些年来蓬勃发展的信息产业，对通用塑料的性能提出了新的要求，尤其为导热塑料的发展提供了发展空间，导热塑料在电脑配件上的应用将改善电脑的散热问题并提高其运行速度和稳定性，如 CPU、笔记本外壳和各种集成电路板，这些材料都要求导热绝缘。通用塑料绝缘好，但作为导热材料纯的通用塑料一般是不能胜任的，因为通用塑料大多是热的不良导体。高分子的热导率小（见表8-7），要拓展其在导热领域的应用，必须对通用塑料进行改性。

表 8-7　通用塑料热导率

材料	$\lambda/[W/(m \cdot K)]$	材料	$\lambda/[W/(m \cdot K)]$
PE	0.33	PVC	0.13~0.17
PP	0.21~0.26	PS	0.08

8.2.1　提高导热性能的途径

提高通用塑料导热性能的途径有两种：第一，合成具有高热导率的结构聚合物。如具有良好导热性能的聚乙炔、聚苯胺、聚吡咯等，主要通过电子导热机制实现导热；或具有完整结晶性，通过拉伸实现导热的聚合物，如平行拉伸 HDPE，在室温下，拉伸倍数为25倍时，平行于分子链的热导率可达 13.4W/（m·K）。第二，高导热无机物对通用塑料进行填充复合制备聚合物/无机物导热复合材料。由于具有良好的导热性能，有机高分子材料价格昂贵，填充制备导热聚合物是目前广泛采用的方法。

可以用作导热离子的金属和无机填料大体有如下几种。

① 金属粉末填料：铜粉、铝粉、金粉、银粉；

② 金属氧化物：氧化铝、氧化铋、氧化镁、氧化锌；

③ 金属氮化物：氮化铝、氮化硼；

④ 无机非金属：石墨、碳化硅。

无机非金属材料作为导热填料填充高分子材料基体时，填充效果的好坏主要取决于以下几个因素：聚合物基体的种类、特性；填料的形状、粒径、尺寸分布；填料与基体的界面结合特性及两相的相互作用。以往常采用的方法有：利用有一定长径比的颗粒、晶须形成连续的导热网链；选用不同粒径的填料组合，达到较高填充致密度；利用偶联剂改善填料与基体的界面，以减少界面处的热阻；用纳米材料填充塑料提高热导率是近年来研究的热点。

对填充型导热塑料来讲，材料的热导率取决于塑料和填料的协同作用。分散于基体中的填料有粒状、片状、球状、纤维状等形状，填料用量较小时，虽均匀分散于基体中，但彼此间未能形成相互接触和相互作用，导热性提高不大；填料用量提高到某一临界值时，填料间形成接触和相互作用，体系内形成了类似网状或链状的结构形态，即形成导热网链。当导热网链取向与热流方向一致时，材料导热性能提高很快；体系中在热流方向上未形成导热网链时，会造成热流方向上热阻很大，导致材料导热性能很差。因此，为获得高导热塑料，在材料内部最大程度地形成热流方向上的导热网链是提高热导率的关键。

8.2.2　导热塑料的分类

对于导热塑料的研究和应用很多，可以对其进行简单的分类，按照基体材料种类可以分为热塑性导热树脂和热固性导热树脂；按填充粒子的种类可分为：金属填充型、金属氧化物填充型、金属氮化物填充型、无机非金属填充型、纤维填充型导热塑料；也可以按照导热塑料的某一种性质来划分，比如根据其电绝缘性能可以分为绝缘型导热塑料和非绝缘型导热塑料。

8.2.2.1　非绝缘型导热塑料

由于塑料本身具有绝缘性，因此绝大多数导热塑料的电绝缘性能，最终是由填充粒子的绝缘性能决定的。用于非绝缘型导热塑料的填料常常是金属粉、石墨、炭黑、碳纤维等，这类填料的特点是具有很好的导热性，能够容易地使材料得到高的导热性能，但是同时也使得材料的绝缘性能下降甚至成为导电材料。因此在材料的工作环境对于电绝缘性要求不高的情况下，都可以应用上述填料。而且在某些条件下还必须要求导热塑料具有低的电绝缘性以满足特定的要求，如抗静电材料、电磁屏蔽材料等。

金属填料的添加对聚合物的导电和导热性能都有很大的提高。如用不同含量的铜粉填充低 LDPE 和 LLDPE，热导率随着铜粉含量的增加而增加，电阻随着铜粉含量的增加而降低，当填充 24% 的铜粉，LDPE 和 LLDPE 热导率均提高 2 倍以上，电阻降低 1.5 倍以上。从混合熔的结果显示铜粒子可以做成核剂，可以提高复合材料的结晶度，LDPE 填充铜粉热稳定性比未填充的提高；在填充较低含量的铜粉时，LLDPE 便显示较好的热稳定性。通常同未填充的高聚物相比，此类复合材料的力学性能较差（除模量外），热传导和电传导性能提高。

在无机非金属中石墨的热导率较高，一般为 $116 \sim 235 W/(m \cdot K)$，接近金属。如石墨、炭黑填充 PE 时，随石墨填充量增多，热导率明显增加，当填料在 50% 用量时，热导率达 $47.4 W/(m \cdot K)$；石墨粒子大小对 PE 性能也有影响，石墨粒子小，弯曲弹性模量、冲击性能高，反之就低；而偶联剂则增强了石墨与树脂间的界面黏合力，使制品具有实用价值。

8.2.2.2　绝缘型导热塑料

由于电子产品越来越趋于小型化，因此那些容易集成化和小型化而且柔韧性好的聚酰胺、聚酯塑料基板被广泛应用，但因为集成电路的高集成化和层板的多层化必然产生放热问题，因此对这些材料的导热性能的要求就成了当务之急。而在电子工业中，大多数电子材料要求较高的电绝缘性能。因此要求这些材料不仅具有良好的导热性能而且同时具有电绝缘性能。近年来人们用非导电性的金属氧化物和其他化合物填充聚合物，已初步解决了这一问题。用于绝缘型导热塑料的填料主要包括：金属氧化物如 BeO，MgO，Al_2O_3，CaO，NiO；金属氮化物如 AlN，BN 等；碳化物如 SiC，B_4C_3 等。从表 8-8 中可以看出，它们有较高的热导率，而且更为重要的是同金属粉相比有优异的电绝缘性，因此它们能保证最终制品具有良好的电绝缘性，这在电子电器工业中是至关重要的。

表 8-8　一些常见材料的热导率

材料	$\lambda/[W/(m \cdot K)]$	材料	$\lambda/[W/(m \cdot K)]$
Ag	417	BeO	219
Al	190	MgO	36
Ca	380	Al_2O_3	30
Mg	103	CaO	15
Fe	63	NiO	12
Cu	398	AlN	320
Au	315	SiC	270

在 PS/AlN 体系中，将 AlN 分散到 PS 中，环绕、包围 PS 粒子，其中 PS 粒子大小影响材料热导率，2mm 的 PS 粒子比 0.15mm 粒子体系热导率高，因粒子尺寸愈小，等量 PS 需更多 AlN 粒子对其形成包裹，从而形成导热通道。AlN 加入显著提高 PS 热导率，含 20% AlN 且 PS 粒子为 2mm 时体系的热导率为纯 PS 的 5 倍。

8.2.3 通用塑料高导热改性实例

(1) 实例一：高导热 HDPE/膨胀石墨/石蜡复合材料

主要原料：HDPE，牌号中空级 1789；石蜡，熔点 60～62℃；鳞片石墨；高氯酸，分析纯；浓硝酸，分析纯。

制备：鳞片石墨经过高氯酸和浓硝酸酸化处理后，经历水洗、干燥、膨化等过程制得膨胀石墨（EG）。将 HDPE 加热到 160℃，熔融后加入石蜡，搅拌混合 10min，然后加入用高速捏合机破碎后的膨胀石墨，搅拌混合 10min，冷却后破碎，热压成型。

以 HDPE 作为包覆材料，石蜡作为相变材料，膨胀石墨或鳞片石墨作为导热增强剂，通过熔融共混和热压制备了不同石蜡用量的定型相变储能材料。通过实验分析了所制定型复合储能材料的相变温度、相变潜热、热导率等性能。石蜡经过 HDPE 包覆之后，相变熔值下降 30% 左右（石蜡含量 65%）。膨胀石墨和鳞片石墨的加入均能提高复合材料的热导率。膨胀石墨含量为 10% 时，样品的热导率与无导热增强剂样品相比较提高率为 594%，而相同质量分数的鳞片石墨热导率提高率仅为 83%。由此可见膨胀石墨对复合材料热导率的贡献远远大于同等质量分数下鳞片石墨的贡献。

(2) 实例二：高热导率 PP

将氧化镁、氧化铝和石墨分别与 PP 熔融共混制备导热复合材料，考察了填料种类、基体黏度和增容改性对复合材料热导率（λ）的影响。结果表明：增加填料含量能逐渐提高 λ，且填料的 λ 直接决定了复合材料的 λ；基体黏度越高，复合材料导热性能提高越显著；对氧化镁和氧化铝进行表面改性同时加入增容剂，可以明显减少填料的团聚，形成更多的有效网链，能有效提高复合材料的导热性能。探究了将氧化镁和氧化铝分别与石墨复配来制备高 λ 的复合材料，发现少量石墨与无机填料复配可以大幅提高复合材料的 λ。

等量的无机填料填充 PP 复合材料，PP 的熔体流动速率增加，进而热导率增加；增容剂 PP/POE-g-MAH 的加入有利于提高复合材料热导率。PP/Al_2O_3 质量比为 60:40 时，热导率分别增加 11.5%（PP 为 T30S）和 59.9%（PP 为 Z30S）。当 PP/增容剂/Al_2O_3 质量比为 50:10:40 时，与 PP/Al_2O_3 质量比为 60:40 的复合材料相比，热导率分别增加 22.3%（PP 为 T30S）和 5.3%（PP 为 Z30S）。少量石墨与无机填料复配可以使复合材料的热导率大幅提高，当 MgO 或 Al_2O_3 的用量为 60% 时，复合材料热导率分别为 0.866W/(m·K) 和 0.380W/(m·K)；当填充 50%MgO+10% 石墨或 50%Al_2O_3+10% 石墨时，复合材料热导率分别达到 1.267W/(m·K) 和 0.622W/(m·K)。

(3) 实例三：PVC/石墨导热复合板材

以搅拌球磨机作为机械活化固相反应器，PVC 作为基料，石墨为导热添加剂，采用粉末共混法将石墨与 PVC 在球磨反应器中共混制备 PVC/石墨导热复合板材，考察了球磨转速、机械活化反应时间、石墨含量等因素对其导热性能的影响，采用扫描电子显微镜、差示扫描量热仪及热重分析仪分别对复合板材中石墨填充的内部形态、软化温度及热分解温度进行研究。当球磨转速为 150r/min，机械活化时间为 60min，石墨质量分数为 35% 时，在 165℃及 5MPa 下热压 15min，复合板材热导率为 0.8394W/(m·K)，是纯 PVC 树脂的近 6 倍，是未经活化单纯混合的复合板材热导率的 2.6 倍。扫描电子显微镜测试结果表明，通过机械活化可以使石墨片层剥离并包裹于 PVC 表面，压板后片状的石墨填充于板材之间形成导热网链使 PVC 的热导率升高，改性后的板材具有较高的软化温度和热分解温度。

8.3 通用塑料的低收缩改性

从模腔脱出的塑料制品，其温度一般比室温高，往往要经过数小时或更长时间之后才能降到室温。这时，制品的收缩一般比模腔的收缩大。从模腔脱出尚有余热的制品尺寸与其冷却至室温时的尺寸之差，称为成型收缩。其收缩量视树脂的种类、成型条件、模具设计变量等不同而异。成型收缩率可用下式表示。

$$成型收缩率 = \frac{模具尺寸 - 制品尺寸}{模具尺寸} \times 100\%$$

制品成型后 2~4h 测定的收缩率称为初期收缩率。制品成型后 16~24h 或 24~48h 所测定的收缩率称为成型收缩率。标准成型收缩率是采用 $\phi100mm \times 4mm$ 的圆片测定的。

8.3.1 影响通用塑料注塑成型收缩率的主要因素

8.3.1.1 注塑材料特征对收缩率的影响

① 塑料种类对收缩率的影响：不同的树脂材料，其收缩率大小不同，即使是同一品种的树脂材料，不同厂家生产或者同一厂家生产不同批号的同一种材料，其收缩率都不一样。而且，由于树脂本身固有的特性，收缩率范围有宽有窄。表 8-9 列出了几种常见塑料的收缩率。

表 8-9 通用塑料的收缩率

塑料名称	线膨胀系数/$10^{-5}℃^{-1}$	成型收缩率/%
PE	10.0~20.0	1.5~3.6
PP	5.8~10.0	1.4~2.6
PVC	6~8	0.1~0.5(硬)
		1.0~5.0(软)
PS	6~8	0.4~0.7

② 玻纤含量对收缩率的影响：同样品种的塑料收缩情况因玻纤含量的不同而变化。当玻璃纤维含量增加时，收缩率则减小，一般在热塑性树脂中加入质量分数为 20%~40% 的玻纤，其收缩率可降低 1/4~1/2。但是从注塑成型实践中得出，在料流流动方向上，这种情况几乎不受塑件壁厚的影响。而在与料流呈垂直方向上，在壁厚不变的情况下，收缩率随着玻纤含量的增加而减小；在薄壁的情况下，塑件的收缩率几乎不受玻纤含量的影响。

8.3.1.2 模具结构特征对收缩率的影响

① 分型面及浇口：模具的分型面、浇口形式及尺寸等因素直接影响料流方向、密度分布、保压补缩作用及成型时间。采用直接浇口或大截面浇口可减少收缩，但各向异性大，沿料流方向收缩小，沿垂直料流方向收缩大；反之，当浇口厚度较小时，浇口部分会过早凝结硬化，型腔内的塑料收缩后得不到及时补充，收缩较大。点浇口凝封快，在制件条件允许的情况下，可设多点浇口，可有效地延长保压时间和增大型腔压力，使缩率减小。

② 塑件结构：塑件的形状、尺寸、壁厚、有无嵌件、嵌件数量及其分布对收缩率的大小都有很大影响。一般来说，塑件的形状复杂、尺寸较小、壁薄、有嵌件、嵌件数量多且对称分布，其收缩率较小。

③ 嵌件设计：注塑制品中的金属嵌件虽然能够满足局部的功能要求；但对注塑制品的

收缩有阻碍作用，使制品在脱模前一直处于非自由收缩状态，存在模内限定效应，在嵌件周围，不仅阻碍料流的流动方向、密度分布及收缩等，而且嵌件本身的温度也较低。因此，在注射成型过程中，有嵌件的制品比一般塑件的收缩率小；而且，如果设计形状过于复杂或尺寸过大的嵌件，还会造成整个塑件不同结构之间收缩率的波动。由于各个结构间相互限定作用，结构复杂的塑件一般要比结构简单的塑件收缩率小。

④ 冷却系统：模具冷却回路的分布影响型腔表面的温度，从而影响注塑制品各点的冷却速度与收缩过程。模腔表面距离模具冷却回路较近的地方，受冷却介质的影响较强，使此处的塑料熔体冷却得快，一方面缩短了温度变化的作用时间，使塑料的实际比容值与平衡状态下的比容值之间的差距增大；另一方面，当进入模内收缩阶段时，此处的注塑成型制品表面温度已经很低，所以能够发生的收缩程度很小。模具冷却通道布置与尺寸设计直接影响着模具温度分布和塑件的冷却过程，其设计不当也会影响成型收缩率的波动，冷却快的地方，收缩率增大。由于塑件形状复杂，壁厚不一致，充模顺序先后不同，常出现冷却不均匀的情况，造成较大的收缩率波动。为改善这一状况，可将冷却水先通过较高温度的地方；甚至在冷却快的地方通温水，慢的地方通冷水。这样可减小收缩率的波动，避免塑件产生变形开裂。

8.3.2 减少收缩的主要措施

减少收缩，一是减小收缩量，二是减少收缩波动，提高制品精度。减少收缩的措施主要可从材料、工艺、设备、模具几方面考虑。

8.3.2.1 材料

① 对于精密成型制品，为了减少收缩，选用收缩相对较小的聚合物，或选用添加增强材料或添加填充材料的聚合物。一般，PE 与 ABS 共混加入马来酸酐接枝相容剂，PP 与 PS 共混，PVC 与 ABS 共混均可起到降低收缩率的作用。

② 选用的聚合物分子量大小要适宜，要选用分子量分布均匀、流动性良好、熔融指数适宜的成型材料，这样使成型工艺容易控制，充模流动稳定。有利于减少收缩。

③ 所选用物料应该颗料均匀。这种物料易受热均匀，各处温度一致，成型收缩也均匀，容易控制。

④ 对于结晶型树脂应提供减小结晶度和稳定结晶度的条件。可控制树脂温度使其较低一些，以防止结晶大量生长，从而达到降低收缩的目的。但是，为了得到优良制品，避免因料流方向与垂直流动方向的收缩之差而使制品产生扭曲，又必须控制树脂温度在适当范围内。对于非结晶型聚合物，要提供减少冻结取向的条件。

⑤ 选用吸湿性小的树脂成型材料，并且通过干燥减少水分，这样也可降低收缩。

8.3.2.2 成型工艺

① 为了减少后收缩波动，经常选用高温模具成型工艺。采用控制模具温度来控制成型收缩率的方法，受其他因素的相互影响小，所以多为人们所采用。模具温度对结晶型树脂成型收缩率的影响比非结晶型树脂大得多。65～125℃为得到优良制品的模具温度范围。即使对于精密成型制品，采用高温模具成型也可以省略退火处理，达到稳定化。但是，对于一些树脂的成型模具，应控制模具温度不要太高。例如对于聚甲醛制品，当模具温度为 80℃±40℃时，收缩率会在原树脂的收缩率基础上增加±5％的变化幅度。

② 尽量采用较高的成型压力和适当长的保压时间，可明显降低成型收缩率。当注射压

力达到 460MPa 以上时，制品的收缩率几乎为零。但是，必须注意到由于成型压力太高，制品内应力增大，脱模后容易变形。还要注意不要选用过多的模腔数。这样既可以防止注射压力过分降低，又可以降低熔体温度。

保压压力和注射压力要尽可能一致，要有足够的注射时间，使熔融状态的树脂充分注入模腔内，从而降低收缩率。

③ 要适当增加模内冷却时间，控制模具的冷却温度，预热金属嵌件（使收缩率差值减小）。

④ 控制机筒温度不要太高，尤其是在精密注射成型过程中，当熔融树脂的温度过高时，成型收缩率增大。其预防措施可采用具备低温塑化均匀的高熔性的双螺线螺杆。

⑤ 适当提高注射速率，采用多级注射成型。成型条件对 PE 和 PP 收缩的影响变化范围见表 8-10。

表 8-10　成型条件对 PE 和 PP 收缩的影响变化范围

条件（按影响强弱顺序）	收缩量变化	
	HDPE	PP
注射压力和保压压力	80～240MPa 收缩减少＞0.5%	80～240MPa 收缩减少＞0.5%
保压时间	5～120s 收缩减少＞0.5%	5～120s 收缩减少＞0.5%
制品壁厚	1～4mm 收缩减少＞0.5%	1～6mm 收缩减少＜0.5%
模具温度	40～80℃ 收缩减少＜0.5%	20～60℃ 收缩减少＜0.5%
材料温度	220～280℃ 收缩减少＜0.5%	220～260℃ 收缩减少＜0.5%

8.3.2.3　制品设计
① 制品的壁厚度应均匀并适当减薄壁厚，采用加强筋可减少收缩。
② 边框补强也能减少制品收缩。
③ 制品几何形状尽量简单对称，可使收缩均匀。
④ 设计成由模具直接定尺寸，充分利用模内限定效应限制收缩。

8.3.2.4　模具及设备
① 根据塑料成型收缩率，准确设计模具尺寸公差，选用膨胀系数小的模具材料。
② 选择短而宽大的浇口，其浇口厚度一般选择大于制品厚度的 1/2。选用小浇口时，需要提高熔体温度，并控制提高压力的作用大于高温效应的影响。
③ 采用热流道，因其补料作用大。所以收缩率较小。
④ 缩短内流道，减少流长比，有利于补缩。
⑤ 金属嵌件设计要合理，对于尺寸较大的金属嵌件，要预热至 130℃ 左右，以减小嵌件与熔融树脂物料的温差，使收缩率差值减小，降低收缩应力。
⑥ 模具的冷却水孔分布要均匀，要控制模具冷却温度一致，并提高冷却效率，保持模温稳定。
⑦ 选用具有先进技术参数和控制性能的成型机，例如三元控制系统可对机筒温度及喷嘴温度提供稳定可靠精度控制。
⑧ 应保证螺杆塑化能力强，塑化均匀，计量准确，精度高。

⑨ 选用对注射压力和注射速度多级控制系统装置。

⑩ 注射机油温要稳定，压力和流量波动范围要小。

⑪ 合模机构刚性要大，合模力充足。

⑫ 注射螺杆前所余留的缓冲料应随制品壁厚度及物料性质而定，足量的缓冲料可使熔体充分补入模腔，但过量的缓冲料将使注射压力损失增多。

8.3.3 低收缩改性实例

（1）实例一：矿物填充制备低收缩率 PP

乙烯-辛烯共聚物（POE）、矿物填料等填充改性 PP，并研究其对收缩率的影响。结果表明，POE 的加入降低了复合材料的收缩率，且 POE 的用量越高，收缩率越小，当 POE 的质量分数为 10% 时，收缩率为 1.027%，低于未添加 POE 的 1.225%；片状滑石粉和针状硅灰石对复合材料的收缩限制作用较粒状碳酸钙更明显，矿物的粒径越小，复合材料的收缩率越小；复合材料的收缩率随着矿物含量的增加而降低，当滑石粉的质量分数为 30% 时，收缩率为 0.768%，低于未添加矿粉时的 1.532%。

（2）实例二：各向同性低收缩率改性 PP 的制备

通过选定特定熔体流动速率共聚 PP 与纳米 $CaCO_3$、滑石粉、短切玻璃纤维（GF）和收缩率调节剂茂金属线型低密度聚乙烯（mPE - LLD）接枝物制备了改性 PP 材料。结果表明，纳米 $CaCO_3$ 及滑石粉的复合加入可减少 PP 水平和垂直方向收缩率差异，而 mPE - LLD 接枝物的加入可显著降低 PP 水平和垂直方向收缩率的差异。当纳米 $CaCO_3$、滑石粉、玻璃纤维和 mPE - LLD 接枝物质量分数分别为 5%、20%、8%、5% 时，所制得的改性 PP 水平和垂直方向收缩率分别为 0.63% 和 0.65%，接近各向同性收缩。且所制的改性 PP 材料的力学性能和收缩接近于 HIPS 水平，可替代 HIPS 在家电等产品上的应用。

8.4 通用塑料的耐磨改性

现在，越来越多传统上应用金属的领域正在逐步被非金属材料所取代，耐磨性塑料便是其中一大类。与金属相比，它有如下优点：较好的加工性能，耐腐蚀，保养费低，消除润滑剂迁移，相对密度小，较低的能耗，便于设计，废品率低。塑料要取代金属，尤其需要在提高耐磨能力方面对塑料进行改性。

8.4.1 塑料的磨损过程

磨损与摩擦是紧密相关的，是一个过程的两个方面。有摩擦，必然导致磨损；产生了磨损，根源在于摩擦。在这方面塑料与金属是完全一样的。磨损过程是复杂的，是一种综合的物理-化学-机械现象。

塑料的磨损过程和其他材料一样，也可以分为三个阶段：跑合阶段（磨合阶段）；稳定（正常）磨损阶段；剧烈磨损阶段。

塑料与金属材料不同之处在于跑合阶段的磨损率一般比金属高，而且这一阶段的时间也较短。但是，它与金属一样，这一阶段的磨损量并不严格地遵从一定的规律。有的塑料比如超高分子量聚乙烯对不锈钢摩擦，初期磨损率比后一阶段小。

此外，塑料可能会因老化而进入剧烈磨损阶段。塑料的老化是由光、热、氧、高能射线、介质以及各类应力长期作用引起的化学变化。在摩擦中的塑料，长期经受压力、拉力、剪切、弯曲、扭转或综合应力交变作用，反复变形，加上其他促使老化的因素作用，会加速老化，大分子失去柔顺性成为又硬又脆的固体，极易龟裂，这时如果继续处于摩擦状态下，很快就会完全失效。塑料老化的过程，本质上是大分子发生交联与大分子降解，过程很复杂。大分子若以交联为主，则变色、发黏、出现蠕变，随之也会变硬，性能变坏。显然，不论是由什么原因引起的，塑料老化的后期，必然使其进入剧烈的磨损阶段。如果塑料剧烈磨损阶段的开始与其老化后期正好重合，塑料将很快就完全损坏。

磨损形态学的研究表明，在超高分子量聚乙烯与不锈钢的摩擦过程中，塑料表面出现许多特殊斑痕：磨槽、拉痕、污斑和月牙痕。磨槽与滑动方向基本上是平行的，但在很多情况下，也发现与滑动方向呈一定倾斜角的较小磨槽。至于塑料表面磨损后出现的特殊斑痕，是在滑动方向上出现的局部拉痕和污斑。凸起的月牙痕表面带，与滑动方向大致垂直，而且间隔不等。在月牙痕表面带中，也可以看到比较均匀的波纹，波长小于 $10\mu m$。在初期及后一阶段，都发生了黏着磨损。初期降解不明显，后一阶段较明显。在磨损的后一阶段，塑料表面有小裂纹，与滑动方向大致垂直。这些裂纹可以长至几微米，但很窄。在摩擦过程中，因疲劳有材料碎片从塑料表面上脱落下来，在塑料表面留下浅坑。特别是在塑料中有填充剂的情况下，填充粉末、粒子等会从基体上脱落。但塑料种类繁多，性能差异极大，上述情况未必具有普遍性。

8.4.2 通用塑料耐磨改性方法

（1）添加耐磨材料

在树脂中加入耐磨材料是提高耐磨性的一种方法。常用耐磨剂有以下三大类。

① 无机粉末类：包括石墨、MoS_2、SiO_2、B_2O_3 等。石墨粉是低磨损、耐高温的固体粉末，加入石墨粉后，制品的磨损率与摩擦系数介于未增强树脂与用 PTFE/有机硅润滑体系增强的复合物之间。用石墨粉润滑的通用塑料主要用于与水接触的场合。MoS_2 是另一种固体润滑剂，主要用于 PA，可减少磨损率、增加抗负荷能力，在提高润滑性的同时，MoS_2 还起到成核剂的作用，可以使注塑制品迅速结晶。MoS_2 润滑体系传统上用于减少齿轮的卡齿现象。

② 金属粉末类：包括锡青铜粉、青铜粉、巴氏合金、高锡铝合金、铜粉，以及金属的氧化物、硫化物、碳化物及氟化物等，如 Al_2O_3、CuO、CuS、CuF_2、PbS、Ag_2S 和 SiC 等；此外，各种硬质填料，如 $CaCO_3$ 等也有一定的耐磨改性效果。

③ 纤维类：包括玻璃纤维、碳纤维、芳纶纤维及各类晶须等。上述各种耐磨剂往往可以复合使用，以增加耐磨效果。推荐无机填料的最佳体积分数为 $30\%\sim35\%$。玻纤增强提高了基础树脂的机械强度，这种改性比未增强树脂提高了抗负荷能力，耐磨性也可通过调整玻纤尺寸及长径比得到提高。玻纤增强通常降低制品表面的磨损率，但长径比较低（$L/D<20$），可以增加磨损率。所有的玻纤增强/填充都会增加制品表面的摩擦系数及内表面磨损。玻纤与 PTFE 或 PTFE/有机硅复合使用，可以在增强耐磨性的同时增强力学性能。碳纤维增强通用塑料的力学性能比玻纤增强的效果要高得多，同时还显著提高了制品的热性能与电性能。碳纤维增强塑料的摩擦系数要低于未增强的。碳纤维的润滑性导致增强塑料的内表面磨损率较低。$10\%\sim15\%$ 或更高比例碳纤维增强树脂时，可消除制品的表面静电，碳纤维增强树脂比玻纤增强的耐磨性有显著提高。

其他如 PTFE、PTFE 固体润滑剂与通用塑料共混可以较大地降低复合物的磨损率。PTFE 是所知的内部润滑剂中摩擦系数最小的 （0.02）。PTFE 微小颗粒在剪切力作用下可在复合物表面生成一层薄膜，在复合物与金属或塑料表面之间起到润滑作用。通常，非结晶聚合物添加 15％PTFE，结晶聚合物添加 20％，可分别达到最低的磨损率，更高的 PTFE 添加量对制品磨损率的影响不大。

（2）树脂共混改进耐磨性

以通用塑料为基体，通过与其他树脂的共混改性来制造各项性能平衡的耐磨性塑料已成为人们关注的问题。可提高塑料耐磨性的树脂有聚酰亚胺（PI）、PPS、LCP、超高分子量聚乙烯（UHMWPE）、PTFE 及聚苯酯等。

（3）对塑料表面进行处理

对塑料进行适当的表面化学处理，以改变其表面化学组成与结构，改善塑料表面的润滑黏着性，提高塑料的表面硬度，达到改善塑料的摩擦磨损性的目的。常用的表面处理方法有离子注入、表面接枝、表面等离子处理、金属镀层、表面氧化与磺化、表面层化、渗氮及激光相变处理等。其中离子注入法是最近研究最多的也是最新的方法之一。

8.4.3 通用塑料耐磨改性实例

（1）实例一：PP/UHMWPE 耐磨复合材料

将 PP、耐磨助剂与 UHMWPE 共混制备得到 UHMWPE/PP 共混物，并研究了 PP 含量及耐磨助剂（超高分子量硅氧烷粉末树脂）对 UHMWPE/PP 共混物流动、力学与耐磨损性能的影响。结果表明，PP 能有效地改善 UHMWPE 的流动性能，UHMWPE/PP 共混物的维卡软化点和热变形温度均随 PP 含量的增加而增加；加入耐磨助剂后，当 PP 的质量分数为 50％时，共混物的拉伸强度达到最大，但断裂伸长率最小，且随 PP 含量的增加，UHMWPE/PP 共混物的冲击性能降低；PP 降低了 UHMWPE 的耐磨损性能，加入耐磨助剂后保持了 UHMWPE 的高耐磨损性能且对共混物的流动和力学性能影响不大。

相关性能：拉伸强度 19.565MPa；断裂伸长率 215.86％；缺口冲击强度 21.26kJ/m^2。

（2）实例二：填充改性制备耐磨 LLDPE

分别采用 Al_2O_3、SiO_2 和高岭土改性 LLDPE，对改性 LLDPE 复合材料的力学性能和耐磨性进行测试。结果表明：Al_2O_3，SiO_2 和高岭土的加入均使改性 LLDPE 复合材料的拉伸强度、硬度和弯曲强度提高，但使其冲击强度下降；随着填料用量的增加，改性 LLDPE 复合材料的磨损率呈现先下降后上升的趋势，其中 Al_2O_3 对改性 LLDPE 复合材料的磨损率降低效果最佳，Al_2O_3 质量分数为 15％时，其摩擦磨损性能最佳，磨损率为 1.99×10^{-10} kg/（N·m），比基体树脂降低了 53.9％；随载荷增加，改性 LLDPE 复合材料的磨损率提高，但其摩擦因数下降。

（3）实例三：耐磨型 PVC 地板贴膜

耐磨型 PVC 地板贴膜配方见表 8-11。

表 8-11 耐磨型 PVC 地板贴膜配方

成分	用量/份	成分	用量/份
PVC 三型树脂	66	环氧大豆油	2
高聚合度(2500)PVC	34	稳定剂	2.5
邻苯二甲酸二辛酯	30		

相关性能：拉伸强度 23～24MPa；断裂伸长率 206%～209%；尺寸变化率 4%～5%；耐磨率 0.0019g/cm²。

8.5　通用塑料的抗蠕变改性

8.5.1　蠕变及其规律

蠕变是固体材料在保持应力不变的条件下，应变随时间延长而增加的现象。它与塑性变形不同，塑性变形通常在应力超过弹性极限之后才出现，而蠕变只要应力的作用时间相当长，它在应力小于弹性极限施加的力时也能出现。

所有的塑料制品在长期恒定的外力（包括拉伸、压缩、弯曲等）作用下都会发生蠕变现象。不同材料在不同工作条件下发生蠕变的程度不同，只要蠕变量在允许范围内，则允许存在蠕变现象，但蠕变量超过设计值，则会导致制品失效。因此，对有尺寸精度或配合精度的制品，在设计时必须进行蠕变计算，选用适当抗蠕变性能的材料，将制品蠕变量控制在允许的有效寿命之内。制品的蠕变性能与其结构、尺寸及使用条件等诸多因素有关。

通用塑料蠕变过程可用蠕变曲线来表示，如图 8-1 所示。

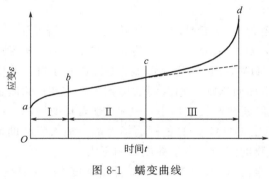

图 8-1　蠕变曲线

第一阶段：Ⅰ区，蠕变速率不断降低、材料发生硬化的阶段，称为不稳定蠕变阶段（或过渡蠕变阶段）。第二阶段：Ⅱ区，即直线段，蠕变速率达到最小值，通常这个阶段比较长，称为稳定蠕变阶段（又称稳态蠕变阶段）。第三阶段：Ⅲ区，蠕变速率迅速上升，蠕变变形迅速发展，直到材料破坏，故又称破坏阶段。

同一种材料的蠕变曲线随着应力大小和温度高低而变化。温度过低，外力太小，蠕变很小且很慢；温度过高、外力过大，形变发展很快，也感觉不出蠕变现象；只有在适当的外力作用下，链段可以运动但运动时受到的摩擦力又较大，使其只能缓慢运动时，才可观察到明显的蠕变现象。在保持应力恒定的条件下改变温度，或在保持温度恒定的条件下改变应力，蠕变曲线的变化如图 8-2 和图 8-3 所示。由图中可以看出，当应力较小或温度较低时，蠕变第二阶段持续时间较长，甚至可能不产生第三阶段。而当应力较大或温度较高时，蠕变第二阶段很短甚至完全消失，试样在较短时间内断裂。

8.5.2　通用塑料抗蠕变改性实例

（1）实例一：HDPE/木粉复合抗蠕变材料

60%木粉且 PS：HDPE=50：50 再添加 3% 的 OMMT 配方的抗弯性能最优；60%木粉且 PS：HDPEP=50：50 再添加 0.5% 的 OMMT 配方的抗蠕变性能最优。

运用聚合物改性的几类方法，共混改性（添加刚性树脂 PS）、化学改性（添加 DCP 进行交联）、填充改性（改变木粉含量、添加 OMMT、填充玻纤网和金属网）来改善 HDPE/

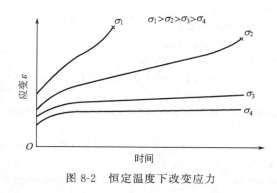

图 8-2　恒定温度下改变应力

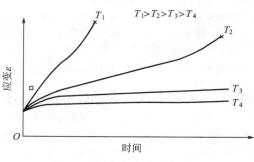

图 8-3　恒定应力下改变温度

木粉复合材料的蠕变性能，制备了改性的 HDPE/木粉复合材料。

　　木粉的加入增加了材料的刚性，同时使材料变脆，随着木粉含量的增大弯曲强度在木粉50%时出现极大值，说明木粉用量只在一定的范围内起到了增强复合材料弯曲强度的效果。添加 DCP 不仅能交联 PE，同样可以使 HDPE 塑木复合材料交联，并提高了复合材料的各项抗弯指标，最大负荷、弯曲强度、弹性模量与 DCP 含量基本成正比趋势，最大应变与其含量成反比。添加 PS 极大地提高了复合材料的刚性以及各项抗弯指标，减小了应变，规律为除最大应变与其添加量成反比外，其他均成正比。

　　(2) 实例二：PP 木塑抗蠕变复合材料

　　成功制备 PP/木粉复合材料，并通过三点弯曲蠕变试验，研究了 PP 木塑复合材料在23℃左右室内环境五种应力水平下的短期蠕变行为，并采用四元件模型对其蠕变行为进行模拟。室温下 PP 木塑复合材料的弯曲蠕变行为有明显的应力相关性。随着加载应力水平的增加，PP 木塑复合材料瞬间弹性变形、推迟弹性变形以及黏性流动变形均增大，恒蠕变速率增大。PP 木塑复合材料在室温下的短期弯曲蠕变行为呈现明显的非线性，蠕变速率随加载应力水平的增加而增大，应力增大与温度升高对材料蠕变行为的影响相类似。在不考虑温度、材料老化和损伤等其他影响因素的前提下，依据时间-温度-应力等效原理，将 PP 木塑复合材料在五种实验应力水平下的短期弯曲蠕变曲线移位成 5MPa 应力水平下的主曲线，可以大致预测该种材料在 5MPa 应力作用下约 10^8 s（大约 3 年）内的弯曲蠕变变形情况。

　　(3) 实例三：PP/MWNTs 抗蠕变复合材料

　　通过双螺杆挤出机和模压成型设备制备了两种不同长径比的多壁碳纳米管（MWNTs）增强的 PP 纳米复合材料。通过添加 1%体积含量的 MWNTs，PP 的抗蠕变性能得到很大的提高，即长时间加载后，基体的蠕变变形量和蠕变率均显著降低。同时，在特定载荷下，纳米复合材料的蠕变寿命比纯基体提高了 10 倍。几种载荷传递机理导致了材料抗蠕变性能的增强：①MWNTs 和基体之间较好的界面性能；②MWNTs 限制了基体内无定形分子链的活动；③MWNTs 具有较高的长径比。差分热扫描（DSC）的结果显示了材料蠕变前后结晶的变化和载荷传递机理分析是一致的。这些结果显示，在不增加成本的基础上可以大大提高抗蠕变的聚合物纳米复合材料的工程应用。

<h2 style="text-align:center">参考文献</h2>

[1] 吴彦. 塑料的硬度和柔性改性 [J]. 塑料科技，2000，138 (4)；30-33.

[2] 储剑寒等. 聚丙烯材料硬度和模量影响因素的研究 [C]. 2008 中国汽车工程学会年会论文集.

[3] 单荣国等. 高光泽耐热性聚丙烯专用料的研制 [J]. 石油化工技术经济，2007，23 (2)；27-30.

［4］ 刘宝玉等．高光泽聚丙烯的研制［J］．上海塑料，2007，138（2）：20-23．

［5］ 杨明山编著．聚丙烯改性及配方［M］．北京：化学工业出版社，2009：398-400．

［6］ 王志等．PS/LLDPE 共混物光泽度的研究［J］．塑料工业，2001，29（1）：33-35．

［7］ 胡宝山等．聚丙烯耐划伤性的研究进展［J］．合成树脂及塑料，2006，23（1）：63-65．

［8］ Wong M，Tim G T．A new test methodology for evaluating scratch resistance of Polymers［J］．Wear，2004，256：1214．

［9］ ASTM X10-399-2005，Standard Test Method，for Evaluation of Scratch Resistance of Polymeric Coatings and Plastics Using an Instrumented Scratch Machine［S］．

［10］ Dasari A，Rollnnann J，Misra R D K．On the scratch deformation of micrometric wollastonite reinforced polypropylene composites［J］．Mater Sci Eng，2004，A364：357-369．

［11］ Hadal R，Dasair A，Rohrmann J．Susceptibility to scratch surface damage of wollastonite-and talc-containing polypropylene micrometric composites［J］．Mater Sci Eng，2004，A380：326-339．

［12］ Dasair A，Misra R D K．Microstructural evolution during tensile deformation of polypropylenes［J］．Mater Sci Eng A，2003，A351：200-213．

［13］ 饶兴鹤．抗刮伤型聚丙烯/聚苯乙烯塑料合金［J］．国外塑料，2005，23（5）：69．

［14］ 黄楠伟等．非开挖用聚乙烯（PE）排水实壁管研发与初探［C］．第11届全国塑料管道生产和应用技术推广交流会，2009．

［15］ 上海瀚氏模具成型有限公司．一种耐划伤 ABS/PVC/PETG 合金及其制备方法：中国，CN201210319794.9［P］．2012-11-21．

［16］ 李丽等．导热塑料的研究与应用［J］．高分子通报，2007，07．

［17］ 李侃社等．导热高分子材料研究进展［J］．功能材料，2002,33（2）：136-141．

［18］ 周文英等．导热塑料研究进展［J］．工程塑料应用，2004，32（12）：62-65．

［19］ 汪向磊等．高导热定型聚乙烯/石蜡/膨胀石墨相变复合材料的研究［J］．功能材料，2013，44（23）：1-3．

［20］ 胡翔等．高导热系数聚丙烯复合材料的制备及研究［J］．塑料科技，2012，40（12）：59-63．

［21］ 沈芳等．机械活化制备 PVC/石墨导热复合板材的热性能［J］．塑料工业，2014，42（4）：111-114．

［22］ 赵永成等．注塑成型收缩率影响因素的分析［J］．塑料工业，2005，33（12）：29-31．

［23］ 王泽．钢塑复合管用聚乙烯耐磨复合材料的研究［D］．南京：南京工业大学，2011．

［24］ 邓琴等．耐磨性工程塑料及其进展［J］．工程塑料应用，2003，31（11）：59-62．

［25］ 李燕敏等．UHMWPE/PP 共混物的流动、力学与耐磨损性能研究［J］．工程塑料应用，2012，40（3）：26-29．

［26］ 张光宇等．填充改性线性低密度聚乙烯性能研究［J］．现代塑料加工应用，2012，24（6）：14-17．

［27］ 天津市天塑科技集团有限公司第四塑料制品厂．一种耐磨型 PVC 地板贴膜：中国，CN201210312450.5［P］．2012-11-21．

［28］ 薛菁．HDPE/木粉复合材料抗蠕变性能研究［D］．北京：北京化工大学，2010．

［29］ 董智贤．聚丙烯木塑复合材料蠕变行为的模拟与预测［J］．高分子材料科学与工程，2010，26（5）：89-91．

［30］ Jinglei Yang，Zhong Zhang，Klaus Friedrich，Alois K. Schlarb．Creep Resistance of MWNT-Polymer Nanocomposites［J］．Journal of Experimental Mechanics，2007，22（3-4）：337-345．

［31］ 罗忠富等．改性聚丙烯材料收缩率的研究［J］．塑料工业，2009（37）．

［32］ 张金柱，狄烁，程银银等．一种各向同性低收缩率改性聚丙烯材料的研制［J］．工程塑料应用，2015，43（8）：30-34．

第9章 通用塑料的功能化改性

9.1 抗菌改性

抗菌材料是一类具有杀菌、抑菌性能的新型功能材料，其核心成分是抗菌剂，将极少量的抗菌剂添加至普通材料中制成抗菌材料，用它们制成的制品也就具有卫生自洁功能。

9.1.1 抗菌剂和抗菌机理

塑料抗菌剂是一种新型塑料添加剂。添加少量塑料抗菌剂，可赋予塑料长期的抗菌和杀菌能力。抗菌剂是指杀灭微生物和抑制生物繁殖的物质。大体可分为有机、天然和无机三大系列。

9.1.1.1 无机抗菌剂

塑料抗菌剂利用银、铜、锌等金属本身所具有的抗菌能力，通过物理吸附或离子交换等方法，将银、铜、锌等金属或其离子固定在沸石硅胶等多孔材料的表面制成抗菌剂，然后将其加入到制品中，就可获得具有抗菌性的材料。

（1）载银抗菌剂

许多金属离子具有杀菌灭藻作用。金属离子杀灭、抑制病原体的活性按下列顺序递减：$Ag > Hg > Cu > Cd > Cr > Ni > Pb > Co > Zn > Fe$。由于 Hg、Cd、Pb、Cr 的毒性较大，实际上用作金属杀菌剂的金属主要为 Ag、Cu 和 Zn。而 Ag 的杀菌能力比 Cu 大许多倍，比 Zn 大得更多。银的杀菌作用还与银的价态有关，银离子杀灭或抑制病原体的活性按下列顺序递减：$Ag^{3+} > Ag^{2+} > Ag^{+}$。

因此，无机抗菌剂中银系抗菌剂占据着主导地位。银系抗菌剂的种类及其载体性质见表9-1。

表 9-1 银系抗菌剂的种类及其载体性质

抗菌剂	有效成分	载体附着特性	抗菌剂	有效成分	载体附着特性
银-沸石	Ag^{+}	离子交换	银-磷酸	Ag^{+}	吸附
银-活性炭	Ag^{+}	吸附	钙银-硅胶	银配位络合物	吸附
银-磷酸钴	Ag^{+}	离子交换	银-溶解性玻璃	银盐	玻璃成分

银系无机抗菌剂的抗菌机理有以下两种解释。

① 接触反应 抗菌剂缓释出的微量 Ag^{+} 靠库仑引力牢固吸附于细胞膜上，然后击穿细胞壁进入细胞内使细菌蛋白质凝固，细胞就会丧失分裂增殖能力而死亡。此外，Ag^{+} 也能

破坏微生物电子传输系统、呼吸系统、物质传输系统，当菌体失去活性后，Ag^+ 又从菌体中游离出来，重复杀菌，因此其抗菌效果持久。

② 光催化反应　在光作用下，Ag^+ 会激活吸附在粉体表面的水和空气中的 O_2，产生 $\cdot OH$ 和 O^{2-}，它们在短时间内能破坏细菌的增殖能力，抑制或杀灭细菌。

银离子抗菌沸石等银系抗菌剂的缺点是：价格偏高、添加量较大（1%～3%）；另一个缺点是：在添加入树脂成型加工成塑料制品时，受热与树脂的其他添加剂反应使制品变黄、变色。解决方法有：尽量避免与含硫、磷等容易引起变黄的其他添加剂并用；与锌离子复合，减少银离子抗菌剂本身的反应性；使用乙二胺四乙酸钠等重金属钝化剂和甲基苯并三唑等防变色剂；因此，开发非银系无机抗菌剂成为新的研究热点。

（2）TiO_2 抗菌剂

TiO_2 的光催化抗菌机理是指在光作用下其表面产生的大量的 $\cdot OH$ 和 $\cdot O$ 具有很强的化学活性，当这些自由基接触到微生物时，能与微生物内有机物反应，将其氧化成 CO_2 和 H_2O，从而在较短时间内就能杀灭微生物。TiO_2 只有在近紫外光下才具有抗菌活性，可以通过引入贵金属或过渡金属离子来拓展其光响应范围，如 TiO_2/Ag^+ 复合材料就具有双重抗菌效果。

（3）ZnO 抗菌剂

ZnO 的抗菌机理有以下 3 种假设。

① 光催化机理　在光照射下，ZnO 价带上的电子（e^-）受激发跃迁到导带，留下带正电荷的空穴（H^+），e^- 和 H^+ 会与吸附在材料表面的 O^{2-}、—OH 及水等反应产生 OH^-、O^{2-} 和 H_2O_2 等。其中具有极强氧化活性的 OH^- 能够将组成微生物的各种成分分解，达到杀菌的目的；O^{2-} 的较强还原性也起到抗菌作用。

② Zn^{2+} 溶出机理　游离出来的 Zn^{2+} 与蛋白质反应，破坏细菌细胞的生理活性。在杀灭细菌后，Zn^{2+} 从细胞中游离出来，重复上述过程。

③活性氧抗菌机理　H_2O_2 被推测为 ZnO 产生抗菌性能的主要活性物质。

目前，ZnO 抗菌被认为可能是几种机理共同作用的结果。

（4）非银系无机抗菌剂

日本海水化学研究所成功开发了非银系无机抗菌剂（已获欧、美专利），并已在 1996 年实现商品化。该抗菌剂是以氢氧化钙、氧化镁和氧化铝为基体，在其中加入锌或铜离子形成的固溶体。该产品除成本较低外，还兼具抗细菌，抗真（霉）菌两种效果的优点，而银离子抗菌剂虽然抑制细菌的作用稍强，但几乎无抗真（霉）菌性。预期该抗菌剂将有比银离子抗菌剂更广泛、更多样化的用途。

9.1.1.2　有机抗菌剂

在抑制有害细菌、真（霉）菌的产生与繁殖，从而达到杀灭细菌的抗菌方法中，多种多样的有机抗菌剂的研制和开发，占据了主要地位。有机抗菌剂主要用作杀菌剂、防腐剂和防霉剂。

（1）低分子有机抗菌剂

季铵盐溶液中的季氮原子所带的正电荷可破坏微生物细胞膜，使蛋白质变性或破坏细胞结构。季鏻盐中的磷元素电负性比氮元素弱，所以季鏻盐比季铵盐能更好地吸附细菌细胞，抗菌性更高。胍及其衍生物具有强碱性，能与带负电荷的细菌相互吸引，束缚细菌的自由活动，造成"接触死亡"。在电场力下，细胞壁和细胞膜上的负电荷由于分布不均而变形，造成物理性破裂，使细胞中的水、蛋白质等物质溢出，发生"细菌溶体"现象而死亡。吡啶盐具有优异的抗菌性，单体经聚合后，可得到具有抗菌性能的聚合物，被用作抗菌牙科修复材料。低分子抗菌剂的抗菌活性成分都是阳离子基团，但耐热性差、毒性大等是其应用受限的重要原因。

（2）高分子有机抗菌剂

高分子有机抗菌剂低毒性、稳定性、抗菌持久性、便于改性。带抗菌活性官能团的单体经高分子化后，分子量增大，电荷密度提高，而微生物细胞、细胞膜内的磷脂及一些膜蛋白水解均带负电荷，因此，分子量增大有助于对细菌表面膜的吸附和结合。对聚合物的修饰和改性可以灵活地引入无机、有机抗菌基团，合成各种不同需求的抗菌剂，制备出高性能、高选择性的高分子有机抗菌材料。大多数高分子抗菌剂相容性较差。

（3）天然抗菌剂

最常用的天然抗菌剂是壳聚糖，其抗菌机理解释有两种：①壳聚糖分子中的—NH^{3+}吸附在细胞表面形成一层高分子膜，阻止了营养物质向细胞内运输，也可以使细胞壁和细胞膜上的负电荷分布不均，破坏细胞壁的合成与溶解平衡，起到抑菌杀菌的作用；②渗透进入细胞内，吸附细胞体内含阴离子的物质，扰乱细胞正常的生理活动，从而杀灭细菌。壳聚糖作为可降解的天然高分子材料，呈膜性良好，而且水解后会被人体吸收，是一种理想的药物载体，可以与海藻酸钠、纤维素、聚丙烯酸钠等高分子材料形成复合材料，制成复合载药微球，提高药物的载药量、包埋率及药物稳定性。

有机抗菌剂使用时，除要注意安全性以外，还存在耐热性差、易水解、使用寿命短等问题。因此，有机抗菌剂的开发和研制，要全面考虑到抗菌剂的抗菌能力、与材料复合的相容性、药效持续性、化学热稳定性和耐紫外线稳定性等因素。

9.1.2 PE抗菌改性

（1）实例一：载银磷酸锆/LLDPE制备母料抗菌改性PE

魏彩等以油酸酰胺为改性剂，载银磷酸锆为抗菌剂，LLDPE为载体树脂，制备载银磷酸锆含量为20%的抗菌母粒，并将母料用于制备抗菌聚乙烯薄膜。结果表明：经油酸酰胺改性的载银磷酸锆疏水性好，在基体中分散均匀；当抗菌母粒含量为5%时，PE薄膜的纵向拉伸强度和横向直角撕裂强度略有下降，断裂伸长率、横向拉伸强度、纵向直角撕裂强度均有不同程度的提高，透光率下降3.4%，透气量提高30.18%，抗菌率达99%以上。

（2）实例二：纳米氧化锌/LLDPE/OPE制备母料抗菌改性PE

董海东等以纳米氧化锌抗菌剂，采用母料化技术提高抗菌剂在塑料中的分散性，制备了PE/纳米氧化锌抗菌材料。研究发现：在抗菌剂用量为1.5份时，达到了良好的抗菌效果，对大肠杆菌24h的抗菌率达到了88%以上。

（3）实例三：LDPE/Eli/吡啶硫铜锌抗菌PE

钟明强等采用熔融共混法制备得到具有负离子释放功能的LDPE/稀土复合矿粉（Eli）、LDPE/Eli/吡啶硫铜锌（ZPT）两种LDPE抗菌塑料。研究发现：Eli的加入对LDPE有异相成核作用；Eli用量为1份时，LDPE/Eli复合材料负离子释放量为790ions/cc，与公园中负离子释放量相当，抗菌率达到45%以上；ZPT用量为0～15份时，LDPE/Eli/ZPT复合体系对大肠杆菌抗菌率达到98.21%，对金黄色葡萄球菌抗菌率达到96.15%，经过30d的水洗后，其抗菌率仍能对大肠杆菌和金黄色葡萄球菌保持82.14%和81.25%的抗菌率。

（4）实例四：LDPE/Ce⁴⁺/ZnO 抗菌母料和抗菌改性 PE 制备

李侠选用了三种抗菌剂：Ce^{4+}/ZnO 复合抗菌剂、磷酸盐玻璃载银抗菌剂以及发泡体系专用的液体异丙醇载季铵盐抗菌剂，将抗菌剂、载体树脂及助剂经双螺杆挤出机混炼造粒制备抗菌母粒，并应用于 LDPE 抗菌。抗菌母料配方见表 9-2，双螺杆挤出工艺见表 9-3，抗菌塑料加工工艺见表 9-4。研究结果表明，当 Ce^{4+}/ZnO 抗菌剂粉体的添加量为 PE 的 1% 时，PE 抗菌塑料的性价比达到最佳，具有优异、长效的抗菌性能，对大肠杆菌和金黄色葡萄球菌的抗菌率均达到 97% 以上，且对大肠杆菌的抗菌效果要优于金黄色葡萄球菌。

表 9-2 抗菌母料配方

名称	质量分数/%	名称	质量分数/%
LDPE(1F7B)	88	分散剂	1.5
Ce^{4+}/ZnO 复合抗菌剂	10	其他助剂	0.5

表 9-3 双螺杆挤出 PE 抗菌母料加工工艺参数

温控段	I	II	III	IV	V	VI	VII	VIII	IX
温度/℃	125	130	135	140	145	150	155	160	150
螺杆转速	45r/min								
加料速度	15r/min								

表 9-4 注塑 PE 抗菌塑料的加工工艺参数

温控区域	温度/℃	压力/%	速度/%
I 段	210	60	60
II 段	205	55	55
III 段	200	60	60

注：现在某些微机控制设备按照注射压力和注射速度最大值的百分比设定实际工艺数据。

（5）实例五：St 接枝壳聚糖抗菌剂制备抗菌 LDPE

谢长志等采用水相悬浮聚合法合成壳聚糖接枝苯乙烯（CTS-g-St）抗菌剂，机械共混法制备了以 LDPE 为基体的抗菌塑料。苯乙烯单体成功接枝到壳聚糖分子上，使壳聚糖与树脂间具有很好的相容性，抗菌剂添加量为 2 份时，抗菌塑料对大肠杆菌、枯草杆菌在24h、48h 的抗菌率均超过 90%，抗菌剂的加入对材料力学性能无不良影响。

（6）实例六：真空镀膜技术将 Ag 和 TiO_2 蒸镀在 LDPE 薄膜

黄巍通过真空镀膜技术（PVD）将 Ag 和 TiO_2 蒸镀在 LDPE 薄膜上，制备成镀 Ag 抗菌薄膜和镀 TiO_2 抗菌薄膜用于鲜牛肉的抗菌保鲜包装。研究发现：经该种抗菌薄膜包装储存一段时间后的鲜牛肉的 pH 值、牛肉的挥发性碱式氮含量（TVB-N）和单位质量牛肉释放的 H_2S 的量均随镀 Ag 含量和镀 TiO_2 量的增加而降低，有效地将鲜牛肉的货价寿命从 1d 延长到了 3d。镀 Ag 抗菌薄膜与没有经过镀 Ag 的塑料薄膜相比，拉伸强度有微弱的增大，断裂伸长率没有影响，透 O_2 系数减小。镀 Ag 抗菌薄膜和镀 TiO_2 抗菌薄膜的抗菌效果显著，镀 Ag 量大于 $33mg/m^2$ 的抗菌薄膜，杀菌率超过 99%。抗菌薄膜上的 Ag 和 H_2S 反应产生的黑 Ag_2S 很好地反映了牛肉的变质程度，有效地起到了指示性作用。

（7）实例七：抗菌 PE

配方及性能见表 9-5。

表 9-5 抗菌 PE 配方及性能

配方	树脂	抗菌剂	性能
1	HDPE:98%	氧化锌晶须/氧化锌(7/3):2%	抗菌率 99.9%,相当于单独加 4%氧化锌
2	LDPE:97%	海泡石载银抗菌母粒(抗菌用硅烷 WD-50 处理):3%	大肠杆菌抗菌率 99.8%,金黄色葡萄球菌抗菌率 99.5%,熔体流动速率 2.35g/10min
3	LDPE:100 份	二氧化硅表面接枝季铵盐复合抗菌剂:1 份	对大肠杆菌和金黄色葡萄球菌的抗菌率为 99.99%,一年后为 97%
4	LDPE:97.5% EBS:1.5%	稀土铈掺杂纳米氧化锌:1%	对大肠杆菌和金黄色葡萄球菌的灭菌率 97%以上
5	LDPE:100 份	壳聚糖接枝苯乙烯:2 份	抗菌率 90%以上
6	LDPE:97%	壳聚糖接枝甲基丙烯酸甲酯:3%	对大肠杆菌的灭菌率 94.1%,对枯草杆菌的灭菌率 94.8%,拉伸强度 9.26MPa,断裂伸长率 416%

9.1.3 PP 抗菌改性

9.1.3.1 实例

(1) 实例一:有机-无机复合抗菌剂 (KWJ-2) 抗菌改性 PP 洗衣机专用料

曹军等采用一步法造粒,将抗菌剂、主物料 PP 以及其他抗氧剂等添加辅料一起共混造粒,制备了有机-无机复合 (KWJ-2) 抗菌 PP 洗衣机专用料,具有高效、广谱、持久抗菌能力,加入量为 2000mg/kg 时抗菌率达 98%,且使用安全,按有关标准严格制成的浸提液无毒性和无刺激性抗菌剂的加入可起到成核剂的作用,提高了结晶温度,加快了材料的结晶速率,使其材料内部晶粒更细,同时使其结晶度更高,在一定程度上改善了材料的力学性能,从而使用 KWJ-2 抗菌聚丙烯洗衣机专用料制作的洗衣机部件性能更好、质量更佳。

(2) 实例二:PP 接枝氯胺化合物 NDAM 熔喷非织造布

孟婕等采用接枝法将 2,4-二氨基-6-二烯丙基氨基-1,3,5-三嗪 (NDAM) 单体接枝到 PP 大分子链上,再将接枝反应后的改性 PP 经熔喷工艺制成熔喷过滤材料,然后进行氯漂处理,从而使熔喷过滤材料具备抗菌性能。研究发现:随着熔喷非织造布试样中改性 PP 含量的增加,试样纤维的平均直径逐渐增大,当改性 PP 质量分数增加到 60%时,纤维表面开始出现不均匀形态,有少量偏粗的纤维,且出现少量料点及少量块状黏结点,当使用 100%改性 PP 时,表面料点数量增加且明显可见,纤维直径更粗,断丝现象严重,纤维间的黏合较弱,表面手感粗糙,此时的杀菌率达到 100%,能有效杀灭大肠杆菌。改性 PP 含量较低时,杀菌率较低,不能有效杀灭大肠杆菌。

(3) 实例三:纳米银沉积 T-ZnO 复合抗菌剂

段惺采用前驱物可控热分解,将纳米银 (n-Ag) 均匀沉积到四针状氧化锌晶须 (T-ZnO) 表面,制备了 n-Ag/T-ZnO 复合抗菌剂。通过熔融共混结合模压成型法,将载银量为 1.5%的 n-Ag/T-ZnO 分别添加到载人空间舱内所使用的 PP、LDPE 中,制备了不同抗菌剂添加量的高分子复合材料。结果表明:随着抗菌剂 n-Ag/T-ZnO 添加量的增加,复合材料的抗菌率提高,在 PP、LDPE 中的添加量分别为 4%和 6%时,对大肠杆菌的抗菌率分别达到 100%和 98.6%。加温冲刷老化和自然老化试验发现含 n-Ag/T-ZnO 4%的 PP 复合材料,经过 15d 加温冲刷老化试验后,其对大肠杆菌抗菌率仅降低约 1%;含 n-Ag/T-ZnO 6%的 LDPE 复合材料 6 个月自然老化后,对大肠杆菌的抗菌率降低了约 5%。对 n-Ag/T-ZnO/PP 复合材料在加温冲刷试验表明,此复合材料在 20 年后 Ag$^+$ 析出量远远小于银的总负载量，表明材料具有良好的抗菌持久性。

9.1.3.2 配方

（1）配方一：PP无机抗菌复合材料

配方：PP（AW564），99%；表面处理剂，适量；超微细无机载银抗菌粒子（<2μm），1%。

加工条件：先将表面处理剂溶于丙酮中，加入抗菌剂，搅拌30min，升温到60~80℃，处理1h后蒸发出丙酮。再于110℃下烘干2h，用高速混合机分散开，经400目过筛即可。

相关性能：对大肠杆菌、金黄色葡萄球菌、绿脓杆菌等抑菌率99%。对鼠伤寒沙门氏菌、肺炎克雷伯氏菌等抑菌率92%。

（2）配方二：表面处理载银抗菌剂改性PP

配方：PP（Z30S），99%；载银磷酸锆（<2μm、2%的铝酸酯F-1A处理），1%。

相关性能：冲击强度3.3kJ/m²，拉伸强度27.4MPa，断裂伸长率12%。

（3）配方三：季铵盐高分子抗菌剂改性PP

配方：PP，93%；季铵盐高分子抗菌剂（P型抗菌剂），7%。

相关性能：对大肠杆菌的灭菌率83.19%，对八叠球菌的灭菌率86.92%；冲击强度3.5kJ/m²，比纯PP提高13%；弹性模量1.9GPa，比纯PP提高46%。

9.1.4 PS抗菌

9.1.4.1 实例

（1）实例一：PS接枝盐酸胍与己二胺的低聚物（PHMG）制备抗菌剂改性PS

景欣欣等在Haake转矩流变仪中，将盐酸胍与己二胺的低聚物（PHMG）与末端带环氧基的遥爪型PS进行熔融反应，得到具有抗菌性能的PS（PS-PHMG）。当PS中PS-PHMG含量为0.1%［即PHMG0.035%（质量分数）］时，与大肠杆菌接触30mim内抑菌率达100%，具有较好的抗菌速效性，杀灭细菌的时间小于30min。

（2）实例二：有机抗菌剂与以可溶性硼酸玻璃为载体的银离子抗菌剂抗菌改性PS

张翼翔等研究以五碳环、六碳环为主的杂环有机抗菌剂和以可溶性硼酸玻璃为载体的银离子无机抗菌剂，在不影响基体PS透明性的前提下，相互之间的加成协效作用。研究发现对有机、无机抗菌剂进行预分散处理，可以使抗菌剂在聚PS中更均匀地分散，可以在较弱的双螺杆组合下分散均匀，提高双螺杆的产能。杂环有机抗菌剂与以硼酸盐玻璃为载体的银离子抗菌剂在1:3的比例下，具有明显的协效作用，协效使用复配抗菌剂，可降低抗菌剂的总用量，从而提高抗菌材料的透明度及生产成本。除协同效应外，有机杂环抗菌剂与无机银离子抗菌剂具有优势互补作用，两者配合使用，前期以有机抗菌为主，后期以无机抗菌为主，可以达到有效抗菌速率快、抗菌能力持续的效果。

9.1.4.2 配方

配方一：PS抗菌膜

配方：PS，99%；磷酸锆系银离子抗菌剂，1%。

9.1.5 PVC抗菌

9.1.5.1 实例

（1）实例一：复合抗菌剂改性PVC

沈凌云等制备了一种掺杂氟和银的二氧化钛复合抗菌剂粉体，在 PVC 聚合后期加入这种抗菌剂，纳米粒子包覆在 PVC 颗粒表面，PVC 的抗菌性能得到改善。掺杂氟和银的二氧化钛复合抗菌剂粉体的最佳组分为：$Ag：F：TiO_2 = 5：3.5：91.5$，PVC 树脂中掺杂复合抗菌剂粉体的含量为 5％可得到抗菌 PVC 树脂。

（2）实例二：PVC/PVC-g-DMC

葛一兰等利用固相悬浮法合成了以 PVC 为骨架、甲基丙烯酰氧乙基三甲基氯化铵（DMC）为支链的接枝共聚物（PVC-g-DMC）。当接枝率为 17.9％的接枝物按用量为 20％用于 PVC 制品时，抗菌塑料对大肠杆菌、金黄色葡萄球菌和八叠球菌的抗菌率分别为 99.95％、98.85％和 84.14％。

（3）实例三：银锌复合抗菌剂改性 PVC

毋娅娟通过以沸石、硝酸银和硝酸锌为原料制备银锌复合抗菌剂。将高温煅烧后的无机抗菌剂研磨、过筛、表面改性、干燥，与 PVC、发泡剂偶氮二甲酰胺、助发泡剂氧化锌等混合均匀，开炼后在平板硫化机上进行发泡成型。按照抑菌测试方法对未加抗菌剂 PVC 塑料、载银沸石抗菌改性 PVC 塑料、载银锌复合沸石改性抗菌剂 PVC 塑料，进行了大肠杆菌的抗菌性能测试。结果显示添加抗菌剂的 PVC 塑料对大肠杆菌都具有一定的抑菌性能，培养皿中的大肠杆菌菌落数明显少于未加抗菌剂的 PVC 塑料，且 2 种抗菌剂改性的 PVC 塑料对大肠杆菌的抗菌效果差不多。说明了制备的抗菌改性聚氯乙烯塑料具有明显的抗菌效果，在不降低抗菌性能的前提下，银锌复合改性的抗菌剂价格更低廉，性价比更高。并且改性后的无机抗菌剂对 PVC 塑料的力学性能无明显的影响。

9.1.5.2 配方

（1）配方一：抗菌 PVC 菜板专用料

配方：合成橡胶（NBR），24～36 份；氧化锌，1～4 份；硬质 PVC，40～56 份；钛白粉，1～4 份；合成橡胶的高硬化剂，3～8 份；硬脂酸，0.2～0.6 份；HDPE 树脂，2～8 份；陶瓷粉末（远红外效果），2～6 份；胶态硅石，6～10 份；无机抗菌剂，0.4～6 份。

（2）配方二：抗菌保鲜 PVC 膜专用料配方

抗菌保鲜 PVC 膜专用料配方见表 9-6。

表 9-6　抗菌保鲜 PVC 膜专用料配方

成分	用量/份	成分	用量/份
PVC	100	磷酸锆钠银抗菌剂	0.43
二异壬基己二酸	28	消泡剂	0.3
二己基己二酸	4	稳定剂	1
环氧大豆油	10		

在 220～230℃下熔融吹制成厚度为 0.008～0.02mm 的 PVC 薄片。抗菌试验结果如表 9-7 所示。

表 9-7　抗菌 PVC 膜抗菌性能

菌种	加 0.43 份磷酸锆钠银				不加抗菌剂			
	开始	＞1h	＞2h	＞3h	开始	＞1h	＞2h	＞3h
大肠杆菌/个	3×10^5	＜10	＜10	＜10	2.6×10^5	2.6×10^5	2.2×10^5	2.2×10^5
金黄色葡萄球菌/个	2.6×10^5	＜10	＜10	＜10	2.6×10^5	2.6×10^5	2.2×10^5	2.2×10^5

9.2 耐候改性

塑料暴露在日光或强的荧光下，由于吸收紫外线能量，引发自动氧化反应，导致聚合物的降解，使得制品外观和物理机械性能变坏，这一过程称为光氧化或光老化。

光稳定剂能够抑制或延缓塑料的光降解作用，从而提高其光稳定性。光稳定剂通过屏蔽或吸收紫外线、猝灭激发态能量和捕获自由基等方式来抑制聚合物的光氧化降解反应，延长制品使用寿命。光稳定剂的用量极少，其用量取决于制品的特殊用途以及配方中所使用的其他添加剂。通常仅需高分子材料质量分数的 0.01%～0.5%。在农用塑料薄膜、军用器械、建筑材料、耐光涂料、医用塑料、合成纤维等许多长期在户外使用的高分子材料制品中，光稳定剂都是必不可少的添加组分。

9.2.1 光稳定剂及其作用机理

光稳定剂品种繁多，可以从不同角度予以分类，目前常用的方法是按照化学结构分类和作用机理分类。根据光稳定剂的化学结构不同，可将其分为水杨酸酯类、苯甲酸酯类、二苯甲酮类、苯并三唑类、三嗪类、取代丙烯腈类、草酰胺类、有机镍络合物、受阻胺类；根据光稳定剂的作用机理，可将其分为光屏蔽剂、紫外线吸收剂、猝灭剂、氢过氧化物分解剂、自由基捕获剂五类。

（1）光屏蔽剂

光屏蔽剂又称遮光剂，主要是炭黑、二氧化钛、氧化锌、二氧化铈等无机颜料。光屏蔽剂能在塑料表面反射或吸收太阳光紫外线，从而阻止紫外线深入塑料内部。炭黑具有独特的多核共轭芳烃结构，同时还含有邻羟基芳酮、酚、醌等基团以及稳定的自由基，对聚合物同时具有紫外线屏蔽、激发态猝灭以及自由基捕获等作用。炭黑作为聚合物的光稳定剂具有很高的效能，但因它会使制品变成黑色使其应用受到了限制。

（2）紫外线吸收剂

紫外线吸收剂包括邻羟基二苯甲酮、邻羟基苯并三唑、邻羟基苯三嗪、水杨酸酯、苯甲酸酯、肉桂酸酯、草酰苯胺等，工业上广泛应用的主要是二苯甲酮、苯并三唑等类型邻羟基芳香化合物。

紫外线吸收剂是目前光稳定剂领域的主体，能够强烈地吸收高能紫外线，并进行能量交换，以热或荧光、磷光等低辐射形式将能量消耗或释放掉。紫外线吸收剂除了本身具有很强的紫外线吸收能力外，还应具有很高的光稳定性，否则会很快在非稳定性次级反应中消耗掉。

羟基二苯甲酮和羟基苯并三唑是工业上大量应用的紫外线吸收剂。邻羟基苯基基团中的氢键对其光谱和化学性能，即光稳定化活性起着决定性的作用。

二苯甲酮类化合物紫外线吸收剂基本是由下式衍生而来，R、R′为烷基、烷氧基、羟基等。

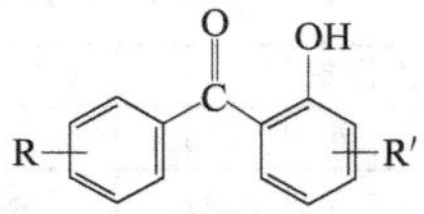

二苯甲酮类化合物紫外线吸收剂吸收波长范围宽广，在整个紫外线区域内几乎都有较强的吸收作用。它的光稳定实质为其结构中所存在的分子内氢键。由苯环上的羟基氢和羰基氧之间形成了氢键，构成了一个螯合环。当稳定剂吸收紫外线能量后，分子发生热振动，氢键断裂，将有害的紫外光能变成无害的热能放出。同时伴随氢键光致互变异构，这种结构能够吸收光能而不导致键的断裂，能使光能转变为热，从而消耗掉吸收的能量。

二苯甲酮类紫外线吸收剂中，分子内氢键与光稳定效果直接相关。氢键越强，破坏它所需要的能量越大，吸收的光能越多，稳定效果也越高。另外，取代基对二苯甲酮光谱性能也有影响。二苯甲酮紫外线吸收剂中的邻羟基数目的多寡，对其光谱性能也有影响。含有一个邻位羟基的品种，可吸收 290～380nm 的紫外线，几乎不吸收可见光，不着色，适用于浅色或透明制品。而 2,2′-二羟基-4,4′-甲氧基二苯甲酮之类化合物，其吸收尾峰超过 400nm。除吸收 290～400nm 的紫外线外，还可吸收部分可见光，呈现明显的黄色，使制品着色，且与聚合物的相容性也明显不及前者。

苯并三唑类紫外线吸收剂在现有商品吸收剂中，具有非常重要的地位。该类吸收剂的基本结构如下：

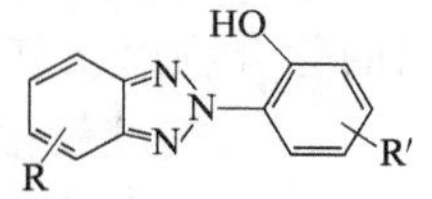

邻羟基苯并三唑类化合物对紫外线的吸收区域宽，可有效地吸收 300～400nm 的紫外线，而对 400nm 以上的可见光几乎不吸收，因此制品无着色性。苯并三唑类紫外线吸收剂的作用机理与二苯甲酮相似，其结构中也存在着羟基氧与三唑基上的氮所形成的氢键，当吸收了紫外线后，氢键破裂或形成光互变异构体，把有害的紫外光能量转化为无害的热能，如式（9-1）所示。

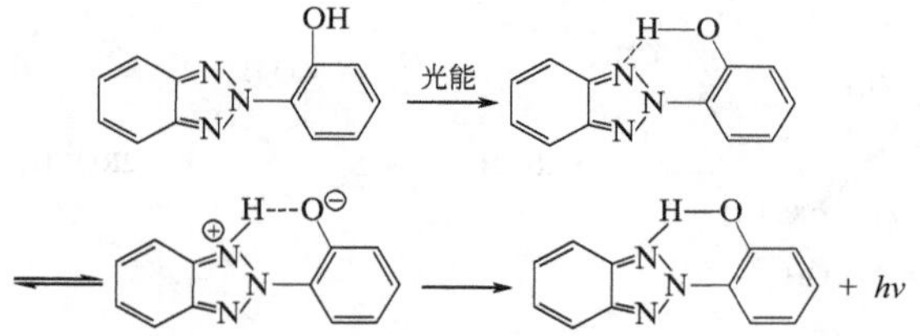

$$\qquad\qquad\qquad\qquad\qquad\qquad\qquad\qquad\qquad\qquad\qquad\qquad (9\text{-}1)$$

（3）激发态猝灭剂

激发态猝灭剂也称减活剂，其光稳定功能来自于能有效转移聚合物中光敏发色团激发态能量并将其以无害的形式消散掉从而使聚合物免于发生光降解反应。猝灭剂主要是过渡金属的有机配合物，有关的专利文献报道非常多，但已获得实际应用的主要是镍配合物，结构如图 9-1 所示。

从某些含镍光稳定剂的紫外光谱来看，这类化合物的稳定作用并非仅仅由于猝灭三线态作用。正丁胺镍 2,2′-硫代双（4-叔辛基酚盐）、镍二［2,2′-硫代双（4-叔辛基酚盐）］、二丁基硫代氨基甲酸镍在 290～400nm 波长范围有很强的吸收峰。因此，有理由将这类光稳定剂的作用效能部分归因于其对紫外光的吸收作用。

有机金属络合物类光稳定剂对聚烯烃有突出的稳定效果，其作用与样品厚度无关，它常用于像薄膜或纤维之类的薄截面制品。镍络合物本身带色，会使制品着色，且大都含有硫原子，高温加工时有变色倾向，因此不适用于透明制品。这类光稳定剂与二苯甲酮、苯并三唑类紫外线吸收剂并用，有良好的协同效应。

（4）氢过氧化物分解剂

氢过氧化物分解剂很早就用作聚烯烃的抗氧剂，但因为这些辅助抗氧剂通常不耐光，因

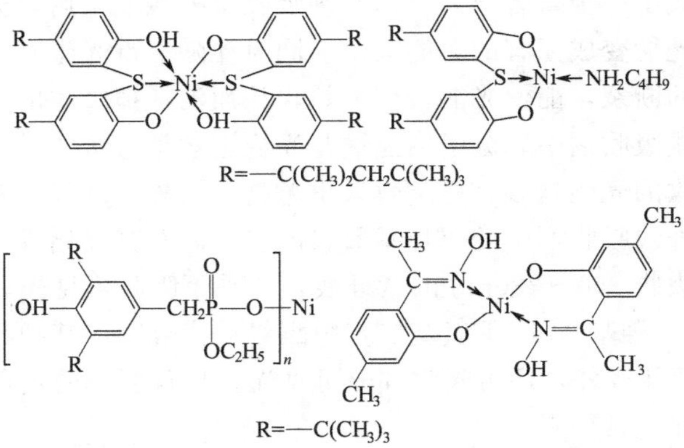

图 9-1 常用的镍配合物猝灭剂结构

此不能用作光稳定剂。可用于聚合物光稳定的氢过氧化物分解剂主要也是含硫或磷配体的镍配合物，包括前述可用作激发态猝灭剂的化合物以及其他化合物，如图 9-2 所示。

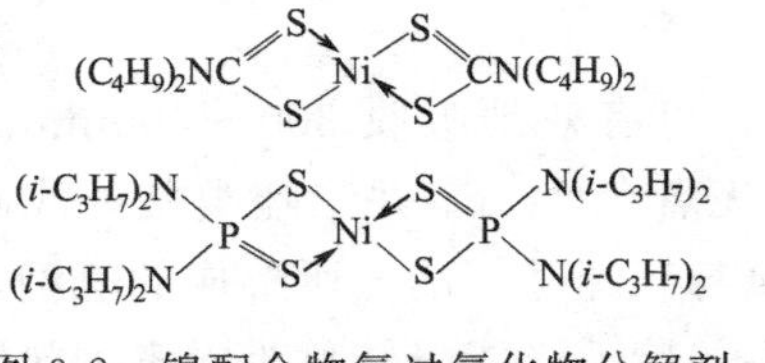

图 9-2 镍配合物氢过氧化物分解剂

氢过氧化物分解剂的光稳定功能来自于它们能以非自由基方式破坏聚合物中的—OOH 基团。

氢过氧化物分解剂按作用机理不同可分为化学计量还原剂和催化氢过氧化物分解剂两类。第一类氢过氧化物分解剂在光作用下可与氢过氧化物发生快速的化学计量反应生成非自由基产物，如式（9-2）所示。

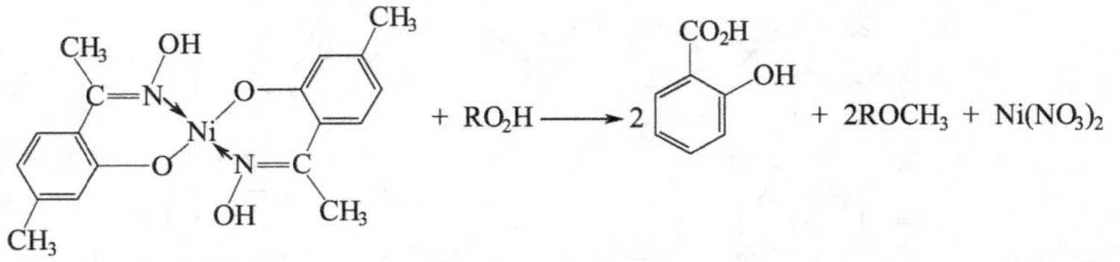

$$\tag{9-2}$$

含硫配体的镍配合物属于第二类氢过氧化物分解剂，它们能还原氢过氧化物为相应的醇，而自身转化为一系列氧化值较高的硫化合物，最终形成能有效催化氢过氧化物分解的 SO_2，如式（9-3）所示。

$$SO_2 + H_2O \longrightarrow H^+HSO_3^-$$

$$ROOH + H^+ \longrightarrow R\underset{+}{\overset{H}{O}}\!-\!H \longrightarrow R^+ + H_2O_2$$
$$\downarrow ROOH$$
$$ROOH + H^+ \tag{9-3}$$

（5）自由基捕获剂

自由基捕获剂的光稳定功能主要来自于它们能够有效捕获和清除聚合物自由基。可用于聚合物光稳定的自由基捕获剂主要是具有空间位阻结构的 2,2,6,6-四甲基哌啶衍生物，因此也称为受阻胺光稳定剂（HALS）。

首先，受阻胺在紫外线照射下易被氢过氧化物氧化（还原氢过氧化物）生成受阻哌啶类氮氧自由基，这种自由基本身比较稳定，甚至可以在官能团反应中及在加热蒸馏过程中保持其自由基结构的特征，因而具有和其他自由基反应的能力。HALS 的氮氧自由基不仅能够捕获聚合物在光氧化中生成的活性自由基（R·），而且能够捕获残留于体系中的其他自由基

（引发剂残基、羰基化合物光解生成的自由基等），这在一定程度上产生了 $>N\!-\!O\cdot$ 和 $R\cdot$ 的反应与 $R\cdot$ 与 O_2 的反应之间的竞争，从而抑制高聚物的光氧化，如式（9-4）所示。

$$>N\!-\!O\cdot + R\cdot \longrightarrow \ >N\!-\!OR$$

$$>N\!-\!O\cdot + ROO \longrightarrow \ >N\!-\!OR + O_2 \tag{9-4}$$

然后 $>N\!-\!O\cdot$ 与 $R'OO\cdot$ 作用使 $>N\!-\!O\cdot$ 得以再生，形成 Dension 循环，如式（9-5）所示。

$$>N\!-\!OR + R'OO\cdot \longrightarrow \ >N\!-\!O\cdot + ROOR' \tag{9-5}$$

受阻胺氮氧自由基在 HALS 光稳定过程中具有举足轻重的作用，其再生性正是 HALS 高效的实质所在。受阻胺光稳定剂表现出较长久的稳定效能（例如，含受阻胺光稳定剂的聚合物，经两年老化后仍能在体系中保留 $50\%\sim80\%$）。另外，受阻胺同时可以分解氢过氧化物，这是它对聚合物稳定化的又一重要贡献，如式（9-6）所示。

$$>NH + ROOH \longrightarrow \ >N\!-\!OH + ROH$$
$$\qquad\qquad\qquad\longrightarrow \ >N\!-\!O\cdot \tag{9-6}$$

HALS 在分解氢过氧化物的同时，自身被转化成高效的自由基捕获剂，一举两得。另外，HALS 在氢过氧化物周围具有浓集效应，意味着受阻胺有效分解氢过氧化物的能力更强。

HALS 的光稳定作用远不仅限于此，研究表明，HALS 在猝灭单线态氧、钝化金属离子等方面也具有功效。

一般来讲，四甲基哌啶化合物本身并不猝灭单线态氧分子，但它的氮氧自由基 $>N\!-\!O\cdot$ 和五甲基哌啶衍生物 $>N\!-\!OR$ 都具有对 $^1O_2$ 的猝灭作用，这样受阻胺由于预先阻止了 $^1O_2$ 的存在，从而延长了高聚物的光氧化降解。

综上所述，将受阻胺光稳定剂的高效抗光氧化作用归纳如下。

① 捕获聚合物自由基。

② 分解氢过氧化物。

③ 对单线态氧（$^1O_2$）和受基态分子的猝灭作用。

④ 间接吸收紫外线。

受阻胺光稳定剂的性能与其结构有密切的关系，胺含量高的化合物赋予树脂的光稳定性也高。芳香族羧酸酯不如脂肪族羧酸酯的稳定性好，这主要是由于芳基的光敏化作用造成的。

受阻胺光稳定剂较紫外线吸收剂的性能优越，通常光稳定效果可提高 2～4 倍或更多，特别是与酚类抗氧剂、亚磷酸酯辅助抗氧剂并用，耐候性显著提高。值得注意的是，受阻胺的氮氧自由基能够催化氧化大多数酚类抗氧剂，使其形成相应的醌。

9.2.2 PE 耐候改性

9.2.2.1 PE 老化因素

PE 是饱和开链烃，但分子链上常带有甲基支链、较长的烷基支链，甚至还有十字链；在链结构中，至少有三类碳碳双键：链端双键、链内双键、链侧双键。支链和双键的存在，加速了对氧的吸收，导致材料的老化，尤其对于薄膜类表面积较大的制品更为显著；支链数越大，则叔碳-氢键越多，也越易老化。结晶度对耐候性能的影响分为两个方面，一方面，结晶度增大，无定形态减少，从而使 PE 不易老化；另一方面，结晶度增大，使得微晶区边缘分子链折叠弯曲，易受到氧的攻击，造成 PE 耐氧化能力降低；从整体来看，结晶度越大，PE 越易老化，但由于结晶度变化范围不大，且两方面因素同时作用，所以结晶度对耐候性能的影响较弱。

PE 制品中一般都含有多种添加剂，再加上制备过程中残留的单体、催化剂及金属复合物等就使得最终的制品中有较多的杂质存在，在结构上也可形成少量的氢过氧化物及某些含羰基的杂质。一般来讲，PE 等纯聚烯烃不会吸收太阳光中的紫外线，但杂质的存在会使得 PE 材料对光、热敏感，其中金属离子可以对过氧化物起到强烈的催化作用，从而加速聚合物降解，使得物质发生脆变、黄化、褪色并失去应有的性能。实验表明，对塑料最有破坏力的就是波长 290～400nm 的紫外线，尤其是波长 300nm 左右的紫外线是导致 PE 劣化的主要因素，PE 吸收此紫外线后，分子链断裂，发生降解。

9.2.2.2　PE 老化机理

PE 的氧化是自由基的自氧化支化链反应过程，热、紫外线或机械切削都能造成 PE 的氧化降解。氢过氧化物的生成和积聚是 PE 降解最关键的步骤，当一定浓度的氢过氧化物生成后，自由基支化链的自氧化反应即快速推进。PE 老化主要是热氧老化、光氧老化。

（1）热氧老化

PE 的热氧化反应，与小分子烃类化合物的热氧化反应基本一致，是典型的自由基链式反应，并按照自动催化的步骤进行，初级产物是氢过氧化物，氢过氧化物分解成自由基，引发链式反应，热可以加速氢过氧化物的分解。具体的反应过程包括链引发、链增长和链终止三个阶段。

链引发：　　$RH \longrightarrow R\cdot + H\cdot$

链增长：$R\cdot + O_2 \longrightarrow ROO\cdot$

　　　　$ROO\cdot + RH \longrightarrow ROOH + R\cdot$

链支化：　　$ROOH \longrightarrow RO\cdot + \cdot OH$（低氢过氧化物浓度时）

　　　　$2ROOH \longrightarrow RO\cdot + ROO\cdot + H_2O$（高过氧化物浓度时）

链终止：$2R\cdot \longrightarrow R-R$

　$ROO\cdot + R\cdot \longrightarrow ROOR$

　　　$2ROO\cdot \longrightarrow$ 不活泼产物 $+ O_2$

新形成的自由基 $RO\cdot$ 和 $\cdot OH$ 又能与 RH 反应生成新的反应链。

$RO\cdot + RH \longrightarrow ROH + R\cdot$

$\cdot OH + RH \longrightarrow H_2O + R\cdot$

这种动力学链使自动氧化反应具有自动催化的特征。热氧老化过程中往往会同时伴有降解和交联这两类不可逆的化学反应。

（2）光氧老化

PE 暴露在日光下，其吸收光的基团受到激发而生成自由基，若有氧存在，材料同时也被氧化，这就是所谓的光氧化。PE 的光老化过程和机理相当复杂，光氧化降解是光老化的主要反应过程。可导致 PE 吸收光进而发生老化的因素主要有：残留催化剂、热致氢过氧化物、羰基化合物、单线态氧、含双键的化合物等。PE 中的羰基能够吸收 260～340nm 的紫外线；氢过氧基的吸收峰虽然在 210nm 左右，但是其吸收带的末端可以延伸到 300nm 以上。光氧化过程中，氢过氧化物和羰基是由断链的自由基和处于不稳定的激发态分子发生氧化反应生成的。其中，氢过氧化物有很高的量子效率，易于分解成自由基，有很强的引发能力，而羰基的量子效率较低，引发能力不强，但是它能通过能量转移，生成单线态氧，单线态氧与双键反应可生成烯丙基过氧化物。光氧化的机理与热氧化十分相似，基本过程按照自由基链式反应机理进行。PE 的分子或基团吸收光能，使分子或基团处于高能状态（激发态），但并不一定发生光化学反应，光能可以通过转变成荧光或磷光、转化成热能、转移给猝灭剂、传递给其他分子等方式使被激发的分子回到基态。

羰基是 PE 光化学反应的主要引发基团，它的光引发反应，主要有以下两种形式。

Norrish I 式

$$R-\overset{\overset{\displaystyle O}{\|}}{C}-R' \xrightarrow{\text{紫外线}} R\cdot+CO+R' \tag{9-7}$$

Norrish II 式

$$R-\overset{\overset{\displaystyle O}{\|}}{C}-CH_2-CH_2-CH_2-R' \xrightarrow{\text{紫外线}} R-\overset{\overset{\displaystyle O}{\|}}{C}-CH_3+CH_2=CHR' \tag{9-8}$$

按 Norrish I 型反应生成的自由不是有效的引发剂，如式（9-7）所示。一般认为羰基引发的 PE 光降解机理分为四个过程：含羰基的分子吸收紫外线；羰基发生 Norrish II 型分裂，如式（9-8）所示，产生一个酮分子和一个烯烃分子；酮分子吸收紫外线被激发处于三线态，而后猝灭形成单线态氧分子；单线态氧分子与烯烃分子作用形成氢过氧化物，随之分解为自由基而引发 PE 降解。反应见式（9-9）式（9-11）。

$$\tag{9-9}$$

$$酮\ 3\ (n\pi^*)\ +O_2 \longrightarrow 酮+\triangle^1O_2 \tag{9-10}$$

$$\triangle^1O_2+RH_2C-CH=CH_2 \longrightarrow RH_2C=CHCH_2OOH \tag{9-11}$$

含氢过氧基的 ROOH（氢过氧化物）受紫外线激发后，主要分解成烷氧自由基和氢氧自由基，从而引发光氧化反应。也有认为氢过氧化物分解主要的光解产物可能是通过氢过氧化物和相邻链段之间的双分子反应得到，即在 PE 中酮主要是由仲氢过氧化物光解产生的，反-亚乙烯基主要是产生于叔氢过氧化物，故与无支链的 PE 分子作用时，叔氢过氧化物不引发光氧化。

9.2.2.3 PE 耐光改性实例

（1）实例一：各类稳定剂改性 PE 薄膜光氧老化

张立基研究了不同光稳定剂和抗氧剂及其配合使用、光稳定剂含量对 PE 薄膜耐光氧老化性的影响。结果表明：各类光稳定剂中，受阻胺类光稳定剂的效果最好；紫外线吸收剂对 $30\mu m$ 左右的薄膜基本无效果，紫外线吸收剂与受阻胺配合使用可使膜的耐老化性有所提高；能量猝灭剂效果较紫外线吸收剂强，也可与受阻胺配合使用；各类抗氧剂对 PE 膜的耐光氧老化性没有不利影响，光稳定剂含量增加，薄膜耐老化寿命提高。几种光稳定剂的稳定效果见表 9-8。

表 9-8 几种光稳定剂及其稳定效果

类型	商品名	相对分子量质量	氮质量分数/%	寿命/d	辐射量/(MJ/m²)
UV 吸收剂	UV-531	326		63	1385
	UV-326	316		69	1525
能量猝灭剂	2002	714		73	1619
受阻胺类光稳定剂	GW-480	481	5.8	73	1729
	GW-540	514	7.8	83	1857
	GW-544	544	7.7	150	3000
PDS		2000	2.4	68	1501
	944FL	>2500	4.6	>180	>3306
空白				63	1385

将不同的光稳定剂按相同剂量加入 $32\mu m$ 厚的 LLDPE 薄膜中，发现受阻胺类光稳定剂效果一般较好，能量猝灭剂次之，而紫外线吸收剂作用很小。因为紫外线吸收剂的作用是通过吸收紫外线来保护树脂中生色团不受紫外线照射，从而减少链引发反应。根据比尔-朗伯定律，对紫外线吸收的能力与吸收剂浓度及薄膜厚度成指数衰减关系。由于加工及成本方面的原因，吸收剂浓度不可能太大，膜厚又只有 $32\mu m$，因而对紫外线的吸收能力不明显。一般认为 $100\mu m$ 以上厚度的制品中使用紫外线吸收剂才有较为明显的效果。

受阻胺的高效性则与其几种稳定机理的协同作用有关。受阻胺不仅能分解氢过氧化物，捕获自由基，还可以再生。其中受阻胺生成的氮氧自由基对断裂链自由基的捕获反应被认为是受阻胺的主要作用。

将受阻胺类光稳定剂与紫外线吸收剂、能量猝灭剂配合使用发现，受阻胺光稳定剂与紫外线吸收剂、能量猝灭剂一般都有正的协同效应，只是作用大小有所不同。UV-531 单独作用几乎无效果，与 GW-540、GW-544 协同作用相对强些，如表 9-9 所示这与大多数文献结论基本一致。

表 9-9 不同光稳定剂的配合作用效果

受阻胺	配合剂	寿命/d	辐射量/(MJ/m²)	协同效应 寿命/d	协同效应 辐射量/(MJ/m²)
GW-540	UV-531	95	2110	+12	+253
	UV-326	96	2130	+7	+133
	2002	101	2240	+8	+149
GW-544	UV-531	182	3324	+32	+324
	UV-326	185	3351	+29	+211
	2002	180	3306	+20	+72
944FL	UV-531	>180	大于3306		
	UV-326	>180	大于3306		
	2002	>180	大于3306		
空白样		63	1385		

抗氧剂单独或与受阻胺配合加入 PE 薄膜，考察其在自然条件下暴晒时的老化情况，结果如表 9-10 所示。

表 9-10 抗氧剂及其与受阻胺配合体系的耐老化性

抗氧剂种类	抗氧剂	受阻胺	寿命/d	辐射量/(MJ/m²)	协同效应	
					寿命/d	辐射量/(MJ/m²)
亚磷酸酯	168	—	60	1314	−3	−71
		GW-540	87	1942	+7	+156
		GW-544	115	2506	−32	−423
		944FL	>180	>3306		
硫代酯类	DLTDP	—	60	1314	−3	−71
		GW-540	84	1878	+4	+92
		GW-544	87	1942	−60	−987
		944FL	180	3306		
受阻酚类	1010	—	57	1244	−6	−141
		GW-540	87	1942	+10	+226
		GW-544	87	1942	−57	−917
		944FL	>180	>3306		
空白样			63	1385		

光稳定剂含量对 PE 薄膜耐老化性的影响见表 9-11。

表 9-11 不同光稳定剂含量的薄膜寿命

光稳定剂质量/%	GW-540		GW-544		944FL	
	寿命/d	辐射量/(MJ/m²)	寿命/d	辐射量/(MJ/m²)	寿命/d	辐射量/(MJ/m²)
0	168	2080	168	2080	168	2080
0.05	175	2244	176	2221	210	3039
0.10	172	2174	185	>3039	>210	>3039
0.20	191	2618	>210	>3039	>210	>3039
0.40	194	2689	>210	>3039	>210	>3039
0.80	210	3039	>210	>3039	>210	>3039

(2) 实例二：炭黑母料改性 PE100

朱啸利用超声波辅助双螺杆挤出设备使基体 PE100 降解并产生自由基接枝到炭黑表面，成功制备出结晶能力、炭黑分散状态皆优于工业级炭黑母粒的新型管材用纳米炭黑母粒（聚集体尺寸小于 100nm）。将自制管材专用炭黑母粒用于 PE100 管材料，分散效果良好，与工业级炭黑母粒相比，极大地改善管材耐候性的同时，也提高了其力学性能，当炭黑含量为 5%（质量分数）时，复合材料的使用性能最佳。

(3) 配方：蔬菜大棚用防老化 LDPE 膜

配方见表 9-12。

表 9-12 蔬菜大棚用防老化 LDPE 膜配方

成分	用量/份	成分	用量/份
LDPE	100	抗氧剂 2246	0.2
UV-327	0.125	辅助抗氧剂 DLTP	0.2
UV-9	0.125	工业硫黄	0.1
抗氧剂 CA	0.1		

加工条件：挤出机温度 140~180℃，机头口模温度 170~180℃，吹胀比 2~3，拉伸比 3~4，螺杆转速 10~60r/min；可在 LDPE 中添加 25% LLDPE 以增加其强度。

9.2.3 PP 耐候改性

9.2.3.1 PP 老化因素

PP 链上存在着大量不稳定的叔碳原子，在有氧的情况下，只需要很小的能量就可将叔碳原子上的氢脱除成为叔碳自由基。叔碳自由基非常活跃，可造成分子链的各种反应的发生，包括链增长、链降解，使 PP 老化。主链结构不同的 PP 耐老化性能也不同，间规 PP 的抗热老化性能优于等规 PP。PP 的结晶度和晶型也会影响其耐老化性能，结晶区的晶体结构、晶粒大小和结晶度等因素影响光和氧的透过，老化速率随着氧气扩散速率和结晶度的增加而提高。PP 可形成 α、β、γ 三种晶型，其中 γ 晶型在应用中不常见；α 晶型为立方晶系，球晶较小，容易透过紫外线，易老化；β 晶系为六方晶系，球晶较大，对紫外线反射较强，不利于紫外线通过，相对较为稳定。

PP 中或多或少都会有催化剂残渣，这些金属离子，尤其是过渡金属离子的存在，会使聚合物自动氧化速率增加，加速氢过氧化物的分解，使之成为自由基，提高引发速率。金属离子作为氧化还原催化剂效能的高低，与其配位的难易以及与氢过氧化物所形成的配合物的氧化还原电位有关。由齐格勒-纳塔法生产的 PP，其残渣主要是催化剂水解产生的 HCl、Ti、Al、Fe 等化合物，HCl 可促进 PP 过氧化氢的分解，加速 PP 老化，同时作为一种路易斯酸型去烷基化的催化剂，还可使受阻酚抗氧剂大量破坏，进一步影响 PP 老化性能；Ti 化合物也是一种路易斯酸，其影响和 HCl 相似，同时其又是一种光敏剂，可促进 PP 的光氧化；Al 残渣对 PP 老化的影响要比 Ti 残渣小得多，但它也是路易斯酸，故仍有催化氧化的作用；Fe 化合物主要是 $FeCl_3$，其对 PP 光氧化有显著的促进作用，且促进作用与 $FeCl_3$ 含量之间不成线性关系，存在促进作用的极大值。

9.2.3.2 PP 的老化机理

根据 PP 老化的主导因素不同，主要可分为热氧老化、光氧老化、臭氧老化、水汽及其他形式的老化，其中以热和光的作用最为常见。

热氧老化的机理一般认为是自由基反应。PP 在加工或者使用过程中，由于机械应力和热的作用，碳-氢键或碳-碳键均裂会形成大分子烷基自由基，高分子与氧气的直接作用也可形成活性很高的烷基自由基，在有氧存在的条件下，所形成的自由基会与氧反应形成氢过氧化物，同时形成一个新的自由基。氢过氧化物对氧化反应有自动催化作用，通过进一步的链增长、链转移或链终止反应，使高分子链发生断裂或交联。PP 的热氧老化历程可用图 9-3 说明。每经过一次循环，一个初始烷基自由基变成 3 个烷基，自由基浓度越来越高，反应速率相应自动加快，形成了自动氧化反应。

PP 中引进的羰基能够吸收 260~340nm 波段的紫外线；与 PE 相同，氢过氧化物的吸收峰虽然在 210nm 左右，但是其吸收带的末端可以延伸到 300nm 以上。有机脂肪族羰基化合物中的羰基是 PP 光化学反应的主要引发基团。

氢过氧化物受紫外线激发后，主要分解成烷氧自由基和氢氧自由基，从而引发 PP 光氧化反应。当光化学反应产生自由基之后，便引发 PP 光氧化，其过程仍按自由基链式反应机理进行，并与热氧老化的历程相类似。

9.2.3.3 PP 耐候改性实例

（1）实例一：纳米 TiO_2 和纳米 ZnO 对 PP 老化性能影响

徐斌等首次以 PP-g-MAH 作为 PP/纳米 TiO_2 和 PP/纳米 ZnO 复合材料的相容剂和相

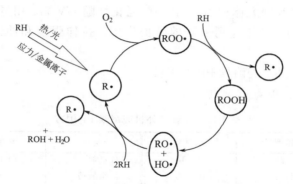

图 9-3　PP 的热氧老化循环

分散剂，研究结果表明：纳米 TiO_2、纳米 ZnO 的加入使 PP 的 β-晶型熔融峰消失，对 PP 结晶有明显的成核促进作用；随着紫外线老化时间的延长，PP 熔融峰高度下降，峰宽和熔融温度基本不变，$1750cm^{-1}$ 处的峰面积增加幅度减小；纳米 TiO_2 和纳米 ZnO 可以减缓 PP 在紫外线照射下的降解速度，提高 PP 对外界能量的耗散作用；PP 纳米复合材料的损耗模量明显增大，阻尼因子在添加 PP-g-MAH 后峰值也明显下降。

（2）实例二：受阻胺对 PP 老化性能影响

冷李超等研究了高分子量受阻胺光稳定剂 GW622、GW944 和低分子量受阻胺光稳定剂 Tinuvin144、GW540 4 种光稳定剂在 PP 加工过程中的热稳定性，并研究其单一和复合使用对 PP 光稳定性能和力学性能的影响。以失重率为 10% 时的热分解温度衡量受阻胺光稳定剂的热稳定性，热稳定性的顺序是 GW944＞GW622＞Tinuvin144＞GW540，和它们的相对分子质量大小顺序一致，相对分子质量的大小是影响它们热稳定性的一个重要因素。氙灯加速老化实验显示：老化 168h 和 336h 后，纯 PP 的黄变因数分别增加到 55% 和 65%，而添加了光稳定剂后的改性 PP 黄变因数分别保持在 10% 和 20% 以下，说明受阻胺光稳定剂的加入，降低了改性 PP 的黄变程度，对 PP 起到一定的光稳定作用。对老化 168h 后各组配方的羰基指数研究发现，纯 PP 的羰基指数比添加了光稳定剂的改性 PP 的羰基指数大，黄变因数得出的结论一致。受阻胺光稳定剂的加入，使 PP 的光稳定性能增强；高低分子量受阻胺复合使用，可降低 PP 的黄变因数和羰基指数，增加其拉伸强度及冲击强度保持率；GW622、GW944 和 Tinuvin144 复合使用效果最佳。

（3）实例三：弹性体、成核剂、填料、光稳定剂对 PP 耐老化性能影响

刘法谦等分别研究了弹性体 POE、成核剂 DICPK、$BaSO_4$、光稳定剂 UV-531、UV-770 及其复合体系对 PP 老化性能的影响。结果发现：PP 的耐老化性能随 POE 用量的增加略有上升，POE 分子链结构比较规整，耐老化性较 PP 好，加入到 PP 中，能够吸收一部分光能和热能，减少了 PP 吸收的能量，从而起到防止 PP 老化的作用，但 POE 在光能和热能的作用下也会发生老化现象，加上本身透明性好，对光能吸收有限，不能很好地保护 PP，防止 PP 的老化；成核剂 DICPK 的加入对 PP 抗老化性能有略微提高，因为 PP 在加入 DICPK 后能形成更多的 β 型晶体；$BaSO_4$ 的加入对 PP 复合材料耐老化性有较大的提高，影响最大的是拉伸强度，而冲击强度则上升幅度最小，$BaSO_4$ 本身对紫外线的屏蔽作用，也吸收一部分紫外线的能量，从而阻止紫外线对深层 PP 分子的侵害；二苯甲酮类光稳定剂 UV-531 少量加入即可有效地提高 PP 的耐老化性能，当 UV-531 添加到一定程度，对 PP 的耐老化性提高效率变慢，用量最佳在 0.3～0.4 份；受阻胺类光稳定剂 UV-770 对 PP 耐老化

性影响趋势与紫外线吸收剂大体相当，PP 的耐老化性随 UV-770 用量的增加而提高；将两种光稳定剂并用，能对 PP 能起到很好的防护作用，拉伸强度和冲击强度保持率均有所上升。

（4）配方：空调室外机壳耐候 PP 专用料

空调室外机壳耐候 PP 配方见表 9-13。

表 9-13　空调室外机壳耐候 PP 配方

成分	规格型号	用量/g	成分	规格型号	用量/g
PP	K7726	56×10^3	抗氧剂	PKB-215	160
PP	T30S	16×10^3	硬脂酸钙		80
PP	K8303	8×10^3	钛白粉	R550	800
$BaSO_4$	1250 目	8×10^3	镉红		4.5
光稳定剂	GW-944Z	80	镉黄		9.5
光稳定剂	GW-480	80	炭黑	C311	2.2
紫外吸收剂	UV-326	160			

工艺及参数：将所有助剂及原料加入混合釜中低速混合 3min；挤出机五段温度 210℃、215℃、215℃、220℃、215℃；主机转速 340r/min；喂料电流 16Hz。

空调室外机壳耐候 PP 配方性能见表 9-14。

表 9-14　空调室外机壳耐候 PP 配方性能

测试项目	性能	测试项目	性能
拉伸强度/MPa	25.6	悬臂梁缺口冲击强度/(J/m)	82
断裂伸长率/%	370	简支梁缺口冲击强度/(kJ/m²)	14.4
弯曲强度/MPa	36.5	维卡软化点/℃	152
弯曲模量/MPa	1100	成型收缩率/%	1.28
熔体流动速率/(g/10min)	12.5		

9.2.4　PS 耐候改性

9.2.4.1　PS 老化机理

PS 的紫外吸收是由于苯环的基态到激发态的跃迁引起的，聚合物分子的其余部分不吸收波长大于 200nm 的光。未降解的 PS 直到 280nm 都有吸收，降解后的 PS 吸收光谱延长至 340nm。

光降解的第一步是苯环吸收光量子，产生处于激发单线态的苯环，然后通过系间穿越化为三线态。第二步是苯环的三线态的反应，包括：①三线激发态苯环的能量可以用来解离 C_6H_5—C 键；②通过分子内能量传递，三线态激发能可以转移到 C—H 键或 C—C 键上，使这两种键断裂。

PS 膜在空气中（或氧气中）在紫外线照射下力学性能迅速变化，膜变脆而且严重变黄。观察到的主要反应是断链、交联和氧化降解。光氧化的速率与聚合物的分子量无关，但与氧气分压成正比。光氧化的速率也与波长有关，用波长为 365nm 的光照射，吸氧速率比 254nm 的光照时慢得多，而且反应表现出典型的诱导期。

PS 在光氧化过程中形成两个特征红外吸收谱带：即羟基的谱带 3600～3400cm^{-1}，羰基的谱带 1800～1700cm^{-1}。有报道羰基吸收带最大吸收在 1740cm^{-1}，这个吸收带不能用生成苯乙酮来解释,而被认为是 PS 分子中苯环的开环反应产生了共轭双醛基,但这只是在光照过程中有氧存在时才发生这种反应。

9.2.4.2 PS 耐候改性实例

（1）实例一：纳米 TiO_2 改性 PS 耐光性

范红青等采用硅烷偶联剂对纳米 TiO_2 进行表面改性,制备了不同含量纳米 TiO_2 改性的 PS,并对纳米 TiO_2/PS 板材进行氙灯紫外加速老化处理。实验结果表明：含 1.5% 纳米 TiO_2 的 PS 复合板材在经 1 个月的紫外老化处理后,其耐热性能、硬度、拉伸性能及冲击强度分别下降了 1.4%、1.2%、7.2%、3.6%,而纯 PS 经 1 个月的紫外老化处理后的耐热性能、硬度、拉伸性能及冲击强度分别下降了 3.5%、8%、21.5%、23%。因此,适当配比的纳米 TiO_2 能够减少紫外线对 PS 的降解作用,延缓材料的老化。

（2）实例二：C_{60} 和 C_{70} 改性 PS 耐紫外老化性能

C_{60} 是由 12 个正五边形和 20 个正六边形镶嵌而成的球形分子,C_{70} 是由 12 个正五边形和 25 个六边形镶嵌而成的橄榄球形分子。C_{60} 和 C_{70} 分子中的原子都分布在表面上,球的中心是空的,C—C 之间的连接是由相同的单键和双键组成,所以整个球形分子形成一个近似的三维大 π 键,这种三维高度非定域电子共轭结构使之在紫外线区具有良好的吸收性能；同时 C_{60} 和 C_{70} 具有纳米微粒固有的一些基本特性,小尺寸效应、表面效应更使其对光吸收表现出极强的能力,是一类性能优异的紫外线吸收剂。彭玉等采用熔融共混法制得 C_{60} 和 C_{70} 含量分别为 1%（质量分数）、3%（质量分数）、5%（质量分数）的 PS/C_{60} 和 PS/C_{70} 复合膜,对其进行抗紫外线加速老化性能研究。研究表明：PS/C_{60} 和 PS/C_{70} 复合膜有较好的抗紫外老化性能,复合膜的抗紫外线老化能力与 C_{60} 和 C_{70} 的添加量呈正比关系,在 C_{60} 和 C_{70} 添加量从 1% 增加至 5% 时,复合材料抵抗紫外老化的能力逐渐增强,当 C_{60} 和 C_{70} 添加量为 5% 时,PS/C_{60} 和 PS/C_{70} 复合膜经过紫外老化处理后,其特性黏度、分子链结构、热分解温度变化不大。PS 膜中添加 5% 的 C_{60} 和 C_{70} 能有效减缓 PS 紫外老化,且 C_{60} 和 C_{70} 的抗紫外线老化能力无明显区别。

9.2.5 PVC 耐候改性

9.2.5.1 PVC 老化因素

通过对 PVC 模型化合物 1,3,5-三氯己烷所进行的热失重分析和其他研究,人们发现正常的 PVC 链结构是十分稳定的,所以一般认为 PVC 分子链中的结构缺陷才是其不稳定的根源。PVC 在聚合过程中,氯乙烯自由基的反应活性高,而单体的反应活性低,因而反应的选择性差,多种基元反应竞争的结果,使得在 PVC 大分子链中形成多种结构缺陷,包括：头-头结构,不饱和双键（末端双键、内部双键、孤立双键、共轭双键等）,活性氯结构（烯丙基氯、叔氯）,支链结构及二氯末端结构等。对 PVC 降解影响较大的结构缺陷有支链结构、富氯基团、不饱和端基、烯丙基氯,尤其烯丙基氯和叔氯,在受紫外线作用的时候,容易脱氯化氢使 PVC 降解。

9.2.5.2 PVC 的光降解机理

PVC 的光降解,一般倾向于自由基机理。PVC 分子结构上的缺陷,如不饱和端基—C＝C—C—Cl 结构上的 C—Cl 键,—C＝C—C—H 结构上的 C—H 键,—C—（C)$_3$—Cl 叔碳上的氯；加工过程中热和机械力的作用产生含氧基团或过氧化合物；PVC 树脂中掺杂的杂质和加工时加入的添加剂,在紫外线作用下,有可能产生自由基。

PVC 的光降解反应机理主要有以下几种反应。

① 脱氯化氢降解机理　PVC 光降解的典型特征是脱氯化氢气体，生成具有共轭双键的多烯结构，改变了 PVC 的吸收光谱，使 PVC 变色。一般认为，PVC 光降解脱氯化氢首先是 PVC 在紫外线作用下无规断链生成自由基，其次是主链上生成一个孤立的不饱和键，这很可能是氯自由基通过攻击大分子自由基来完成的。脱氯化氢反应是"开拉链"反应，即从大分子上依次脱去氯化氢，并且研究发现，氯化氢对 PVC 的光降解有加速作用。

② 光氧化降解机理　在有氧存在时，PVC 的自由基降解过程必然发生氧化反应。大分子自由基与氧作用生成过氧自由基，后者夺取氢原子转化成氢过氧化合物，氢过氧化合物吸收紫外线后分解形成大分子烷氧自由基，后者或者从邻近的大分子上夺取氢原子生成羟基和新的大分子自由基，或者发生断链反应生成含碳基化合物，最后导致大分子的断链。

③ 交联和断链　在紫外线作用下，PVC 光降解产生的大分子自由基或过氧化自由基会二次反应形成交联化合物，从而使聚合物相对分子质量上升。多烯的消光系数很大，光降解过程中积累起来的多烯结构成为主要的吸收光的结构，多烯在吸收光子后形成激发单线态，激发能量可以在分子中传递，导致在大分子链上最不稳定的化学键发生断裂。

④ 羰基的引发断裂作用　PVC 在波长大于 280nm 的紫外线照下可发生降解，说明聚合物链上可能带有一些羰基，也可能聚合物中含有一些杂质。羰基的来源除了上述反应产生外，还可能来自单体和一氧化碳的共聚或聚合物和臭氧的反应。Norrish 首先提出了羰基的光引发机理，即 NorrishⅠ、Ⅱ、Ⅲ型反应。

9.2.5.3　PVC 耐候改性实例

(1) 实例一：高屏蔽紫外线透明 PVC 薄膜

张毓浩等研究了增塑剂、热稳定剂、紫外线吸收剂、受阻胺光稳定剂对增塑 PVC 薄膜的紫外线与可见光透过率的影响，通过优化的配方见表 9-15，制得一种高屏蔽紫外线透明增塑 PVC 薄膜，该增塑 PVC 透明薄膜的紫外线平均透过率在 0.11% 左右，可见光平均透过率超过 76%，适量紫外线吸收剂 UV-236 或 UV-328 能屏蔽 99.8% 以上的紫外线；适量受阻胺光稳定剂 HS-112 或 HS-765 能提高薄膜可见光透过率，并与紫外线吸收剂产生协同作用。适量功能助剂对 PVC 薄膜的力学性能影响不大。

表 9-15　优化配方

成分	用量/份	成分	用量/份
PVC	100	液体石蜡润滑剂	0.6
邻苯二甲酸二异壬酯增塑剂	65	UV-326 紫外线吸收剂	0.25
有机锡热稳定剂	1.5	受阻胺光稳定剂 HS-112 或 HS-765	0.5

(2) 实例二：电线波纹管用耐候 PVC

宋波等从无铅化、增韧、增强、抗粉化四个方面对 PVC 配方进行了研究，制备了户外用耐候环保阻燃 PVC 电线波纹管专用料。研究发现：稀土稳定剂的热稳定作用优于钙锌稳定剂而与铅盐稳定剂接近；纳米碳酸钙的加入可降低增塑剂 ACR 用量，使制备的 PVC 复合材料达到超韧，同时提高 PVC 复合材料的弯曲模量，表现出增韧和增强的双重作用；使用稀土热稳定剂体系的抗粉化能力优于钙锌热稳定体系，原因可能是稀土原子可吸收紫外线，减少了紫外线对树脂分子的破坏，有利于制品的户外老化性能；加了钛白粉和炭黑的试样都明显地提高了抗粉化能力，其中炭黑的抗粉化能力更好一些，在户外暴露 12 个月未出现粉化现象。所制备的 PVC 电线波纹管的重金属含量符合 ROHS 要求、有害物质含量符合 REACH 要求；能通过 −40℃扁平实验、80℃扁平实验和通过 1000h 加速老化实验、产品阻燃等级为 UL94 V-0，可满足长期户外使用要求。

（3）实例三：Tinuvin XT 833 光稳定剂提高 PVC 防水卷材耐候性

周雁军对采用新型光稳定剂 Tinuvin XT 833 提高 PVC 防水卷材的耐候性进行了研究。PVC 制品采用 KEE 增塑剂后，氙灯老化 4000h，含 Tinuvin XT 833 的样品拉伸断裂伸长率的保持度是其他样品的 2 倍左右，氙灯老化 6000h 差距更加明显，8000h 后只有含 Tinuvin XT 833 的样品没有失效。说明在使用了永久型增塑剂后，Tinuvin XT 833 仍能将产品的寿命延长 1 倍以上。以 6000h 氙灯老化点作比较发现，Tinuvin XT 833 在性能上显著超越了二苯甲酮类和苯并三唑类的光稳定剂。同时在 PVC 树脂相对分子质量、增塑剂类型以及增塑剂含量不同的情况下，Tinuvin XT 833 都是性能表现最佳的光稳定剂。与传统光稳定剂相比，Tinuvin XT 833 能够大幅度延长聚氯乙烯防水卷材的使用寿。

（4）耐候 UPVC 给水管材、管件配方

管材基础配方见表 9-16。

表 9-16　管材基础配方

成分	用量/份	成分	用量/份
PVC(S-1000)	100	进口钙锌复合稳定剂	3.6
MBS(B-56)	2	OP 蜡	0.3
KM-355	2	OPE 蜡	0.1
CPE-135A	1	轻质碳酸钙(800 目)	6
ACR-201	0.5	TiO₂(金红石型)	2.5

工艺：捏合温度 120℃，冷混 55℃；挤出温度：一段 160℃、二段 160℃、三段 155℃、四段 150℃、五段 155℃；法兰温度 165℃；模具温度：一段 170℃、二段 185℃。

（5）耐老化 PVC

PVC 耐老化配方见表 9-17。

表 9-17　PVC 耐老化配方

成分	用量/份	成分	用量/份
PVC	100	CdSt	0.6
DOP	35	ZnSt	0.2
DOS	10	双酚 A	0.4
环氧硬脂酸辛酯	5	UV-P	0.3
硬脂酸钡	1.8	TPP	1

（6）PVC 压延耐老化农膜配方

PVC 压延耐老化农膜配方见表 9-18、表 9-19。

表 9-18　PVC 压延耐老化农膜配方（适用于上海地区）

成分	用量/份	成分	用量/份
PVC	100	双酚 A	0.4
DOP	26	UV-9	0.3
DBP	10	环氧氯烃	20
亚磷酸三苯酯	0.8	硬脂酸铅	1.2
硬脂酸钡	1.3		

表 9-19　PVC 压延耐低温老化农膜配方（适用于山西地区）

成分	用量/份	成分	用量/份
PVC	100	三嗪-5	0.3
DOP	32	PDOP	0.75
DBP	10	CPE	10
癸二酸二辛酯	8	有机锡稳定剂	1
硬脂酸钡	2		

9.3　改善透光性

9.3.1　成核剂改性透光性

（1）成核剂改性 PP 透光性

α 晶型成核剂对 PP 的成核改性具有提高透明性之功效，因此又有成核透明剂之称。目前用于 PP 透明改性的 α 晶型成核剂以 DBS 类和芳基磷酸酯盐类为主，但二者透明改性的原理略有差异。PP 树脂由熔体均相结晶往往生成大的球晶，一方面由于球晶尺寸大于光波的波长，另一方面结晶区域与非晶区域的折射率存在差异，由此引起的光反射和光散射现象就不可避免，宏观上表现为制品浊度较高。PP 制品透明性的途径可从两个方面入手。其一是降低球晶尺寸，使之小于光波波长；其二是增加结晶密度，使微细化的球晶达到相互碰撞的程度，尽可能减少非晶区域。添加成核剂是满足上述要求的最好手段。但由于不同类型成核剂具有不同的成核机理，因而所表现出来的性能也不完全一致。滑石粉、芳基羧酸盐和芳基磷酸酯盐类成核剂不溶于 PP 树脂，一则粒径较粗其本身可能造成光的散射，二来分散性不良难以达到均一的效果，因此在超细粒径和良好分散的状况下较低的浓度便可得到增透改性的效果。而当粒径较粗、浓度增加或分散不均时透明改性效果不可能提高甚至可能下降。对于 DBS 及其衍生物类成核剂，由于其与 PP 熔体可以形成均一的溶液，当熔体冷却时成核剂首先结晶并形成网状的纤维组织，这种网状组织均一分散，而且直径仅约 1nm（小于可见光线的波长），表面积大，能够为聚丙烯的结晶提供晶核生成的场合，提高结晶密度且不构成光的散射，一般随浓度的增加透明性得到改善。

（2）成核剂改性 PE 的透光性

雾度是指透过材料的散射光的通量与总光通量之比，用百分率表示，是包装材料的非常重要的指标。材料内部和表面的光散射均会对样品的雾度有所影响。内部的光散射是由样品内部邻近区域的折射率差异造成的；表面的光散射受样品表面粗糙度的影响。通常雾度会随着样品厚度的增加而增加。相对无支链的线型 PE，含短支链 LLDPE 会降低结晶度和球晶的尺寸从而降低了内部雾度。增加相对分子质量将会降低球晶尺寸和结晶度，从而降低样品的内部雾度。表面雾度与微观表面粗糙度有关，尤其对薄膜类制品的总体雾度影响较大。表面雾度主要受流变、超分子结构、成型模具表面三个因素的影响。

透明度是指样品允许光直接透过的能力，定义为直射透过物质的光强度与入射到物质上的光强度的比值。未着色样品的透明度与雾度成反比。未着色的 LDPE 薄膜是透明的，而 HDPE 薄膜和 LDPE 所制的厚膜是半透明的。除了低密度 PE 样品外，其他 PE 样品只要厚度超过 3.2mm 均为不透明材料。

PE 结晶区域与非晶区域引起的光反射和光散射，不同形状、大小的晶核造成的薄膜表面不规则程度是影响薄膜透光性的主要因素。成核剂对 PE 的透光改性原理同 PP 相似。

9.3.2　共混改性透光性

共混改性透光性的机理与成核相似，共混物也是起到一种异相成核的作用，降低结晶尺寸。PP 一般可与 LDPE、EPDM、POM、EVA、PA 等树脂共混。65 份 PP、20 份皂化 EVA、10 份酐改性 PP 和 5 份氢化丁二烯-苯乙烯嵌段共聚物混合后压片，真空模压制品透明性好。通过共混改进透明的方法局限性很大，它不仅要求两种或多种基体材料具有良好的相容性，并且要求其折射率相近，否则很难实现透明改性，因此，该方法发展缓慢，目前很少有人进行研究。

9.3.3　透明填充改性

用于制备透明塑料制品的填料必须与被填充塑料基体具有相近的折射率，常用的填料有方石英粉、元明粉、滑石粉和有机硅。

（1）方石英粉

方石英，又称二氧化硅、白硅石、白炭黑，是一种冶金原料，具有完全的化学惰性和中性酸碱值，不论处在有触媒还是多成分化学系统中，都不会产生化学变化或诱导反应发生，即使在极高温度或恶劣的环境也不会裂解变质，较石英的密度低。方石英具有优良的光学性质，折射率 1.47，接近 PE、PP 及一些树脂的折射率。改性后的方石英粉通常被当作一种抗结块材料，用于透明 PP 和 PE、LDPE、LLPDE 的薄膜生产中，由于方石英有着同等的折射率，对于大多数聚烯烃薄膜，这种添加剂对薄膜的光学性能几乎没有影响。不含有机物污染，金属含量极低，电导率低，绝缘性能良好，还可以增强涂料的抗紫外线能力。此外，方石英粉价格便宜，可有效降低原料成本。600 目方石英粉通常被用作温室薄膜中的 IR 吸收材料。其他特殊的应用包括超薄薄膜和双挤压薄膜，可采用更细等级 1000 目乃至 1500～2000 目的型号方石英粉。

方石英粉具有表面能高、表面亲水疏油、极易团聚的特点，难以在非极性或弱极性的油漆中均匀分散，因此必须对方石英超细粉体进行表面改性，使方石英粒子表面包覆上一层有机物（如偶联剂、表面活性剂等），使其由疏油亲水变为疏水亲油，这样不仅增强了方石英粉与基体的相容性和结合力，还提高了方石英的分散性。

（2）超细滑石粉

滑石粉，系滑石经精选净化、粉碎、干燥制成，为白色或类白色、微细、无砂性的粉末，手摸有油腻感，无臭，无味，在水、稀矿酸或稀氢氧化碱溶液中均不溶解。具有润滑性、抗黏、助流、耐火性、抗酸性、绝缘性、熔点高、化学性不活泼、遮盖力良好、柔软、光泽好、吸附力强等优良的物理、化学特性。当超细滑石粉加入聚烯烃树脂如 PP、PE 时，会进入聚合物分子晶格中，成为结晶的成核剂。同时由于滑石晶体的折射率与聚乙烯 PE 膜的折射率 1.5 相接近，故又称为透明成核剂。当超细滑石作为填料，加入塑料薄膜中时，对光线会有一种选择性吸收功能，即吸收红外线和阻隔紫外线，对农膜大为有利。它可作为新型转光膜的填料。

（3）有机硅粉

有机硅微粉开口剂是光滑超高硬度的有机硅圆球，按照一定比例添加到塑料薄膜中，使薄膜和薄膜之间形成滚动摩擦，达到抗粘连的效果。有机硅微粉的折射率 1.49，与聚烯烃树脂非常相近，所以在获得同样抗粘连效果的情况下，可制得透明性更高的薄膜，且价格便宜，能降低成本。广泛应用于日用消费品包装和农业生产薄膜，如 BOPP、CPP、PE 等。

（4）元明粉

元明粉（硫酸钠）又名无水芒硝，中性、白色、无臭、有苦味的结晶或粉末，有吸湿性。外形为无色、透明、大的结晶或颗粒性小结晶。可用于填充 PP、PE 生产透明制品。

9.3.4 透明改性配方实例

9.3.4.1 实例

（1）实例一：成核剂改善 LLDPE 透光性

Unipol 气相流化床工艺生产的 LLDPE 的结晶度高，薄膜透光性比 HDPE 薄膜的透光性差，影响了 LLDPE 薄膜的应用与推广。分析认为，降低 LLDPE 薄膜中的灰分含量、调整 LLDPE 薄膜的结晶性能，有助于降低薄膜的雾度，提高透光性。影响薄膜光学性能的关键因素是 LLDPE 的结晶度，当 LLDPE 分子结晶形成的球晶较大时，光波不能透过球晶，从而影响薄膜的透光性。在 LLDPE 熔融造粒过程中，通过加入成核剂，LLDPE 分子以成核剂为中心迅速结晶，高成核速率下增长中心相互竞争冲突，限制了球晶尺寸的增大，形成许多小的球晶，小球晶的直径小于可见光波长，可见光可直接透过直径小的球晶。工业生产中加入适宜的成核剂（如酞化菁、二亚苄基山梨醇等）可显著改善薄膜产品的透光性。

（2）实例二：成核剂改善 PP 透光性

王正有等对 PP 结晶形态及球晶尺寸进行了表征，并分析了 PP 熔融及结晶过程的结晶度、熔融峰值、结晶峰值、结晶峰宽度。结果表明：α 成核剂的加入使 PP 由均相成核变为异相成核，而异相成核所提供的晶核数增多，球晶由晶核开始以相同的生长速率同时向空间各个方向放射生长。随 α 成核剂用量的增加，样品中球晶数目增多，球晶尺寸变小；当 α 成核剂用量为 0.4% 时，有效晶核过多，已没有空间容纳呈放射状生长的球晶，故此时只形成了一些细晶粒。球晶尺寸小于可见光波长时，可见光在球晶界面上不再发生折射、散射，故 PP 的透光率会提高。PP 的透光率随 α 成核剂用量的增加而提高，当 α 成核剂用量为 0.4% 时，透光率达到 86.7%，此时样品的透光率比纯 PP 提高了 55.4%，这与 PP 球晶尺寸随 α 成核剂用量的增加逐渐减小相符。

（3）实例三：成核剂改善 PP 透光性

蒋新坡研究了透明 PP 的制备，制备透明 PP 的最佳挤出温度为：一段 185℃，二段 210℃，三段 210℃，四段 220℃，机头 195℃；最佳挤出机转速为：主机 21Hz，喂料机 21Hz。采用山梨醇类成核剂 NA-S25、NA-S20、Millad3988 和有机磷酸类成核剂 NA-21、NA-45 对 PP 进行透明改性，结果表明：透明成核剂的含量在 0.3%～0.4%，PP 的雾度值最小。相比有机磷酸类成核剂，山梨醇类成核剂对降低 PP 的雾度更有效，而前者更有利于提高 PP 的拉伸强度和弯曲强度，其中 Millad3988 和 NA-S20 降低 PP 雾度效果较好，添加 0.3% 的 Millad3988，F401 雾度为 27.39%；添加 0.3% 的 NA-S20，PPR 雾度为 25.87%。偏光显微镜分析表明，相比 NA-21，添加 0.3% NA-S20 后 PP 球晶数量更多，晶体尺寸更小。DSC 分析表明，添加 0.3% NA-S20 成核剂后聚丙烯结晶度从 44.2% 增加到 47.2%，结晶速率和结晶温度也都大幅增加。透明成核剂 NA-S20 与 NA-21 按 3∶1 复配可以得到相对较低的 PP 雾度，及较好的力学性能，与单一成核剂相比更经济。添加受阻胺 770 对 PP 雾度影响很小，加入 0.1％的受阻胺 770 就可以削弱 70％以上的 γ 辐照影响。

（4）实例四：成核剂改性 LLDPE 透光性

刘南安等研讨了添加成核透明剂等对 LLDPE 结构与性能的影响。研究发现：添加成核透明剂后 LLDPE 的结晶结构均匀细密，光学性能与力学性能大幅度提高，用于农膜可使蔬菜增产 10％。成核透明剂 TM3 含量对 LLDPE 光学性能影响很大，随着成核透明剂用量的增加，膜透光率增加，雾度下降。含量为 0.08％时，变化趋势明显，而含量增到 0.1％时，达到最大值。透光率由空白的 87.9％增至 90.6％，雾度由空白的 19.0％降至 6.0％。随着含量的继续增加，透光率略有下降，雾度略有上升。成核透明剂含量在 0.1％～0.3％范围内光学水平都处在较佳的状态。

9.3.4.2 配方

（1）配方一：透光 PP

配方：PP，100 份；苯甲酸，0.15 份。

性能：PP 透光率可由 23.5％提高到 65.5％。

（2）配方二：透光 PP

配方：PP，99.99％；磷酸盐，0.01％。

性能：PP 透光率由 23.5％提高到 65％，雾度由 42.5％下降到 4.7％。

（3）配方三：共混改善 PP 透光性

配方：PP，95％；PA6，2％；马来酸酐接枝改性 PP，3％。

性能：透光率可达 90％，雾度降至 3％，外观光泽度高。

9.4 磁化

磁性塑料是以磁粉为填料，以树脂为黏结剂，兼具有塑性和磁性功能的复合材料。磁性塑料密度小、强度好、保磁性强，易于加工成尺寸精度高、薄壁复杂形状的制件，且可与元件一体成型；还可进行焊接、层压、压花纹等二次加工。制件脆性小、磁性稳定，且易于装配。对电磁设备小型化、轻量化、精密化及高性能化具有极大的推动作用，已经广泛应用于电子工业和主要日用品方面，如转动机械的微型精密电机、步进电机、同步电机和小型发电机的转子和定子等零部件；音响设备的扬声器、耳机、扩音器、麦克风、电话机、电视机、收录机和录像机等零部件；仪器仪表和通信设备的传感器及各种继电器零部件；电冰箱、磁疗器械、玩具、文具、装饰品和体育用品的零部件等。

高分子磁性材料有结构型和复合型两种：结构型是指聚合物本身具有强磁性的材料；复合型是指以合成树脂或橡胶为胶黏剂，与磁粉混合黏结加工而成的一种功能性磁铁。真正实现工业化应用的是复合型，结构型磁性聚合物尚处于探索性研究阶段，离实用化程度还有较大距离。

复合型塑料磁铁有多种分类方法。按所掺加的磁粉类型可分为铁氧体类、稀土类和铝镍钴类。铁氧体类的磁性能不如其他类型理想，但能够满足磁性能要求不高的产品，且价格便宜，耐热性、耐化学药品性和尺寸精度良好，在目前的应用中处于主导地位，主要用于家用电器和日用品，正在向电子工业领域渗透；铝镍钴类磁性极好，但资源匮乏，价格较高，大量使用受到了限制；稀土类磁性能优良，加工特性出色，可用于制作精密电机和仪表的零部件，但同样存在资源匮乏、价格高的不足。

9.4.1 影响磁性塑料性能的因素

① 磁粉含量对磁性塑料熔体流动性的影响　提高磁粉含量可提高塑料磁体的磁性能，但会导致物料的流动性变差，使磁粉颗粒在磁场作用下取向困难，甚至无法加工。

② 树脂的影响　不同应用、不同性能要求的磁性塑料需选用不同的树脂基体。各向同性塑料磁体，如电冰箱磁性门条，磁性能要求不是太高，保证其有一定柔软性及磁性能基础上，磁粉含量的多少主要取决于加工流变性，多选用橡胶型树脂或热塑性弹性体、天然胶等；注射成型各向异性塑料磁体，如微电机用塑料磁钢时，由于其最大磁能积很高，必须考虑树脂本身的加工流变性能，通常选用结晶型树脂，如 PP、PE、PA、PPS 等。这些树脂磁粉很好混合后，其复合体系仍具有很好的加工流动性。

③ 温度的影响　磁性塑料基本都采用熔融加工，温度的选择需考虑物料的流动性和热稳定性。加工温度范围较宽的树脂，可以适当提高温度，降低表观黏度。但温度过高，会使聚合物与填料之间的结合性降低，产生相分离等问题。

④ 偶联剂的影响　磁性塑料中，磁粉添加量大且具有亲水性，表面微孔存在空气及吸附水，亲油性树脂不能很好浸润。因此，需控制磁粉的含水量，以及对其表面进行活化处理。偶联剂的加入，可以大大降低高填充磁粉/树脂复合体系的黏度；而且磁粉含量越高，对体系黏度的降低作用就越明显。偶联剂的另一个明显作用是，改善了磁粉与树脂之间的相互作用，使磁粉在树脂中均匀分散。

9.4.2 磁化改性配方实例

（1）PP/Fe₃O₄ 纳米复合材料

丁瑜等采用固态高速搅拌预混-熔融密炼过程制备了磁性 PP/Fe_3O_4 纳米复合材料，结果显示：Fe_3O_4 纳米粒子质量分数为 5% 时在聚合物基体中分散良好，基本呈单颗粒分散；随着 Fe_3O_4 含量的增加，粒子在 PP 基体中团聚程度加剧。PP 在复合材料中保持自己的晶相结构，但是 Fe_3O_4 的加入降低了 PP 的结晶程度。Fe_3O_4 的加入提高了 PP 的热稳定性。振动样品磁强计的结果表明：复合材料的饱和磁化强度（M_s）随 Fe_3O_4 含量的增加而增加，并呈线性的依赖关系；矫顽力（Hc）和剩余磁化强度（M_r）均很小，所制得的磁性纳米复合材料近似呈超顺磁性，见表 9-20；该研究为磁性高分子纳米复合材料的制备提供了一种简单易行（Fe_3O_4 纳米粒子在聚合物基体中良好分散），并且可以大批量生产磁性纳米复合材料的方法，并可能促进 PP/Fe_3O_4 纳米复合材料在电磁屏蔽和微波吸收等领域的应用。

表 9-20　PP/Fe₃O₄ 纳米复合材料的磁性能

Fe₃O₄ 质量分数/%	Hc/(A/m)	M_r/(A·m²/kg)	M_s/(A·m²/kg)	M_r/M_s
5	1273	0.05	3.09	0.016
10	1432	0.07	5.46	0.013
15	3182	0.46	9.28	0.05

（2）铁氧体改性软 PVC

张瑞华制备了一种环保型软 PVC 磁塑料片专用料。选定不含有禁止物质的原材料，结合软磁塑料片性能要求及各种助剂特点，用增塑剂、稳定剂、偶联剂、抗氧剂、阻燃剂配成

5组分料浆，然后连同干燥的 PVC 粉、铁氧体粉等在高速搅拌机中高速搅拌后在两辊混炼机中反复混炼，最终压成厚约 1.5mm 的薄片，用切粒机裁成料粒，再用挤出机挤出样片，并与原配方进行比较。见表 9-21。

表 9-21　几组配方测试结果

测试项目	技术指标	原配方	配方 1	配方 2	配方 3	配方 4	配方 5	配方 6
密度/(g/cm³)	3.0 ± 0.2	3.15	2.8	2.84	2.9	3.29	3.03	3.17
邵尔硬度(A)	85 ± 10	84	90	74	78	82	83	80
起始磁导率/(H/cm)	$\geqslant11$	12.5	6.17	12.26	12.38	13.6	13.42	13.1
磁变态温度/℃	$\geqslant130$	145	155	155.7	159	160	162	157
绝缘电阻/Ω	$\geqslant10^9$	3.5×10^{11}	$\geqslant10^9$	$\geqslant10^9$	$\geqslant10^9$	$\geqslant10^9$	$\geqslant10^9$	$\geqslant10^{10}$
耐电压/kV	$\geqslant3.5$	8	6	6	6	6	6	5
阻燃性	V-0	V-0	自熄	自熄	自熄	自熄	自熄	自熄
外观	表面无裂纹、气泡	光洁、无气泡，韧性好，能反复折叠，加工时有气味	无气泡，但质硬，反复折叠有白印	无气泡、质软，可反复折叠，添加剂有气味				
备注		不环保	性能低	太软	太软	加工性能一般	加工性能一般	加工性能好

（3）镍铁氧体/PS 复合材料

赵海涛等采用高分子凝胶法制备了纳米镍铁氧体，然后用热压法制备了镍铁氧体/PS 复合材料。结果表明：当煅烧温度为 600℃时，镍铁氧体晶相生成；随着煅烧温度的升高，镍铁氧体晶体晶型趋向完整。在 X 波段，复合材料的复介电常数和复磁导率值随着镍铁氧体煅烧温度的升高而增大。1000℃ 煅烧的镍铁氧体所制备的镍铁氧体/PS 复合材料在 11.47GHz 处的最小反射率为 -12.67dB。

（4）锶铁氧体磁粉改性 PVC 磁性塑料（体积分数）

配方：PVC（P1000），11%；NDZ-1 偶联剂，1%；锶铁氧体粉，88%。

相关性能：最大磁能面积 13kJ/m³，矫顽力 180kA/m，剩磁 260mT，拉伸强度 6.5MPa。

（5）铁氧体磁粉改性 CPE 磁性塑料（体积分数）

配方：CPE（含氯量 28%～30%），25%；DOP 和 ESBO 增塑剂，适量；铁氧体磁粉（1～1.2μm），75%。

相关性能：最大磁能面积 5.09kJ/m³，矫顽力 149.28kA/m，剩余磁通强度 0.21T。

9.5　表面导电

9.5.1　表面导电技术

使塑料表面导电的方法有很多，如电镀法、热喷涂法、真空镀膜法等。其中，真空镀膜法是在高真空状态下，采用加热或离子轰击的方法，使金属材料或其他导电镀膜材料由固态迅速转化为气态，以分子或原子形态沉积在塑料表面形成一薄层导电膜，是实现塑料表面导电的最有效的手段之一。真空镀膜常用的方法有真空蒸发镀膜、磁控溅射镀膜和离子镀膜三种。

真空蒸发镀膜在真空环境下加热镀膜材料，使它在极短时间内蒸发，蒸发了的镀膜材料分子沉积在塑料表面上形成镀膜层。此法简单便利、操作容易、成膜速率快、效率高，是薄膜真空制备中最为广泛使用的技术。但薄膜与基体结合较差，工艺重复性不好，只能蒸发低熔点材料。

磁控溅射镀膜是在真空中充入惰性气体，并在塑料基体和靶材之间加上高压直流电，由辉光放电产生的电子激发惰性气体，产生等离子体，等离子体将靶材的原子或分子击出，沉积在塑料基体上。由于溅射原子能量比蒸发原子能量高 1～2 个数量级，高能量的溅射原子沉积在基体时转换的能量多，甚至可发生部分注入现象。同时溅射成膜过程中，基体始终在等离子区中被清洗和激活，因此溅射镀膜与塑料表面的附着力要比蒸发镀膜好，膜层致密、均匀，如配合适当的工件转动，可在复杂表面上获得较均匀的镀层。

离子镀膜是蒸发工艺与溅射技术的结合，它是在镀膜的同时采用荷能离子轰击工件表面和膜层，使得镀膜层和基体结合力好，不易脱落。由于粒子的能量低于蒸镀时的能量，即使是耐热性较差的塑料，在其表面也可生成稳定性良好的薄膜。

9.5.2 表面导电配方实例

（1）实例一：电化学镀镍表面导电

乔永莲等为了提高导电塑料的表面硬度、强化表面导电行为，采用电沉积的方法在导电塑料上镀镍，结果表明：阴极电流密度为 $20A/dm^2$、镀液温度为 60℃ 时，可以得到 $0.68\mu m/min$ 的平均镀层增长速率；镍镀层可以保留导电塑料基体的表面特征，镍镀层与基体之间的结合力可以达到 2.3MPa 以上；光亮镍镀层在 NaCl 水溶液中的腐蚀电位高于哑镍镀层的腐蚀电位，且在相同的极化电位下，光亮镍镀层阳极溶解速率也较低。

（2）实例二：磁控溅射镀 Ag、Ag-Au 和 Ag-Pd 透明导电薄膜

张晓峰等采用双极脉冲磁控溅射在柔性聚酯基片上制备了 Ag、Ag-Au 和 Ag-Pd 三种透明导电银薄膜。结果表明：在面电阻大致相同的情况下，Ag、Ag-Au 和 Ag-Pd 薄膜的可见光透过率分别为 70.7％、67.9％、51.8％。湿热试验结果表明，三种薄膜湿热氧化失效均以针孔等薄膜缺陷为失效源，向周围扩展。其中 Ag 薄膜抗湿热性能最差，Ag-Pd 薄膜能够在湿热试验中保持长期的光稳定性。Ag、Pd 共同掺杂可能是获得既具有良好光电性能，又具备良好抗湿热特性的透明导电薄膜的一个途径。

（3）实例三：磁控溅射制备 ZnO 及 ZnO/Ga_2O_3 透明导电薄膜

何维凤研究以纯度为 99.9％ 的 ZnO 纳米粉体和 99.99％ 的 Ga_2O_3 粉体为原料，采用了冷等静压法＋高温烧结，优化工艺获得质量优良的 ZnO 系靶材，采用纯度为 99.9％ 的自制 ZnO 系靶材为溅射靶，以射频磁控溅射法，在高纯的氩气中，分别在普通玻璃衬底和有机聚酰亚胺（PI）衬底成功制备了单一 ZnO 薄膜和 ZnO/Ga_2O_3 复合薄膜。研究发现：① ZnO/Ga_2O_3 薄膜的电学特性测试和分析表明，PI 衬底上制备的 ZnO/Ga_2O_3 薄膜最小电阻率为 $7.5\times10^{-2}\Omega\cdot cm$。单一 ZnO 膜的电阻率高达 $10^6\Omega\cdot cm$，而掺 Ga 的 ZnO/Ga_2O_3 复合薄膜的电阻率将降低好几个数量级，可以达到 $10^{-3}\Omega\cdot cm$。②溅射工艺参数对 ZnO/Ga_2O_3 薄膜的电学性能有重要影响，随溅射功率增大，ZnO/Ga_2O_3 薄膜的电阻率下降，而薄膜的生长速率是随着溅射功率的增加而增加；随着氢气分压的提高 ZnO/Ga_2O_3 薄膜的电阻率呈近线性增大；随着靶材-基体间距增加 ZnO/Ga_2O_3 薄膜的电阻率增大，但薄膜的生长速率

急剧下降；随衬底负偏压的增大 ZnO/Ga_2O_3 薄膜的电阻率急剧增大，但薄膜的生长速率随衬底负偏压的增大而增大；随着溅射时间（沉积时间）的延长，ZnO/Ga_2O_3 薄膜的电阻率下降。

9.6 减重

9.6.1 热膨胀微球减重

膨胀微球是一种特殊核壳结构的发泡剂，外壳为热塑性聚合物，内核为烷烃气体组成的球状塑料颗粒，直径一般在 $10\sim30\mu m$，聚合物壳体的厚度在 $2\sim15\mu m$，壳体有良好的弹性并可承受较大压力，在加热膨胀之后发泡剂自身并不破裂，同时保持自身的良好性能。

热膨胀微球的巨大膨胀能力使它们在工业上有大量的应用，可以减轻产品的质量，改变产品的性能（比如热性能、声性能和电绝缘性能）和节约材料的用量，微球可以在涂料方面加以应用，使墙纸具有三维的效果，或者提高表面性能，比如防滑性，并且同时能够减轻重量，微球也可以在汽车领域得到应用，当它用于汽车底部，它能减轻 50% 的质量，还能改善耐腐蚀性能并减轻噪声。

（1）实例一：PP/微球发泡材料

张涛等将 PP 与微球母粒按 PP/微球的比例为 39/1 配比混合均匀后，在注射机上通过二次开模注塑成型的方法，在 $180\sim230℃$ 的范围内制备 PP/微球发泡材料。研究发现：①在 $180\sim230℃$ 的范围内，随着注射温度的升高，PP/微球发泡材料的表观密度逐渐下降，当注射温度超过 $200℃$ 时，其表观密度变化不大。②随着注射温度的提高，PP/微球发泡材料的泡孔平均直径总体呈增大的趋势，$180\sim200℃$ 范围内，随着注射温度的升高，发泡材料的泡孔平均直径变化不大，且泡孔平均直径较小，在 $50\mu m$ 左右；注射温度继续升高，泡孔平均直径逐渐地增大，超过 $220℃$ 时，泡孔的平均直径急剧地增大；注射温度在 $230℃$ 时，泡孔的平均直径最大，达到 $370\mu m$。③随着注射温度的升高，PP/微球发泡材料的泡孔密度总体是先增加后降低的趋势；$200℃$ 时，泡孔密度获得极大值为 7.95×10^6 个/cm^3，随着注射温度的进一步升高，泡孔密度急剧降低；超过 $220℃$ 时，泡孔密度变化不大。④对 PP/微球发泡材料的力学性能研究发现，随着注射温度的升高，材料的拉伸强度呈逐渐降低的趋势，因为随着注射温度的升高，发泡材料的表观密度逐渐减小，在拉伸过程中，有效承载载荷的截面积减小；随着注射温度的升高，发泡材料的比强度整体呈降低趋势，发泡材料冲击强度先降低，在 $200℃$ 时相对于较低的温度下有所增加，最后逐渐降低，总体是呈降低的变化过程，因为 $200℃$ 时，发泡材料的泡孔直径较小、泡孔密度获得极大值，同时泡孔尺寸较为均匀，导致其大量的微孔在冲击断裂过程中微隙裂纹圆孔化，使得其冲击强度突然增大；当注射温度进一步增加，发泡材料的泡孔密度减小，泡孔尺寸不均匀，大的泡孔会成为一种缺陷加速裂纹的扩展，综合作用导致其发泡材料冲击强度降低。⑤当注射温度为 $200℃$ 时，PP/微球发泡材料的发泡质量较理想，泡孔平均直径为 $32\mu m$、泡孔密度为 7.95×10^6 个/cm^3，同时获得理想的综合力学性能。

（2）实例二：LDPE 可膨胀微球发泡

Expancel 是具有代表性的商品化的可膨胀聚合物微球。这种热膨胀性微球是由热塑性树脂所形成的外壳和内包的发泡剂组成，热塑性树脂外壳通常使用 1,1-二氯乙烯系共聚物、丙烯腈系共聚物、丙烯酸系共聚物，内包发泡剂则主要使用异丁烷或异戊烷等烃类，其沸点在树脂外壳的软化点以下。

章炎敏等探讨了可膨胀微球发泡剂（Expancel）在 LDPE 体系中的发泡规律。基本配方：LDPE，100 份；Expancel，6 份；DCP，1 份；硬脂酸，1 份。结果表明：①Expancel 微球膨胀后的体积是膨胀前的 50 倍，随着 Expancel 用量的增加，发泡体的密度和硬度均逐渐下降，大于 6 份时密度下降趋缓，Expancel 用量为 10 份时，发泡体的密度达 $0.2g/cm^3$，实测密度与理论计算值相当，体系膨胀倍率主要取决于 Expancel 的用量，可以用理论计算公式来预测发泡体的密度。②随温度升高，发泡体的密度先增大后减小，200℃时达极小值 $(0.29g/cm^3)$，170～200℃之间，密度虽然呈减小趋势，但减小的幅度不明显，从发泡效率上考虑，190～200℃是 LDPE/Expancel 混炼物的最佳发泡温度范围。③LDPE 的轻度交联有利于 Expancel 的膨胀稳定性，随着 DCP 用量的增加，发泡体的密度线性增加，硬度也随之增大；DCP 用量从 0 份增加到 2 份，发泡体的密度增加了 1.5 倍，因为 LDPE 交联增大了 Expancel 膨胀时的阻力，使膨胀倍率减小；LDPE 熔体黏度的大小并不会因为影响熔体对气体的包覆性而影响发泡，但交联剂可以在基体与微球表面聚合物之间界面起到桥接的作用，改变其流变学特性，考虑到泡体的膨胀稳定性以及发泡体的力学性能，取 DCP1phr 使 LDPE 轻度交联有利于体系发泡。

9.6.2 空心玻璃微珠填充减重

空心玻璃微珠是一种中空的，内含惰性气体的微小圆球状粉末，质量轻、体积大、热导率低、压缩强度高，分散性、流动性、稳定性好，还具有低吸油、绝缘、自润滑、隔声、不吸水、耐火、耐腐蚀、防辐射、无毒等一些普通材料不具备的优异性能。空心玻璃微珠早先主要用于航天事业、国防工业等尖端科学技术，如各类飞行器的防热系统中的防热罩的烧蚀材料；应用于潜艇、救生艇、水上飞机的浮力材料；原子能工业中的防辐射高温材料以及乳化炸药的敏化剂等。随着科学技术的发展和空心玻璃微珠工业化生产的实现，空心玻璃微珠材料已成为价格低廉、资源丰富的新型材料。它已广泛应用在隔热防火材料、高级绝缘材料、乳化炸药、复合材料、石油化工、化工产品添加剂等军事、民用领域。

（1）实例一：空心玻璃微珠填充交联型发泡 PVC/TPU

焦雷等以 PVC、TPU 为主要原料，加入 AC 发泡剂、DCP、空心玻璃微珠及其他助剂经模压成型制备了 PVC/TPU 轻质材料。研究发现：聚酯型 TPU 能够提高轻质材料的弯曲强度和冲击强度；TPU 加入 10 份时，共混体系的表观密度最低（$0.30g/cm^3$）；表观密度随着交联剂 DCP 的添加先降低后增大；空心玻璃微珠的加入，使得 PVC/TPU 轻质材料的表观密度和综合力学性能提高明显，加入 20 份空心玻璃微珠密度始终小于 $1.0g/cm^3$；SEM 表明，DCP 的加入使得泡孔更完整且不易破孔，泡孔壁更厚；空心玻璃微珠分布在泡孔壁上，起到引发泡孔和支撑负荷的作用。

（2）实例二：玻璃微珠填充 PP

薛颜彬用一步法和二步法两种混合工艺，研究了经过表面预处理的玻璃微珠填充 PP 的力学性能。研究发现：二步法制备出的复合材料各项性能均优于一步法；采用二步法工艺时，经过适当表面处理的玻璃微珠可以通过熔融共混均匀分散在 PP 中，粒子与基体界面结合良好，玻璃微珠的加入能在保证冲击强度下降不大的情况下，PP 的拉伸强度得到明显改善、弯曲强度增大；玻璃微珠的加入有效提高了复合材料的流动性和热变形温度，利用玻璃微珠改性 PP 时存在一个最佳用量，一般为 10％左右；对 PP 树脂而言，活化玻璃微珠是一种理想的填料，可以适量填充，能够降低制品成本，添加量少时起到增强作用。不同加工工艺制备复合材料的性能见表9-22。

表 9-22　不同加工工艺制备复合材料的性能比较

项 目	玻璃微珠含量/份	拉伸强度/MPa	弯曲强度/MPa	冲击强度/(kJ/m²)	MFR /(g/10min)	维卡软化点/℃
一步法	5	28.58	28.87	14.98	2.16	151
	10	29.31	29.20	14.33	2.17	151.5
	15	28.69	28.41	13.88	2.03	154
	20	27.95	27.22	12.94	1.93	156
二步法	5	29.35	29.11	16.52	2.12	151
	10	31.05	30.48	16.28	2.25	153
	15	30.39	30.11	15.66	2.07	153.5
	20	29.17	29.58	14.81	2.01	155

（3）实例三：玻璃微珠填充 LDPE

盛旭敏等考察中空玻璃微珠（HGB）种类及用量、硅烷偶联剂种类及用量等对 HGB/LDPE 复合材料密度及力学性能的影响。结果表明：中空玻璃微珠用量增加，复合材料密度逐渐下降，用量达到 20 份后，下降趋势不明显；随玻璃微珠用量增加，复合材料力学性能除拉伸模量外均呈下降趋势，玻璃微珠较适宜用量为 20 份；偶联剂 A-172 对玻璃微珠处理效果优于 KH550，当 A-172 用量为 1.0% 时，复合材料综合力学性能最佳，其中冲击强度较处理前提高 24%，拉伸强度较处理前提高 18%；中空玻璃微珠对 LDPE 的减重效果不如 LDPE 化学发泡法明显，但能较好兼顾"轻质"与力学性能要求。HGB/LDPE（20/100）复合材料与 LDPE 化学发泡材料性能比较见表 9-23。

表 9-23　HGB/LDPE（20/100）复合材料与 LDPE 化学发泡材料性能比较

项 目	密度/(g/cm³)	冲击强度/(kJ/m²)	拉伸强度/MPa	拉伸模量/MPa	断裂伸长率/%
纯 LDPE	0.92	48.3	10.87	185.1	113
HGB/LDPE	0.82	9.85	9.74	472.4	16
化学发泡	0.63	11.0	2.94	49.2	110

（4）实例四：空心玻璃微珠/聚四氟乙烯

张明强根据聚四氟乙烯（PTFE）的特性，以"粉末冶金"的方法，采用模压-烧结成型的工艺制备了玻璃微珠填充 PTFE 基复合材料。在 PTFE 基体中填充低密度的空心玻璃微珠颗粒后，PTFE 基复合材料的密度显著降低，空心玻璃微珠的含量为 15% 时（质量分数），复合材料的密度降为 1.12g/cm³，但空心玻璃微珠的含量过高，会导致复合材料的力学性能不能满足使用要求，失去使用价值。另外，玻璃碎片的存在影响了空心玻璃微珠降低复合材料密度的效果，致使复合材料的实际密度高于计算值。

9.7　提高电性能

目前已经开发并获得广泛应用的有：辐射交联、过氧化物交联、硅烷交联，此外还开发了光交联、叠氮交联法以及盐交联法等，但远不如前三种普及。

9.7.1　以电缆用绝缘 PE 的交联为例介绍

（1）高能辐射交联

1948 年，Dole 等人在进行重水反应堆试验时首次发现高能辐射可使 PE 交联。1953 年，

Lawton 等人采用电子加速器使 PE 交联。在辐射交联的过程中，高能射线打断 PE 中的 C—H 键、C—C 键形成自由基引发交联。高能射线既可以是 X 射线或 γ 射线，也可以是电子束或中子束。实验室研究通常采用的 γ 射线源为 ^{60}Co 伽玛线照射源，而工业上常用大型电子加速器产生的电子束对 PE 进行辐射交联处理。当高能射线作用在 PE 上时，形成自由基和氢原子。氢原子因辐射而获取较大动能，进一步撞击其他 PE 分子链，形成二次自由基，并发生抽氢反应。当辐射形成的自由基与二次自由基相遇时，发生交联反应。

采用辐射交联生产的 XPE 交联与挤塑分开进行，产品质量容易控制，生产效率较高；辐射交联过程中不需添加自由基引发剂，材料洁净性能得以保障，可有效提高 XPE 的电气性能。但是采用高能电子束辐射时，进入 PE 内的电荷可能被载流子陷阱俘获形成空间电荷，造成电缆绝缘性能下降，使用寿命降低；对于大截面电缆较难获得均匀照射。辐射交联技术仅在小截面、低电压等级的电缆生产中得到应用。

（2）硅烷交联

硅烷交联的生产工艺由美国的 Dow Corning 公司率先开发成功。其原理是把有机硅化合物如乙烯基三甲氧基硅烷接枝到 PE 主链上，在 DCP 的触发下，借助硅烷水解而实现交联。硅烷交联 PE 电缆料的生产方法分两步法、一步法和共聚法。

① 两步法　第一步：采用有机过氧化物等引发剂将乙烯基硅烷在熔融状态下接枝到 PE 分子上。过氧化物受热分解产生的自由基能夺走 PE 分子链上的氢原子，形成的 PE 大分子链自由基与硅烷分子中的双键发生接枝反应。第二步：接枝后的硅烷通过热水或水蒸气水解而交联成网状结构。交联时，水分子通过聚合物分子间隙与接枝在聚合物链上的硅烷发生置换反应，形成—Si—O—Si—交叉链。两步法投资小、工艺简单，但易混入杂质，一般只用于低压电缆的制造，而且硅烷接枝 PE 料的保质期短，所以两步法较适合于小规模生产。

② 一步法　一步法是在两步法的基础上发展起来的。将 PE、硅烷、过氧化物和交联催化剂等直接加入到挤出机中，一步挤出成型电线电缆。硅烷接枝是关键，接枝是否成功直接影响生产产品的质量。与两步法相比，一步法工艺简单，引入的杂质较少，对于中低压电力电缆的生产均适用。但该方法工艺技术要求高、投资大。

③ 共聚法　共聚法是在两步法和一步法基础上发展而来，采用与两步法和一步法相同的硅烷作共聚单体，在聚合过程中导入可水解硅烷，在高压反应器中，使乙烯和硅烷共聚单位发生随机的共聚反应。此方法能完全保证其高清洁度，且一次投料，实现了交联晶体的规则分布，所需的硅烷含量比硅烷接枝化合物低；制得的硅烷交联 PE 储存稳定性高、连续挤出时间长和产气少、易成型。

目前国内市场占有量最大的两步法硅烷交联 PE 绝缘料由 A 料和 B 料组成，A 料为已接枝了硅烷的聚乙烯，B 料为催化剂母料，其质量比一般为 A：B＝95：5，A 料和 B 料由电缆料厂制成后售于电缆厂，电缆厂在使用前将 A 料和 B 料按比例混合后，在普通挤出机中即可挤制电缆绝缘线芯，而后在温水或蒸汽中使绝缘层交联。

（3）过氧化物交联

过氧化物交联适合于生产高电压等级电缆料，实际生产中一般选择使用 DCP 作为过氧化物交联剂。混合加工温度不能高于 DCP 分解温度（DCP 安全温度 120℃）。需加入抗氧剂阻止过氧化物在加工和使用的过程中的分解和吸收过氧化物分解出来的自由基，使其不发生链破坏的反应。选择的抗氧剂既要有较高的抗氧化效力，同时对交联反应的整个过程不能产生不利的影响。PE 的交联度取决于 DCP 交联剂的分解速度。

9.7.2 交联改性实例

9.7.2.1 实例

（1）实例一：辐射交联 PVC 电缆绝缘料

苏朝化等使用 PVC、增塑剂、敏化剂、稳定剂、抗氧剂、填充剂等添加剂，通过辐射交联获得了性能优良的辐射交联 PVC 绝缘料。研究发现：随着辐照剂量的增加，体积电阻率初始有一较快的上升，至 2Mrad 后趋于平稳，这与样品的交联度增加有关，初始交联速率较快，之后有一个明显的转折，在此区域交联度仍有缓慢地上升。随着交联度的增加，体系形成了三维网状结构，说明材料的体积电阻率与交联度呈对应关系；敏化剂用量多少对材料的体积电阻率影响不大。

（2）实例二：交联 LDPE

朱晓辉以 DCP 为引发剂，在不同交联温度和交联时间下制备出多种交联 LDPE 薄板状或薄片状试样，系统地研究了交联工艺对 XPE 的理化特性、空间电荷特性、绝缘强度、力学特性及耐电树枝老化特征的影响。

① DCP 在高温交联过程中发生分解，产生苯乙酮、枯基醇和 α-甲基苯乙烯三种主要副产物。交联温度升高，枯基醇、α-甲基苯乙烯含量的变化不大，而苯乙酮的含量随交联时间先减少后增多。XPE 中电荷的衰减速度随交联温度升高先减小后增大。当交联温度从 150℃ 升高至 160℃ 时，正电荷衰减速度小于负电荷；当温度升高至 180℃ 时，正电荷衰减速度大于负电荷。苯乙酮与水分共同作用造成的高电导率是使电荷衰减特性改变的主要原因。

② 随着交联温度的升高，试样的击穿电压和击穿时间均呈现先升高后减小的趋势。电击穿和热击穿的共同作用是造成介质击穿的主要原因。随着交联温度的升高，XPE 试样的结晶度降低，非晶区的增多为电子崩的发生提供了空间。此外，DCP 交联剂因交联温度升高而不断分解并溶于水，为上述电子崩过程提供了种子电荷，交联温度升高使电击穿发生的概率增大。同时，交联形成的三维网格因交联温度的升高而更加密集，这对抑制热击穿起到较大作用。而实际的击穿特性由上述电击穿和热击穿特性共同决定。

③ 在高压交流作用下，XPE 中出现了树枝状、松枝状、藤枝状、丛林状、丛林-松枝混合状、树枝-藤枝混合状六种电树枝。随着交联温度的升高，电树枝种类增多。在交联温度为 170℃ 时，生长速度快的电树即树枝状及树枝-藤枝混合状占的比例最小，表明此交联温度下制成的 XPE 球晶大小和结构最合理，可适当提高 XPE 耐电树枝老化的能力。

④ 过低或过高的交联温度均可使 XPE 的击穿强度下降，应选择合适的交联温度（对于本研究所使用电缆料配方，180～200℃，10min 最佳）。减少绝缘层中形成的温度梯度使其保持受热均匀；在电缆生产过程中，不应通过提高加热温度的方法来缩短生产时间。

（3）实例三：硅烷交联 PE

张建耀等使用乙烯-乙酸乙烯共聚物（EVA）对硅烷交联 PE 电力电缆绝缘料进行了改性。结果表明，EVA 对绝缘料的熔体流动速率、介电强度、热延伸性能影响较小，使其介电常数、热稳定性提高，体积电阻率、结晶度、交联度、拉伸强度下降。EVA 的添加量在 10 份之内，绝缘料的 MFR、介电强度、热延伸性能、断裂伸长率、体积电阻率、交联度满足技术指标要求；EVA 的添加量超过 6 份时，绝缘料的拉伸强度和介电常数不能满足要求。

（4）实例四：硅烷交联绝缘电缆料

专利 CN 102634098 A 报道了一种架空硅烷交联绝缘电缆料，由 A 料和 B 料组成。

① 方案 1　A 料：将 PE（密度 0.91g/cm³），100 份；乙烯基三乙氧基硅烷，2 份；DCP，0.2 份；通过双螺杆挤出机共混造粒，水冷后进行干燥处理，即得到 A 料。B 料：将 PE（密度 0.91g/cm³），100 份；炭黑，1 份；防老剂（N-苯基-N′-环己基-对苯二胺），0.5 份；光稳定剂 HS-944，中文别名为聚{[6-[(1,1,3,3-四甲基丁基)氨基]]-1,3,5-三嗪-2,4-双[(2,2,6,6,-四甲基-哌啶基)亚氨基]-1,6-亚己二基[(2,2,6,6-四甲基-4-哌啶基)亚氨基]}，3 份；热稳定剂硬脂酸钙，2 份；通过双螺杆挤出机共混造粒，水冷后进行干燥处理，即得到 B 料。

按照 A 料∶B 料＝94∶6 的比例混合，即得到架空硅烷交联绝缘电缆料。

② 方案 2　A 料：PE（密度 0.93g/cm³），100 份；乙烯基三乙氧基硅烷，4 份；DCP，0.4 份；通过双螺杆挤出机共混造粒，水冷后进行干燥处理，即得到 A 料。B 料：PE（密度 0.93g/cm³），100 份；炭黑，4 份；防老剂 N-苯基-N′-环己基-对苯二胺，2.5 份；光稳定剂 HS-944，中文别名为聚{[6-[(1,1,3,3-四甲基丁基)氨基]]-1,3,5-三嗪-2,4-双[(2,2,6,6,-四甲基-哌啶基)亚氨基]-1,6-亚己二基[(2,2,6,6-四甲基-4-哌啶基)亚氨基]}，13 份；热稳定剂硬脂酸钙，13 份；通过双螺杆挤出机共混造粒，水冷后进行干燥处理，即得到 B 料。

按照 A 料∶B 料＝96∶4 的比例混合，即得到架空硅烷交联绝缘电缆料。

两种方案硅烷交联电缆料的性能见表 9-24。

表 9-24　两种方案硅烷交联电缆料的性能

指标名称		性能要求	方案 1	方案 2
20℃体积电阻率/Ω·m		5.0³	3.2×10^{14}	3.9×10^{14}
介电强度/(MV/m)		22	42	39
介质损耗因数(50Hz)		$<10 \times 10^{-3}$	3.6×10^{-4}	4.2×10^{-4}
拉伸强度/MPa		13.0	23.7	22.5
断裂伸长率/%		300	531	515
老化实验 (135℃,168h)	拉伸强度最大变化率/%	±20	5	8
	断裂伸长率最大变化率/%	±20	10	13
热延伸实验(200℃, 15min,0.2MPa)	载荷下最大伸长率/%	<80	30	25
	冷却后最大伸长率/%	<5	0	-2
冲击脆化温度/℃		-76	通过	通过
耐环境应力开裂 F_{50}/h		1000	通过	通过
人工老化试验 (老化 1008h)	拉伸强度变化率/%	30	-14	-10
	断裂伸长率变化率/%	30	-16	-23

9.7.2.2　配方

(1) 配方一：耐热电线电缆用硅烷接枝交联 PE

配方见表 9-25。

表 9-25　耐热电缆用硅烷交联 PE 配方

成分	用量/份	成分	用量/份
LDPE	100	抗氧剂 264	0.5
DCP	0.1	DBTDL	0.05
A151	2.5		

加工条件：挤出温度 130℃、220℃、230℃，螺杆转速 10r/min，停留时间 120～130s，挤出物 MFR＝2.8g/10min，产物凝胶 53.2%。

相关性能：100％定伸应力 7.22MPa（120mm/min），10.40MPa（20mm/min）；拉伸强度 8.24MPa（100mm/min），13.2MPa（20mm/min）；断裂伸长率 325％（100mm/min），415％（20mm/min）。

（2）配方二：过氧化物交联绝缘及 PE

配方见表9-26。

表 9-26 氧化物交联绝缘及 PE 配方

配方	绝缘级				护层级	
	1#	2#	3#	4#	1#	2#
LDPE(MFR＝1.5g/10min)	100	100	100	100	100	100
交联剂 DCP	2	2	—	—	2	2
交联剂 AD	—	—	2	2	—	—
抗氧剂 1010	—	—	—	—	0.2	0.2
抗氧剂 DNP	0.5	—	0.5	—	—	—
抗氧剂 RD	—	—	—	0.5	—	—
助抗氧剂 DSTP	—	—	—	—	0.4	0.4
抗氧剂 300	—	0.5	—	—	—	—
热裂炭黑	—	—	—	—	80	80

（3）配方三：辐射交联绝缘级 PE

配方见表9-27。

表 9-27 辐射交联绝缘级 PE 配方

成分	用量/份	成分	用量/份
LDPE(MFR＝1.5g/10min)	100	氯化石蜡	15
高耐磨炭黑	2.5	三氧化二锑	15
二碱式亚磷酸铅	3	抗氧剂 DNP	1

（4）配方四：硅烷交联 PVC

配方见表9-28。

表 9-28 硅烷交联 PVC 配方

成分	用量/份	成分	用量/份
PVC(SG-2)	100	硅烷	8
DOP	50	钛白粉	1.5
稳定剂	3	碳酸钙	5
二月桂酸二丁基锡	0.1		

（5）配方五：硬质异型材专用辐射交联 PVC 料

配方见表9-29。

表 9-29 硬质异型材专用辐射交联 PVC 料配方

成分	用量/份	成分	用量/份
PVC	100	润滑剂	2.5
$CaCO_3$	40	CPE	7
稳定剂	6	TAIC	5

相关性能：弯曲强度 63.9MPa，压缩强度 55.45MPa，冲击强度 15.2kJ/m^2（缺口）、119.5kJ/m^2（无缺口）。

9.8 消音减震

随着工业的发展，力学振动和噪声所导致的危害愈来愈引起人们的重视。振动和噪声不仅危害人类身心健康，同时造成力学设备、仪表管路等的损坏。尤其是现代高层住宅的普遍化，与之配套的高层供水、供热、制冷设备也渐渐走进人们的日常生活，其造成的振动、噪声等污染对广大群众的切身利益造成影响。

消除振动、噪声，使用最广泛、最有效的方法就是采用各种弹性支承来阻隔振动源的传播，如金属弹簧、空气弹簧，隔振手段如橡胶减震垫圈垫板以及软木、毛毡垫等。现代工业机器的设计逐步向轻（骨架）薄（壳体）化方向发展，由此也带来了机器的轻薄结构更容易产生振动和噪声的弊端，而由结构自身造成的振动和噪声则是无法用隔振手段来解决的，这就必须采用高阻尼手段。

9.8.1 吸声机理

声波是一种力学能，借助媒质传播，在不同的媒质中有不同的传播速度和损耗。声能损耗主要是通过黏滞性内摩擦、热传导和弛豫作用完成。高分子材料的吸声现象涉及将声能或振动能转换为其他形式的能量，通常是以热能耗散掉。理论上声能或振动能与热密切相关，在分子层次上，它们的区别仅在于分子位移的矢量方向不同。声能或振动能的特征是，分子位移的矢量方向密切相关，大量分子同时向同一方向移动。而在一定媒质中，热具有和传播声能或振动能相等或更多的能量，但其分子运动方向是无规的，在任意点上分子平均位移为零。因此，声能或振动能的耗散涉及使分子运动方向无规化。通过高分子材料内界面的增加、黏弹内阻尼以及填料阻抗的合理匹配可实现分子的无规运动，达到吸声的目的。

9.8.2 吸声材料

高分子吸声材料主要有发泡吸声材料、黏弹性吸声材料、颗粒吸声材料、复合吸声材料。

（1）发泡吸声材料

发泡材料表面含大量微孔，入射声波在表面反射低，材料内部大量孔洞使界面增加，进入材料内部的声波会引起孔隙内空气的振动，从而使入射声能一部分乃至全部消耗，达到吸声的效果。发泡吸声材料具有适用频率较宽、成本低、容重小、防潮、吸声性能稳定等优点，而且微孔的引入可改善材料的韧性和耐疲劳性。目前实际应用的主要是聚氨酯和聚苯乙烯泡沫塑料。

（2）黏弹性吸声材料

利用高分子材料的黏弹内耗性能即阻尼机制，将吸收的声能或机械能（主要是固体声）转变为热能耗散是高分子黏弹性吸声材料主要的吸声机理。高分子黏弹性吸声材料主要用于机械阻尼吸声以及水声吸声，有橡胶、互穿聚合物网络（IPN）材料等。在黏弹吸声材料中IPN备受关注，它是由两种或多种聚合物交联网络的永久性物理互锁形成的。它可以呈现不同程度的相分离形态，存在相界面过渡层，具有高的阻尼值和宽温带松弛转变区，并且易于成型加工，具有优良的耐腐蚀性。

（3）颗粒吸声材料

颗粒孔隙结构的高分子吸声材料是颗粒状塑料通过一定工艺方法黏结压制成型的结构吸声材料，吸声机理与多孔材料相似。声波在材料的孔隙中传播引起孔洞内空气振动，造成它和孔壁的摩擦，由此产生速度梯度而导致黏滞阻碍作用，使部分声能转化为热能被耗散掉，并且由于各颗粒之间的黏结不规则，每个孔隙周围又分布一些更微细的孔隙，这样的结构有效地增加了孔隙内空气黏滞阻力，使得入射声能量被有效地吸收；颗粒微孔材料的筋络是高分子塑料颗粒，其弹性模量较低，内阻尼较大，存在弛豫效应吸声，在声波作用下，颗粒材料发生形变，由材料自身的弹性弛豫效应把声能转变为热能损耗。该类材料不但中、低频吸声系数较高，其力学性能还优于常用的多孔和泡沫吸声材料。

（4）复合吸声材料

复合材料既具备良好的吸声性能又具有良好的振动衰减能力，可在空气声和固体声的双重作用下工作。通过混合与填充填料等方式，将高分子聚合物、弹性体、金属或无机填料等有机结合，实现对噪声最大程度的吸收，得到综合性能优异的复合吸声材料是高分子吸声材料设计的主要构想，也是目前研究最活跃的领域之一。填料是调节材料与声波相互作用特性的重要物质。在填充复合材料中，声音的衰减涉及破坏分子间非键作用力来增加内摩擦以及重质材料对骨架的质量负荷作用。

（5）其他吸声材料

Cushman 等将导电微粒与聚偏二氟乙烯混合制得压电吸声材料。导电微粒在基质材料中形成微观局部的电流回路，有效地将声能及振动能转换为电能再经压电作用以热的形式耗散掉，有吸声和减振的作用。

成国祥等在聚合物中加入 PZT 微粒，利用高分子的黏弹阻尼特性和压电陶瓷的压电效应，制备了以丙烯酸酯聚合物和环氧树脂为基材的复合膜。可以通过高分子黏弹性产生的力学损耗作用，聚合物与压电陶瓷粒子的相互摩擦，陶瓷粒子间的相互摩擦，复合膜与物体间的黏结界面层约束作用，以及压电阻尼效应来实现吸声。

9.8.3 吸声材料配方实例

（1）实例一：PS 填充、共混发泡制备泡沫吸声材料

钱军民等将 PS、化学发泡剂、增塑剂等原料混合，在开炼机上混炼均匀，将混炼好的物料在模具内加热发泡，制得了以乙丙橡胶、PS 和岩棉为主要原料的泡沫吸声材料。其平均吸声系数达 0.5 以上，且材料的低频吸声性能比一般多孔型吸声材料的要好得多。试样平均吸声系数随发泡剂用量增加先升高后降低，存在一个最佳用量，岩棉用量与材料吸声系数也有类似趋势；增塑剂是影响试样空隙率的两大关键因素之一，可用于调整熔体黏度，形成致密均匀的微泡结构，达到所需的空隙率。增塑剂用量太多，不仅会降低试样的空隙率，进而降低材料的吸声性能，而且还会增加生产成本，并使试样强度下降；通过正交实验得出的最佳配方见表 9-30。

表 9-30　最佳配方

成分	用量/份	成分	用量/份
PVC	100	塑化剂	70
乙丙橡胶	30	有机锡	1.5
AC 发泡剂	6	氯化橡胶/Sb_2O_3(2:1)	3
岩棉	90		

（2）实例二：PVC填充、发泡制备泡沫吸声材料

席莺等将PVC及其共混发泡材料与无机吸声材料混合，研制了一种新型吸声物材料，其平均吸声系数为0.5左右，尤其是中低频吸声性能，明显优于其他吸声材料。研究发现，对于一个固定频率，在临界厚度以下，厚度的增加将导致吸声系数减小，当厚度增至临界值后，吸声系数随厚度的增加而增加；当厚度一定时，随容重的增加内部孔隙率降低，低频吸声系数逐渐上升，高频吸声系数变化不大，如果容重过大导致内部孔隙率过小，声波透入的阻力太大，尤其是低频部分的透入量要受到影响，吸声系数降低，因此该吸声材料存在最佳的容重范围；无机物材料的加入加强了该吸声材料在低频（200～500Hz）的吸声效果，但在500～1000Hz的范围内，吸声效果随着无机物的加入量的增多而下降，这是由于无机物的加入使柔性材料的弹性减小，从而导致共振吸收峰向高频移动，在1000～1600Hz范围内吸声系数上升；无机填料含量低、分散稀疏时，不能发挥其吸声特性，体系故主要表现出柔性材料的吸声特点，但当无机物含量超过某一定值后，材料的吸声特性曲线与该无机物灰浆的吸声特性曲线类似；无机填料粒径减小，平均吸声系数随之增大，但如果粒径小到影响无机物本身的微孔结构的完整，从而使混合材料内部难以形成较好的连通体系，吸声性能反而会下降。

（3）实例三：压电阻尼材料

蔡俊等基于压电导电原理，以PVC为基体材料，以锆钛酸铅（PZT）和炭黑（CB）为压电相和导电相研制了PZT/CB/PVC新型吸声高分子复合材料，并探讨了这种材料吸声途径中的导电压电耗能微观机制。研究发现：压电材料经电场极化后的吸声系数大于其极化前的数值，说明压电性能对吸声性能起促进作用；吸声系数随CB含量先增加后减少，在125～500Hz的中低频率段里，CB含量4%的复合材料吸声系数最高，大于500Hz后，复合材料体系的吸声系数趋于一致，这是由于当复合材料被极化后，压电材料PZT具有压电活性，在中低频的共振频率处，PZT对声波振动刺激产生的响应最强，即发生形变并将一部分力学能转变为电能。当导电相含量较低时，无法及时导出压电颗粒产生的电荷，因而不可避免地产生逆压电效应和二次压电效应影响性能，当导电相含量较高时，虽然容易导出电荷，但作用在压电颗粒上的场强过高，从而引起介电损耗，并导致压电吸声性能的下降。由于高分子基料具有一定的黏弹阻尼性能，逆压电效应和二次压电效应引起振动持续一段时间后仍将得到衰减，最终电能通过摩擦转变为热能，从而有利于压电复合材料的吸声性能。

（4）实例四：互穿网络阻尼材料

Mathew等用丁腈橡胶（NBR）与PVC的共混物作为第一网络，然后再与乙烯-丙烯酸甲酯共聚物（EMA）制成序列互穿IPN阻尼材料，当用质量比50/50的NBR/PVC再与MMA以质量比42/58的比例做成IPN阻尼材料时，其阻尼因子只有一个峰，且≥0.3的温度区间约为50℃，阻尼性能好。

刘瑞英等用丙烯酸正丁酯（n-BA）/丙烯酸甲酯（MA）/甲基丙烯酸正丁酯（BMA）（1/1/1）制得三元共聚物PACE，然后用PACE与PS制成IPN阻尼材料，结果得到跨越温度区间近100℃的高阻尼平台区的IPN阻尼材料。固定PACE/PS组分比为50/50，改变PACE/PS及PS/PACE两体系交联剂二甲基丙烯酸乙二醇酯（EGDMA）用量分别为0.2%，0.4%，0.6%，0.8%，动态力学性能测试分析发现：随交联剂用量的变化，两体系的动态力学谱曲线变化趋势一致，交联剂用量均以0.4%为最好，在较宽的温度区间内，曲

线呈现平台区，阻尼值最高。在交联剂 EGDMA 用量为 0.2％时，因交联剂用量不足出现明显相分离。交联剂用量 0.4％时，网络间相互缠结限制了相分离。但交联剂含量进一步提高（＞0.4％）时，由于首先形成交联密度过高的核，限制了壳组分的渗透和互穿，使体系相容性降低。同时，也由于随交联密度的增加，分子链段的相对运动越加困难，必然导致阻尼值降低，由此可见，恰当的选择交联剂用量对提高 IPN 材料的阻尼性能是很关键的。

9.9 木塑材料

木塑复合材料（wood-plastic composites，简称 WPC）是以 PE、PP、PVC、PS 以及它们的共聚物等热塑性塑料和木粉、植物秸秆粉、植物种壳等木质粉料为原料，经挤压法、注塑法、压制法成型所制成的复合材料。木塑复合材料在广义上包括很多内容，其产品结构形式有覆塑木、合成木（树脂单体压入木材后再经高温高压聚合）、热固性塑料与木粉混合形式（例如电木）、热塑性塑料与木粉（也可用植物秸秆或坚果皮壳粉）混合形式，其中发展最快、应用最广的是狭义上的木塑制品（指由热塑性塑料和植物粉末以混合方式存在并经过热成型得到的制品）。木塑复合材料的生产和使用不会向周围环境散发危害人类健康的挥发物，而且材料本身还可以回收利用。因此，它是一种环保型产品，也是一种生态洁净的复合材料。现在国外已对木塑复合材料有较深入的研究，开发出 PE 木塑、PS 木塑、PP 木塑、PVC 木塑、ABS 木塑等多种复合材料及制品。

9.9.1 木塑材料的特点

WPC 是植物纤维与塑料基体的有机结合，兼顾了植物纤维和塑料两种材料的特性，扬长避短，有效满足了相关领域的材料需求。其具有以下优良特性：

① 产品对木质纤维要求低，可采用木材加土中产生的废料以及稻壳等废弃物；

② 材料机械强度提高，表面硬度和耐磨性能明显改善；

③ 尺寸稳定性好，无裂纹、不翘曲，吸水性和吸湿性明显降低；

④ 表面性状显著改善，无需涂饰，具有独特的光泽；

⑤ 制品表面光滑、平整和坚固，可压制出立体图案和其他形状；

⑥ 无木材制品的缺陷，如节疤、斜纹理、腐朽等；

⑦ 可加入各种着色剂，制成彩色产品；

⑧ 耐腐蚀性好，不怕虫蛀；

⑨ 耐热性能提高；

⑩ 耐候性好；

⑪ 重复加工性能好，可锯；

⑫ 可重复使用和回收利用，不易吸湿变形；可刨、黏结、用钉子或螺钉固定，并且容易维修；也可生物降解，环境友好。

9.9.2 木塑材料面临的问题

随着木塑复合材料的发展，面临着许多仍没有很好解决的问题。

① 由于复合体系的流动性差，阻力较大，必须添加大量的润滑剂和相容剂，但过多润滑剂或相容剂的添加，必定会对木塑复合材料的性能造成影响。

② 木塑复合材料在成型过程中，会对机械设备产生磨损，因为木质纤维受热必然会发生一定程度的降解，产生大量酸性或其他腐蚀性物质，这就对力学设备产生一定的腐蚀性磨损。

③ 由于木质纤维具有强的亲水性，因此其耐水性有一定的缺陷，而且木塑复合材料在长期光照条件下，会发生变色，对材料的美观产生一定的影响。

中北大学塑料研究所在近二十年对木塑材料的研究中发现，第一，不能简单地把木粉当作普通的无机填料在塑料中使用，木粉在受热过程中要发生极其复杂的化学变化；第二，木粉受热后自身软化、摩擦系数显著增大、显示强酸性因而腐蚀模具和设备；第三，木粉的含水量不能像常规填料一样靠烘干解决，因为木粉在烘干过程中一直脱水伴随降解直到成为炭；第四，木塑材料的耐候性不光要考虑基体树脂，还应特别考虑木粉的耐候性，因木粉的抗紫外性能、抗老化性能及抗雨水冲刷性能较差；第五，木塑材料的燃烧特征是离焰燃烧，所以木塑材料阻燃不应光考虑基体树脂，应重点考虑木粉部分的阻燃；第六，木粉在木塑材料中能起到消音减震的作用。

9.9.3 木塑材料实例

（1）实例一：PVC 木塑材料的制备

沈凡成等利用胺类改性剂 M 处理木粉，制备出 PVC 木塑材料，并研究了改性剂 M 和力学性能改性剂丙烯腈-苯乙烯共聚物（AS）的用量对 PVC 基复合材料力学性能的影响。结果表明：随着改性剂 M 用量的增加，复合材料的拉伸强度、无缺口冲击强度、弯曲强度以及弯曲模量都呈先上升后下降的趋势，且当 M 用量略大于 2％时达到最大值；随着 AS 用量的增加，复合材料的拉伸强度、弯曲强度及弯曲模量都呈逐渐上升的趋势，无缺口冲击强度呈逐渐下降的趋势，到 8％时趋于平缓。

（2）实例二：PE 木塑材料

以回收 HDPE 和马来酸酐接枝聚乙烯（PE-g-MAH）的总含量为 27％、木粉含量为 70％、润滑剂为 3％为基本配方，用挤出成型法制备了木粉高填充量的木塑复合材料。在保持配方中 PE-g-MAH 和 HDPE 的总含量为 27％不变的条件下，随着 PE-g-MAH 的含量从 0 增加到 27％，制得的木塑复合材料的拉伸强度从 12.5MPa 增大到 34.7MPa，弯曲强度从 30.0MPa 增大到 64.0MPa，冲击强度从 3.9kJ/m² 增大到 14.1kJ/m²，吸水率从 2.51％减少到 0.04％。

参考文献

[1] 郝喜海，孙淼等. 抗菌材料的研究进展 [J]. 化工技术与开发，2011，40（9）：21.
[2] 张玉龙，齐贵亮. 功能塑料改性技术 [M]. 北京：力学工业出版社，2007：259，260，262.
[3] 李婷，钟泽辉. 载银沸石抗菌剂的研究进展 [J]. 包装工程，2011，32（3）：107.
[4] 张秀菊，陈文彬，林志开等. 二氧化钛负载细菌纤维素纳米复合材料的抗菌性及细胞相容性的研究 [J]. 化学世界，2011，25（11）：641.
[5] 胡占江，赵忠，王雪梅. 纳米氧化锌抗菌性能及机制 [J]. 中国组织工程研究，2012，16（3）：527.
[6] 陈仕国，郭玉娟，陈少军等. 纺织品抗菌整理剂研究进展 [J]. 材料导报：综述篇，2012，26（4）：89.
[7] 常彩萍. 新型高分子抗菌材料的合成及抑菌性研究 [D]. 兰州：西北师范大学，2010.
[8] 赵中令，连彦青. 新型抗菌型丙烯酸单体的合成及在牙科修复树脂中的应用 [J]. 高等学校化学学报，2013，34（3）：708.
[9] 董卫民，左华江，吴丁财等. 季铵盐高分子抗菌剂的工艺优化与抗菌性能研究 [J]. 离子交换与吸附，2011，27

(1)：1.

[10] 刘耀斌，李彦锋，拜永孝．高聚物抗菌材料的研究现状及展望 [J]．材料导报：综述篇，2010，24（7）：123.

[11] 徐静，陈红，曾宪仕等．壳聚糖及其衍生物在生物医药中的研究进展 [J]．化学研究与应用，2010，22（9）：1097.

[12] 魏彩，张华集，张雯等．油酸酰胺改性载银磷酸锆/聚乙烯抗菌薄膜的研究 [J]．塑料科技，2008.

[13] 董海东，李元．抗菌材料配方选择及其在塑料中的应用 [J]．塑料科技，2014.

[14] 钟明强，王慧丽，王永忠．新型抗菌聚乙烯塑料制备及性能研究 [J]．化工新型材料，2009.

[15] 李侠．抗菌剂与抗菌聚合物的性能研究 [D]．贵阳：贵州大学，2007.

[16] 谢长志，刘俊龙．壳聚糖衍生物抗菌塑料制备与性能评价 [J]．塑料工业，2006，34（7）：62-64.

[17] 黄巍．真空镀膜抗菌包装薄膜的研究 [D]．天津：天津科技大学，2006.

[18] 王文广，严一丰．塑料配方大全．[M]．第二版．北京：化学工业出版社，2009；126，260-262.

[19] 曹军，吴建东，沈锋明．洗衣机用抗菌聚丙烯专用料的研制 [J]．石油化工技术与经济，2009.

[20] 孟婕，刘超．抗菌氯胺化合物改性聚丙烯熔喷工艺及性能研究 [J]．产业用纺织品，2013.

[21] 段惺．载银氧化锌晶须及其复合材料的制备与抗菌性能研究 [D]．成都：西南交通大学，2012.

[22] 景欣欣，危大福，方媛婷．键合胍盐低聚物的抗菌聚苯乙烯的制备及其抗菌活性 [J]．功能高分子学报，2010.

[23] 张翼翔，染国俊，钟卫平．长效透明抗菌聚苯乙烯的研究 [J]．上海塑料，2008.

[24] 沈凌云，叶建芬．掺杂氟和银的二氧化钛复合抗菌剂粉体的制备与性能研究 [J]．塑料助剂，2014.

[25] 葛一兰，李青山等．PVC-g-DMC抗菌聚合物的制备及其在PVC中的应用 [J]．中国塑料，2010，24（3）：72-76.

[26] 毋娅娟．沸石载银锌抗菌发泡聚氯乙烯塑料的实验室研究 [J]．中国氯碱，2011.

[27] 山西省化工研究所．塑料橡胶加工助剂（第二版）[M]．北京：化学工业出版社，2002；230-233.

[28] 贾润礼，梁丽华，刘晓春等．塑料在农膜与网袋上的应用 [C]．2000中国工程塑料加工应用技术研讨会，2000.

[29] 吴茂英．塑料降解与稳定化（Ⅳ）：光降解与光稳定（下）[J]．塑料助剂，2011.

[30] 陆雅茹．聚乙烯耐候功能母粒研制 [J]．兰化科技，1997，15（2）：93-95.

[31] 王胜，黄皓浩．聚乙烯分子结构对其耐候性影响的评估 [J]．兰化科技，1998，16（1）：4-7.

[32] Carrasco F，Pages P，Pascual S，et al. Artifcial Aging of High-density Polyethylene by Ultraviolet Irradiation [J]．European Polymer Journal，2001，37：1457-1464.

[33] Tidjani A，Watanabe Y. Comparison of Polyethylene Hydroperoxide Decomposition under Natural and Accelerated Conditions [J]．Polymer Degradation Stability，1995，49：299-304.

[34] 吕晓雷．聚乙烯改性及其在缆索护套中的应用 [D]．无锡：江南大学，2009.

[35] 张木．聚乙烯的高性能化及其应用 [J]．辽阳石油化工高等专科学校学报，2000，16（4）：13-16.

[36] 王浩江，胡肖勇，刘煜等．聚乙烯材料耐候性能研究进展 [J]．合成材料老化与应用ISTIC，2012，41（6）.

[37] 吴茂英．聚合物光老化，光稳定机理与光稳定剂（上）[J]．高分子通报，2006，4：76-85.

[38] 付敏，郭宝星．聚乙烯材料热及光氧老化的研究进展 [J]．四川化工，2004，7（6）：25-27.

[39] 张立基．各类稳定剂对聚乙烯薄膜光氧老化的稳定作用 [J]．现代塑料加工应用，2000，(5)：34-37.

[40] 朱啸．PE100聚乙烯管材料的结构与性能研究 [D]．大连：大连理工大学，2013.

[41] 陶友季，张晓东，麦堪成等．不同晶型聚丙烯的光老化行为 [J]．合成树脂及塑料，2010，(4)．

[42] 王丹灵，钱欣．紫外照射下聚丙烯结晶结构变化和耐老化性能研究 [J]．中国塑料，2009，(1)：51-54.

[43] 潘江庆．催化剂残渣对聚丙烯老化性能的影响 [J]．老化通讯，1978，(3)．

[44] 齐英菊，胡兴洲．三氯化铁对聚丙烯光氧化降解的作用 [J]．感光科学与光化学，1989，(1)：18-22.

[45] 刘煜，王浩江，杨育农．聚丙烯材料耐候性能研究进展 [J]．合成材料老化与应用，2013，(6)：48-53.

[46] 费正东．混杂改性聚丙烯热氧老化及机理研究 [D]．杭州：浙江工业大学，2007.

[47] 徐斌，钱明强，孙莉等．纳米TiO₂、纳米ZnO对聚丙烯抗紫外线老化及结晶性能的影响 [J]．高分子材料科学与工程，2007，23（1）：137-140.

[48] 冷李超，张元明，韩光亭等．不同受阻胺光稳定剂改性聚丙烯耐光老化性能研究 [J]．应用化工，2014，(5)．

[49] 刘法谦，刘保成，李荣勋等．耐候聚丙烯老化性能的研究 [J]．中国塑料，2002，(5)．

[50] 杨明山，李林楷等．塑料改性工艺、配方与应用 [M]．北京：化学工业出版社，2010；400-401.

[51] 钟世云等，聚合物降解与稳定化 [M]．北京：化学工业出版社，2002；79-81.

[52] 范红青，谢小林，权红英．纳米氧化钛改性聚苯乙烯耐紫外线老化性能的研究 [J]．江西化工，2010．

[53] 贾润礼．木塑材料行业热点技术问题 [C]．中国塑协改性塑料专业委员会第七届理事会第一次会议论文集，2010：29-31．

[54] 彭玉，彭汝芳，金波等．C_{60} 和 C_{70} 对聚苯乙烯耐紫外老化性能的影响 [J]．塑料助剂，2011，(4)．

[55] 陈晓峰．增塑剂对聚氯乙烯紫外线老化性能影响的研究 [D]．成都：四川大学，2007．

[56] 钟世云，许乾慰，王公善．聚合物降解与稳定化 [M]．北京：化学工业出版社，2002：71-75．

[57] Randy，B．，Rabek，J. F. 聚合物的光降解、光氧化和光稳定 [M]．北京：科学出版社，1986．

[58] 周大纲，谢鸽成．塑料老化与防老化技术 [M]．北京：中国轻工业出版社，1998．

[59] 张毓浩，丁雨凯，王世超等．高屏蔽紫外线透明增塑 PVC 薄膜的研制 [J]．现代塑料加工应用，2014．

[60] 宋波，赵侠，夏德慧．户外耐候环保 PVC 电线波纹管的研制 [J]．塑料制造，2011，(6)．

[61] 周雁军，Dai，Watanabe．新型光稳定剂提高聚氯乙烯防水卷材耐候性研究 [J]．中国建筑防水，2006，(10)．

[62] 韩朝昱，贾润礼．透明聚丙烯的开发与应用 [J]．塑料，2003，(6)．

[63] 杨丽，王惠琼．常用塑料配方集 [M]．北京：化学工业出版社，1996：40．

[64] 曾芳勇，赵建青，杨平身等．线型低密度聚乙烯薄膜透光性的研究 [J]．石油化工，2006．

[65] 王正有，王苓，周红波．α 成核剂对聚丙烯结晶、透光率与力学性能的影响 [J]．塑料科技，2011．

[66] 蒋新坡．透明聚丙烯的制备及应用性能研究 [D]．上海：华东理工大学，2011．

[67] 刘南安，黄燕，姜诚德等．高透光增强线型聚乙烯的研究及应用 [J]．塑料科技，2002，(6)．

[68] 李振宁，蔡静等．磁性塑料的研发及应用进展 [J]．塑料科技，2012．

[69] 丁瑜，赵琴娜，张琴．聚丙烯/四氧化三铁纳米复合材料的制备、表征及磁性能研究 [J]．塑料工业，2013．

[70] 张瑞华．环保型软磁塑料片的生产研究 [C]．//2010 年中国工程塑料复合材料技术研讨会，2010．

[71] 赵海涛，赵晖，张罡等．镍铁氧体/聚苯乙烯复合材料的制备与性能 [J]．功能材料，2009，40 (3)．

[72] 乔永莲，许茜，刘会军等．导电塑料表面电化学镀镍和镀层表征 [J]．表面技术，2008，(2)．

[73] 张晓锋，颜悦，望咏林等．透明导电银合金薄膜抗湿热氧化性研究 [C]．//TFC'09 全国薄膜技术学术研讨会论文摘要集，2009．

[74] 何维凤．磁控溅射法制备 ZnO 透明导电薄膜组织与性能研究 [D]．镇江：江苏大学，2005．

[75] Wouterson E M，Boey F Y C，Wong S C，et al. Nanotougheningversus micro-toughening of polymer syntactic foams [J]．Compos Sci Techn，2007，67：2924-2932．

[76] 张涛，黄新庭．注射温度对 PP/微球发泡材料发泡行为及力学性能的影响 [J]．塑料科技，2012．

[77] NORDIN O，STROM H，NYHOLM C，et al. Microspheres. US，2008017338A1 [P]．2008-10-13．

[78] MASUDA T，TAKAHARA I，KITANO K，et al. Heat-ex-pandable microspheres，method for producing the same，and application thereof. US，20090149559A1 [P]．2009-06-11．

[79] 章炎敏，彭宗林，李勇．可膨胀微球在聚乙烯中的发泡特性研究 [J]．塑料工业，2011．

[80] 娄鸿飞，王建江，胡文斌等．空心微珠的制备及其电磁性能的研究 [J]．硅酸盐通报，2010，29 (5)：137，122．

[81] 邱龙会，魏芸，傅依备等．氘气透过高纵横比空心玻璃微球的实验研究 [J]．硅酸盐通报，2001，加 (1)：3-5．

[82] 焦雷，陈聪，陈程．交联型 PVC/TPU 轻质材料的制备和表征 [J]．高分子学报，2012．

[83] 薛颜彬，邱桂学，吴波震，王卫卫．玻璃微珠填充 PP 结构与性能研究 [J]．塑料科技，2007，35 (5)：34-37．

[84] 盛旭敏，周冕，苏伟亨．中空玻璃微珠填充低密度聚乙烯材料的性能 [J]．塑料，2013，(2)：15-17．

[85] 张明强．空心玻璃微珠/聚四氟乙烯复合材料的制备及性能研究 [D]．武汉：武汉理工大学，2008．

[86] 张剑锋，郑强，郑彩霞等．聚乙烯辐射交联的研究进展 [J]．材料工程，1999，(1)：42-45，34．

[87] 哈鸿飞，吴季兰．高分子辐射化学-原理与应用 [J]．北京：北京大学出版社，2002，75-121．

[88] 吴自强，王纲．高分子辐射交联技术的进展 [J]．化学建材，2002，(4)：10-13．

[89] 陆宪良，展红卫．聚乙烯绝缘电缆的辐射交联及其电荷累积行为 [J]．绝缘材料通讯，1998，(4)：29-33．

[90] 项健，汪晓明，郭颜等．硅烷交联聚乙烯电缆绝缘料 [J]．电线电缆，2007，(6)．

[91] 苏朝化．辐射交联聚氯乙烯电缆绝缘料配方研究 [J]．电线电缆，2007．

[92] 朱晓辉．交联工艺对交联聚乙烯绝缘特性的影响 [D]．天津：天津大学，2010．

[93] 张建耀，刘少成，许平等．EVA 改性硅烷交联聚乙烯绝缘料 [J]．合成树脂及塑料，2005，(4)．

[94] 王芹，徐永卫，徐晓辉等．架空硅烷交联绝缘电缆料及其制备方法：中国，102634098 A [P]．2012-08-15．

［95］周洪，黄光速，陈喜荣等．高分子吸声材料［J］．化学进展，2004，（3）：450-455.

［96］Cushman，William B. Acoustic absorption and damping material with piezoelectric energy dissipation：US，5526324［P］．1995-09-16.

［97］成国祥，沈锋，卢涛等．锆钛酸铅/高分子复合膜的吸声特性［J］．高分子材料科学与工程，1999，（3）．

［98］钱军民，李旭祥．橡塑型泡沫吸声材料的研究［J］．功能高分子学报，2000（03）．

［99］席鸢，李旭祥，方志刚等．聚氯乙烯基混合吸声材料的研究［J］．高分子材料科学与工程，2001，（2）．

［100］蔡俊，李亚红，蔡伟民．PZT/CB/PVC 压电导电高分子复合材料的吸声机理［J］．高分子材料科学与工程，2007.

［101］Mathew A，Chakraborty B，Deb P. Studies on interpenetratingpoiymer networks based onnitriie rubber-poiy（vinyi chioride）biends and poiy（aikyi methacrylates）［J］．J Appi Poiym Sci，1994，53（8）：1107-1114.

［102］刘瑞瑛，王静媛，韩庆国等．聚丙烯酸酯/聚苯乙烯乳胶互穿聚合物网络阻尼性能的研究［J］．高分子学报，1997，（2）．

［103］李伟，吕群等．PE-g-MAH 对木粉高填充量 PE 木塑性能的影响［J］．中国塑料，2008（12）：28-32.

［104］沈凡成．PVC 基木塑复合材料的制备及其性能研究［D］．太原：中北大学，2011.

［105］沈凡成，贾润礼，魏伟．PVC 基木塑复合材料力学性能的研究［J］．塑料科技，2011，39（2）：48-51.